智能电网关键技术研究与应用丛书

智能电网的基础设施与并网方案

[加]克日什托夫·印纽斯基（Krzysztof Iniewski） 等著
陈光宇 张仰飞 郝思鹏 何 健 等译

机械工业出版社

本书详细介绍了智能电网的基础设施、安全性与并网方案等。本书共分13章，内容包括需求侧能量管理、以智能FDIR与电压－无功功率优化为特征的配电自动化、高级资产管理、广域早期预警系统、可再生能源并入智能电网、电力系统改革中的微电网、智能电网环境下的电动汽车等。其中重点介绍了可再生能源、电动汽车与智能电网并网的概念，以简练的语言和代表性的实例向读者介绍智能电网的并网方案，为初识智能电网的读者提供指导。

本书内容先进、体系合理、讲解详尽、深入浅出、文字流畅、通俗易懂，是初学者了解智能电网的理想教材。本书既可以作为理工科院校相关专业的教材，也可供电力、电工领域的从业人员参考。

译　者　序

再一次感谢能够有机会翻译这本书，虽然之前译者也翻译过其他一些书籍，但都没有这一次有那么深的感触！这本书是我们花费时间和精力最多，同时也是我们觉得翻译得最不满意的一本，因为我们始终觉得，如果能够再多一点时间，我们会翻译得更好。

智能电网这一术语自2009年被国家电网正式提出后，最近10年期间在能源领域取得了巨大的成就。众所周知，每一次的工业革命实质上是能源的革命，而传统电网已渐渐不能满足我们的要求，目前急需研究智能电网，实现电网的可靠、安全、经济、高效、环境友好和使用安全的目标。智能电网的主要特征包括提供满足21世纪用户需求的电能质量、容许各种不同发电形式的接入、启动电力市场以及资产的优化高效运行。

本书共分13章，我们建议您全部阅读。这是一本涵盖智能电网技术细节的教科书，它告诉我们深入学习智能电网集技术、科学和艺术于一体，涉及可再生能源、电动汽车、微电网、配电自动化、储能等多个领域。书中同时也蕴含了作者对智能电网发展的理解和思考，处处闪耀着智慧的光芒。尤其第1章关于智能电网的思想、历史发展进程等论述尤为透彻和精辟。

作者在书中写到“为成功地引入智能电网，我们面临着许多技术挑战。智能电网所需的5项关键技术：①传感与测量技术；②综合通信技术；③高级组件；④改进的接口与决策支持；⑤先进控制技术。”作者分别对这些挑战展开了分析，并提出了详细的应对方法。由此可见，智能电网不是飘浮在我们头顶上的框架，而是立足于世界能源发展的基础，这种思想非常值得当今从事智能电网研究的工业界和学术界等深思。

此外，在翻译的过程中无论中文还是英文，我们都深感水平有限，因此，我们建议有条件的读者可以去阅读英文原著，如果书中存在一些失误与不妥之处，也非常期待大家能给我们反馈，以便之后进一步修订与完善。

本书主要由陈光宇博士（负责文前、第7~13章），张仰飞教授（负责第1、2章），郝思鹏教授（负责第3、4章），以及何健工程师（负责第5、6章）翻译。此外，纪思高级工程师，硕士研究生何光辉、董天雄、葛雨生、徐睿、任微逍、王泽宇、许翔泰、洪杨、柏一凡、刘成、来勇、储欣、陈伟、叶宇成等也参加了部分内容的翻译，你们的努力使得本书的内容更加完善和细致。

感谢所有为本书出版做出贡献的人！

译者

原书前言

智能电网是继因特网诞生后的又一重大技术革新，并在未来社会中发挥着重要作用。世界各国政府都在智能电网的研发中投入了大量资金。各国政府的初衷各不相同。

智能电网通过分布式可再生能源、储能与插电式混合动力汽车的并网，在二氧化碳的减排中发挥着巨大的潜力。此外，智能电网通过对电网中的发输变电设备进行实时监控，可以提高供电可靠性，减少停电率。智能电网还可以提高变电站的利用率，使得电能传输更加高效，开展动态定价与需求响应策略。就现阶段而言，随着智能电网的快速发展，我们很难预测它的未来。尽管如此，我们仍相信，持续创新将会成为智能电网开发最具潜力的新引擎，创造出更多的工作岗位，这比自动化削减的工作岗位更多。

除了电力电子传感、监控技术的发展之外，在过去的10年里，智能电网在电信领域也取得了重要进展。智能电网的基础设施与并网方案是本书的核心。本书汇集了来自学术界、电力电子和电信行业的顶尖专家。

目前，电网是一个涵盖发电、输电和配电三个环节的系统。它由一些集中式发电厂和机电电力传输系统组成，并由调控中心统一进行调控。电能由集中式发电厂流向中低压电力用户。电网稳定的一个先决条件是电能消耗与发电之间的平衡。目前，发电量是随负荷而不断变化的。随着电网中越来越多的小规模可再生能源的并网，例如光伏与风电，系统中在某些场景下会出现反向潮流。在某些拥有可再生能源发电设施的用户侧，电能会从用户侧流向电网，这使得电网结构变得更加复杂多变。可再生能源发电揭示了供电间歇性和不可预测性的本质。这使得可再生能源发电并网极具挑战性，需要对传统的电力基础设施进行升级改造。

未来10年，预计世界能源基础设施将经历一场变革，其规模类似于目前电信与媒体行业发生的变化。智能电网不断发展，将电力基础设施与现代数字分布式计算设备和通信网络融为一体。智能电网是一个复杂、相互依赖的系统，其关键功能包括可靠、高效的电力输送。智能电网通过广域态势感知推动了能源革命向纵深发展，通过需求响应方案实现削峰填谷，通过实时控制和储能实现间歇性可再生能源的大规模并网，使化石燃料运输向电能运输的转变得以实现。

本书共有13章，涵盖了智能电网的基础设施、安全性与并网方案等内容，特别强调了可再生能源、电动汽车与智能电网并网的概念。本书作者在智能电网学术界和工业界都是公认的专家。

有了如此广泛的主题，我希望读者能在本书中找到令人兴奋的东西，并发现嵌入式系统领域在科学和日常生活中同样是令人兴奋并且是有用的。没有这些有创造力的人在轻松的氛围中交换思想和观点，本书是不可能完成的。我很高兴能邀请您来到加拿大美丽的不列颠哥伦比亚参加CMOS新兴技术会议，与众多专家学者一同讨论本书中的各种课题。更多之前会议的幻灯片和未来的会议公告，请登录www. cmoset. com。

很高兴您能给本书提出各种建议，请发送邮件至kris. iniewski@ gmail. com。

让智能电网繁荣世界，造福人类！

Krzysztof（Kris）Iniewski 博士

目　录

第1章

需求侧能量管理

Albert Molderink，荷兰恩斯赫德屯特大学

能源效率、供电与可持续性是当今社会的重要研究课题。能源的供应受到诸多因素影响，比如能源消费的日益增加、能源的稀缺性和环境问题。西方国家的能源消费成小幅度上升趋势，而诸如印度等发展中国家的能源消费的增长指数则达到了25%。由于化石能源的产量跟不上能源消费水平的增长率，这使得能源变得更加稀缺，能源价格一再攀升。这其中以原油最为突出，石油储备日益减少。此外，大部分化石能源来自于政治不稳定地区。这与日益增强的温室效应意识相结合，共同推动了对可再生能源的研究。

在电力供应链中可以看到之前提到的其他问题所带来的影响。电力供应链包括发电、输电、配电与用电环节。在电力供应链中，产生了很多变化，主要有以下4种特征：

1）能源配送电力化：持续增长的能源消费以电力形式进行输送与消费。

2）能源消费增长：能源消费尤其以电力消费的形式增长。

3）更多动态电力负荷出现：电力消费不仅增长，而且更具波动性，有时甚至不可控。

4）分布式发电的持续增长：现在有越来越多的较小规模的发电形式接入电网，而过去所有的电能都是由某几个大型发电厂发电，然后经由电网送至用户。

目前，电力供应链中最重要的变化是由集中式发电向分布式发电发展，经由电网给用户供电。这些发展趋势与变化给电力供应的可靠性与稳定性带来了挑战，同时也带来了机遇。采用广域信息与通信技术及其他相关技术使得电网变得更加高效并具有可持续性。

电力供应链示意图如图1.1所示。可持续发电的转变和小规模分布式发电的增加，起初看起来可能对电网并无伤害，但后来证实这对电力供应链产生了严重影响。

电网潮流不再是单向通信的问题，它已经过多年的建模与设计。这彻底改变了电力管理决策过程。在此背景下，电力供应链管控的新概念应运而生。需求侧管理

(DSM) 在广义上可以看作是一种处理供应链管理问题的概念。

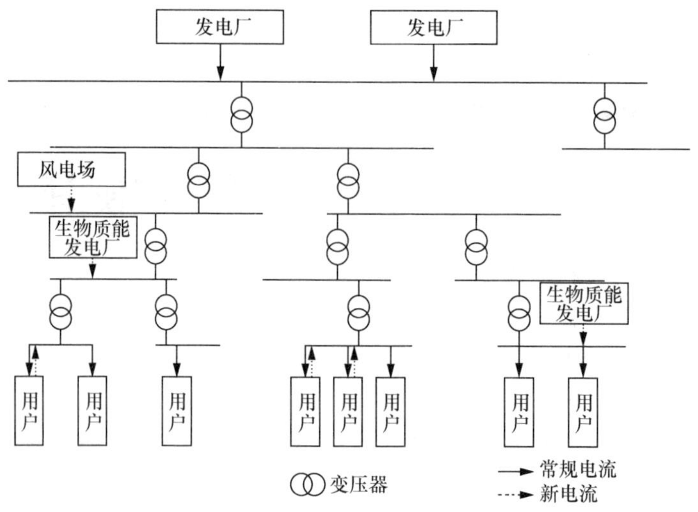

图 1.1　电网结构示意图

在本章中，我们对需求侧发展以及将这些新技术应用到智能电网概念中而随之出现的挑战进行了概述，并为 DSM 提出了控制方法。

1.1　需求侧发展

在过去的几十年里，电力供应和基础设施受到了越来越多的压力。如图 1.2 所示，能源需求仍在持续电气化。此外，电力需求的随机性决定了电力需求的波动性，人们根据自己的喜好随意地开关洗碗机或洗衣机等，使得电力需求大幅增加。电力供应链是几十年前设计的，是完全由需求驱动的。用户在打开电气设备时，发电侧必须及时处理这一难以预测的负荷波动。在传统电力供应链中，整个系统的基本负荷是由大规模的、不灵活但效率很高的发电厂提供，而反应快速、相对低效的峰值容量则必须保留以满足峰值负荷。需求峰值引起发电与输电的峰值，它定义了供应链中的需求量。因此，需求量的波动使得电网负荷增加。当电力需求量上升并变得更加波动时，例如，随着大规模电动汽车并入电网而其充电时间并没有进行优化，此时常规发电厂的发电效率就会下降[2]。需要在电网容量方面进行大量投资，以能够将发电厂的所有电力（峰值）输送给消费者。

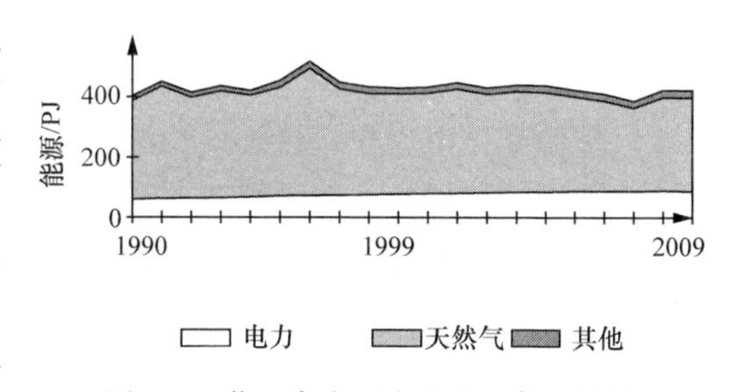

图 1.2　荷兰家庭用户的能源使用结构

另一方面，CO_2减排和可再生能源发电成为当今社会的重要议题。目前的自然资源消耗率将导致资源枯竭，故迫切需要能够提供所需能源需求的替代办法。然而，可

再生能源大多包含波动性以及不可控的太阳能、水能与风能等。为了保持电网稳定，发出的电能都必须被实时消耗掉。因此，可再生能源发电的峰值应低于用电量。结果，在当前的供需关系中，传统能源发电仅有一小部分可由可再生能源发电来替代。为了保持供需平衡，需要额外的峰值发电容量，这却使传统发电厂运行在更加波动的发电模式下。

因此，原始供应链的需求侧必须处理更加波动和不断增加的负荷，并且它面临着在需求侧或原始负荷侧与发电侧之间有可再生能源类型的小规模发电方式并网。

尽管目前正在进行大量研究以使可再生能源能够满足能源需求，但是，只要不是所有能源需求都可持续提供，例如，通过防止峰值发电厂的使用，现有电力系统的效率仍能取得很大提升。

因此，我们面临的挑战是：①提高现有发电厂的效率；②减少负荷高峰带来的电网压力，延迟电网扩容的投资；③促进大规模可再生能源发电并网，同时保持电网稳定与可靠供电。

接下来，1.2~1.4节将讨论当前的用电、输电与发电的发展趋势。最后，1.5节将介绍新技术的优化潜力。

1.2 对用户的影响

能源供应的当前趋势降低了发电侧的灵活性，促使电力供应链的用户侧有更大的灵活性。目前，特别是能源价格增长和对温室效应的意识，促使用户采用新的国产技术来节约资金和能源。

这些技术中的一个典型例子是微型发电机。千瓦级微型发电机一般安装在建筑物内部或附近进行发电，其传输电能损耗减少。微型发电机通常采用可再生能源技术，比传统发电厂的能效更高[2,3]。

其他新技术为储能装置和智能设备。储能装置可以暂时存储能量。热缓冲器在目前的建筑物中已经很常见，越来越多的储能技术也在被引入。这些储能装置使得“削峰填谷”成为可能，例如提前将电能存储在储能装置中，到高峰负荷再将存储的电能释放出来。电力消耗得以及时改变，例如，通过储能装置并将存储的能量供给需求侧，使消耗于较早的时间进行。智能设备被定义为能够临时关闭设备或可以随时切换负荷的设备。智能电冰箱是一种可以及时转移负荷的设备，其冷却温度应保持在一定范围内，在此范围内可以自由地开始冷却，如图1.3所示。

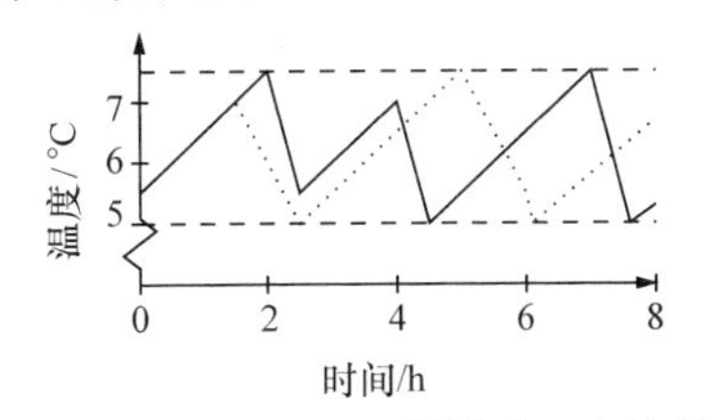

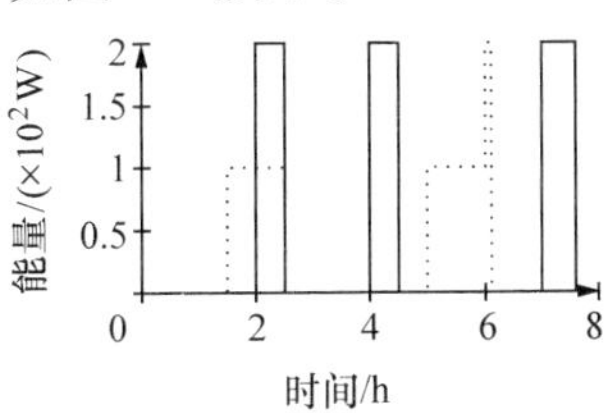

图1.3 电冰箱及时转移负荷

不幸的是，其中一些技术可能会给电网引入更多的波动。例如，如果由于人为原因，所有的微型发电机同时开始发电，产生的电能必须就地消纳，而不是被电网消纳。但是，这些新的国内技术也盘活了电力消纳模式。通过对这些设备进行监控，管控它们的消纳状况，从而使用户更加灵活。

1.3 对输/配电网的影响

急剧增加的电力需求和峰值负荷要求电网扩容，这需要巨大的投资。然而，为了减少负荷波动并消纳更多的可再生资源，需要对发电侧和需求侧进行匹配。为了实现这一目的，需要对电网基础设施进行升级改造并使电网更加智能化。

发电与用电环节的可预见性变化会给电网增加压力，同时随着社会对电力的依赖性越来越大，电网的稳定性、可靠性和容错性也越来越重要。因此，应该对电网的潮流进行监视和管理。

需求侧管理在增大电网可再生能源发电方面起着关键作用。然而，这种发电方式与地理因素息息相关。大规模可持续发电通常只能在人口密度低的偏远地区进行，因此电力需求很低（例如，大型海上风电场或沙漠中的太阳电池板）。人们希望欧洲的可再生能源潜力足够大以至能满足自身的所有供电需求[4]。但这部分电力需要输送给用户，输电走廊需要很大的传输容量。可再生能源发电的高潜力地区与用电消耗地区之间的超远距离给电网带来了巨大的压力。在欧洲，将可再生能源电力从发电侧运往客户，需要一个遍及欧洲的、互联的、高容量的电网以及一个遍及欧洲的电力市场。

1.4 对发电厂的影响

可持续能源供电的转变对发电产生了巨大的影响。目前，煤炭是发电的主要来源。没有煤电的未来是几乎不可想象的，这是因为煤炭是便宜的、丰富的，并且在很多国家都可以获取[5]。不幸的是，煤是在 CO_2 排放量方面污染最严重的化石燃料之一。更好的选择是使用可再生能源（太阳能、风能、潮汐能等）进行可持续发电。然而，这需要对电网和电力供应进行深刻的变革和改进。

大规模可持续发电与传统发电厂在发电容量与可控性上有很大区别。特别是，太阳能和风能具有很强的波动性；考虑云会遮挡太阳，这时就需要妥善处理以确保稳定的电力供应。总体来说，一致认为，管理这种新型发电方式具有可期待性与必要性，并使电网适当调整以促进这种可持续性、难以管理的发电方式。

因此，在远距离输电的高容量线路中，可持续的电力供应需要在不同电压级别的电网上对所有类型的发电方式进行监控。

1.5 优化潜力

目前电力供应链的发展趋势对电网的所有环节都会产生影响。此外，本节介绍

中提到的一些难题应得到解决，以维持可靠和可信赖的供应。解决这些难题的方案是将客户从静态消费者转变为发电/用电过程中的积极参与者。用户可以通过转移负荷和（或）发电量到最有利的时间来开发新技术的潜力，在这种情况下，受益取决于优化目标。当大量用户共同努力实现目标时，则更容易实现，但是这需要进行协调，并且要求用户失去他们对自家电器的全部（一部分）控制权。电力供应链发电侧的低灵活性是通过增加用电侧方面的灵活性来弥补的。然而，将用户变为积极的参与者也需要他们改变心态，即能够随时获取电能的用户应该使电网供电质量与可靠性保持在高水平。仅这一意识就能使用电量降低20%[6]。此外，这需要政治家和决策者做好筹备工作。

1.6　技术挑战

在本节中，我们将具有更好管控性的电网称为智能电网，它需要更深入的研究。首先，本节给出了智能电网的定义，并引出其技术难题。这其中包含的技术要求是未来电力供应链发展管理方法的必要因素。智能电网的技术挑战归结为需求侧管理的要求。

电网的升级版本通常称为智能电网。很难给智能电网下一个定义，不同的学派有着自己的定义。在参考文献［7］中，智能电网不是一种“事物”，而是一种“版本”：智能电网是现有电网的升级版，更加智能化，更便于分散管理，适应性和可控性更强，保护系统更加高级。参考文献［8］给出的定义则更为常见：

智能电网能够更高效、更经济、更安全和可持续地发电与配电。它集成了创新型工具和技术、产品和服务，从发电、输电、配电一直到用户设备和装置采用了先进的传感、通信和控制技术。它能够与用户进行双向交流，提供更多的信息和选择、电力输出能力、需求侧参与、更高的能效。

为成功地引入智能电网，我们面临着许多技术挑战。参考文献［9］列出了智能电网所需的5项关键技术：

1）传感与测量技术；

2）综合通信技术；

3）高级组件；

4）改进的接口与决策支持；

5）先进控制技术。

因为只能对能测量的设备进行管理，所以传感和测量是智能电网的重要组成部分。对输电线路和变电站的健康运行参数进行监控以防止电网停电事故的发生。天气的监测和预报可用于预测负荷与可再生能源的潜在输出功率。这与输电线路容量相关。然后，需要对电网、发电侧、储能侧、用电侧及设备进行监控，以使发电与用电保持平衡，并受传输容量限制。

为传输所有信息，这就需要一个高速通信基础设施。这种集成的通信基础设施将传感与测量设备之间的信息传送给运营商，并将管控信息反馈给执行器。创建一个同类的基础结构需要一个所有相关者都遵守的标准，从家庭网络、通过智能仪表与之相连的所有设备、配电公司连接到整个电网运营商。美国国家标准与技术研究院（NIST）解决了这个问题，并与美国电气电子工程师学会（IEEE）合作制定了智能电网标准[10]。集成通信基础结构设计时应考虑到未来，这意味着其容量、安全性和性能应足以促进将来的应用发展。一个快速、可靠、设计良好的集成通信基础设施将智能电网的所有部分连接在一起。

智能电网由高级组件网络构建而成。电网本身应该包括通过先进潮流控制器所连接的有效传输元件。在荷兰，许多技术仍在研发中。这些技术可以细分为三组：

1）分布式发电（DG）：本地发电；

2）分布式储能（DS）：本地储能；

3）狭义的需求侧（负荷）管理（DSM）：特定电器（如柔性冰箱）的负荷控制。

电网运营商需要新的工具帮助自身来完成工作。在过去几年里，电网运营商的工作变得更具有挑战性，几年前有几分钟的响应时间，而现在必须在几秒钟内做出反应。要获得足够的信息来做出决策，数据挖掘是非常重要的。需要一个改进的接口来完成大量的数据可视化，从而能够一目了然地理解它。此外，决策支持工具有助于做出决策，例如，快速模拟预测决策带来的影响。

为了充分利用所有的控制能力，利用所有的优化潜力，这需要研发先进的控制系统。先进的保护系统可以及时调整继电器的设置，以更好地保护电网，甚至在某些情况下增大潮流[9]。控制流可以提高系统稳定性，增加振荡阻尼，使得输电网尽可能有效地运行，并保证输电资产的最大利用率。在较低电压水平上科技含量的日益增长，能够影响电网的有功及无功潮流，可以大幅提高电网运营商对电网运行的影响能力。此外，协调（可再生能源）发电、储能和电能消费是实现智能电网所有目标的基础。

1.7 需求侧管理的要求

如上所述，DSM 已被纳入智能电网一些新兴的高级组件中。然而，这些组件的智能主要体现在组件本身上，并将其焦点大多扩展到其本地环境中，我们将这种 DSM 称为狭义 DSM。然而，广义 DSM 要求管理工具（在预测、规划、控制方面）不仅在狭义上侧重于 DSM，还需要智能电网的所有部分可靠地集成智能化。

优化目标可以不同，具体取决于控制系统的利益相关者、系统状态以及电力基础设施等。因此，广义上 DSM 控制方法应该能够朝着不同的目标努力。在不同的目标下，控制方法可以有不同的优化范围：局部范围（建筑物内），一组建筑物的范围内［例如邻居（微电网）］，或全局范围（虚拟发电厂）。最后，有许多不同的（未来的）国产技术和建筑配置方案，并且可以纳入新技术。因此，控制方法

需要很强的灵活性与通用性。

控制方法的目标是监视、控制和优化电力的输入/输出模式，并且不仅能够达到局部目标，还可以达到全局目标。在这种背景下，局部目标涉及建筑物内的能源流，例如降低电力输入峰值，并使用当地电力（在大楼内或周围）。另一方面，全局目标则涉及多座建筑物的能量流，例如在一个街区、一个城市甚至一个国家层面上。这些目标可以在不同的层次上，例如，在街区层面上消纳本地发出的电能，或在国家层面上优化大型发电厂的发电模式。因此，控制方法优化了各个设备的运行时间，以实现局部和全局目标。

此外，控制方法应该能够优化单一建筑物或一大群建筑物。因此，在控制系统中使用的算法应该具有可扩展性，并且所需通信量应受到限制。控制方法应尽量利用设备的潜能，同时尊重居民的舒适性和设备的技术限制。此外，控制系统的用电量要比其节省的电量要少。

此外，还应考虑通信链路的限制。由于通信链路的滞后，在系统元素之间发送有关系统状态和决策所需的信息需要一定的时间。然而，决定打开一个大型用电设备（如洗衣机）或对发电量波动做出反应是否是有益的、必需的，几乎需要瞬间完成。因此，一个就地控制系统必须能够实时决策或者提前做出决策。

1.8　大规模控制遇到的难题

如上所述，技术难题导致了对 DSM 的若干要求。在智能电网中，DSM 所采用的方法的复杂性则更加重要。尤其对于实时控制 - 复杂度的管理工具应该是可用的，这是因为可供选择的方案显著增加。这个问题在对可扩展性方法的要求中引起了注意，但是需要强调的是，不能通过忽略智能电网中所有元素之间的协调来实现可扩展性。例如，回合制决策在每种层次上（家庭、社区、城市）根据过去的全局信息做出自己的决策，可能会导致电网不稳定，因此不同组件之间的协调不应被忽视。

控制方法应防止因调频和大波动（峰值）引起的系统振荡行为，例如当许多建筑物在同一转向信号上发生反应时。这叫作损伤控制。损坏往往是由预测错误和/或使用潜在的和可用的（例如最大电力输入功率过低）或同步的行为（所有建筑物在同一时间反应）引起的。

1.9　控制方法

本节讨论了 DSM 控制方法的特点。

广义 DSM 控制方法可以在不同层面上实现目标。在较高层次上，将一大群建筑物组合起来通过减少需求侧波动，以提高发电厂的效率，或者采用灵活的方法来弥补可再生能源发电的波动，从而使可再生能源的渗透率更高。在中等层次上，通过管理电网的潮流以优化利用电网的容量。在较低层次上，当地发电量应该控制在社区用电量范围之内，并降低峰值负荷（削峰）。我们之前已经提到，控制方法应侧重于：

1）提高现有发电厂的效率；

2）促进可再生能源发电的大规模并网；

3）在现有电网容量的基础上，允许大规模引入发电和用电新技术。同时维持电网稳定性和供电可靠性。

根据使用控制方法的方式，可能会产生额外的要求。控制方法的一个可能应用是为一组建筑物积极作用于电力市场。要在这样的市场上交易，必须提前一天确定电力交易量。因此，应该提前一天预先确定被管理建筑物的净用电量。另一种应用是对电网波动做出反应，例如，对可再生能源发电引起的电网波动，要求进行实时管理。对电网波动做出反应需要实时控制，并在每时每刻都能及时获得足够的发电容量，以增加或减少发电量。要达到足够的容量，必须事先进行重新规划，结合实时控制对波动做出反应。因此，需要对需求侧与发电侧的设备进行联合预测，制定规划策略，以便实时控制。

为创建成功的智能电网解决方案并利用所有优化潜力，需要对引入的技术进行监视和同步。在监测过程中，基于实测数据可以产生预测和趋势，并将其应用于规划和实时控制。

1.10 目标与利益相关者

一个重要的问题是参与向智能电网过渡的大量利益相关者为政府、监管者、消费者、发电商、贸易商、电力交易所、输电公司、配电公司、电力设备制造商及信息与通信技术提供商[5]。这些利益相关者需要有合作的动机，因为对于一些利益相关者来说，该激励似乎并不足以改变他们对电力供应链的观点。然而，配电公司可以降低运行和维护成本及投资成本。发电公司可以引进新型发电方式，采用相对低成本的基本负荷发电厂来增加发电量[11]。消费者可以降低成本，提高电能质量，最终社会将受益于受刺激的经济和改善环境条件[11]。对电力零售商来说，需求侧发展为作用于电力市场提供了新的可能性。根据对本地（可再生能源）发电容量的（部分）控制，零售商可以重新调整其在电力市场的策略，迫使发电侧与输电侧适应新兴技术。

参考文献［8］与［12］表明商业可行性与法规都是成功引入 DG 的重要问题。关于投资与收益的观点存在很大差异。一方面，欧洲气候论坛指出，尽管不知道实际收益和利润是什么，但仍需要大量投资[4]。另一方面，美国能源部指出，向智能电网的转变已经开始，并且利润远高于投资[11]。他们甚至声称，向智能电网转变而产生的所有利益（如提高安全和效率，更好地利用现有资产）都是市场驱动的。

1.11 优化水平

优化可以在电网中的不同层次上执行，所有这些都将伴随着利弊。大致可以划分成下面三个层次。

1.11.1 本地范围

在本地范围内，无需与其他建筑物合作，就可以对电网的输入与输出进行优化。可能的优化目标是将电力需求转移到更有利的时期（如晚上）和削峰。最终的目标可以创建一个独立的建筑，并且以两种形式呈现：能量中性点或孤岛。能量中性点意味此处电网既没有能量净输入也没有能量净输出。与电网形成物理隔离的建筑物称为孤岛建筑。

本地范围的优点是除了技术上的挑战，相对容易实现，无需与外部进行通信（隐私入侵较少），也不需要外部实体来决定哪些设备打开或关闭（社会接受性更好）。缺点是它可能带来高投资成本，例如储能容量和微型发电。

1.11.2 微电网

在微电网中，一组建筑物结合大规模 DG（如风电机组）对其电网的输入与输出进行优化。微电网的目标是通过转移负荷与削峰来实现电能的供需更加匹配。最终目标是在微电网中更加完美匹配，从而产生中性或孤岛微电网。建筑物群的优点是，它们的联合优化潜力高于单个建筑物，这是因为它们的负荷水平的动态性较差（例如设备的启动峰值会在组合负荷中消失）。此外，多个微型发电机运行起来比单个微型发电机能更好地匹配负荷，这是因为它们使在发电时刻更好地分配电能成为可能[13]。最后，在微电网中本地生产的电能可以在就地使用，节省了传输成本，并防止潮流从低电压向高电压等级反向流动。然而，这对微电网提出了更加复杂的控制方法的要求。

1.11.3 虚拟发电厂

最初的虚拟发电厂（VPP）概念是管理总发电量可与常规发电厂媲美的微型发电机群。这样的 VPP 可以取代发电厂，同时具有更高的效率，并且它比普通发电厂灵活性更强。这里的最后一点特别有趣，因为它能够更好地对负荷波动做出反应。当然，这种 VPP 的最初想法可以推广到其他技术。同样，VPP 也需要一个复杂的控制方法。此外，各个建筑物之间需要通信，隐私与接受性问题也会发生。

上述的三种主体的区别体现在决策环节。这与谁为控制系统和使用的技术负责密切相关。例如，在本地范围内，业主可以投资自己的房子，并获取利润。在 VPP 的情况下，零售商或公用事业公司可能会投资可以放在房屋内的室内发电机，并利用它们在能源市场上赚钱。

1.12 优化工具链方法

目前有许多研究项目都在探讨能效优化问题。从研究、模拟和现场试验可以得出结论，效率可以显著提高，尤其是当所有三种类型的技术（用电、储能与发电）集成在一起时。

在文献中可以找到几种用于 DG、储能、需求侧负荷管理的控制方法，或者几者的组合。这些控制方法大致可以分为两类：①基于 Agent 技术的市场机制；②离散数学优化。基于 Agent 技术的市场机制的优势在于，在更高层次上不需要了解当地的情况，仅通过发电/用电的招标进行联系。数学优化的优点是导向更直接、更透明；导向信号的影响具有更好的可预测性。另一个重要的区别是，在基于 Agent 技术的方法中，每一个建筑都会朝着自己的目标运作，而在数学方法中，所有建筑物可以齐心协力达到一个全局目标。

为了克服可扩展性和通信问题，控制系统的结构是很重要的。为此，提出了在不同层次上进行数据聚合的分层结构方案。这种结构具有可伸缩性，而通信量可以加以限制。但是，当数据被聚合时，信息就会丢失，因此它是精度和通信量之间的权衡。图 1.4 为分层控制结构。

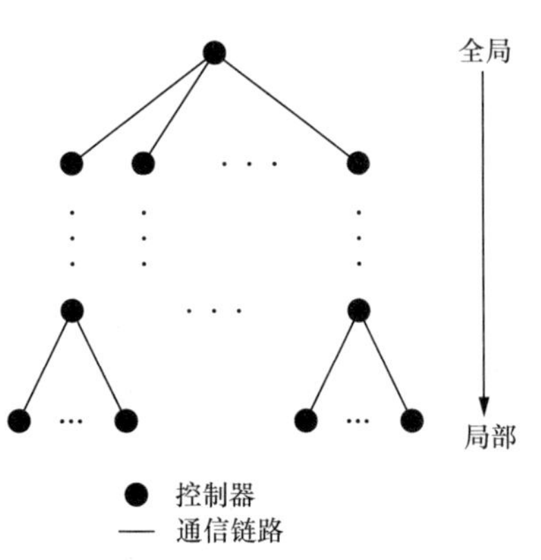

图 1.4　分层控制结构

所有控制方法在控制范畴上都分为局部与全局，其中大多数为其可伸缩性而采用了分层控制结构。此外，大多数控制方法都使用一种确定设备水平的在线算法，一些控制方法采用预测来调整发电和需求模式。然而，这种预测数据通常只用于局部水平，因此在全局水平上几乎没有任何预测知识可用。大多数控制方法所缺乏的是全局级别的可预测性，而这恰是电力市场交易所需的，即对选择效果的洞察力。这也与可靠性有关。

有些控制方法是基于每个设备的成本函数，这是一个很好的设备具体特性提取机制。这些成本函数定义了设备的正常行为，并用期许（偏离成本）来表示偏离正常行为的选项。设备的成本函数是表达设备状态和不同选项的期许的一种非常灵活的方式。由于每种设备的成本函数都相似，因此可将新设备以这种方式进行整合。此外，控制方法可作用于一组同类的成本函数，这使得算法更容易，并具有更少的计算强度。最后，将多个设备的成本函数组合为一个成本函数，来研究单个转向信号对一组（不同）设备的影响。

1.13　现有研究

目前的大多数研究都是基于 Agent 的控制方法。这些基于 Agent 的控制方法给每个设备都提出了 Agent[14]。这些 Agent 给能源发电定价（关闭电器视为发电），通过市场原则来决定允许哪些 Agent 发电。由于有很多 Agent，信息以分层的方式

聚合在不同的级别上。参考文献［15］研究集室内发电、用电和热电的储能于一体的系统。它们提出了一个基于Agent的系统，将建筑物划分为群（微电网），并与传统大型电网松散联网。首先，目标是在没有大型电网的情况下保持微电网内部的电力平衡。此外，Agent使用预测确定其成本函数。实地研究表明，50%的室内用电需求会遵循计划时间表（在特定的范围内）。要实现这一潜能，当影响居民的生活舒适度时，必须以激励措施予以补偿。

参考文献［16－17］中描述的PowerMatcher则又将电网容量考虑在内。这种控制方法比较成熟，并能够在现场测试中应用[18]。在现场测试中，当屋内允许有1℃的温度偏差时，峰值负荷会降低30%。为了达到此目标，可以引入在竞标市场中影响投标的业务Agent。

在参考文献［19］中，作者对局部优化和全局优化的结果进行了对比。他们得出结论，全局优化会带来更好的结果。接下来，他们声称基于Agent的控制方法优于非基于Agent的控制方法，因为基于Agent的控制方法会考虑更多（室内的）信息。

在有关文献中还提出了一些数学控制方法。参考文献［20］提出了一种能够针对不同目标的方法。对于每一个设备来说，成本函数都是由热与电两部分组成的。利用非线性问题，找到了开关开/闭最优模式的定义。在参考文献［21］中，作者解决了基于Agent和非基于Agent解决方案的问题：非基于Agent的解决方案可扩展性较差，基于Agent的解决方案需要局部智能，并且不透明。因此，他们提出了一种组合方案：在多个层次上聚合数据，而这些层次都包含一些智能因子。用数据库来完成聚合，控制方法则是基于一定规则的。参考文献［22］提出了一种利用随机动态规划（SDP）的控制方法。该控制方法的随机部分考虑了预测的不确定性和可再生能源发电与负荷的随机特性。在参考文献［23］中，作者提出了一种基于分时电价（TOC）的控制方法，在非高峰时段电费相对更便宜些。他们将此方法与室内无线传感器网络相结合：当打开智能设备时，必须向控制器发送请求。此控制器根据电价和其他设备的状态决定是否允许打开该设备。分时电价可视为全局转向信号；然而，这是一个粗略的转向信号，它适用于一大群建筑物。此外，尚不能提前知道转向信号所产生的影响。

参考文献［24］综合了现有工具的组合，并采用了新的研发平台。对每台设备的耗电量和发电量进行了预测，并利用遗传算法来确定每台设备的最佳运行时间。该平台由两层组成：全局优化的全局级别将转向信号发送到局部级别，局部级别采用全局转向信号作为输入，并根据转向信号确定运行时间，同时遵循就地约束。

大多数控制方法对负荷与发电量采用某些预测方法。这些预测方法与神经网络相结合效果更佳[25－26]。预测的趋势也比较好。

荷兰屯特大学提出了一种采用数学优化的研究方法，它集预测、基于预测的离线全局规划、基于全局规划的在线实时控制于一体[27]。该控制方法的基础为：①采用局部信息；②采用多层通信；③可扩展性。控制方法的目标是朝着（全局）目标努力，控制方法的性能是以达到目标的程度来衡量的。该方法：①使用设备级别上的预测全局结果；②规划建筑物和电网中的能量流；③针对变化（例如可再生能源发电的波动）和预测误差采取实时控制措施。

基于上述考虑，控制方法采用三步，并分为局部和全局部分：①局部离线预测；②全局离线规划；③局部在线控制。由于可扩展性原因，全局规划具有分层结构，并可以在不同层次上聚合数据和规划（例如，在邻里或城市中）。

由于事先的预测和规划，全局潮流的可预测性得到了改善。规划（较高层次的学识聚集）与数学优化进行组合提高了可靠性，同时规划和实时控制的结合改善了破坏性控制。此外，分层结构对通信量进行了限制。最后，由于本地控制器可以独立工作，而且在没有高滞后要求的情况下，可以事先发送大量信息，因此对通信媒介的要求很低。

预测、规划和实时控制的结合开发了整个系统在最有利时间的潜力。不同层次的智能分层结构保证了可扩展性，减少了通信量，降低了规划的计算时间。

1.14 小结

对气候变化、能源价格上涨和能源供应可靠性的担忧促使能源供应链发生剧烈的变化，同样在当前的电力供需准则中也是如此。能源消耗的现有趋势导致用电量的不断增加和波动，导致传统发电厂的效率下降，对电网和发电容量的要求也不断提高。此外，为了满足 20 - 20 - 20 协议中的 CO_2减排目标，至少有很大一部分电力应由可再生能源发电产生，但它在很大程度上是不可控的。这对电力供应的可靠性、安全性与可购性提出了严峻挑战。因此，提出了以下几点要求：①提高现有发电厂发电的利用效率；②方便大规模引进可再生能源发电；③需要大规模引进用电及储能新技术，以维持电网稳定性，确保电力的可靠性及可购性。

目前电网是建立在电力供需平衡原则的基础上，其中所有电力是在一些大型枢纽发电厂产生的，并且电能由高电压等级向低电压等级单向流向消费者。电力供应链的消费者侧是静态的，消费者打开电器设备，发电侧必须提供相应电力需求。然而，为了提高现有发电厂的效率和允许引入不可控的可再生能源发电，电力供应链的消费者侧应该变得更加灵活，即用电侧应该适应发电侧。为实现这一目标，现有电网应该向智能电网发展，家庭用户应该从静态消费者转变为能源供应链中的积极参与者。智能电网的主要目标是支持引进可再生能源发电，以满足不断增长的电力需求，同时保障电力供应的稳定性、可靠性与可购性。用电量可以适应发电量：发电量较低的灵活性可以通过电网和用电侧的灵活性来补偿。智能电网中的关键是监视和管理电网的所有环节的系统。在全球范围内，欧盟、各国政府、工业界以及学术界都强调了电网智能化和电力供应链更新的问题。然而，为了实现智能电网，必

须解决技术问题（如可扩展性和可靠性）、经济问题（如投资收益主体）、政治问题（是否被允许）和道德问题（如隐私问题）的挑战。为应对技术挑战及实现监测和管理系统，信息和通信技术（ICT）是其中一种至关重要的技术。

智能电网监控和管理系统的一些重要组成部分是传感器和执行器，由各种算法组成的控制方法采集信息、处理信息以及优化整个电网的潮流。这种控制方法能够可靠、安全地开发电网的所有潜能以满足各种要求。控制方法应该以局部和全局目标方式运作，并且具有很强的通用性和灵活性。此外，由于涉及大量建筑物，控制方法需要有可扩展性。要让居民接受，就要尊重他们的居住舒适度。此外，为了获得安全、可靠并具备破坏性控制能力的控制方法，需要集预测、规划和控制于一体。最后，对通信链路的要求应受到限制，如果通信链接失败，本地控制器需要具备独立工作的能力。

分层树形结构确保了可扩展性并限制了所需的通信。此外，基于成本函数的优化产生了灵活、通用的控制方法。本地和全局控制器的分离分配了所需的计算能力，并确保了最终用户的舒适性和隐私。离线预测、离线规划和在线控制的结合产生了灵活、可靠和可预测的解决方案。

参考文献

[1] E. Commission, “Energy 2020, a strategy for competitive, sustainable and secure energy,” European Union, Tech. Rep., 2010.

[2] A. de Jong, E.-J. Bakker, J. Dam, and H. van Wolferen, “Technisch energieen CO_2-besparingspotentieel in Nederland (2010–2030),” *Platform Nieuw Gas*, p. 45, Juli 2006.

[3] United States Department of Energy, “The micro-CHP technologies roadmap,” *Results of the Micro-CHP Technologies Roadmap Workshop*, Dec. 2003.

[4] A. Battaglini, J. Lilliestam, C. Bals, and A. Haas, “The supersmart grid,” European Climate Forum, Tech. Rep., 2008.

[5] E. S. T. Platform, “Vision and strategy for europe’s electricity networks of the future,” European SmartGrids Technology Platform, Tech. Rep., 2006.

[6] S. Darby, “The effectiveness of feedback on energy consumption,” Environmental Change Institute, University of Oxford, Tech. Rep., 2005.

[7] N. E. T. Laboratory, “A vision for the smart grid,” U.S. Department of Energy, Tech. Rep., 2009.

[8] J. Scott, P. Vaessen, and F. Verheij, “Reections on smart grids for the future,” Dutch Ministry of Economic Affairs, Apr. 2008.

[9] N. E. T. Laboratory, “The transmission smart grid imperative,” U.S. Department of Energy, Tech. Rep., 2009.

[10] N. I. of Standards and Technology, “Nist framework and roadmap for smart grid interoperability standards, release 1.0,” National Institute of Standards and Technology, Tech. Rep., 2010.

[11] K. Dodrill, “Understanding the benefits of the smart grid,” U.S. Department of Energy, Tech. Rep., 2010.

[12] P. Fraser, “Distributed generation in liberalised electricity markets,” International Energy Agency, Tech. Rep., 2002.

[13] S. Abu-sharkh, R. Arnold, J. Kohler, R. Li, T. Markvart, J. Ross, K. Steemers, P. Wilson, and R. Yao, “Can microgrids make a major contribution to UK energy supply?” *Renewable and Sustainable Energy Reviews*, vol. 10, no. 2, pp. 78–127, Sept. 2004.

[14] J. Oyarzabal, J. Jimeno, J. Ruela, A. Englar, and C. Hardt, "Agent based micro grid management systems," in *International conference on Future Power Systems 2005*. IEEE, Nov. 2005, pp. 6–11.
[15] C. Block, D. Neumann, and C.Weinhardt, "A market mechanism for energy allocation in micro-chp grids," in *41st Hawaii International Conference on System Sciences*, Jan. 2008, pp. 172–180.
[16] J. Kok, C. Warmer, and I. Kamphuis, "Powermatcher: Multiagent control in the electricity infrastructure," in *4th international joint conference on Autonomous agents and multiagent systems*. ACM, July 2005, pp. 75–82.
[17] M. Hommelberg, B. van der Velde, C. Warmer, I. Kamphuis, and J. Kok, "A novel architecture for real-time operation of multi-agent based coordination of demand and supply, " in *Power and Energy Society General Meeting —Conversion and Delivery of Electrical Energy in the 21st Century, 2008 IEEE*, July 2008, pp. 1–5.
[18] C. Warmer, M. Hommelberg, B. Roossien, J. Kok, and J. Turkstra, "A field test using agents for coordination of residential micro-chp," in *Intelligent Systems Applications to Power Systems, 2007. ISAP 2007. International Conference on*, Nov. 2007, pp. 1–4.
[19] A. Dimeas and N. Hatziargyriou, "Agent based control of virtual power plants," in *Intelligent Systems Applications to Power Systems, 2007. ISAP 2007. International Conference on*, Nov. 2007, pp. 1–6.
[20] R. Caldon, A. Patria, and R. Turri, "Optimisation algorithm for a virtual power plant operation," in *Universities Power Engineering Conference, 2004. UPEC 2004. 39th International*, vol. 3, Sept. 2004, pp. 1058–1062 vol. 2.
[21] E. Handschin and F. Uphaus, "Simulation system for the coordination of decentralized energy conversion plants on basis of a distributed data base system," in *Power Tech, 2005 IEEE Russia*, June 2005, pp. 1–6.
[22] L. Costa and G. Kariniotakis, "A stochastic dynamic programming model for optimal use of local energy resources in a market environment," in *Power Tech, 2007 IEEE Lausanne*, July 2007, pp. 449–454.
[23] M. Erol-Kantarci and H. T. Mouftah, "Tou-aware energy management and wireless sensor networks for reducing peak load in smart grids," in *Proceedings of the IEEE Vehicular Technology Conference Fall*, 2010.
[24] S. Bertolini, M. Giacomini, S. Grillo, S. Massucco, and F. Silvestro, "Coordinated micro-generation and load management for energy saving policies," in *Proceedings of the first IEEE Innovative Smart Grid Technologies Europe Conference*, 2010.
[25] J. V. Ringwood, D. Bofelli, and F. T. Murray, "Forecasting electricity demand on short, medium and long time scales using neural networks," *Journal of Intelligent and Robotic Systems*, vol. 31, no. 1-3, pp. 129–147, Dec. 2004.
[26] V. Bakker, A. Molderink, J. Hurink, and G. Smit, "Domestic heat demand prediction using neural networks," in *19th International Conference on System Engineering*. IEEE, 2008, pp. 389–403.
[27] A. Molderink, V. Bakker, M. G. C. Bosman, J. L. Hurink, and G. J. M. Smit, "Management and control of domestic smart grid technology," *IEEE Transactions on Smart Grid*, 2010.

第2章

以智能 FDIR 与电压-无功功率优化为特征的配电自动化

Mietek Glinkowski, Bill Rose, Michael J. Pristas, David Lawrence, Gary Rackliffe, Wei huang, Jonathan Hou, ABB公司

电网中配电网的历史可以回溯到托马斯·爱迪生与尼古拉·特斯拉早期的“电流战争”时代。1940年首次推出了配电自动化产品，此时设计主要用于农村电网故障检测的油重合器开始安装于配电线路。1941年，首次启用双定时单相液压重合器，并于1946年引入了第一台三相液压重合器。20世纪50年代，第一台重合闸安装在变电站外的线路上。20世纪60年代，随着固态技术的发展，配电网自动化更加先进。20世纪70年代中期，微处理器被引入，但因为它们成本太高、风险太大，并没有被电力企业广泛接受。直到20世纪90年代，微处理器技术才得以蓬勃发展，远程通信媒体的成本也可以被接受，因此自动化开始进入了电力企业基础设施。

多年来，配电网的作用是将电力从高压输电线路降低到中等电压水平，并按需要以最小的事故发生率为家庭和企业分配电能。当出现扰动或故障时，如暴风雨或变电站火灾造成的损坏，电力公司应该派遣人员赶往事故现场，并尽快修复或更换损坏的设备。然而，实际上，电力公司往往不知道哪儿发生了故障，为什么发生，或者不知道故障设备或线路的位置。所以，事实上电力公司常常不得不等待客户打电话，以此了解电网是否发生了故障。幸运的是，在美国电气化时代最初几十年里停电的发生是可管理的。

电力企业一般是市场驱动的。多年来，配电自动化（DA）的主要驱动因素是电力公司希望以最低成本为客户提供可靠和清洁的电力。随着市场的成熟，对配电自动化的其他驱动因素也出现了，例如需要遍布整个电网的关键电力参数的实时信息和远程资产。然而，在变电站之外，在破坏性“事件”发生之前，电力公司对其配电网的状况知之甚少。这些电力公司的配电网远程资产事后被描绘为“最终的自动化前沿”。

在过去的20年里，新型发电和输电线路的建设并没有跟上电力市场增长的步伐。环境法和支持互联网作为一个大型功耗实体的数据中心的出现，给美国的发电

能力造成了压力。美国许多地区的输电网已经饱和，高度拥挤。因此，随着电网中负荷的增加，停电事故时有发生，识别和纠正停电的能力也变得越来越重要。目前，电力公司正在衡量其总的电力供应系统的“正常运行时间”，特别是在这些高度饱和与拥挤的电网中。

为解决这一日益增长的担忧而提出了一种解决方案，该技术能够自动识别、隔离故障、恢复通信和缓解故障情况，并安全快速地恢复电力。随着自动化和通信技术的发展，电力公司能够系统地“IT 使能”这些远程资产成为其并网基础结构管理系统的一部分。“IT 使能”某产品或设备，定义为可以提供监视、智能控制以及实时通信功能，以支持以前隔离和独立的远程配电资产。

资产管理是影响企业行为的另一个市场驱动因素。能够对过去的服务呼叫信息进行分析，并将此数据与远程监视的配电资产实时关联起来，可以降低维护成本，延长设备寿命，防止设备和配电线路过早老化。

最近，“电网优化”一词被用来定义最大限度地利用远程资产的能力，如电容器组和稳压器，来提高系统的可靠性和效率，避免额外发电的投资，并提高总体需求侧响应。

安全是配电自动化的另一个关键因素，尤其是在中压配电网中。当由手动重合闸恢复送电演变为远程自动重合系统时，相关安全保障、规则和规程在电力行业内必须设计良好、文档化，以便于沟通和理解。运维人员能够通过自动重合闸的界面来监控本地状况与开关状态，并且与远程调控人员协调其行为，以保证其安全有效的程序与操作。现在也可以使用技术监视和记录来自配电网的多个电力数据点，向远程用户发出预定义警报，并维护历史数据。核心技术是一种高精度电流和电压在线传感器系统，可为最终用户提供大量的实时电力参数和有关电网运行状况的信息。这种技术还有助于防止因设备或配电线路故障而造成的停电事故。配电线路运检人员可以提前预知电网问题的位置和性质。他们也可以在尚未发生大规模严重停电之前安全有效地纠正新出现的问题。

因此，自动化重合和配电网监测系统的安全程序位于配电自动化技术的最高优先级，同时保持了电力公司正常运行时间效率举措的重要性。

2.1 配电自动化系统架构与通信

当涉及配电自动化系统架构和通信时，没有“一刀切”的解决方案。历史上，由于缺乏通信技术、可靠性差和执行成本高，配电自动化起源于分散的独立应用。北美的配电网起源于辐射型网络，因此早期的配电自动化系统是基于这种设计而发展起来的。在欧洲和亚洲的部分地区，环形干线和矩阵型结线方式在电力行业内占据主导地位。由于电网拓扑和运行条件的不同，配电自动化方案也有所不同。

目前配电自动化有 4 种系统架构，各自有自己独特的优缺点，且都对智能电网有一定的贡献，如表 2.1 所示。

表2.1 4种主要的配电自动化系统架构

	优点	缺点
独立型	反应迅速简单	基于自身进行判断，易造成长时间的停电
P2P	更好的决策性 效率高 能处理更多事件 能处理各种事件	对通信要求较高 成本高 较高的复杂层次
集中式	全知型命令集中式模型	成本高 复杂性高 规模庞大
智能分散型	低成本 复杂问题组块分析，易处理 P2P与集中式之间的优化混合体	V2V 组块兼容性

2.2 2003年8月14日，配电自动化变化的契机

配电线路上运行的大部分设备已经数十年未发生变化了。事实上，目前电网上仍然运行着大量的早期电气设备。大多数电力企业的战略规划和基础设施设计历来都是以自身为导向的。然而，这一切在2003年夏季的某一天（8月14日）发生了改变，这一天在美国东北部和中西部地区以及加拿大安大略省发生了大面积停电。事实上，就是在2003年的这次大停电期间，“智能电网”被首次使用，一个记者在一篇文章中写到，当今社会需要一个现代化的、高度联网的、技术驱动的电网[1]。

2003年8月14日下午4:10，负责纽约州电网管理的纽约独立系统运营商（ISO）记录到，3500MW的功率缺额对输电网产生了巨大冲击。随后的30min内，俄亥俄州、纽约州、密歇根州和新泽西州的部分地区相继发生停电。之后，停电区域扩大至其他地区，包括佛蒙特州、康涅狄格州和安大略省大部。这次大停电范围很广，从密歇根州的兰辛延伸到苏圣玛丽、安大略省，从詹姆斯湾海岸到渥太华，贯穿整个纽约州，并进入俄亥俄州北部。

关于停电的官方分析报告称，美加两国在大停电期间共有265座发电厂总计508台发电机组关闭。在全容量下，NYISO管辖的电网共承载着28700MW的负荷。而在停电高峰期，负荷降到了5716MW，减少了80%。

在调查事件中，美国和加拿大的电网是独立运作的（内部和外部），一系列的严重电力事件导致了电气化历史上第二次大停电。ISO在自己的服务领域内管理电力事件的声誉良好。然而，他们对与自己管辖范围之外的一系列重大电力事件却准备不周。

回顾过去，该事件可谓“塞翁失马，焉知非福”。电力企业基础设施在各个层面都急需现代化。整个电力行业原先所弥漫的孤岛思维正在体验着一次重大的改革。迄今为止，独立型设备和远程资产如上所述正在“IT 使能化”，如前文所提到的那样，该术语是指引入基于微处理器的智能用户界面、驻留内存和远程通信功能。这些信息现在可由企业人员“24/7”通过专门为应用程序设计的专用软件平台进行访问。过去几十年来，监控与数据采集（SCADA）系统和其他一些谨慎的电网管理系统已经到位，并得到了一定发展。然而，在变电站之外，整个输电网与配电网之间出现了巨大的信息缺口。更多相关信息可参见维基百科（“2003 年美国东北大停电”）[2]。

2.3 智能配电网的产生

从历史上看，现有配电网相对于输电网，其设计、体系结构、先进技术和设备功能均不太受重视。一直到 2003 年大停电后，电力企业开始普遍意识到配电网在技术进步上必须与输电网和发电环节看齐，以便为终端用户提供更好的用电可靠性。过去简单的辐射型架空线路与熔丝或油重合器现在利用最新技术的先进设备与算法实现现代化，在发生故障时用于检测、隔离和恢复系统。这包括诸如故障检测、隔离和恢复（FDIR）等技术。从效率角度来看，现在可以通过各种无功电压优化（VVO）技术来实现配电网优化降损、改善电压调节，并对无功功率进行管控。

在信息技术领域，配电网是位于低压用电终端、电能表和高压大容量输电网之间的“中间人”，在清洁、可靠电力的并网、管理与潮流使能化及个体电力客户与系统能源控制中心之间的信息交流中发挥着越来越重要的作用。

本章将简要介绍一些促进配电网逐步发展成为真正现代化的智能电网的关键技术和网络创新。

2.4 什么是配电自动化

IEEE 将配电自动化定义为“配电自动化是一个系统，电力企业使用该系统可以对配电设备进行远程监视、协调和操作”[3]。类似地，我们将配电自动化定义为“在变电站以外的设备的任何动作，都是由配电网任何变化的自动响应所触发”。配电自动化可以使具有负荷转移和双向潮流的配电网在正常负荷和异常情况（故障、故障恢复）下集中式或分散式智能化自动操作。

2.5 信息技术与通信技术

配电自动化的一个关键推动因素是 IT 的问世，包括可靠性高、计算速度快和成本低的微处理器和通信技术的发展。直到 1971 年，英特尔 4004 的 4 位微处理器才被引入。自那以后，摩尔定律的正确性得以验证，微处理器的性能每 24 个月就翻一番。8 位微处理器引领了整个 20 世纪 70 年代，而 8080、6502 与 6809 则贯穿

了整个20世纪80年代。16位微处理器诞生于20世纪80年代，英特尔8086和摩托罗拉68000是这一时期的典型代表。32位微处理器主宰了20世纪90年代。英特尔、AMD和PowerPC的64位设计在过去10年中引领了时代方向。

与微处理器战争同时存在的是数字式射频通信的演变。1987年，GSM的2G数字蜂窝网络首次被提出并取代1G模拟蜂窝网络。GSM传输速度达到9.6kbit/s。CDMA的传输速度达到9.6～14.4kbit/s。GPRS的传输速度为9.6～115kbit/s。2003年，EDGE的传输速度达到了385kbit/s。1999年，高通公司首次设计了EV－DO，该技术被认为是3G，它将带宽增加到了1.5～2.4Mbit/s。2008年，首次推出了HSPA 4G通信。它的传输速度达到了10～50Mbit/s。

本节对微处理器和射频通信的发展做了简要总结，有力地提醒了我们，目前已有了用于配电自动化网络监测和控制的技术。目前的A－D传感与通信产品通常基于可靠且低廉的8位和16位微处理器设计，其中包含多种通信媒体。

2.6　故障检测、隔离与恢复（FDIR）

客户服务、网格可靠性、资产优化和持续收益是参与投资的公用事业、市政和企业的主要驱动力。这些驱动力是用各种参数来衡量的，其中两个强调电力中断管理，最突出的是作为关键性能指标（KPI）的系统平均断电持续时间指数（SAIDI）和客户平均断电持续时间指数（CAIDI）。这两个KPI用于能源行业来衡量运营效率。

过去，设备是作为独立资产部署的。打开熔丝，然后需要手动干预来替换。断路器需要一个合闸信号来通电。最近，采用编程打开重合器，然后重合电路来尝试查明“烧毁”故障的原因。多次尝试后，它们将停止重合闸活动并闭锁，需要手动复位。近来，重合闸已经进化到使用半智能自动分段开关来限制停电范围的蔓延，并将系统划分为更小的部分。

现在，重合器内安装了智能电子设备（IED）。它们的活动与其他馈线重合闸、连接点开关、变电站控制设备和电网运行中心算法协调，以便对停电做出尽可能快的响应。该技术的最新改进被称为自动故障检测、隔离和恢复（FDIR）。

由于微处理器和通信技术的进步，FDIR已成为一个综合应用。速度、性能和带宽几乎呈指数增长，而这些技术的成本却有所下降。

在图2.1的时间轴上，t0时刻发生故障，t1时刻在子循环内检测到故障，然后打开电路。在该点，断路器或重合器通常会进行三次尝试来恢复送电。如果故障是永久性的，则在t2时刻对系统进行隔离，没有故障的馈线会通过另一条线路来重新充电。稍后，当故障被清除时，t3时刻电路将恢复，并重新配置回原来的结构。

2.6.1　故障检测

故障可以通过熔丝或断路器检测出来。然而熔丝或断路器存在的问题是，电力员工必须找到故障点进行修理，然后更换熔丝或复位断路器。现在，保护继电器、

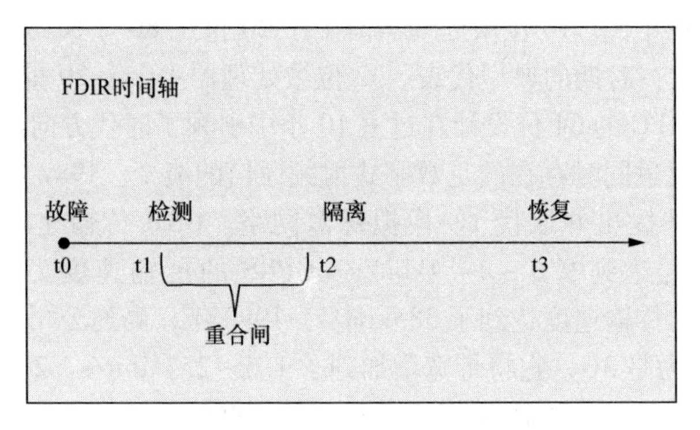

图 2.1　故障、检测、隔离和恢复时间轴

重合器和含 IED 的开关、具有 A－D 转换功能的基于微处理器的装置，可以测量线路电压、电流和电流波形，并通过分析这些测量量来做出决策。一种常见的 IED 决策是打开线路的开关。另一种决策是在断开线路之前尝试三相重合闸操作。近来，决策过程包括与其他 IED 之间的协调，以隔离故障并自动给未发生故障的馈线恢复供电。

2.6.2　重合闸

当保护装置检测到负荷侧故障，在断开电路后，会进行一次重合闸，并查看电源侧电压。重合闸装置在尝试消除故障后接通电路。如果故障仍然存在，则重合闸装置将打开电路。重合闸尝试恢复送电，通常是在 3 个时间间隔内，分为 0.5s、15s 和 45s。如果是永久性故障，则闭锁重合闸。

2.6.3　隔离故障

故障隔离是通过变电站断路器、重合闸和联络 IED 动作实现的。隔离与恢复未发生故障的馈线部分可以通过含协调定时器的独立型 IED 来完成或通过通信协调的 IED 来完成。本书后面将介绍这些体系结构的优缺点。

电力企业往往通过以下几种方式来确定故障位置并进行修复：①通过客户投诉电话（最差的情况）；②通过巡视检查馈线，驾车观察故障指示器或坠落的线路；③通过 SCADA 系统接收现场 IED 的报文，得知故障点的近似 GPS 定位（最佳情况）。

2.6.4　恢复送电

一旦修复故障，馈线将恢复到其原始配置。这可以通过协调 IED 系统手动或自动来完成。在恢复送电并将馈线返回其原始配置时必须非常小心。

2.7　FDIR 系统架构

有三个用于寻址 FDIR 的主要系统体系结构：环路控制方案、P2P 报文传送和分散化。下面将对这些进行描述。

环路控制方案是采用 IED 来实现，但不需要通信。在图 2.2 中，电源是一个变电站，含有 IED 的断路器、VT（电压互感器）和 CT（电流互感器）。断路器为负荷侧供电。如果在电源 1 断路器和分段重合闸装置之间发生故障，则拉开断路器。断路器执行重合闸算法。如果无法消除故障，断路器则锁定在打开位置。分段和联络重合闸装置检测到电源侧无电压，则由它们执行重合闸算法。当电源 1 断路器锁定时，重合闸装置也会打开，隔离故障。通过关闭联络重合闸装置来反馈未发生故障区域，并为系统的这一部分恢复送电。

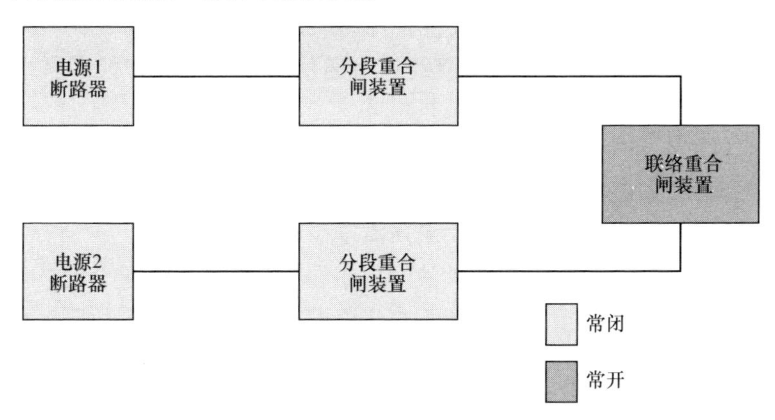

图 2.2　采用环路控制方案的 FDIR

图 2.3 是一个简单的例子。通常，馈线将有个分段重合闸装置。系统的行为可以通过所有知道重合闸算法的 IED 实现。IED 用定时器和计数器来协调它们的重试和闭锁行为。

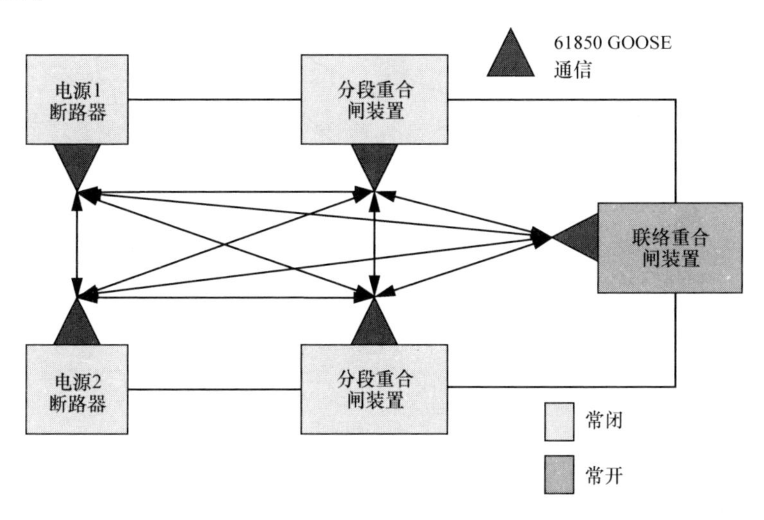

图 2.3　采用 P2P 报文传送的 FDIR

如果永久性故障发生在最后一条馈线的分段重合闸装置和联络重合闸装置之间，那么该联络重合闸装置可能将电源 2 的潮流反馈至故障部分。

P2P 报文传送的 FDIR 方案是采用 IED 与 P2P 通信来实现的。通信媒介可以是光纤电缆或铜线，但通常是基于射频技术的。为了实现该体系结构，必须使用支持 P2P 寻址和协调的通信协议，如 IEC 61850 GOOSE。图 2.3 显示了每个 IED 与其他 IED 都是点对点连接的。每个 IED 都必须通晓馈线网络拓扑结构。馈线 1 上的 IED 很有可能与馈线 2 上的 IED 没有彼此通信的必要性，因此这些链接可能会从协议寻址机制中删除。馈线上某个 IED 的通信链必须被该馈线上其他 IED 所知晓，并且联络重合闸装置必须能够与两侧的馈线进行通信。在一个含有很多联络点的电网中，其网络架构实现起来会变得复杂。

当馈线上某处出现故障时，故障部分立即通过 IED 之间的 P2P 通信来交流信息。IED 的动作与回路控制方案中描述的类似，但不需要与硬件定时器和计数器进行协调。重合闸策略和结果会被传送给所有受影响的 IED。

在这个体系结构中，如果永久性故障发生在末端馈线分段重合闸装置与联络重合闸装置之间，那么联络重合闸装置不会将电源 2 的潮流反馈至故障区域。所有通信 IED 都知晓故障部分。

分散型 FDIR 通常应用于含有多条馈线的变电站计算机上（见图 2.4）。它也可以应用于互联网络中的多个变电站之间。

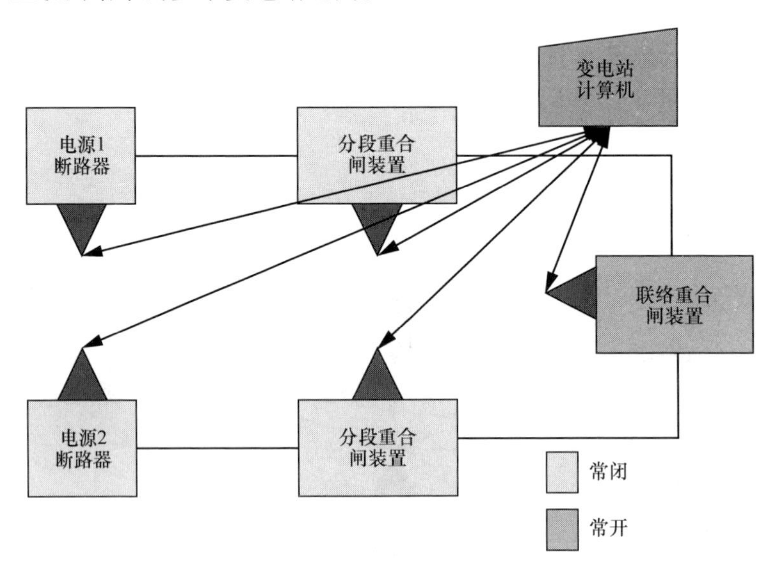

图 2.4　分散型 FDIR

分散型 FDIR 使用连接矩阵来表示配电网方案，其中包括三种类型的组件：电源、开关设备和负荷。FDIR 读取所有设备的状态，如果电网中开关有打开或闭合引起状态改变，则更新连接矩阵。FDIR 逻辑读取每个设备的负荷电流，并实时更

新负荷。电源的容量也经常更新，特别是当备用电源在电网中可能会切换为未发生故障区域提供电能。

如图 2.5 所示，来自重合闸装置或 IED 的闭锁信号触发了 FDIR 逻辑。利用连接矩阵来查找故障旁边的 IED 和开关。FDIR 与这些 IED 通信交换信息，通过打开其附近的开关来隔离故障。然后，尝试为发生故障的负荷恢复送电。FDIR 逻辑搜索从电源到常开的联络重合闸装置之间所有可能的路径。如果找到一条或多条连接路径，并且如果电源有足够的容量来为额外负荷供电，FDIR 则计算新路径上的负荷预期，并将负荷改变的消息发送到继电保护装置中来更改其定值，并向联络重合闸装置发送合闸命令。

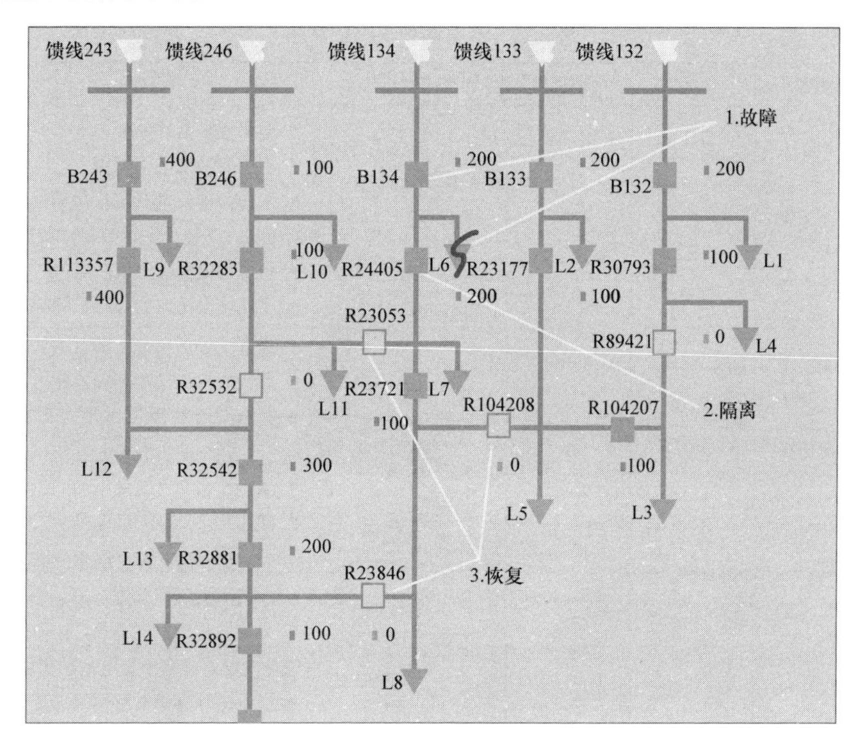

图 2.5　分散型 FDIR 网络

一旦故障被清除，FDIR 逻辑能够通过 FDIR 的返回操作和安全检查运行状态，将电网恢复至故障前的运行状态。

FDIR 可以以手动、自动或试验模式执行。首次安装 FDIR 时，电网运营商可以选择手动模式，以便熟悉系统。在手动模式下，操作员通过变电站计算机上的 FDIR 人机界面对每个开关进行确认。在自动模式下，隔离和恢复操作是自动执行的；打开和关闭开关，隔离故障，在不需要人为干预的情况下对负荷恢复送电。操作员可以在试验模式下运行 FDIR 来测试 FDIR 逻辑的行为。在试验模式下，FDIR 逻辑可以模拟任何负荷的故障，生成隔离和恢复送电，并将其记录到操作员日志中，而不向 IED 发送实际命令。

如图 2.5 所示，使用网络对分散型 FDIR 的功能进行描述。该电网含有两个变电站，分别有 2 条馈线和 3 条馈线。馈线之间通过常开的联络开关连接在一起。当负荷 L6 出现故障时，重合闸装置 B134 闭锁。FDIR 逻辑向 R24405 发送一条分闸命令来隔离故障。然后，FDIR 逻辑检查网络并查找负荷 L7 和 L8 到其他电源的路径：馈线 243、馈线 246 和/或馈线 133。如果馈线 246 有足够的容量通过 R23053 为额外负荷 L7 和 L8 供电，然后 FDIR 逻辑更新继电保护装置 B246、R32283 和 R23721 的定值，并发送一条合闸命令至开关 R233053，为负荷 L7 和 L8 恢复送电。

表 2.2 为不同类型的 FDIR。

表 2.2　不同类型 FDIR 总结

FDIR 类型	通信	可扩展性	对顾客满意度影响	评价
环路控制方案	否	小	好	• 适用于小型化部署 • 不需要通信基础设施 • 采用简单的 IED 测量负荷侧故障、电源侧电压，并与计数器与定时器相协调 • 将备用电源接至故障区域 • 全面恢复送电需要很长的响应时间
P2P 报文传送	是	中	更好	• 提升了小型化部署的自动处理能力 • 更快的故障检测与隔离能力 • 获取关于故障发生地点更为精确的信息 • 减少了全面恢复送电的响应时间 • 随着电网规模和容量大小的增大，IED 配置复杂度大幅增加
分散型	是	大	最好	• 适用于大规模部署 • 尽管被称为“分散型”，但是更准确来说是变电站或多个变电站的集中式 • 变电站计算机上有网络连接图 • 精确的故障定位判断 • 电路加载信息使得开关动作更加安全 • 全面恢复送电的最快响应时间 • 全面实现对运维成本产生的最佳影响 • 最好的顾客满意度

2.8　电压 - 无功功率优化

你有没有想过，全世界消耗了多少电能，从发电厂到最终用户的线路上损失的电能，有多少可以被节省下来？这些损失的能量哪怕减少一小部分，温室气体可以减排多少？电力行业目前正在研发新技术及整合电力系统，来降低电能损耗和对配

电系统的需求。目前有广泛的解决方案可以提高能效和优化需求管理。

电压-无功功率优化（VVO）是这些应用的最新发展。与使用不协调的局部控制的传统方法不同，VVO 使用实时信息和在线系统模型，为离散控制的不平衡配电网提供优化协调控制方案。通过最大限度地提高能源输送效率和优化峰值需求，配电公司可以在节能改造的新前沿实现巨大的节能。VVO 通过不断优化无功电源和电压控制能力来帮助实现这些目标。

输送到负荷侧的有功功率 P 总是伴随着无功功率 Q。在历史上，无功功率潮流被视为必不可少。负荷和架空线路主要消耗无功功率（容性），而电缆主要产生无功功率（感性）。然而，两者之间的平衡并不完美。

整个系统必须输送额外的电流来支持 Q，这就带来几个不良后果：①增加了线路、电缆、母线、变压器、开关等的网损（见图 2.6）；②电流作用在线路阻抗上，引起压降，造成线路电压不均匀。

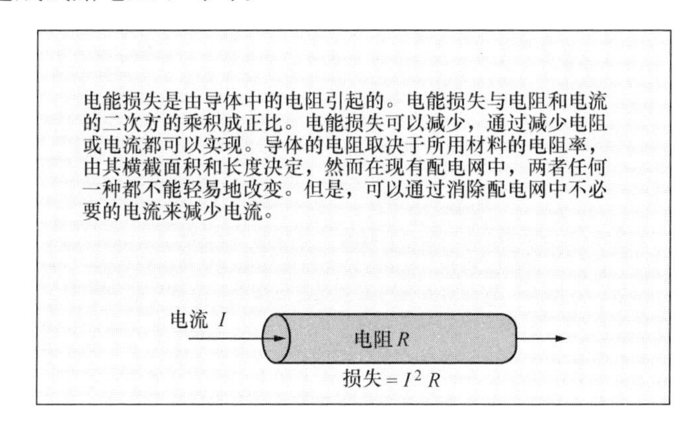

图 2.6 电能损失

当负荷和架空线路需要无功功率时，在给定点的系统电压 V 上的视在功率 S 会导致电流 I 的增加，如图 2.7 所示。

$$S = \sqrt{P^2 + Q^2} = VI$$

式中，S 的单位为 kVA；P 的单位为 kW；Q 的单位为 kvar。

这些因素在节能方面都有很大的提升空间。据估计有高达 5% 的系统网损可以通过无功功率补偿来消除。相比之下，在美国，仅减少 1% 的峰值负荷需求，就可以节省 8GW 的发电量[4-5]。

以前都是沿配电线路三相上安装固定集中式电容器组。某条特定长度的输电线路会在其线路长度的 40% 和 80% 安装一到两组电容器。这些电容器组会充当无功电源提升其安装处附近馈电线路的电压，并降低支撑相同负荷所需的输送电流。尽管这为优化运行迈出了第一步，但这还远远不够。

负荷和产生的线路电流都是动态的。这种变动和波动以日变化（白天、夜晚交流输电线上的电压和电流波形通常是正弦波。在“理想”电路中，两者是完全同步的。然而，在实际的交流线路中，两者之间往往存在时间差。这种滞后是由线路附加设备和线路本身的电容和电感特性引起的。

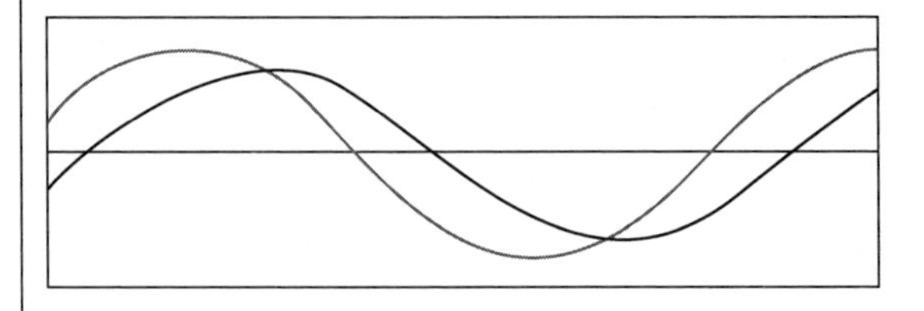

任何时候的瞬时潮流都是瞬时电流和瞬时电压的结果。这个功率的平均值比没有时间滞后（电压和电流幅值不变）时要低。事实上，功率甚至短暂地流向“相反”的方向。

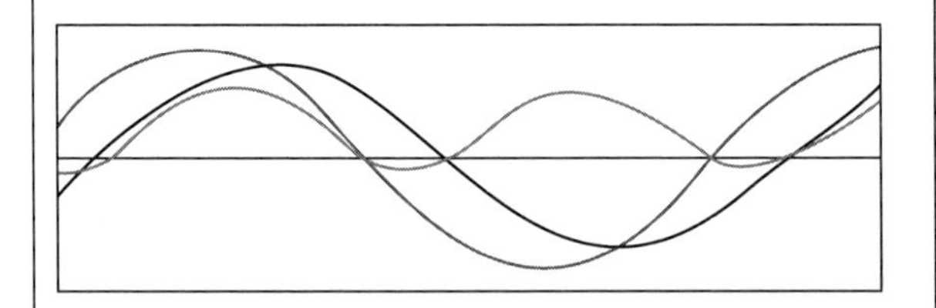

曲线间时间滞后越大，能量输送越低。因此，这种滞后（以相位角表示）应该最小化。每个时间单位的平均能量传递称为有功功率（W）。无功功率（var）则是在线路上流动但不能有效使用的额外功率。

图 2.7　有功功率与无功功率

负荷）、周变化（工作日、周末负荷）、季度变化（夏季、冬季负荷）三种形式呈现。但是，固定安装的电容器是不能变化的。下一步则寻求一个优化的智能系统通过投切电容器组来进行电压和无功功率补偿［简单的电压 - 无功功率控制（VVC）］。电容器组应该有自身的由专用控制器控制的开关（或在某些情况下为接触器）。控制器会根据多个参数来投切电容器组：

- 一天中的时间（上午 7:00 投入，下午 7:00 退出）。这需要电子控制器的时钟。
- 环境温度［$T>90$℉（约 305K）时投入，$T<80$℉（约 300K）时切除］。这需要温度传感器。
- 电压大小（当电压降至 0.97pu 以下时投入，当电压上升到 1.03pu 以上时切除）。这就需要在线路上获取范围为 110～220V 的电压信号。为控制器供电的配电变压器也用作电压传感器。
- 电流大小（当电流 $I>x$ A 时投入，当电流 $I<y$A 时切除）。这需要电流传

感器或电流互感器（CT）。

- 无功潮流。这需要控制器获取单相或三相电压 V 与电流 I 信号，对这两个向量求取数量积，并将结果与预先设定值 Q_{on}、Q_{off}对比。

如今，大多数控制器都提供了以上的所有功能。此外，许多还配备了远程通信功能。另外，它们中很少有反馈信息（双向通信）的机会，即确认开关是运行的，或者电容器组正在按预期的方式运行。

尽管配电线路上的电容器组通过产生无功功率来提高线路的电压，但是电压调节器（VR）是另一种调节线路电压的技术。实际上，在本质上都是通过上下调节有载调压（LTC）变压器的分接头来使电压保持在期望范围内。

此时，电网智能化成为现实。具有控制器的可切换电容器以及有两种通信方式的稳压器可以成为实现更大目标的一部分，即系统可以从变电站的一系列的控制器和电压调节器位置收集数据，处理所有线路的数据，计算最优无功潮流，投切电容器组，调节分接头以实现最优运行。这种方法通常被称为综合性 VVO。

作为智能电网电压和无功管理的终极步骤是全网 VVO 的出现，它应用了上述所有的解决方案，结合配电网系统的水平、不平衡的负荷潮流分析，所以单相负荷和相间不平衡问题都得以最小化。

表 2.3 总结了电压－无功效率在不同级别上的应用、优点和所需设备。

表 2.3　电压－无功效率级别

层次	范围	通信模式	决策模式	适当应用
1	设备	无（仅通知时有）	本地，自治	保护设备监控、诊断
2	馈线或变电站	分层（主/从）	中心	恢复、VVC、VVO
2　P2P	馈线或变电站	P2P	协作	恢复、VVC
3	系统	分层（主/从）	中心	VVO

在表 2.3 中，VVC 和 VVO 的不同方案也可以在通信和决策过程中分层描述，如图 2.8 所示。

另一个与智能电网配电自动化与电压－无功效率提升密切相关的程序简称保护电压降低（CVR）。这个概念很简单。大多数电力负荷消耗的功率与供电电压成正比，即电压越高，有功功率 P 损耗越多。两者的特定关系根据负荷类型的不同而有所不同。不同的负荷模型包括：

- 恒阻抗型负荷，最普遍的传统主要负荷。由于负荷的阻抗不变，电压的降低意味着电流的降低，因此功率则成二次方降低。例如，电压降低 3%，功率则降低 6%。
- 恒电流型负荷，无论作用在负荷上的电压多大，电流始终不变。电压降低

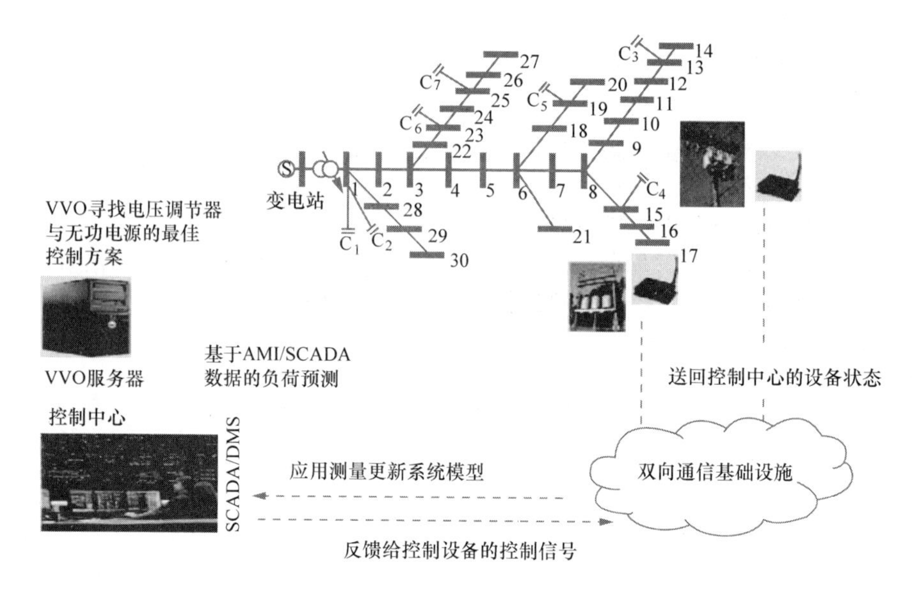

图 2.8　VVO 的工作原理图[6]

多少，功率以同等程度降低。例如，电压降低 3%，功率也降低 3%。

- 恒功率型负荷，无论系统电压大小（当然在一定限度内），都为所设计的电力系统提供恒定的功率，为电动机提供恒定机械功率或为等离子电视提供恒定的功率，或维持 PC 屏幕的恒定亮度。在这种负荷模式下，当电压降低时，负荷功率不变或变化很小（增加），这是因为在较低电压下，电流必须增加以维持负荷的恒功率输出。因此，负荷的内部损耗则稍有增加。

如果所有负荷连接到一个配电线路上，那么该负荷通常可以等效为恒阻抗、恒电流、恒功率型负荷。因此，即使馈线的电压幅度出现很小的压降，也可以在不影响负荷本身的情况下降低负荷的功率损耗，从而为电力企业节省大量的电能。当电力系统达到负荷峰值，且发电机组满负荷运行时，这在高功率需求期间就变得至关重要了。电力企业应用 CVR 来小幅降低配电线路的电压，从而降低这条馈线的功率损耗。然而，这有一个重要的限制性因素。所有负荷的供电电压必须维持在规定的范围之内。电压不能低于或高于规定的电压值。没有 VVC 或 VVO，线路的电压水平曲线如图 2.9 所示。

变电站侧线路电压即使降低 1%，线路终端也有可能会导致一个不可接受的低电压。它的解决方案则是智能 VVO 方案。通过压平电压分布，可以实现更大的压降，因此需要更有效的电力需求管理。

图 2.10a 中的曲线为非 VVO 的馈线电压曲线，图 2.10b 是采用智能 VVO 的馈线电压曲线。可以清楚地看到，有较平坦的电压分布，馈线电压会有较大的空间来上下调整，使得电压仍然停留在规定的调节范围内。图 2.10b 中 UM + LM 的范围

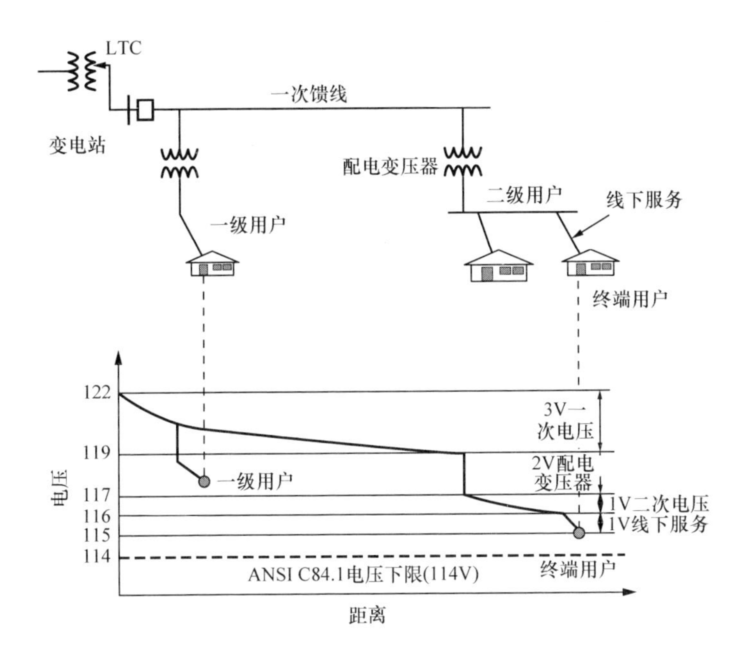

图 2.9　配电网电压分布

比图 2.10a 大得多。最近出现了一个新趋势，客户尝试集成或组合不同的自动化程序，以获得更好的结果。当 FDIR 和 VVC 都应用于同一电网时，有可能节省大量电能，但同时还需要解决一些问题（见图 2.10）。这些问题是：

- FDIR 影响 VVC：当 FDIR 功能修改网络拓扑结构时，产生的新网络可能会有局部最优化功率因数和电压分布。VVC 应该纠正这一点，并使新的网络处于最佳运行状态。例如，在故障发生前投入电容器组抬高馈线电压，在故障隔离和恢复后，新负荷会被添加到正常运行的馈线中，并在出现故障的馈线中切除一些负荷。根据原有的网络方案，原有电压降低和无功电压优化将不再有效。“固定” VVC 算法将产生错误的输出。

- VVC 影响 FDIR：如果 VVC 首先运行，它的算法将修改网络（分接头位置和投切电容器组）来控制馈线电压，这也改变了馈线的容量。如果 FDIR 不知道状态的改变，则在故障恢复过程中，当它检测到正常运行的馈线有足够的容量承担故障馈线的负荷时，FDIR 会做出错误的抉择。

因此，VVC 和 FDIR 相互影响，应协调统一。这种新的综合方法有时称为综合馈线自动化控制（IFAC）。这两种智能电网功能的实现还通过使用常规通信通道、网络模型知识、网络状态模型、人机界面（HMI）和事件报告等方式减少了重复和总体成本。

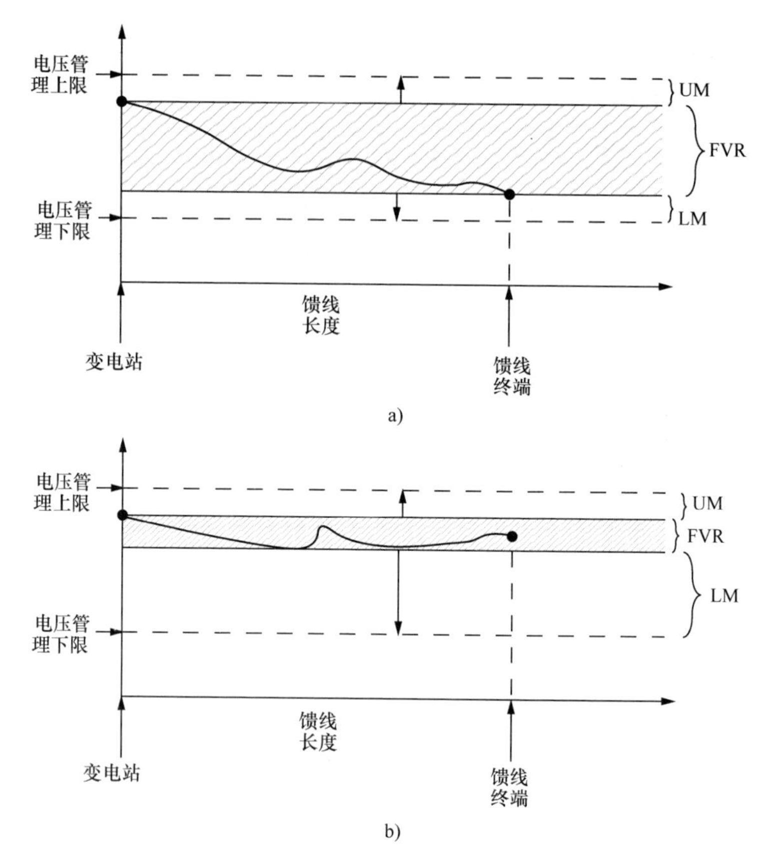

图2.10　在电压调节范围内馈线电压分布：a）应用VVO前；b）应用VVO后。FVR为馈线电压范围，UM为电压上调裕度，LM为电压下调裕度，（UM，LM）定义馈线电压可上下调节的电压裕度

2.9　小结

总而言之，采用不同的电压－无功功率和FDIR管理解决方案，可以获取不同级别的收益。解决方案可以是三相的，或在更高级的方案采用单相。更加先进的解决方案需要更多的传感、测量、通信和软件，但它们会带来更大的收益。根据系统操作员的复杂程度，可以研发一个解决方案，在最大程度上满足用户和在投资水平上的系统所有者对特定系统的需求。智能电网配电自动化的道路是渐进式的、某时期的一项智能技术。

这里的主要目标不一定是建立新型发电方式，而是减少碳排放，减少对石油和其他化石燃料的依赖性，并优化电网性能。这意味着识别和消除瓶颈（薄弱环节）并最大限度地提高资产利用率（例如，600A的断路器仅使用200A）。正如前面所述，配电自动化确实是电网的“自动化前沿终结者”。

参考文献

[1] *"What caused the Power Blackout of 2003 to spread so widely and so fast?"* Genscape. [Online]. Available: http://genscape.com/pages.php?uid=4&sid=10&nid=34&act=news.

[2] *"Northeast Blackout of 2003"* Wikipedia. [Online]. Available: http://en.wikipedia.org/wiki/Northeast_blackout_of_2003.

[3] *"NIST Interim Smart Grid Standards Interoperability Roadmap Workshop,"* contribution from IEEE PES Distribution Automation Working Group. [Online] [PDF]. Available: http://grouper.ieee.org/groups/td/dist/da/NIST%20INTERIM%20SMART%20GRID%20WORKSHOP%20IEEE%20PES%20DAWG%20CONTRIBUTIONMay1st09.pdf.

[4] US Energy Information Administration, International Energy Annual 2006. [Online]. Available: http://205.254.135.7/iea/overview.html.

[5] World Net Electric Power Generation 1990-2030. Energy Information Administration (EIA), International Energy Annual 2005 (June-October 2007), website: www.eia.doe.gov/iea. [Online]. Also available: http://www.scribd.com/sabitavabi/d/59845714-World-Electric-Power-Situation

[6] Xiaoming Feng *et al. "Smarter Grids are More Efficient: Voltage and Var Optimization reduces energy losses and peak demands."* ABB Review. 3/2009.

第3章

高级资产管理

Mietek Glinkowski，Jonathan Hou，Gary Rackliffe，ABB公司

在北美，智能电网技术通常与自动计量基础设施（AMI）联系在一起，以方便实时电价、需求侧响应和其他面向用户的应用程序。最近，AMI通信，特别是广域无线，已经启用了配电管理系统（DMS）和配电自动化（DA）应用程序，以创建“自愈”型电网。这一愿景不仅涉及智能仪表，还涉及保护和控制设备、通信系统以及各种传感设备和监控系统。

通过配电网获取更多、更详尽的数据，就可以将更高级别的自动化引入到电网的日常管理中。潜在的扰动可以被及早发现，并且可以在不需要人工干预的情况下解决。

随着越来越多的智能技术被引入输电网与配电网（T&D）中，甚至在设备级别上，电力企业开始探索利用这些设备生成大量数据的潜力。其目的是为了更好地了解电网资产的实际情况，使运行和维护工作能够随着整个网络的性能进行优化。

这就是众所周知的资产管理，以一种成本效益的、可编程的方式来维护变压器、断路器和其他设备的可靠性。从历史上看，良好的资产管理意味着在特定的时间段遵循制造商指导原则进行定期维护。现在，这几个方面的技术进步使一种更加成熟的方法脱颖而出。本章将探讨所谓的资产健康管理（AHM）。

本章首先从技术的角度和设施管理的优先级来评估现状。然后讨论了AHM的基本原理、技术基础，以及它的广泛采用所面临的挑战。最后，探讨了实施AHM的一些最佳案例。

3.1 老化的和正在老化的基础设施

众所周知，北美的基础设施投资经历了长期的衰退，直到最近才被扭转。这一趋势的结果在电力输送系统中尤其明显，目前电网上的许多设备都远远超出了设计寿命。例如，电力变压器的平均年龄超过40年。

虽然大规模的停电（输电网层面上）引起了媒体和公众的注意，但事实是，每年发生的大部分停电事故都发生在较小区域，通常发生在配电层面。报告显示，

它们每年造成经济损失为800~1500亿美元。不过，根据2011年McDonnell集团对主要电力企业进行的一项研究，电力企业高管表示，新资本支出获得监管批准的难度要比为修复或更换现有设备资产更容易。

这说明了一个重要的区别。检修通常受到运维（O&M）预算的影响，而新资产的特征是资本支出。前者是基于投资失败的风险，或者是设备已经达到了其使用寿命的终点。后者是由设备容量或可靠性要求驱动的。这两种支出都需要进行监管审查，但两者的适用标准却不相同。

与此同时，对电力的需求持续增长。在世界某些地区，电力需求的增长几乎是整体能源需求增长的2倍。在北美，电子设备的普及，大房子的趋势，甚至大数据中心的增长（电力消费占比为1.5%），这些都导致了电力需求的不断增长。除了这一趋势之外，大规模电力交易还造成了对大量电力的持续需求，这些电力需要长途运输，从而对电力基础设施提出了更多的要求。

目前的北美电网在设计时并不能承载现如今电力需求的容量和复杂性。它是从孤立的电网演化而来，发展成我们今天所知的相互关联的系统，但这种演变是渐进式的，也不是总体规划的。其结果是，形成了在输电层面上由10~15个电压等级组成的混合系统，总的输配电系统网损为8%~10%。相比之下，最近建成的韩国系统使用了三种输电电压等级，其网损仅为4%。

这并不是说美国的输配电系统完全一无是处。相反，它们非常可靠——以致我们大多数人都认为可靠用电是理所当然的。电力企业能够可靠地输送电能与支持电网的人们有很大的关系，而且原有经验也在逐渐过时。

电力企业员工数量的变化已经讨论了很多年了，但事实是，在未来几年，该行业将失去近一半的技术员工。GridWise联盟最近的一份报告指出：“由于退休或减员，电力公司将需要在2015年替换掉46%的熟练技术工人岗位”。这些员工头脑中对于企业规章制度的熟知却是不能忽视的。

3.2 企业优先发展的技术

综上所述，电力公司非常注重维护可靠性，特别是在维护其系统的上升成本上，这就并不奇怪了。在之前提到的McDonnell集团的调查中，53%的受访者表示确保可靠性是他们最重要的总体战略，几乎所有人（94%）都将其列为他们的前三位。在维护成本方面，74%的人把变电站资产维护的成本列到第一位。相比之下，在接受调查的电力公司高管中，有35%的人认为遵守企业规章制度是头等大事。

McDonnell集团的调查还考察了信息技术（IT）与运行技术（OT）的融合，这种技术在推广智能电网的背景下愈发流行。在接受调查的电力公司高管中，83%的人认为信息技术/运行技术整合是非常重要或至关重要的，但只有29%的人认为自己公司目前的整合水平非常好或非常优秀。

这项调查描绘了一幅北美电力工业转型的生动画面。面临的挑战在于如何在保证或提高客户期望的可靠性的同时，管理从传统电网向现代电网的转换。显然，电力公司明白技术在影响这一变化方面的重要性，但在最后的观察报告中，McDonnell 集团的研究作者指出，受访者认为信息技术是基于工程的运行解决方案的驱动因素，而不是相反的。因此，智能电网技术是实现各种目的的手段，其中之一是对资产健康管理的综合方法。

3.3 资产健康管理（AHM）

AHM，就像广义的“资产管理”一样，具有广泛的意义和内涵，并且不同人有不同的见解。在这一点上，真正的端到端 AHM 还没有被大多数企业所采用。这是有原因的，我们稍后会看到，但事实仍然是大多数电力企业，尤其是较小的组织机构，仍然很大程度上依赖于定期检修。

然而，与 AHM 相关的潜在回报是令人满意的。在 AHM 解决方案中获取的数据也可以在管理决策中发挥重要作用，并且可以为企业寻求向监管机构解释支出提供了坚实后盾。同样，这些数据也可以为延期投资提供理由。在这两种情况下，关键的考虑因素是对可靠性的影响，而这正是 AHM 试图以更准确、更经济的方式解决的问题。

这代表了从定期检修到状态检修的转变，以及从强调资产的历史性能到强调未来的性能和风险的转变。

3.4 AHM 红利

实现端到端 AHM 的核心好处是提高了可靠性。这对电力企业、客户和整个社会都有影响，因为当电力供应不受干扰时，资本资源得到更有效的分配，损失得以减少。对于电力公司来说，好处还不止于此。

例如，当使用智能仪表支持 AHM 可以获取配电网运行状况的信息时，电力企业可以在应用 AMI 中获取附加收益。AHM 系统收集的数据也可以用于支持成本回收和法规遵从。如果电力公司知道哪些电力设备最容易发生停电事故及停电事故所带来的影响，那么有限的运维预算会被更加经济高效地分配。AHM 提供企业所需的信息，以达到这一认知水平并为其决策提供依据。

受益于更好资产管理的另一领域是安全。简单地说，现场人员与设备进行肢体接触的次数越少，发生危险事件的可能性就越小。更多关于某一设备状况的信息以及设备发生故障可能性的信息，也将帮助电力企业员工谨慎地接近该设备。

3.5 AHM 技术

基于电网资产实际运行状况的重要检修决策，意味着需要应用大量技术来度量、收集、通信、分析和存储来自现场的数据。其中一些设备已经就位。例如，数

字继电器通常能够提供比它们所使用的数据多得多的数据。它们可能包括数字故障录波器、事件顺序录波器、同步相量测量、断路器分合状态和时间设置信息，所有这些都可以被 AHM 系统利用。

在研发的各阶段会产生几项新技术，它们在一定成本下会提供更多的数据，而这些数据将被广泛应用。其中一个例子是由美国电力科学研究院（EPRI）研发的用于变压器状态监测的气-油传感器。当该设备大规模商业化应用时，它将取代现有技术，花费数千美元，EPRI 估计将会在 1000 美元左右。

当然，随着收集现场数据的成本下降，收集的数据量趋于上升，这又带来了新的挑战。实际上，智能电网投资的全部价值实现往往局限于通信系统容量的限制。然而，这种情况正在发生变化，数据回传的吞吐量会随着可靠性而增加，随着目前业界的关注而聚焦到数据存储上。

随着数据流的激增，电力企业将面临两个相互关联的挑战：如何管理来自各种来源的大量数据的流入，以及如何使其应用于各种应用程序。后者尤其重要，因为在与其他信息相结合时，给定信息的价值往往被放大。

在“数据”与“信息”之间有一个重要的区别。AHM 是数据驱动的，但是当资产管理人员面临来自电网资产的大量原始数据，因数据过于庞大而束手无策时，这对于 AHM 毫无益处，也不会带来更好的决策或更低的成本。为了更好地利用来自现场的大量数据，AHM 系统必须拥有数据可视化的先进工具，以便用户能够从中提取有意义的信息。

3.6 挑战

如上所述，AHM 必须克服的最大障碍是挖掘它的全部潜力来把越来越多的数据编入可执行的信息之中。随着传感器技术、通信和数据存储相关技术成本持续下降，这将变得更加困难。电力企业面临着一个持续的问题，即什么数据是重要的，以及它如何（以及应该）在优化资产管理实践中使用。

对于电力企业来说，复杂问题是当前相关数据可能存储在各种不同的系统中。监控与数据采集（SCADA）系统、能量管理系统（EMS）、企业资产管理系统、流动员工管理系统——这些都有自己独特的数据格式。因此，这些不同系统的整合对于电力企业实现全面 AHM 至关重要。这其中，标准尤为重要。公共信息模型（CIM）是一个数据标准的例子，它在探索允许系统之间进行信息共享。

标准对于促进不同厂家的设备和系统之间的兼容性也很重要。被锁定在任何专有数据标准中存在内在风险，这相当于把该电力企业绑定到单一设备供应商。诸如变电站通信标准 IEC61850 这样的开放标准提供了一个可选择方案，允许不同供应商的组件一起工作。

当然，某一特定电力企业的历史数据甚至可能不以电子表格形式存在。考虑到诸多输配电资产的使用寿命，这代表一个特殊的挑战，但至少有一个特定的寿命。

最后，公用事业公司面临的一个长期挑战是信息技术和运行技术的融合。如前所述，这一进程已经在进行中，但它很可能在未来几年以多种方式发挥作用。

3.7 最佳实践

在电力企业资产管理领域应用最广泛的最佳实例是 PAS 55，它由美国资产管理协会（http://theiam.org）所支持。近些年来，PAS 55 已被英国、澳大利亚、新西兰和加拿大的许多电力企业所采用，并取得了很大成效。例如，英国国家电网在 2005 年就采用了 PAS 55 的做法，并将其扩展到该公司在英国和美国的所有业务。

国际标准化组织（ISO）正在建立一个基于 PAS 55 的资产管理国际标准。该标准将分三部分发布：

- ISO 55000 将规定资产管理的概述、概念和术语。
- ISO 55001 将详细说明优秀资产管理实践即“资产管理系统”的要求。
- ISO 55002 将提供释义和实施指南。

除了更严格的 PAS 55，大多数领先的资产管理过程都分为 4 步：规划、实施、评估和执行。

1. 规划

该规划方案是由既定的资产管理政策所驱动的，为资产管理战略以及目标和方案的制定和控制提供了框架。该政策得到了公司高级管理团队的支持，并且应该有一个执行发起人。

2. 实施

业务部门经理根据资产管理政策研发机构资产管理策略和目标。该策略涉及资产管理方向、目标、计划和系统性能指标。量化度量的资产管理目标必须与政策进行信息交流，并考虑相关风险。然后制定具体的资产管理计划，以支持政策实施的每一个方面。这些具体的资产生命周期活动包括规划、设计、工程、运行、维护、修理、翻新、更换和报废。

3. 评估

资产管理决策基于资产状况、运行状态、测试结果、过去表现和系统负荷等。复杂的资产健康决策过程还应该评估系统风险对环境、客户、员工和业务的影响，以确定最优解决方案。为了确保正确的执行，需要对性能改进进行常规审核及校验。

4. 执行

资产管理方案的执行是高级资产管理实践中最关键的一步。

3.8 高级资产管理实践

大多数北美电力公司都采用传统的定期检修方式。这种制度很容易建立，执行

成本昂贵。在某种程度上，不管设备的运行状况如何，公司都在按既定的时间表进行维护（例如，每6个月进行一次油样试验）。这种方法是一种最小公分母的方法，在这种方法中，所有设备的检修都是在这些设备最坏的情况下的检修周期进行计算的。

更符合成本效益的方法则侧重于状态检修，它尝试在资产从规划、设计、工程、信息获取和安装到运行、维护、修理、翻新乃至最终报废，将资产的总成本最小化。它为设备的完整生命周期提供了管理成本和风险的目标。例如，一年一次的油样试验对于新变压器来说是足够了，而频繁的油样试验则是针对较老的设备或有缺陷记录的设备。

高级资产管理系统优化所有资产的可靠性、可用性和灵活性，为资产所有者提供最大的系统收益。

- 可靠性是衡量设备状况的一个指标。例如，变压器能否在特定的运行条件下可靠运行？设备可靠性指标会随其运行历史、目前的健康状况、生命周期状况、负荷要求等而改变。系统和设备的可靠性主要受资产状况的影响。
- 可用性是衡量正常运行时间的标准。如果变电站正在进行重大的技改项目，未来6个月可能无法使用可靠的变压器。因此，无论其运行条件如何，该变压器都不能使用。或者，由于冷却系统的限制，系统容量被限制到50%。设备的可用性主要受到商业运行和检修计划表的影响。
- 灵活性是对系统或子系统的服务可用性的度量。例如，与单母线接线方式相比，双母线接线方式变电站具有更好的运行灵活性。智能电网技术还增加了运行灵活性，允许电力企业管理电网资产和隔离故障。因此，灵活性受到系统接线方式和调控方案的影响。

3.9　资产健康状态评估

状态检修的核心是单个设备/资产状态评估或分析。这些利用历史运行数据、检测记录、检修记录和同类型设备的性能统计数据，来推断未来该项目设备的运行状况。一些分析还可以从实时监控中获取信息，以提供最新的运行状况。例如，变压器资产分析可以考虑来自油中溶解气体分析（DGA）结果、电气试验、故障检修记录、SCADA保护数据等的测量结果，为所有类似设备提供了可量化和可重复的评估方法。

子系统或全系统分析则是整合所有单个设备分析以提供系统级的状态评估。例如，变电站的状态评估可以基于变压器、断路器、隔离开关等的设备分析结果。

3.10　风险规划

设备停电的风险评估是高级资产管理运作中的一个重要组成部分。例如，相比于农村居民点的电网，市中心医院的电网要重要得多。这是“生活之光”与“生命之光”的对比。

在典型的风险规划过程中，资产管理者应该考虑潜在的风险/威胁发生的可能性，潜在的影响严重性级别，以及需要的风险消除措施。高级资产管理方法本质上是一种风险管理方法，以尽量降低整体运行风险和整个资产生命周期成本。资产管理人员必须仔细评估整个系统的风险影响，因为这个规划的结果可以为决策和资源优先次序提供一个框架。

3.11 决策支持

决策支持是高级资产健康管理方案中最重要的部分。智能电网设备的数据被转化为信息，这对资产所有者的利益和风险以及如何采取措施具有重要意义。电网和历史数据字符串中有数百万个数据点。决策支持系统必须处理来自智能电网传感器和运行状态的所有数据，以提供基于设定目标和运行参数的最佳动作方案。

这个可重复的决策支持过程为电力企业提供了一个文档化的过程改进方法和一个可靠的、合理的决策理论基础。

第4章

广域早期预警系统

Innocent Kamwa，加拿大魁北克水电研究所

4.1 引言

现有电网的运行已接近其稳定极限是个不争的事实，例如，没有足够的输电扩容量来接纳可再生能源发电并网。为了控制日益增加的大范围断电现象，需要对这些限制进行可靠的在线监控。正是在这种背景下，美国众议院在《能源法案》中推出了广域测量系统（WAMS），其目的是实时监测北美电网互联情况[1]。推广这种系统，可以提供以下好处，增强系统运营商的态势感知能力和反应能力：

- 提供早期系统恶化状况的预警，操作人员可以采取纠正措施；
- 提供比目前可用的更多的诊断工具；
- 允许更有效地使用自动控制进行自校正，例如自动切换或控制潮流。

尽管众所周知目前输电网实时监控系统已经得以广泛部署[2-4]，但是如何将获取到的数据转化为系统运营商的可执行信息仍然是一个需要进一步研究的问题。而基于广域测量的电力系统稳定器（PSS）和特殊保护系统（SPS）已被证明是可行的，并且极大地提升了系统性能和可靠性[5-6]，在控制中心的唯一在线使用的相量测量到目前为止是为了改善状态估计器。由于状态估计器在紧急情况下将无法正常工作[7]，因此在这样的极端情况下提高相关相量测量装置（PMU）数据的准确性是没有价值的。目前真正需要的是灵活和有弹性的选择的监控和数据采集（SCADA）系统 - 能量管理系统（EMS）方案，它能够在大多数不利情况下仍能适用。

在这样的背景下，基于PMU的WAMS是作为典范出现，补充和革新状态估计器，同时实时处理独立系统运营商（ISO）的安全监控功能，并且为运行人员提供其所需的快速决策支持工具。基于这种新兴的WAMS技术，广域情景感知系统（WASAS）在美国联邦能源管理委员会（FERC）智能电网政策中被认为是4项特权之一[8]。它的目的是在可靠性协调员及以上级别近乎实时地提供全互联系统状况的可视化显示。带有适当的网络安全保护的广域情景意识，可以依靠北美同步相

量倡议（NASPI）[2]开展的 NASPInet 工作，同时需要在区域输电组织（RTO）和企业接口之间进行大量的通信和协调。

然而，任何成功的 WASAS 都需要在其核心模型中进行预测分析，以便及时将 PMU 数据转换为信息，以支持紧急情况下的实时决策和行动。这种分析引擎，与 PMU 技术一样，对系统运行来说也是新的，将会在本章中被粗略地定义为综合预警系统（EWS）。EWS 是成功的 WASAS 的关键引擎，在可再生能源发电的高渗透率和商业输电走廊的高功率传输下，具有使系统安全运行更接近其稳定极限的优势。

EWS 的总体设计概念如图 4.1 所示。设计最初从考虑各种可用技术开始。PMU 和相量数据集中器（PDC）品牌的选择应该考虑到动态性能，因为需要在线分析数据以做出快速决策防止停电，同时最大限度地提高输电走廊的电力输送容量。接着，PWU 应该在网络中正确选址，从而将干扰后数据信息录波最大化。根据电气连接对电网进行第一次分区，然后将 PMU 分配给该地区的核心母线[9]。额外的 PMU 可以安装在其他母线上，达到冗余目的或为了满足实际业务或监管约束[10]。在一个大型的互联系统中，可以安全地假设每个控制区域代表了一个恰当的分区，配备了一个控制中心（图 4.1 中的“区域 EMS”），根据控制区域的地理位置，管辖一个或多个电气连接区域。接下来，几个控制区域可合并成一个可靠性

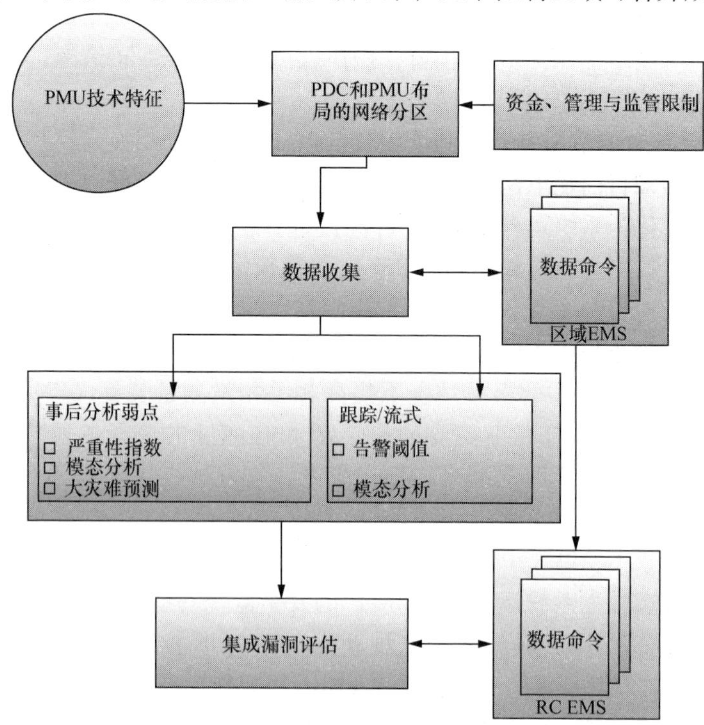

图 4.1　基于 PMU 的广域综合早期预警系统结构化设计

协调员（RC）管辖区域（RC EMS）。最后，RC可以实时向国家可靠性组织［例如，北美电力可靠性委员会（NERC）］汇报。

在信息流方面，PMU数据首先应该是通过电气区域汇总，以降低噪声和通信带宽。最好通过将一个区域所有相量减少为一个单一的相量来实现，然后将角度和频率投影在控制区域的惯性中心参考点[11]。随后，按照两种不同途径分析汇总的数据，其路径反映了脆弱性评估的两个互补需求[12]：

1）扰动触发的脆弱性分析，旨在评估电网发生故障后的脆弱性；

2）流式或跟踪模式脆弱性分析，旨在评估缓慢变化的随机负荷和间歇性发电的振荡影响，以便在施工早期检测到任何不稳定的趋势。

图4.2显示了连接到区域输电级别PDC的一组区域PMU之间层次关系的另一视角，然后依次向可靠性协调器级别（或互连级别）PDC报告。有趣的是，区域

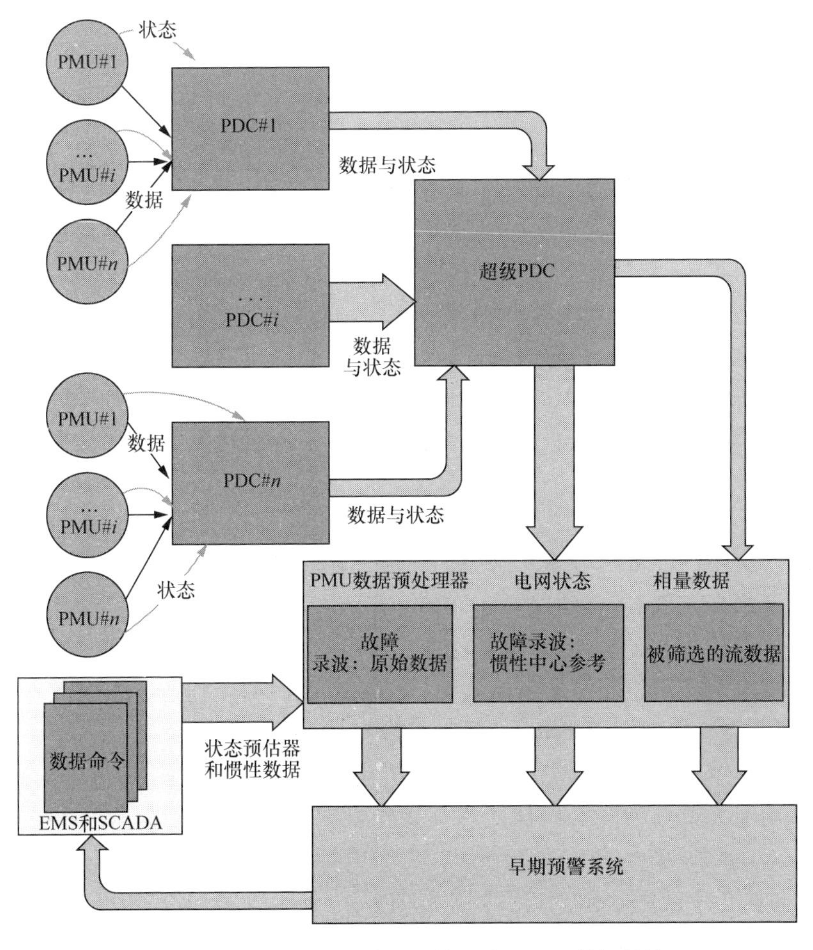

图4.2　基于PMU的早期预警系统的上层数据结构

PDC 收集的不仅仅是相量数据，还有从属 PMU 采集到的网络状态数据。根据状态，即故障情况，线路停电，或描述网络拓扑的任何其他二进制信息，可能需要正确解释和使用相量数据[3-5]。我们还要注意控制区的 EMS 在动态绩效评估的背景下负责提供所需的附加信息进行有效的数据汇总。这包括惯性以及在数据融合和聚合阶段的任何其他被认为对数据有用的状态估算信息[10]。但是，图 4.2 明确表示惯性中心参考不是 EWS 中必需的（尽管可以改进分析）。这尤其适用于对系统环境响应进行流式模态分析[12]。

4.2 加强 PMU 隐患评估功能

关于具有嵌入式广域控制和保护能力的 PMU 所期望的最佳特征的讨论仍在进行中[3-6]。如图 4.2 所示，在隐患评估背景下，除了谐波之间的折中、间谐波滤波和响应速度，PMU 应该在自己的节点处提供网格拓扑特征。最近，加拿大魁北克水电研究所提出了一种新的 PMU 概念，即所谓的 PMU / C，它结合了新一代所需的所有功能，基于响应的广域控制系统（WACS）和广域监控保护与控制系统（WAMPACS）。这些特征和集成 EWS 基本相同。

魁北克水电研究所拥有非常成熟的广域监测系统，从 1976 年到现在已经历几个发展阶段[6]。如图 4.3 所示，该系统由 8 个 PMU 和 1 个直接连接到 EMS 的 SCADA 系统组成，位于蒙特利尔市中心的 TransEnergy 控制中心附近。这代表了系统中 735kV 母线的约 25%。自 2004 年以来，现代化的 PMU 被定制为含有仅适用于魁北克水电研究所的一些算法特征，并且已经相当成功地使用了。这些从上一代魁北克水电研究所制造的 PMU 迁移出来的新特性是 10 次电压谐波失真和电压不对称。这些变量是魁北克水电研究所预防控制方案中针对地磁风暴引发的意外事件所要求的。

1995 年，广域技术不断发展，魁北克水电研究所正在考虑将其作为开发更安全的特殊保护系统的可行方案。然而，其规划部门对这个尚未被证实的技术的可靠性表示质疑。有人担心，现有的基于离散傅里叶变换（DFT）的电压幅度和频率跟踪本身不能给快速广域应用提供可接受的信号质量[6,13-15]。考虑到重度串联补偿，魁北克电网显示出明显的电磁共振，频率范围为 4Hz 到谐波频率[13]。

4.2.1 魁北克水电研究所 PMU / C 要求和性能

图 4.4 显示了魁北克水电研究所为其广域控制系统指定的现代 PMU 的总的功能。这些功能大致分为两类：性能和互操作性要求。从变电站内外的互操作性来看，PMU 应分别符合 IEC61850 和 C37.118 标准。在性能方面，PMU 应满足 C37.118 标准的 1 级静态要求以及以下条件：

1）根据速度响应的快速、中速和慢速提供三个级别的过滤。较高的噪声抑制对应较慢的响应滤波器。

2）考虑到在故障和开关事件期间发生相量失真的重要问题，将相量包与网络

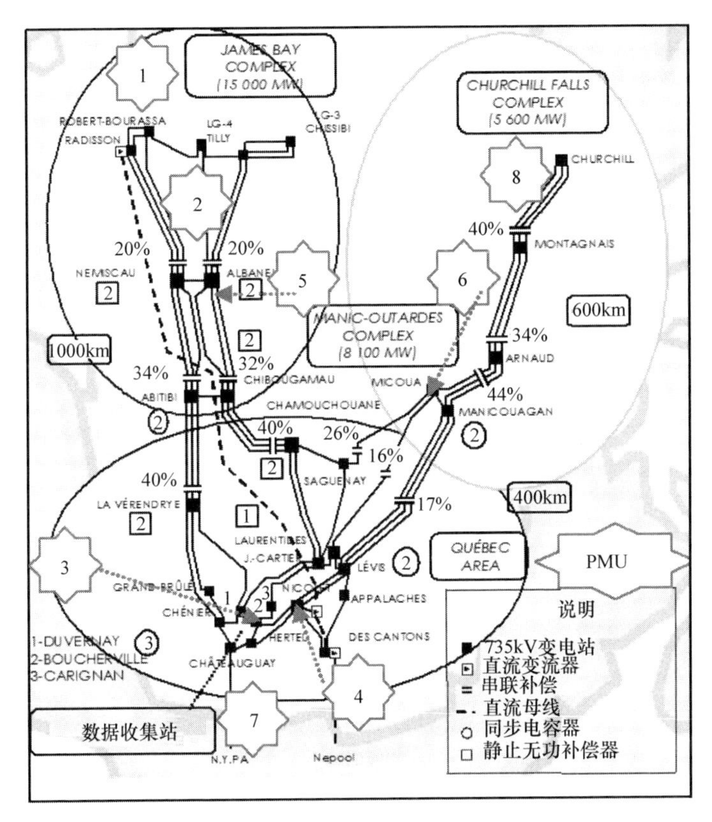

图 4.3 含有 8 个基于 GPS 的 PMU 的魁北克水电研究所的输电网构成了其现有的角度偏移监控系统。圆圈代表 735kV 大电网上的三个电气连接区域

状态二进制字一起简要地描述测量环境[3-5]。极端情况下，电压在三相接地短路故障时可能会降到零，相位角会出现暂时不确定性。考虑到控制和保护应用，相量因此应在 PMU 级别上根据输电线路状态（故障、断电和开关瞬态等）进行标记。否则，用户可能会根据错误的信息错误地采取强有力的措施[3-5]。

3）除了提供频率和频率变化率应该不低于 60 个样本/s 以外，还提供了虚数序列数量。一个单元应该能够处理至少一个母线电压和三个线路电流，但是为了监视一个完整的通路，优先选择使用一个设备测量三相电压。

表 4.1 展示了邦纳维尔电力管理局（BPA）和魁北克水电研究所的典型动态性能。因为目前还没有动态性能标准，所以只能对两套要求进行定性比较。比如，对于故障，频率测量应该使用非线性的方案来阻止，并且因供应商而异。

表 4.2 列出了设计用于满足魁北克水电研究所为其自动化继电器设定的三段过滤要求的 PMU / C 的阶跃响应性能指标[15]。这些滤波器对于基频是自适应的，另外，可以估算单个次同步振荡频率并消除它对单周期相量的影响[5]。虽然这个结果总体上是更精确的相量，但是表 4.3 显示最快振幅滤波器的时间响应高于一个周

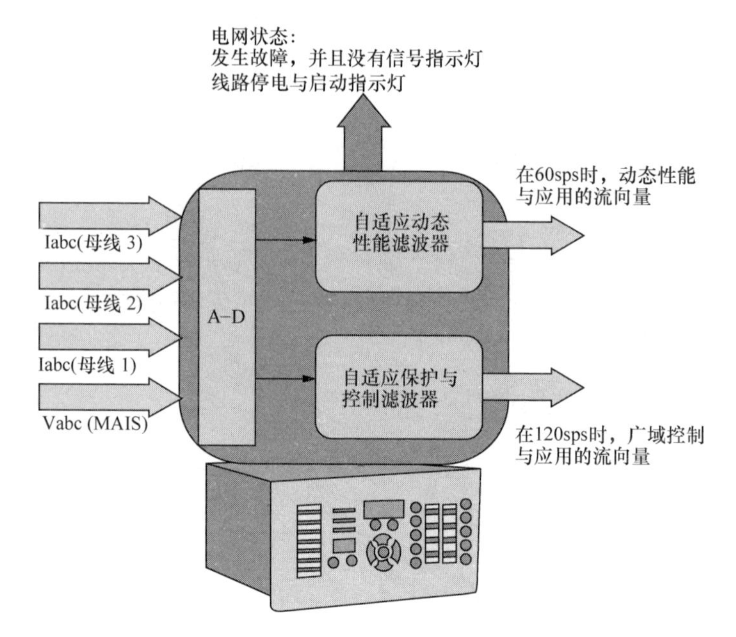

图 4.4　用于在线动态性能评估和稳定性控制的增强型 PMU 配置

期。但是，所有的幅值滤波器都没有设计上的过冲。相反，所有三个频率滤波器都有 10% 的过冲，基本上是由基频适应机制引起的。

表 4.1　PMU 动态性能的典型要求

BPA（NASPI，2010 年 2 月）		魁北克水电研究所对 WACS 的要求		
标准	值	标准	电压过滤器的值	频率过滤器的值
过冲最大值	10%	过冲最大值	0%	10%
90% 上升时间	50ms	95% 上升时间	70ms	75ms
设定时间为 2%	3Tp	设定时间为 0.5%	120ms	235ms

表 4.2　魁北克 PMU/C 性能规格

HQ 电压滤波器	Tr[①]（5%）	Tr（66.7%）	Tr（95%）	Ts[②]（99.5%）	过冲
快	3.34 ms	15.7 ms	25 ms	39.3 ms	0%
中	8.45 ms	48.3 ms	68 ms	118.4 ms	0%
慢	26.6 ms	81.5 ms	115 ms	159.6 ms	0%
HQ 频率滤波器					
快	8.23ms	24.8ms	35ms	197.7ms	9.7%
中	15ms	55.6ms	73.2ms	234.1ms	9.03%
慢	34.2ms	88.6ms	115ms	277.1ms	8.3%

① Tr 为响应时间。

② Ts 为设置时间。

4.2.2　魁北克水电研究所 PMU/C 的采样性能

第一组来自于魁北克电网 Nemiscau 变电站的突然发生三相故障的 EMTP 模拟网络信号分析结果（见图 4.3），该故障可通过线路停电清除。对于没有故障（FTE）阻塞特性的 PMU，使用单周期相量跟踪方案获得的结果如图 4.5 所示。

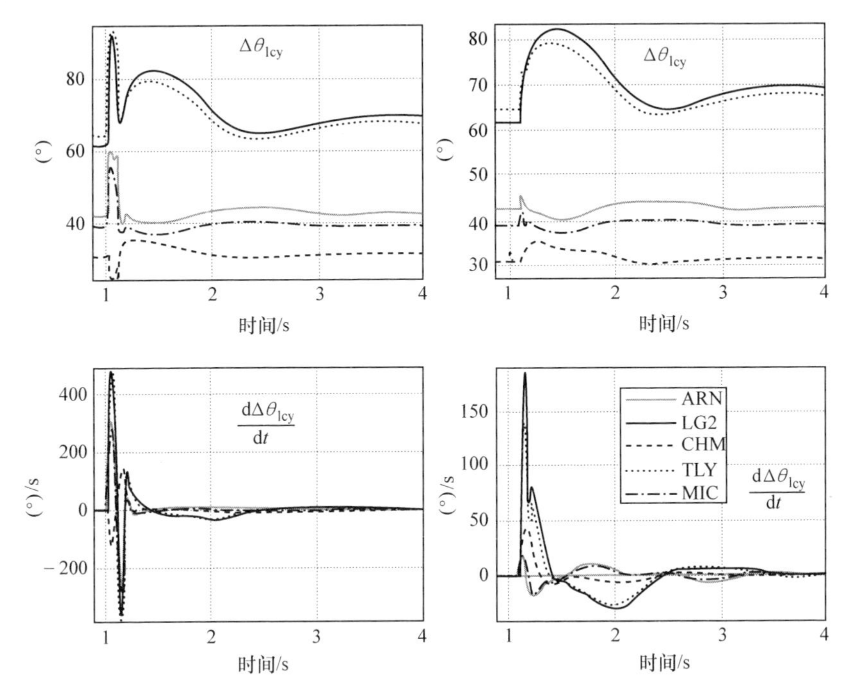

图 4.5　Boucherville 变电站发生三相故障并在 6 个周期内通过线路停电消除后，Nemiscau 变电站的全局变量（角位移及其导数）

Boucherville 的 5 个变电站的角位移在故障期间表现出较高的临时值。这种不连续的行为转变为相角变化率的尖峰。相比之下，在故障切换期间变量闭锁的结果更为清晰，并且在故障期间角度的变化率降低了 1/2。图 4.6 显示了从 PMU 发送到 PDC 的相应局部变量。左图的虚线所示的故障标志是通过类似于参考文献［3－5］的方式，对低电平信号的模式进行分析来分别确定。在临时电压跌落期间将相量估计作为怀疑对象是非常有帮助的。图 4.6 中的下图显示了使用这样的标志消除故障引起的尖峰的局部频率估计（右图）与没有使用这种方案的频率估计之间的差异。原始估计不切实际地超过了 2Hz，但是通过使用故障标记来阻止尖峰，频率信号相当平滑。事实上，根据精细的估计，为保护或控制目的而采取的任何行动比不做更为严重。因此，使用状态描述标志（例如故障、暂态和开路等）确定相量和频率应该是 PMU 数据的收集和传播过程的完整组成[5]。

根据 C37.118 规范检查 PMU / C 解决方案，我们可以使用以下测试信号：

$$V = a_1\sin(2\pi F_c t + F_a(t) + \varphi_1) + \sum_{n=2}^{11} a_n\sin(n[2\pi F_c t + F_a(t)] + \varphi_n) + a_{ss}\sin(F_{ss}(t) + \varphi_{ss}) \tag{4.1}$$

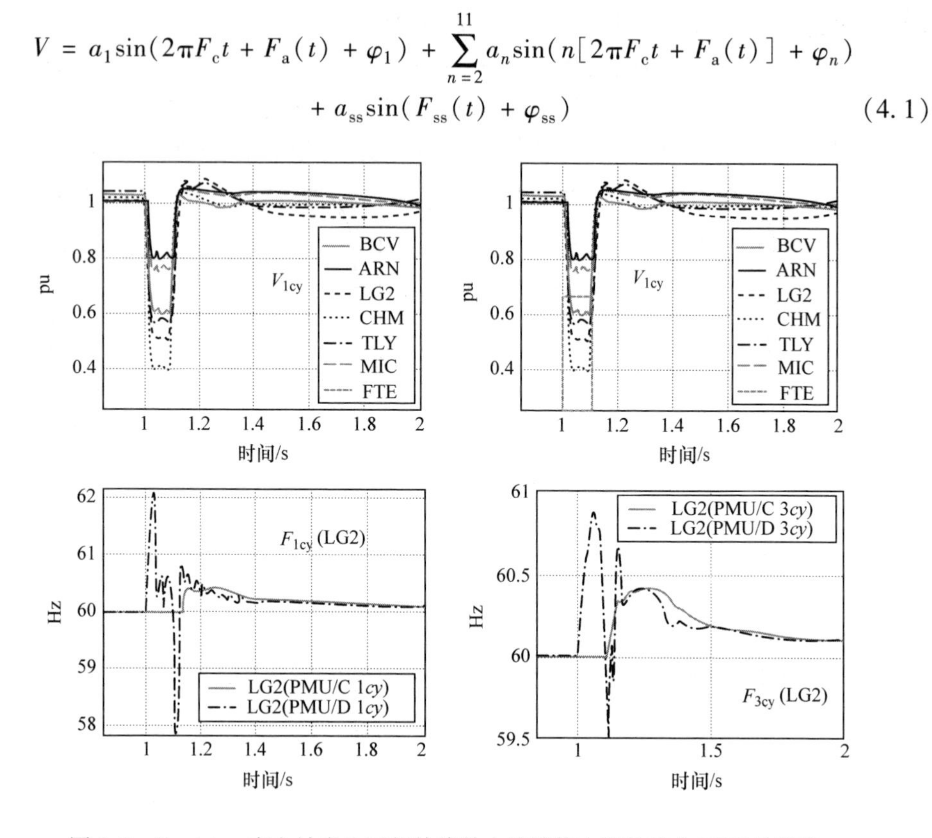

图 4.6　Nemiskau 变电站发生三相故障并由线路停电消除后由 PMU 估算的局部变量（对应于图 4.5 中的情况）

三相电压组由单相模板创建。结果集在基频上是正序的，但产生变化的谐波以混合正序和负序谐波。所有正弦函数的初始相位具有不变的随机赋值。

图 4.7 显示了快速滤波器在 45 ~ 75Hz 范围内超过了 C37.118 标准 1 级。所有的 2 ~ 11 次谐波同时包括 10% 的幅度。对于魁北克水电研究所 PMU/C 快速滤波器，1Hz/s 频率扫描期间的最大误差为 0.08%。在具有谐波的 45Hz 或 75Hz 稳态条件下，静态误差会减小到约 0.003%。图中的基准测试显示了经典的 DFT 行为。

虽然没有直接评估，但是这里介绍的 PMU/C 滤波方案能够匹配或超过西方电力协调委员会（WECC）/NASPI 对广域监测应用的要求[2]。大量的参数应力测试信号有助于验证滤波器的有效性，即使是那些单周期滤波器，在基频为 40 ~ 80Hz，相位、幅度和频率发生阶跃响应的条件下改变谐波。但是，在故障条件下的仿真和实际系统响应的实验需要强调标记相量的必要性，此时实验有一定的不可靠性，尤其在故障切换事件期间。

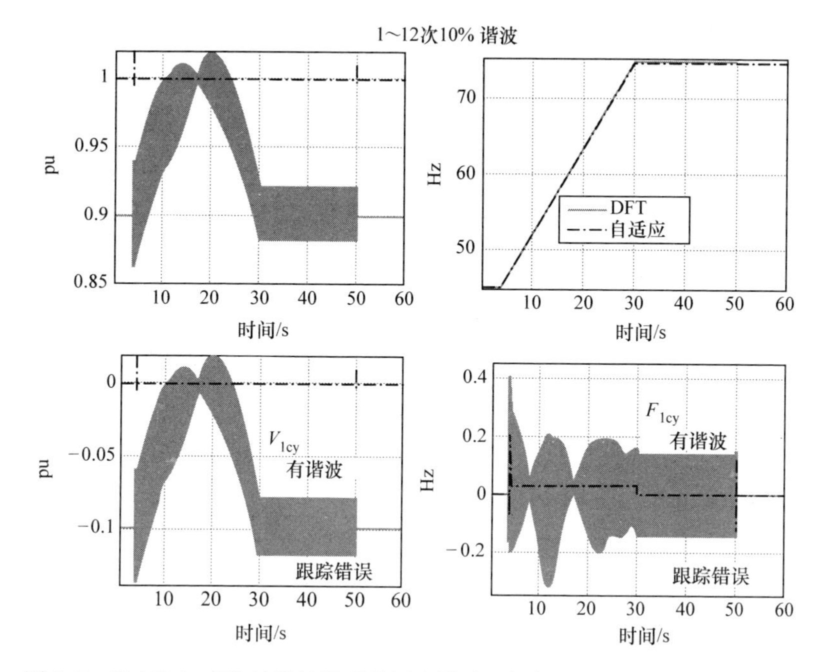

图4.7　以1Hz/s变化的谐波组成的压力测试：振幅（左图）和频率（右图）

4.3　PMU配置的脆弱性评估

4.3.1　背景

在参考文献［9］中，规划基于PMU的动态监测系统的第一步是识别形成电网的电气连接区域。同调等值方法建立在经验观察的基础上，即在发生扰动（线路或发电机组的断电或负荷的突然变化）之后，某些发电机组“一起摆动”。换句话说，每组中的发电机彼此保持几乎恒定的相角差。每一个这样的电气连接组由单母线替代。这种等效过程应用于相同电气连接区域的所有PMU，大大简化了动态脆弱性评估（DVA）的数据分析，在检测到意外情况后立即记录广域信号响应。DVA是EWS的关键输入。

4.3.2　网络分割的扰动一致性

一组母线在角度稳定性方面是一致的，当在组外的任何网络扰动（母线或线路短路，一条或多条线路停电，负载或发电机切换等）导致母线相角和频率的所有时间增量变化 $\Delta\theta(t)$ 和 $\Delta\omega(t)$ 在组内分别具有相同符号[2]。因此，当相干性标准差低于指定的阈值时，对于扰动 d 的两条母线（k，l）是电气连接的：

$$\alpha_{kl}^{d} = \sqrt{\frac{1}{T}\left(\int_{0}^{T}\left[\Delta\theta_{kd}(t) - \Delta\theta_{ld}(t)\right]^{2} + \left[\Delta\omega_{kd}(t) - \Delta\omega_{ld}(t)\right]^{2}\mathrm{d}t\right)} \tag{4.2}$$

式中，$k = 1, \cdots, n_{\mathrm{b}}$；$l = k+1, \cdots, n_{\mathrm{b}}$，$n_{\mathrm{b}}$ 是候选母线的数量。T 是观察时间窗

口。角度相干矩阵为：

$$X = \begin{bmatrix} \alpha_{11} & \alpha_{12} & \cdots & \alpha_{1n_b} \\ \alpha_{21} & \alpha_{22} & \cdots & \alpha_{2n_b} \\ \iddots & \cdots & \alpha_{ii} & \ddots \\ \alpha_{n_b1} & \alpha_{n_b2} & \cdots & \alpha_{n_bn_b} \end{bmatrix} \tag{4.3}$$

式中，$\alpha_{lk}^d = \alpha_{kl}^d$。可以发现，矩阵的所有对角元素都是零，这意味着给定母线的相干性相对于其本身恰好为零。推广这个结果到 $i \neq j$，当母线 i 和 j 属于两个不同的相干群时，看起来相干性 α_{ij} 是“大的”；而当母线 i 和 j 都是相同相干群的成员时，相干性 α_{ij} 是“小的”。式（4.3）的矩阵因此符合相异矩阵的定义。类似地，基于扰动的电压相干性判据如下所示：

$$\beta_{kl}^d = \sqrt{\frac{1}{T}\left(\int_0^T [\Delta V_{kd}(t) - \Delta V_{ld}(t)]^2 \mathrm{d}t\right)} \tag{4.4}$$

和相应的相干矩阵如式（4.3）所示。

4.3.3 PMU 配置的模糊 c - Medoids 算法

一旦获得母线之间合适的距离或一致性测量值，聚类分析可以应用于区域识别[16]。对于该问题，采用最初用于大规模 Web 挖掘时的模糊 c 中心点算法（FC-Mdd）[17]。中心点是一个有代表性的母线，其相异度是所有母线中最小的。中心点的初始化是通过连续 PMU 配置技术来完成的[10]，该技术使用最大附加信息（等效或最大相异性）的原则来添加列表中的下一条母线。不同于 FCM，所提出的方法是通过在相干性矩阵的每列内搜索中心点来进行。因此，能够精确定位组的代表性母线，这是 PMU 配置中的重要信息。

图 4.3 中的魁北克水电站用于说明基于 FCM 配置流程的 PMU。图中标出了现有 8 个 PMU 的位置。随着 Gaspé Peninsula 的风能发展，另一个 PMU 将被添加到位于 Lévis 变电站以东 100 km 的 Rimouski 315 kV 变电站。魁北克水电站基本上是倒三角形，顶点位于蒙特利尔地区的负荷中心，离美加边界不远。工程师通常使用他们的直觉将网格划分成三个相对明显的电气连接区域，如椭圆形，如图 4.3 所示。然而，即使有经验的工程师也不能确定区域边界的位置，更不用说哪个母线可以被视为区域性中心母线。

为了生成一个概率相干矩阵评估数据库[9]，我们从 2003 年正常日控制中心状态估计器生成的基础案例开始。总的来说，该数据库共有 288 个稳定性模拟、7 个网络配置共计 2016 个案例。在每次模拟运行期间，递归相干矩阵逐步更新，模拟结束时的值被存储为特定扰动的一致性。每个配置可以拥有 288 个这样的矩阵，简单假设这 32 个偶然事件是等可能的，将这些矩阵进一步平均以获得该特定配置的概率相干矩阵。

聚类方法最初在魁北克水电系统的735kV母线子集上进行测试。由于这些母线只有65条，因此结果更容易呈现和解释。表4.3显示了假设三个集群的结果。这三个区域的边界如图4.3中的魁北克水电研究所地图上所示，这与系统工程师的直观解决方案很相近。然而，除了区域边界以外，FCMdd聚类结果会产生区域中心点母线的自然PMU位置。每组的中心点母线用黑体标出。这是最后一条母线，其他母线按照差异性降序排列。

表4.3 FCMdd-3集群（中心点黑体）

第1组：东北 （5条母线）	第2组：南 （20条母线）	第3组：西北 （40条母线）
CHU73552	831CHMSTQ75 718SAG73554	783CHI73557 713ABI73557
706MIC73553	731CHOUAN57 814LVDSTQ75	883CHISTQ75 880NEMSTQ75
710MTG73553	714LVDRYE57 804LTDSTQ75	780NEM73557 782ALBNEL57
705MAN73553	703LEV73555 704LTD73554	749LG273557
709ARN73553	770BRU73554 717JCA73554	720RAD73557
	790APA73555 755CAN73555	764LG473557
	715CHE73554 707NIC73555	724TILLY 57
	700EQUILI90 702DUV73556	723LMOYNE57
	719CHA73555 708HER73555	750LG373557
	701BCV73555 **730CAR73555**	722CHISSI57

如图4.8所示，一种称为CLUSPLOT[18]的图解法可用于表示应用FCMdd方法

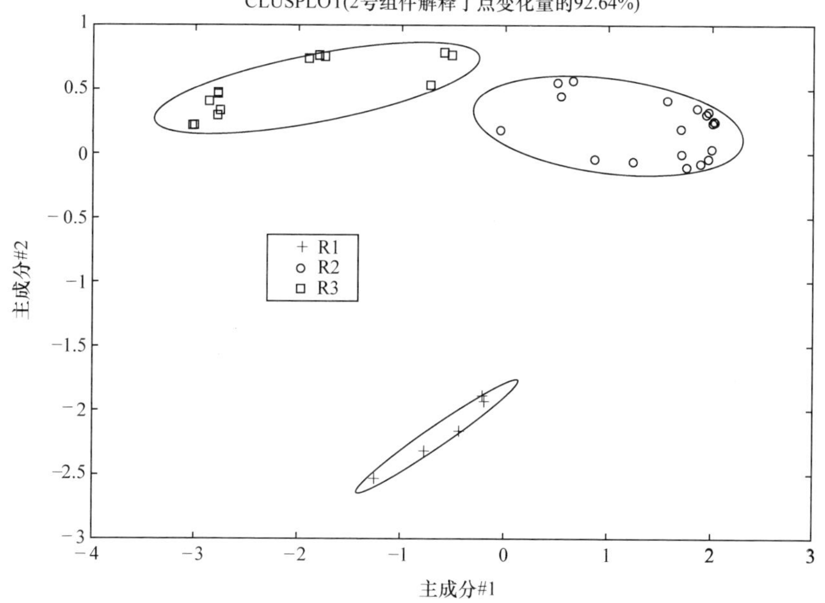

图4.8 FCMdd-3簇解决方案的CLUSPLOT（仅限735 kV总线）

对 735kV 母线进行三簇分区所产生的母线分区列表。基本上，在对一致性数据矩阵进行主成分分析之后，将前两个主成分与它们解释的总方差的百分比一起画出。然后，每个簇的跨越椭圆被画在簇内的对象周围，即覆盖簇内所有对象的最小椭圆。有趣的是，不仅三个椭圆很明显地分开，而且它们的空间位置与图 4.3 中的魁北克水电研究所地图上显示的圆形非常相似，图 4.8 中顶部有两个椭圆，底部有一个椭圆。区域之间的明确区分表明，FCMdd 方法具有在将网络划分为簇时找到最小分割集的优点。

4.4 广域严重性指数

4.4.1 参考网络

为了定义和说明 10 年前引入的广域严重性指数（WASI）的概念[11]，正如前一节所述，我们将再次考虑该魁北克水电研究所用于运行规划的魁北克水电电网模型。图 4.9 说明了通过电气“弱”连接更详细地将同一个网络分成 9 个区域，同时确定系统分割线[19]。每个区域和中心母线相关联，这是主要和重要的 PMU 的位置。但是，为了冗余和监测区域边界，按需要添加了其他 PMU，在输电系统中共

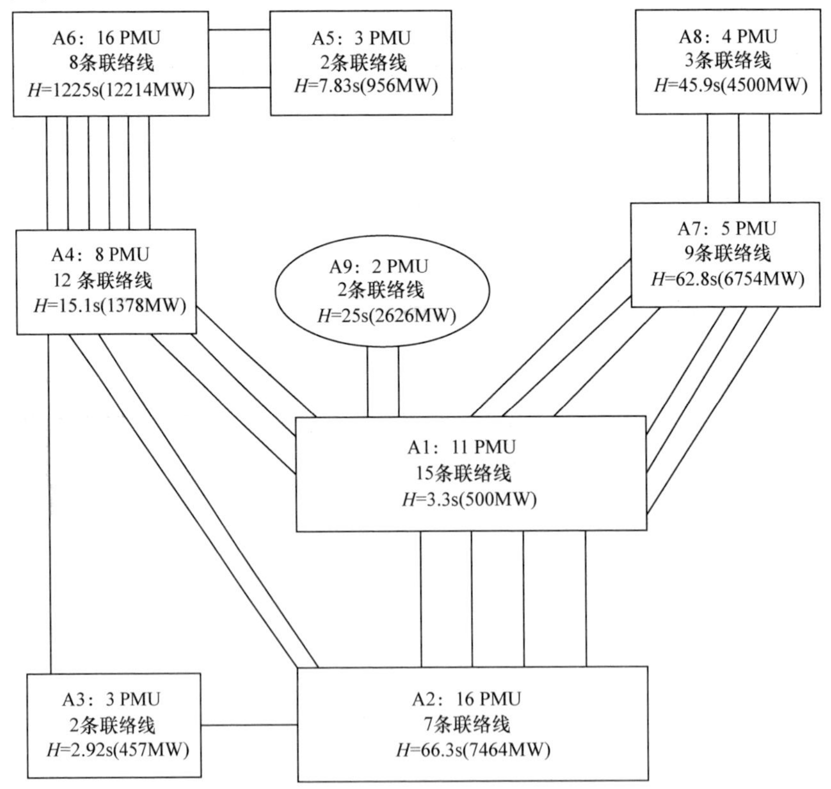

图 4.9 魁北克水电系统内分布在 9 个电气连接区域内与区域间的 PMU 监控图。惯性（H）/发电（MW）数据是仅用于说明的典型值

有68个PMU，母线数约为619条，从120V到735V。在模拟给定的稳定程序的意外事件期间，只有带PMU的母线将被监控。但是这种方法被设计成实时地[9,16]，在假定相同PMU配置的情况下，实际测量将会顺利地替代仿真。

4.4.2 时域COI引用的响应信号

在图4.9中定义的严重性指数是通过与电网的每个区域相关联的一个等效的转动惯量来表示该区域内发电机的总转动惯量。假定每个区域在扰动之后都是电气连接的，那么将其行为同化为具有相同转动惯量和发电容量的单个大机组是合理的。虽然这个假设并不完美，但它提供了一个简单的方法来推导转动惯量中心（COI），对于跟踪互联地区的稳定性十分有用[43]。防护计划或SPS[15]可以通过控制实际负荷和发电调度的控制中心状态估计器的低速通信实时导出这些惯量常数。在定义COI之前，我们首先需要介绍一下区域初始相角的概念。对于配有第N_k个PMU的区号k，区域角是通过所有N_k测量的角度的平均值：

$$\bar{\theta} = \frac{1}{N_k}\sum_{i=1}^{N_k}\theta_i \tag{4.5}$$

那么，假设网络中共有r个区域（本例中$r=9$），可以定义系统的COI如下：

$$\bar{\theta}_{\mathrm{COI}}(t) = \frac{1}{M_{\mathrm{T}}}\sum_{j=1}^{r}M_j\,\bar{\theta}_j \quad M_{\mathrm{T}} = \sum_{j=1}^{r}M_j \tag{4.6}$$

式中，M_{T}是电网的总转动惯量；M_j是第j个区域的转动惯量，如图4.9所示。从这里开始，在COI框架下，区域初始相角和频率由下式给出：

$$\theta_i^{\mathrm{coi}} = \bar{\theta}_i - \bar{\theta}_{\mathrm{COI}} \qquad \omega_i^{\mathrm{coi}} = \frac{\mathrm{d}}{\mathrm{d}t}(\bar{\theta}_i - \bar{\theta}_{\mathrm{COI}}) \tag{4.7}$$

另一个用于意外事件严重性评估的变量是频率和相角的点积[9]：

$$v(t) = \sum_{i=1}^{r}\bar{\omega}_i(t)[\bar{\theta}_i(t) - \bar{\theta}_i(0^+)] \tag{4.8}$$

式中，$\bar{\omega}_i$是COI框架中的角速度偏差，并且是$\bar{\theta}_i(t) - \bar{\theta}_i(0^+)$在故障消除后瞬间的区域初始相角偏差。

4.4.3 频域COI引用的响应信号

众所周知，机电振荡的顺序频谱监测提供了有关系统暂态行为特性的重要信息。原因主要在于振荡信号响应的频谱密度与通过故障注入系统的过量动能密切相关[20]。更具体地考虑第i个区域的导频信号$\bar{\omega}_i$与其故障后瞬时值的偏差$\bar{\omega}_i(t)-\bar{\omega}_i(0^+)$，第$i$个区域等效电机在一段时间积累的过量动能与频谱密度$\bar{\omega}_i$成正比，使用后者作为意外事件严重性的间接测量则更为合理。

图4.10显示了计算频域严重性指数的框图。条目中，每个地区都有点积（$x=v$）。然后，第二个处理步骤用规定的采样因子N_{s}计算输入信号的谱密度（X_{li}）；

也就是说，基于 N 点 FFT[42]，每 N_s 个输入样本仅提供一个频谱估计。对于每个区域，功率谱密度（PSD）的峰值被覆盖在 N 个谱线（X_i）上（区域范围内，即跨越区域 WASI）。最后，r 个区域中的最大值被选择为频域严重性指数（I_X）（全系统 WASI）。因此，基于短时快速傅里叶变换（STFT）的严重性指数 I_ω 可以通过样本来计算样本［当通过故障触发意外事件时，减去故障后瞬时值 $x(0^+)$］，这样在受最大扰动的地区产生了与意外事故所注入的过量动能成比例的时变频域的严重性指数。

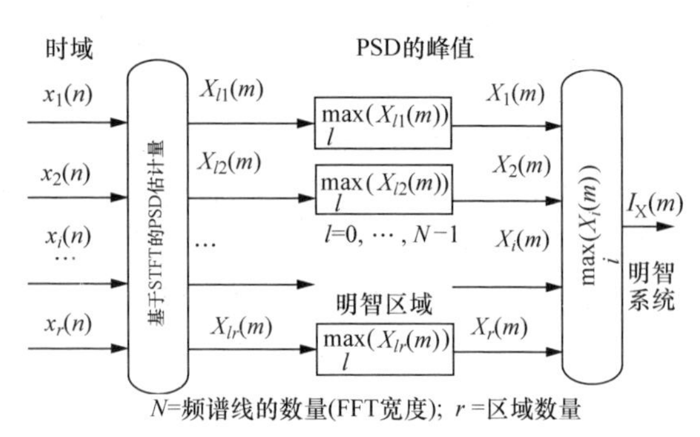

图 4.10 基于频域的 WASI 的计算（r=1，…，9）

图 4.16 中的 WASI 模式的尺度和时间行为与 STFT 引擎内置的频谱窗密切相关[21]。对于暂态稳定性评估，短窗长度是最合适的。为此，我们已经非常有效地使用了一个 16 点的汉明窗口，其频率响应如图 4.11 的前 8 个频道所示。单独使用两个第一个接收器，滤波器组完全覆盖机电频段，提供大约 1s 的响应时间。相比之下，时间响应接近 4s 的长窗口则基于定制的低通滤波器。例如，以 0.47Hz 为中心的第二通道、约 0.20Hz 的 3dB 带宽和 70dB 的旁瓣更加急剧。

4.4.4 广域严重性指数的解释和数据挖掘

最近在魁北克水电系统为支持运行规划和控制中心活动，在 DSA 程序包的研发与部署过程中进行了近 60000 次模拟试验[21]。为了说明 WASI 与动态事件的实际严重程度之间的关系，在实际运行中选择了涵盖大部分情景的 120 个案例。图 4.12 ~ 图4.14 显示了典型的区域性信号，每幅图中前两个带状图上显示了 WASI 模式。图中标题显示的慢速系统性 WASI 是在 4s 和 5s 的采样值，而快速 WASI 是在 1s 和 2s 的采样值。图中还显示了慢速系统性 WASI 的最终值，被称为事件后 WASI。每幅图中的最后两幅图说明了区域性标准电压和 COI 参考角度。采用 2s 滑动窗口的最小电压作为电压严重性指数，而故障后角度相对于故障前的偏移值，用来衡量意外事件所引起的拓扑应力。

表 4.4 总结了图 4.12 ~ 图 4.14 所示的候选特征。假设有以下定义：

1）SlowWASI（5s）= 基于长窗口的全系统 WASI，故障清除后 5s 的采样值［Log（deg. Hz）］；

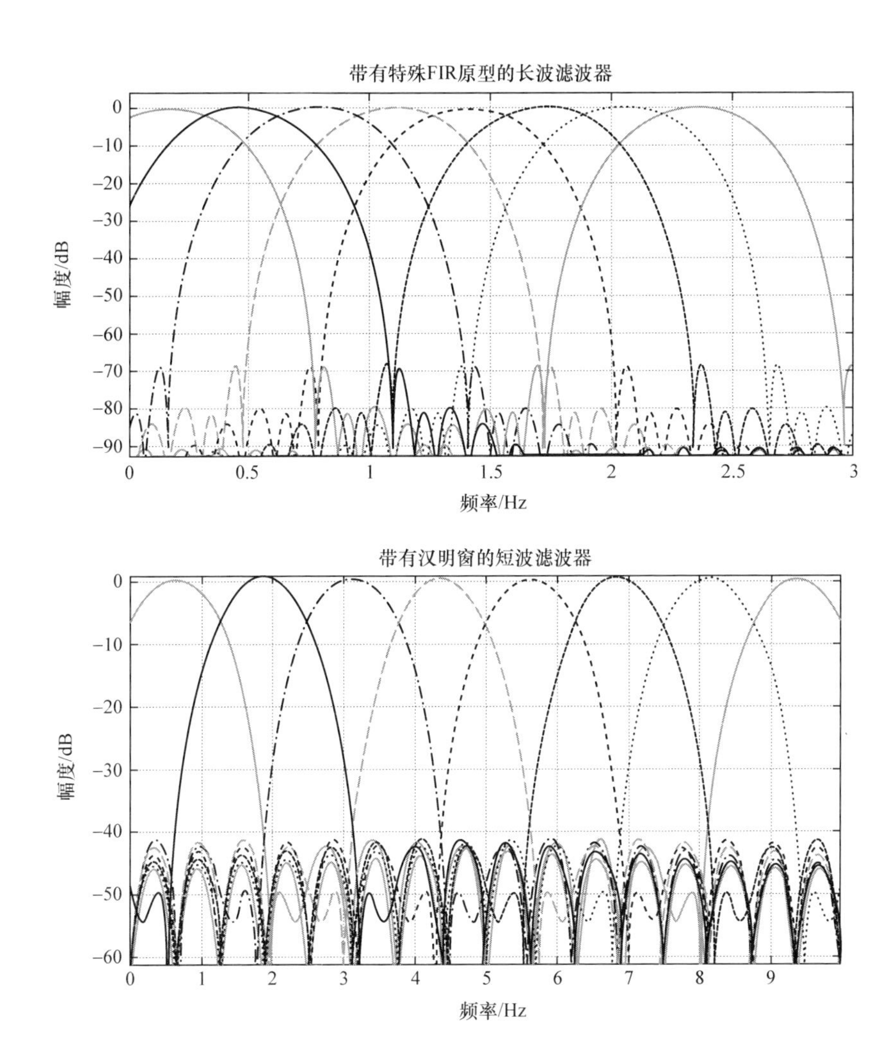

图4.11　在WASI评估中使用的前8个通道滤波器组的频率响应。采样率：$F_s=20\text{Hz}$（上图）和$F_s=60\text{Hz}$（下图）

2）PostEventWASI＝基于长窗口的全系统WASI的最终值［Log（deg. Hz）］；

3）FastWASI（1s）＝基于短窗口的全系统WASI，故障清除后1s内的采样值［Log（deg. Hz）］；

4）FastWASI（2s）＝基于短窗口的全系统WASI，故障清除后2s内的采样值［Log（deg. Hz）］；

5）VCriterion5s＝2s的滑动窗口内系统的最小电压，故障清除后5s内的采样值（pu）；

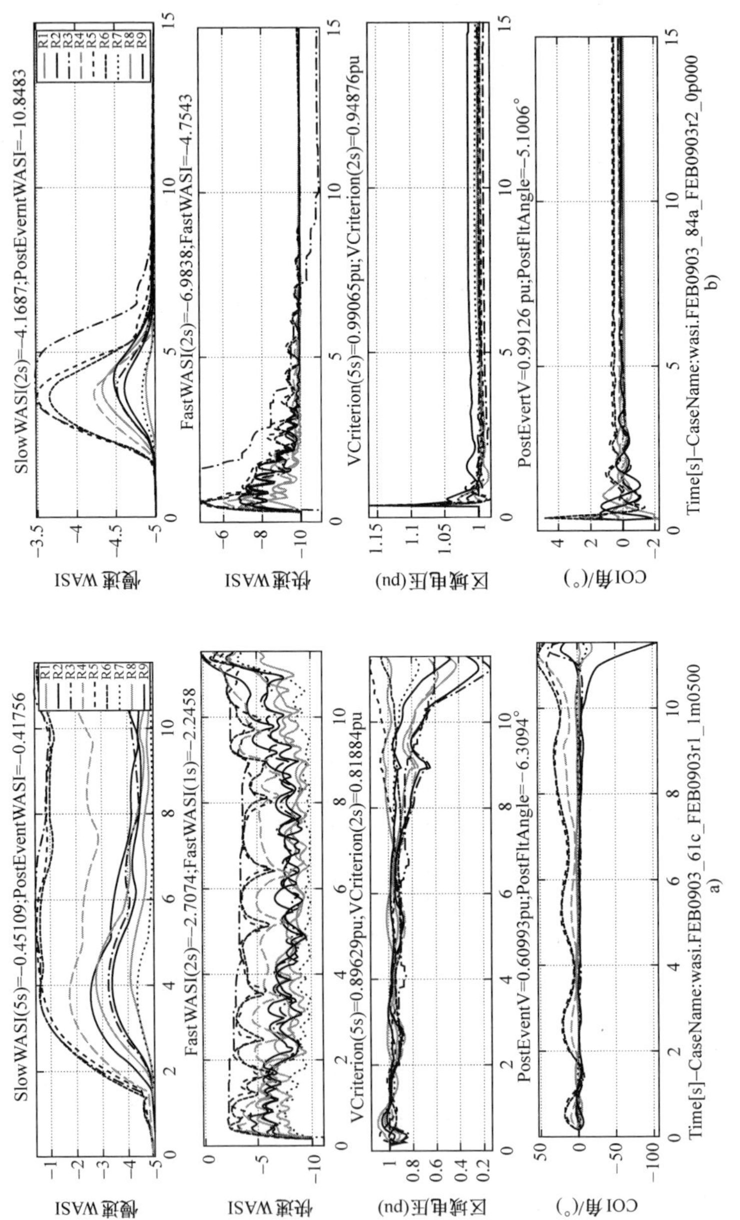

图 4.12 a) C1：严重意外事故引起多摆稳定性；b) C2：小意外事故使电网处于非常安全的状态

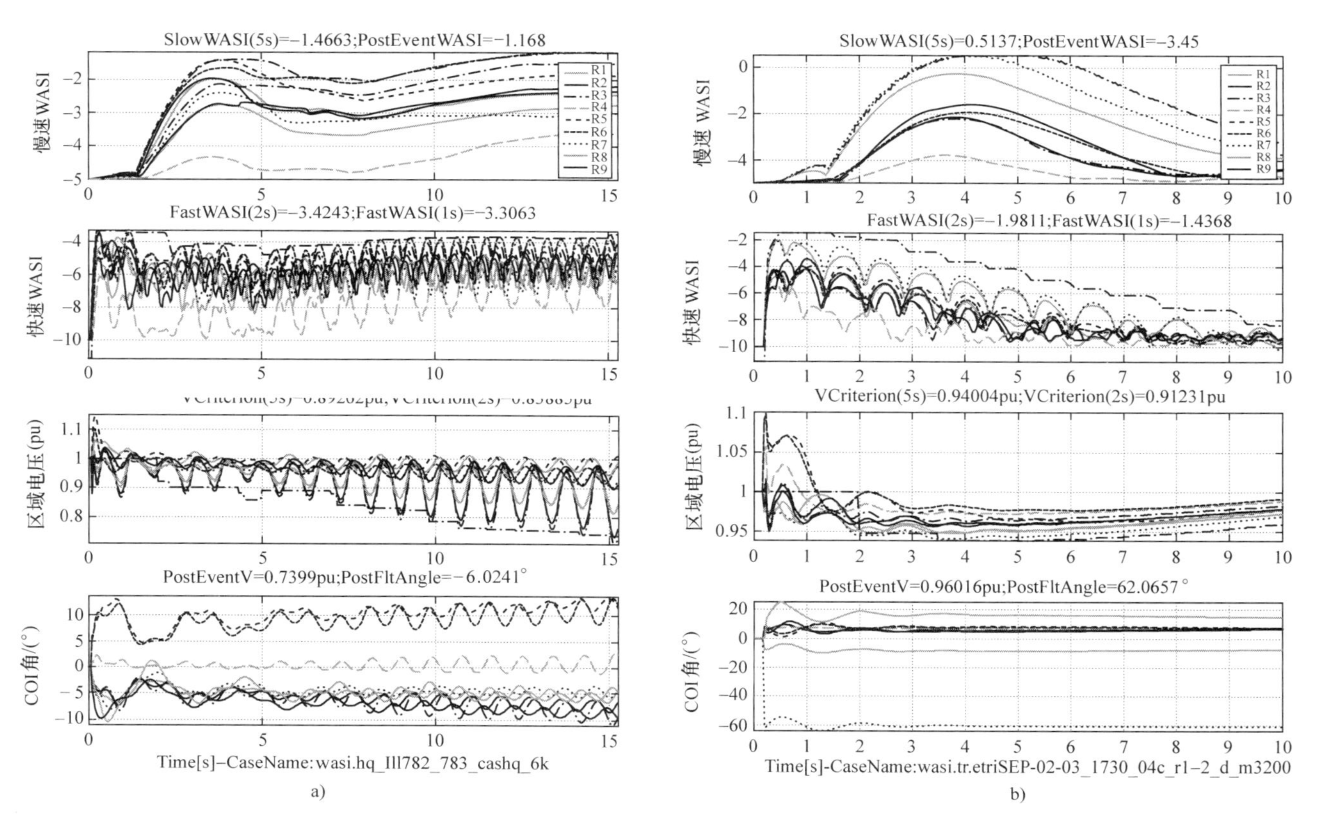

图 4.13　a）C3：严重的意外事件导致阻尼电压波动；b）C4：稳定的意外事件导致大的拓扑应力（最后的条形图中是大的故障后的角度偏移）。图例：R1，…，R9 代表区域 1～9

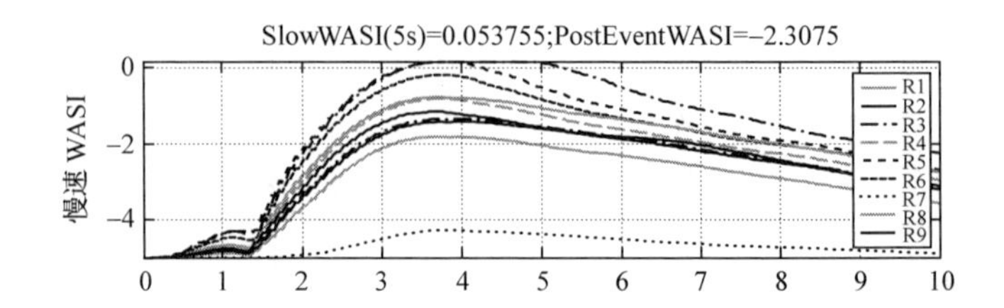

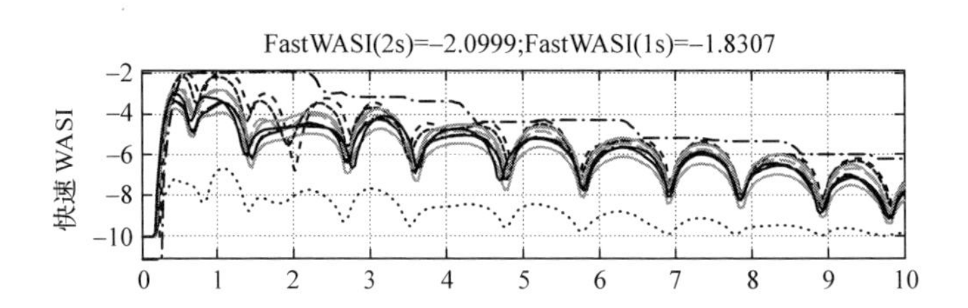

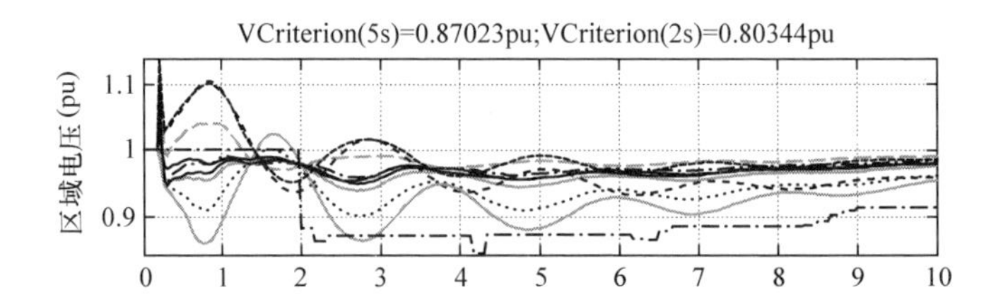

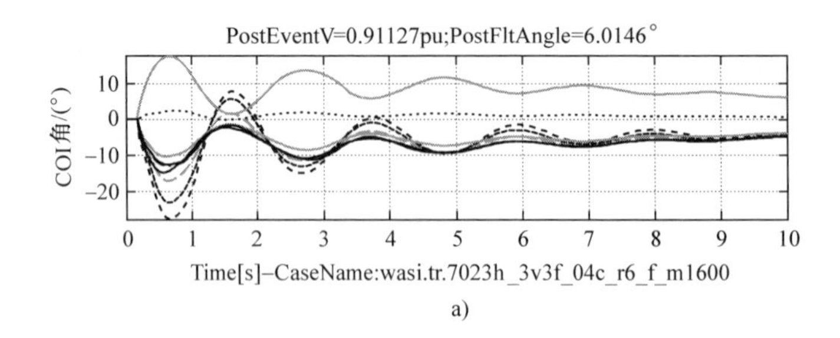

a)

图 4.14　a）C5：具有大的阻尼瞬态电压的稳定应变；
b）C6：低能量应变导致阻尼振荡和随后的电压崩溃。
图例：R1 ~ R9 代表区域 1 ~ 9

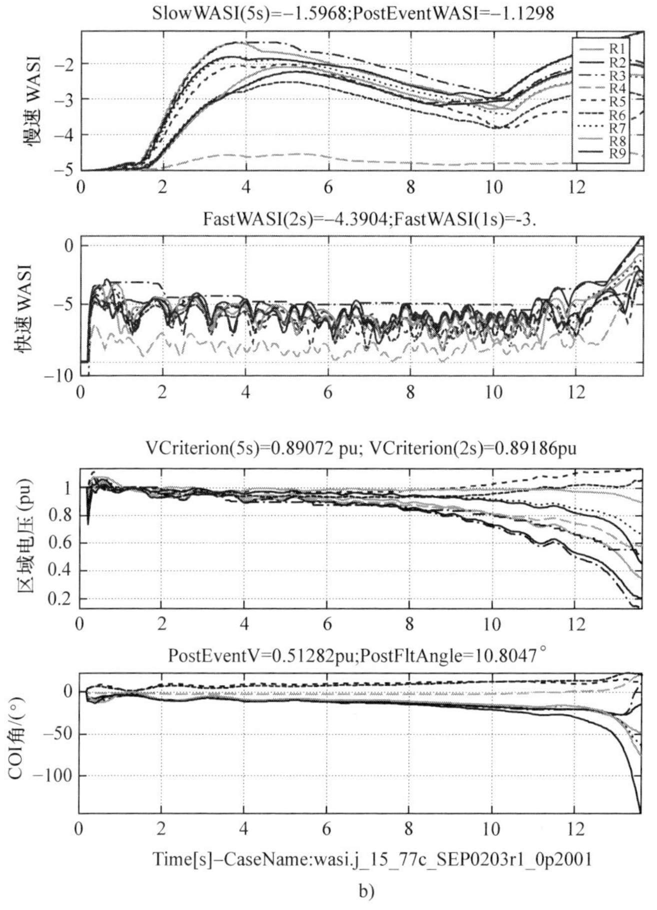

b)

图 4.14　a）C5：具有大的阻尼瞬态电压的稳定应变；
b）C6：低能量应变导致阻尼振荡和随后的电压崩溃。
图例：R1 ~ R9 代表区域 1 ~9（续）

6）VCriterion2s = 2s 的滑动窗口内系统的最小电压，故障清除后 2s 内的采样值（pu）；

7）PostEventV = 2s 的滑动窗口内系统最小电压的最终值（pu）；

8）PostFltAngle = 系统范围内的最大差异故障前和故障后的 COI 角（°）。

表 4.4　图 4.12 ~ 图 4.14 表示意外事件的特征值

特征值	C1	C2	C3	C4	C5	C6
1 - SlowWASI（5s）	-0.45	-4.2	-1.47	0.52	0.054	-1.60
2 - PostEventWASI	-0.42	-10.8	-1.17	-3.45	-2.30	-1.13
3 - FastWASI（2s）	-2.71	-6.98	-3.42	-1.98	-2.10	-4.39
4 - FastWASI（1s）	-2.25	-4.75	-3.31	-1.44	-1.63	-3.09

（续）

特征值	C1	C2	C3	C4	C5	C6
5 – VCriterion5s	0. 90	0. 99	0. 89	0. 94	0. 87	0. 89
6 – VCriterion2s	0. 82	0. 95	0. 84	0. 91	0. 80	0. 89
7 – PostEventV	0. 61	0. 99	0. 74	0. 96	0. 91	0. 51
8 – PostFltAngle	6. 3	5. 1	6. 0	62. 1	6. 0	10. 8
WASI 等级	3	4	3	1	2	3
电压等级	2	4	2	1	1	2

4.4.5 瞬态能量对电压的分类

在前一节中已经表明，快速 WASI 对于将一批意外事件分为两类有很好的属性：稳定和不稳定。对于魁北克水电系统，阈值在 FastWASI2s > –2. 5 附近，WASI 以 log（deg. Hz）给出。但是，按这种方式归类为“稳定”的一些案例更多被视为“严重但稳定”的情况，而大多数归类为“不稳定”的情况实际上在故障清除后的 20s 观测时间段内失去同步。另外，一些很好的阻尼案例，一开始看起来不错，实际上可能是瞬态电压微弱导致的，这个重要的陷阱也应该被识别出来。

由于在脆弱性评估中，我们主要关注意外事件的“定性”陈述（例如“非常严重”“不介意”“不安全”“变得不稳定”等），基于无监督学习的聚类机制可能适合这种需求。考虑到为这项研究选择的 120 个意外事件和从图 4. 18~ 图 4. 20 的启发观察图，选择了 4 种基于能量的特征用于聚类：SlowWASI（5s）、FastWASI（2s）、PostEventWASI 和 PostFaultDTH。使用统计软件包的 K 均值聚类函数，我们发现了 4 个分类，如图 4. 15 所示，作为最后 4 个特征的函数。基本上，第 1 类包括拓扑强调的后应变电网。即使从一开始看起来很稳定，很可能这样的故障后电网将不能满足 $N-1$ 标准，并且这个信息可能会立即引起运营商的注意。相比之下，第 4 类有 45 个元素，代表着所谓的“不介意”意外事件，其中大多事件不需要采取行动。最后两类同样分成约 30 例：第 3 类基本上由严重的短暂性情况或电压缓慢恶化的情况组成；而第 2 类大部分情况都是稳定的，但是具有瞬态电压越限。

即使电压和瞬态现象在某种程度上总是相互关联的，也有一些情况可以是能量安全的，但是电压不安全。因此，理想情况下这两种分析应该在所有意外情况下并行进行。对以下特征应用与以前相同的聚类方法：VCriterion（2s）、VCriterion（5s）、PostEventV 和 PostEventWASI，生成如图 4. 16 所示的 4 级事件。基本上，所有的第 2 类事件要么不稳定，要么处于短期电压崩溃的风险之中。相比之下，第 3 和第 4 类电压是安全的。第 1 类与其他类别有一些重叠，但其所有组成突发事件都有瞬态电压问题。

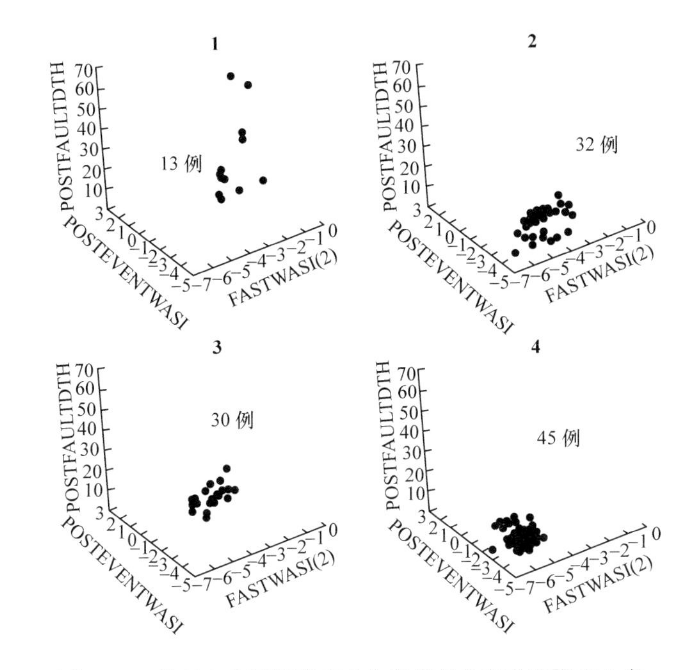

图 4. 15　基于 4 个特征将 120 个意外事件自动聚类成 4 类：FastWASI（2s）、SlowWASI（5s）、PostEventWASI 和 PostFaultDTH

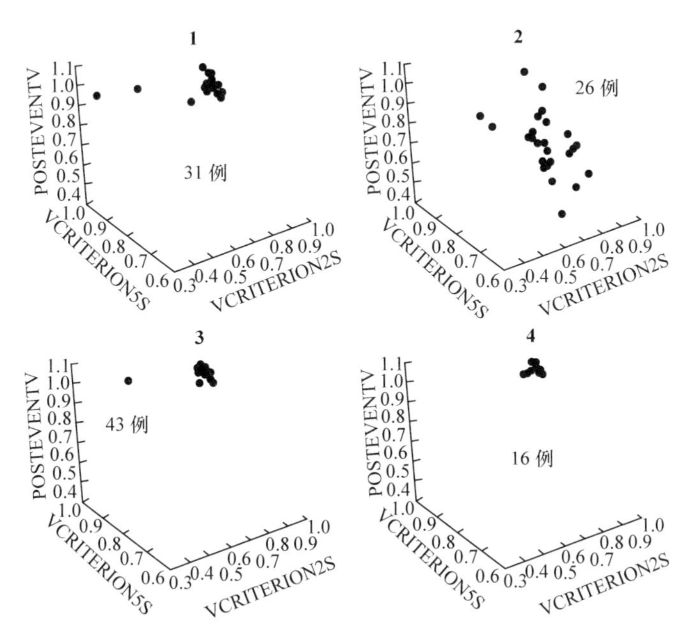

图 4. 16　基于 4 个特征［VCriterion（2s）、VCriterion（5s）、PostEventV 和 PostEventWASI］将 120 种意外事件自动分为 4 类

4.5 基于数据挖掘的事故预测

4.5.1 背景

本节提出了一个全面的数据挖掘方案来实现事故预测，这是任何 EWS 的关键目标。如图 4.17 所示，基于数据挖掘的预测分析的发展总是始于采用数据收集和准备过程。最初，必须收集有关网络配置和意外事件的信息。接下来，通过高性能计算中心获得的稳定性结果的缩小数据库采用母线相量数据的模糊聚类方法[9]将电网划分为若干电气连接区域。进而，这种划分也产生了中心点母线，这是最适合 PMU 的位置。在第二阶段，进行一组扩展的仿真，收集到的母线相量信号按区域进行聚类并参考惯量中心参考系。最后根据 4.4 节中的算法得出时域和频域的数据挖掘特征，并保存在一个大型数据库中进行后续的数据挖掘研究。

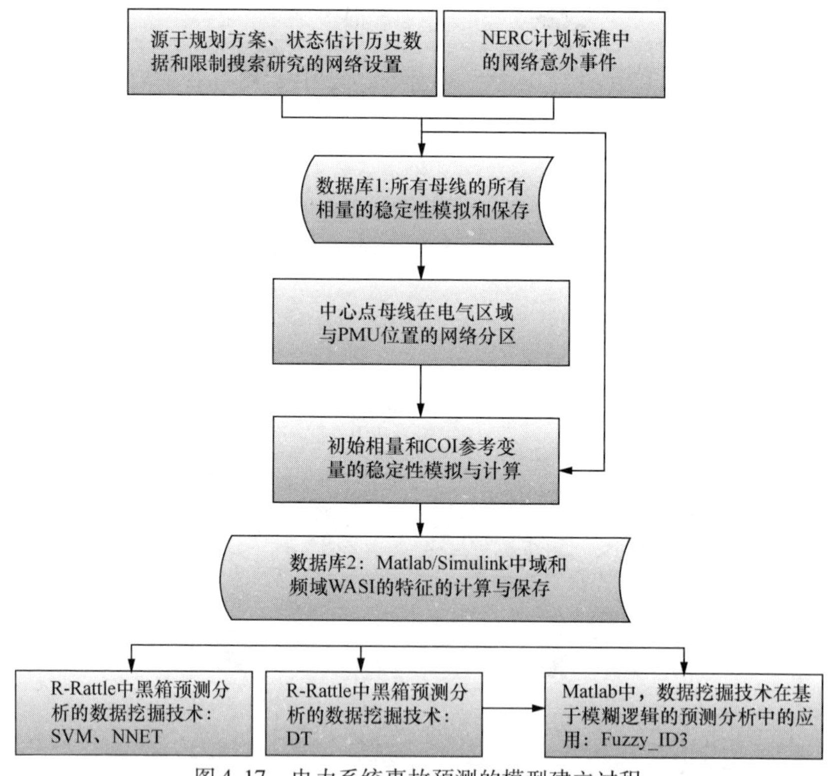

图 4.17 电力系统事故预测的模型建立过程

然而，从历史或模拟的 PMU 记录中建立预测模型并不是一项小任务，因为电力系统的响应是高度非线性的，且与运行环境紧密相关。虽然数据挖掘易于将海量数据库合成为预测模型，但它们需要数以千计的配置和数千个实例捕捉底层电网的动态内在特征[21]。在这种情况下，我们目睹了两个相互竞争的趋势：基于模糊逻辑规则的方法[22]，其具有透明性和可解释性的优点[23]，以及基于机器学习的黑盒方法，其依赖于统计学习的补充工具：神经网络（NNET）[11]、支持向量机

(SVM)[24]、决策树（DT）[25]和集合决策树［在这章指的是“随机森林(RF)”[21]］。对这些方法的有效性排序并不是作者的意图。它们在计算量、训练时间、准确性、对噪声的鲁棒性等方面，优点和弱点并存[25]，实际上，它们通常纯粹基于其对用户的即时可用性或事先对它们的熟悉程度来选择。

4.5.2 数据组织培训和测试

在所提出的研究中，考虑了两种不同的电力系统模型。首先是用于运行规划的魁北克水电系统的783条母线表示。参考文献［21］中描述的是相同配置和意外事件。它们代表了冬季和夏季运行规划模型，该模型基于32个精心挑选的735kV突发事件，通过传输限制搜索与关键清除时间搜索过程产生的1000个负荷潮流模式所组成。第二个电网模型采用67条母线、9个区域的测试系统[20]来说明PMU配置方法。从5个基本的负荷潮流配置中，通过在32种突发事件下利用电力传输限制搜索对系统施加压力，可以产生许多其他配置。图4.18显示了实际系统和测试系统，以及基于数据挖掘模型设计数据生成的完整设置来设计突变预测器。在这项研究中，我们将魁北克水电系统和测试系统的两组数据相结合，希望找到一个更通用的预测变量，而不是分别应用于两个系统。完整的想法说明如下。

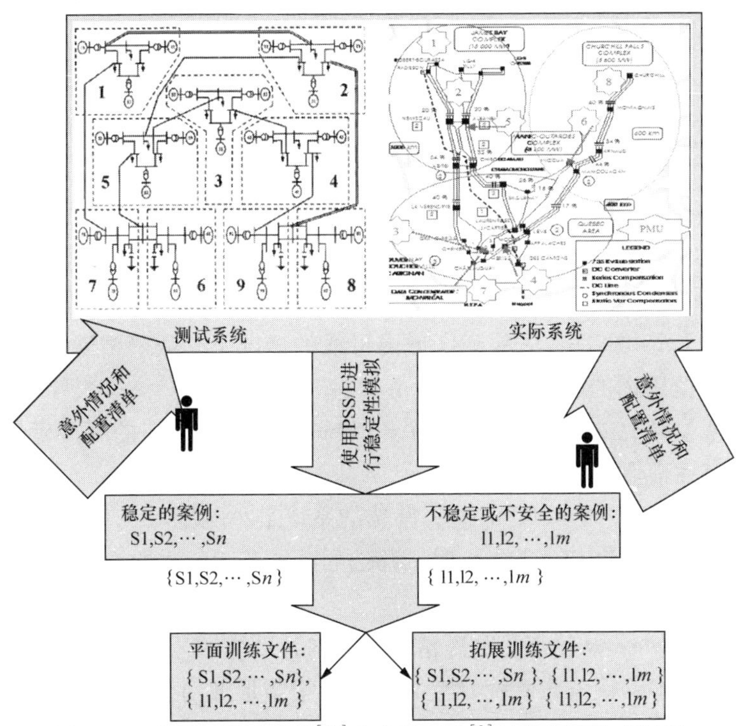

图4.18 应用于测试系统[16]和实际系统[9]的数据库生成过程。m个不安全案例在扩展训练文件中重复3次

假设我们有一组例子$A=\{a_1, a_2, \cdots, a_k\}$来描述系统安全的一般概念，$C=\{S, I\}$，其中$S$、$I$分别表示安全（稳定）和不安全（不稳定）。对于每种情况，

将一组属性（A）与通过分析模拟得出的事件的状态（C）一起存储。学习“安全”的概念包括从一组给定的例子中推断它的一般定义。然而，众所周知，不安全威胁是与系统相关联的。几年前，魁北克水电系统的暂态稳定性受到限制，而今天的电压稳定性受限于最可能的配置。同样，参考文献［16］中的分析表明图4.18中的9区系统是非常振荡的，但对电压不稳定性不太敏感。因此，学习具有广泛不同安全属性的网络上的“安全概念”将带来更一般的预测器封装更广泛的安全定义。由于原始数据集仅包括22.5%的不稳定情况，据说是偏斜的或不平衡的。从这些倾斜的数据集中得出的普通分类器总是偏向于在数据集中占大多数的多数类。因此，少数类的准确性受到限制。因此，我们通过复制3次不稳定情况（见图4.18中的$m=3$）来人为地平衡数据集，使数据集达到98800个案例。

4.5.3 选择基于PMU的广域严重性指数功能

在图4.19的算法中，选定的WASI在时域和频域中定义如下：

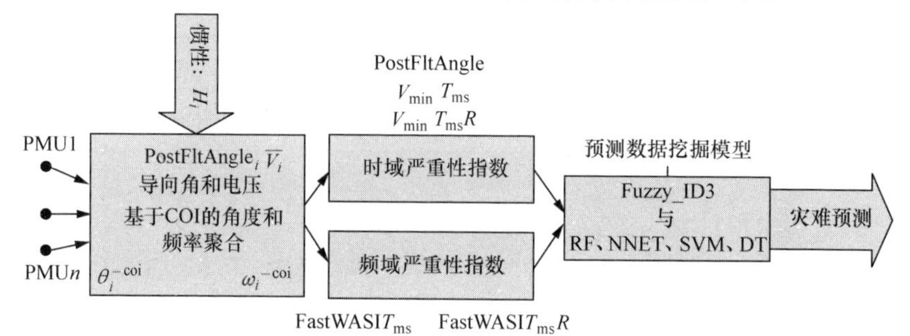

图4.19 基于数据挖掘模型的事故预测原理

1）$V_{min}\ T_{ms}$：在故障清除后$T=150$ms或$T=300$ms的时间范围内的系统范围最小电压。

2）$V_{min}\ T_{ms}R$：在只考虑故障区域内母线的情况下，故障清除后$T=150$ms或$T=300$ms时间范围内的区域最小电压。

3）FastWASIT_{ms}：故障清除后的$T=150$ms或$T=300$ms的时间范围内系统范围的频域严重性指数。

4）VLowPassT_{ms}：$T=300$ms时，筛选的系统最小电压。

5）FastWASI$T_{ms}R$：$T=300$ms时，筛选的系统范围严重性指数。

6）TDEF：故障持续时间。

7）PostFltAngle：从稳态到故障清除时间内，系统的最大COI角度偏差。

在这项工作中，仅考虑系统变量的特征子集与形成对比[22]，用来分析基于数据挖掘预测模型的预测性突发事件，如图4.19所示。然而，主成分分析首先用来确定候选集中最显著特征的数量[26]。虽然我们有10个候选特征，但是从图4.20可以看出，仅需要5组就可以解释93%的数据变动性。接下来，图4.20中的第二幅图（双标图）将数据点从其原始坐标重新映射到前两个主坐标轴的坐标。图中

矢量给出了每个变量在这两个主特征中所占权重，表明了它们与相关主特征的相关性。轴标的相关性被解释为变量，主特征的值被解释为数据点。双标图中显示了具有最大幅度的 6 个变量。根据它们的角度（或矢量方向），这些变量是几何解耦的，并且因此是用于系统稳定性的预测分析的良好候选。

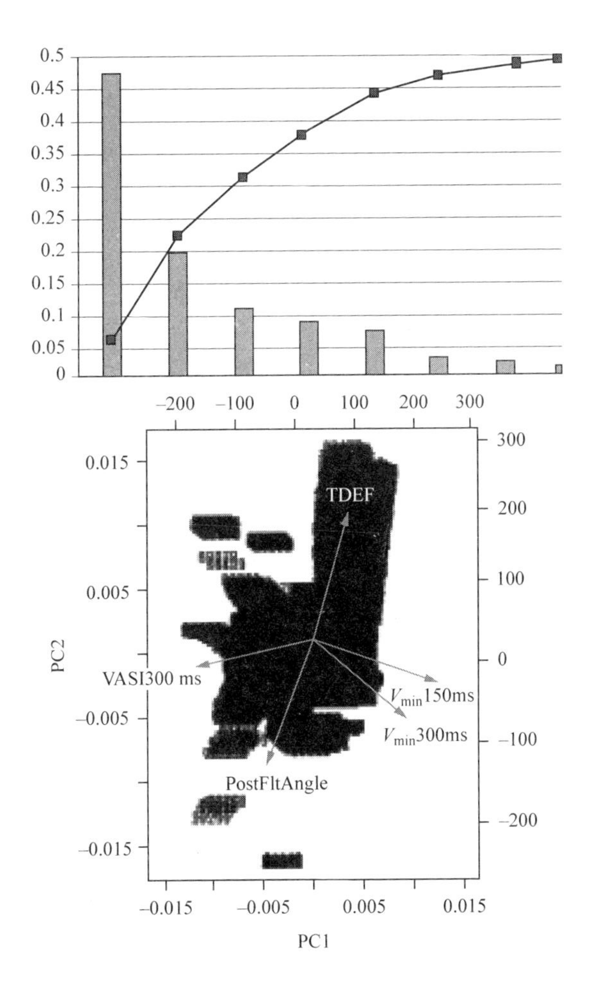

图 4.20　特征空间的主成分分析

4.5.4　黑盒子与可理解的预测模型训练

本研究提出的黑箱突变预测器使用开源软件 R[26]，其中包括常规决策树（DT）、随机森林（RF）、NNET 和 SVM 的实现。使用每个场景的扩展数据文件分别进行训练，使用平面文件，即性能文件进行测试。前面提到的数据挖掘技术被配置为在训练期间随机选择 70% 的假定数据文件来构建模型。基于 NNET 的预测器具有 10 个隐藏层的前馈结构。类似地，SVM 被设置为径向基核。决策树使用“R”软件包进行训练，采用以下设置来调用：收敛误差为10^{-4}，在节点分裂之前和之后，最小迭代次数等于600并含有300个样本。图4.21显示了用于分类稳定和不稳定情况的决策树。

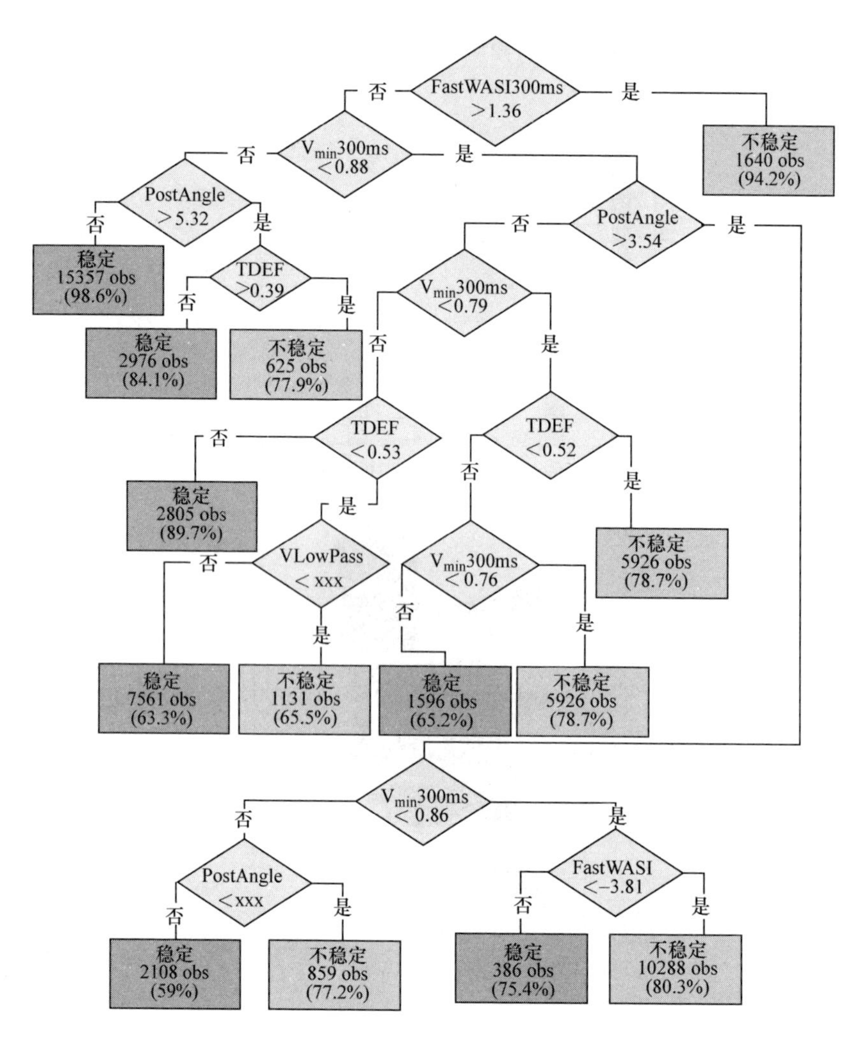

图4.21　为划分稳定（OK = −1）和不稳定（OK =1）事件而生成的决策树

对于所有RF模型，设置210棵树的上限为10，基本上是为了避免内存溢出。然而，后来发现泛化误差开始稳定在50棵树左右[10]。为了建立一个模糊决策树模型，首先将输入特征模糊化，然后将Quilan的ID3算法应用于所得到的符号数据表示之后，从而导出一个模糊决策树[26]。使用参考文献［23］中描述的开源软件fispro对相应的基于模糊规则的预测器进行了训练。图4.22给出了组合HQ和测试系统的结果，其中描述了用于分类稳定和不稳定情况的19个规则。基于Fuzzy_ID3的决策树如图4.23所示，其中各种隶属函数具有三角形形状，分类为“高”

“低”和“中”。为了实施该模糊推理系统，Sugeno 模型与选择中心去模糊方案来获得稳定条件的平滑边界。在这种情况下，去模糊化后的明确输出决策是一个随着不稳定度的增加而位于［-1，1］之间的数字。因此，有必要确定给定的情况是否稳定。我们提出阈值分别为0和-0.2的结果，以说明这种选择对可靠性和安全性之间的权衡的影响。

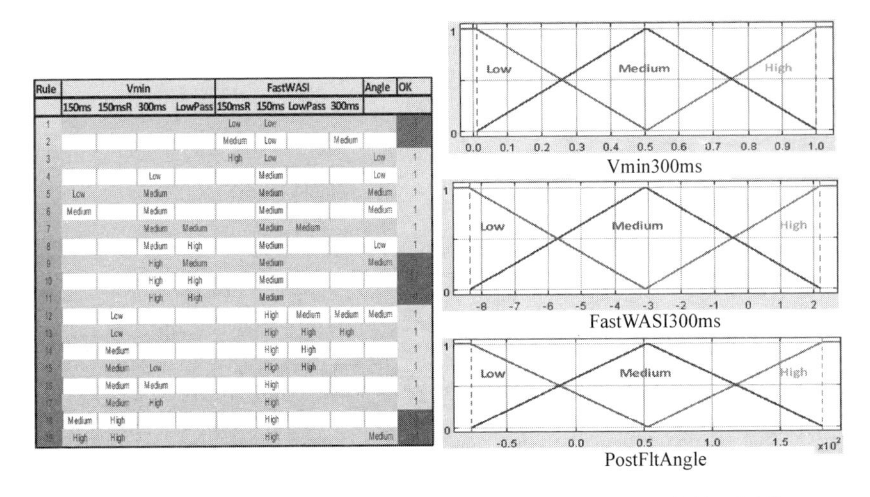

Rule	Vmin				FastWASI				Angle	OK
	150ms	150msR	300ms	LowPass	150msR	150ms	LowPass	300ms		
1					Low	Low				
2					Medium	Low		Medium		
3					High	Low			Low	1
4			Low			Medium			Low	1
5	Low		Medium			Medium			Medium	1
6	Medium		Medium			Medium			Medium	1
7			Medium	Medium		Medium	Medium			1
8			Medium	High		Medium			Low	1
9			High	Medium		Medium			Medium	
10			High	High		Medium				
11			High	High		Medium				
12		Low				High	Medium	Medium	Medium	1
13		Low				High	High	High		1
14		Medium				High	High			1
15		Medium	Low			High	High			1
16		Medium	Medium			High				1
17		Medium	High			High				1
18	Medium	High				High				
19	High	High				High			Medium	

图4.22 基于魁北克水电系统和测试系统的 Fuzzy _ ID3 事故预测器

性能评估

性能评估基于三个重要指标，即准确性、可靠性和安全性[11,21]。表4.5为基于 NNET、SVM、RF、决策树和 Fuzzy _ ID3 研发的事故预测器的完整统计。在分析准确性、可靠性和安全性指数的统计数据的同时，基于 RF 的预测器成为所有三个指标中性能水平唯一超过99%的统计工具。当从如 NNET、SVM 和 RF 的黑盒解决方案切换到如决策树的半透明解决方案和具有各种阈值的如 Fuzzy _ ID3 之类的透明解决方案时，对于 HQ 和测试的组合方案、HQ 方案和测试系统在准确性、可靠性和安全性之间存在权衡。

表4.5 NNET、SVM、决策树、Fuzzy _ ID3 及 RF 的性能比较

数据挖掘工具	准确性（%）	可靠性（%）	安全性（%）
	Wasiall _ 300ms	Wasiall _ 300ms	Wasiall _ 300ms
NNET	85.7	82.0	87.9
SVM	87.7	83.9	92.5
RF	99.2	99.9	99.0
决策树	84.3	80.1	86.0
Fuzzy _ ID3（阈值为0）	83.7	86.4	82.9
Fuzzy _ ID3（阈值为-0.2）	82.0	77.1	83.4

为了给这个权衡提供一些线索，图 4.24 比较了透明解决方案（Fuzzy _ ID3）和最佳黑盒解决方案（RF）的性能。RF 的分类准确性为 99.0%，相比之下，Fuzzy _ ID3 在阈值为 -0.2 和 0 的分类准确性分别为 82.0% 和 85.5%。类似地，RF 的可靠性和安全性测量值接近 99.0%，而 Fuzzy _ ID3 在阈值为 0 时的可靠性和安全性分别为 64.2% 和 92.1%。

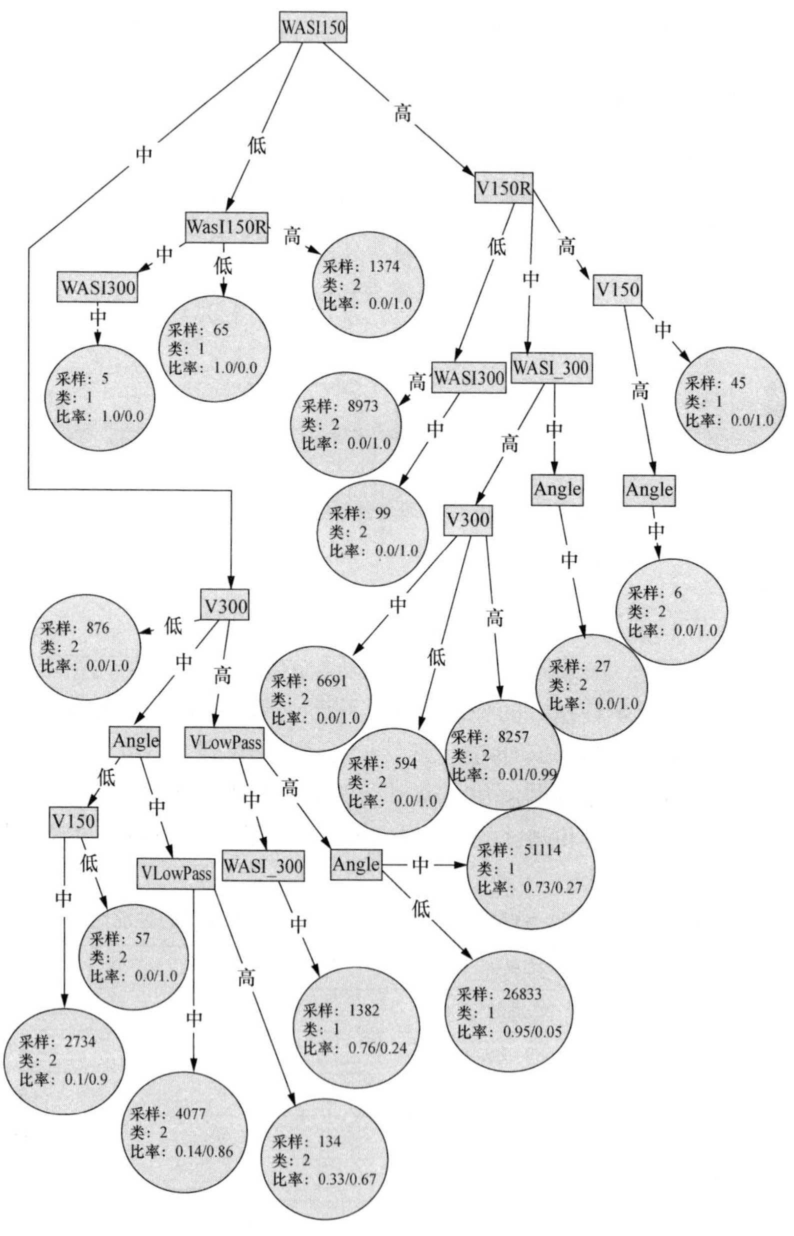

图 4.23　用于分类稳定（OK = -1 = 1 类）和不稳定的情况（OK = 1 = 2 类）的基于 Fuzzy _ ID3 的决策树（Fuzzy _ ID3）

尽管最准确的解决方案是 RF 黑盒解决方案，但是与其他黑盒模型相比，Fuzzy _ ID3 似乎相对比较灵活，因为其可调节的决策阈值允许分类向可靠性或安全性或多或少的偏移。事实上，模糊模型输出是一个明确的数值，位于［－1，1］之间。因此，它可以被解释为一个稳定性的模糊度量，这对于做出实际决策是非常方便的。图 4. 25 说明了基于 Fuzzy _ ID3 的模糊决策的柱状图。很明显，较高（正）的决策值匹配不稳定的情况，而负值匹配稳定的情况。但是，这两个类别在尾部重叠。此外，图 4. 26 以二维等值线图的形式提供了输出决策的另一视角。该图直观证实了，电压接近于 1 的低电压和低能量扰动的稳定性强，而高能量和/或低电压干扰的不安全性强。

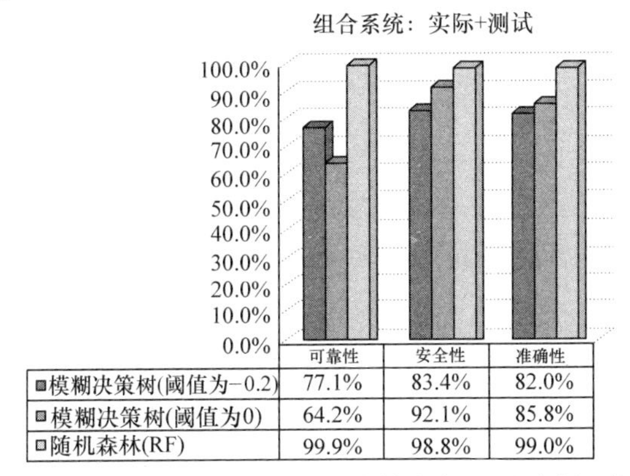

	可靠性	安全性	准确性
模糊决策树(阈值为−0.2)	77.1%	83.4%	82.0%
模糊决策树(阈值为0)	64.2%	92.1%	85.8%
随机森林(RF)	99.9%	98.8%	99.0%

图 4. 24　Fuzzy _ ID3 和随机森林在实际和测试组合系统中的可靠性、安全性和准确性测量对比

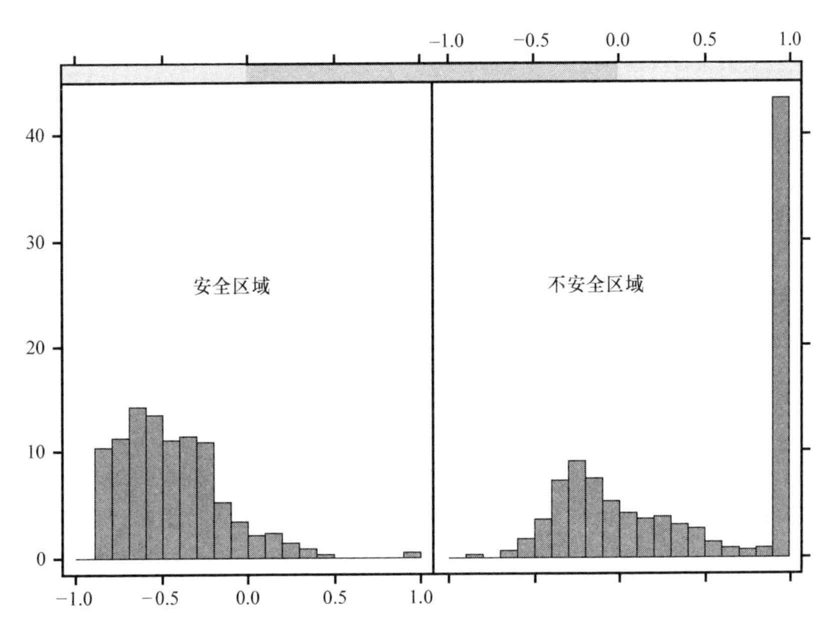

图 4. 25　基于 Fuzzy _ ID3 的预测器的明确决策输出的安全与不安全意外事件的直方图

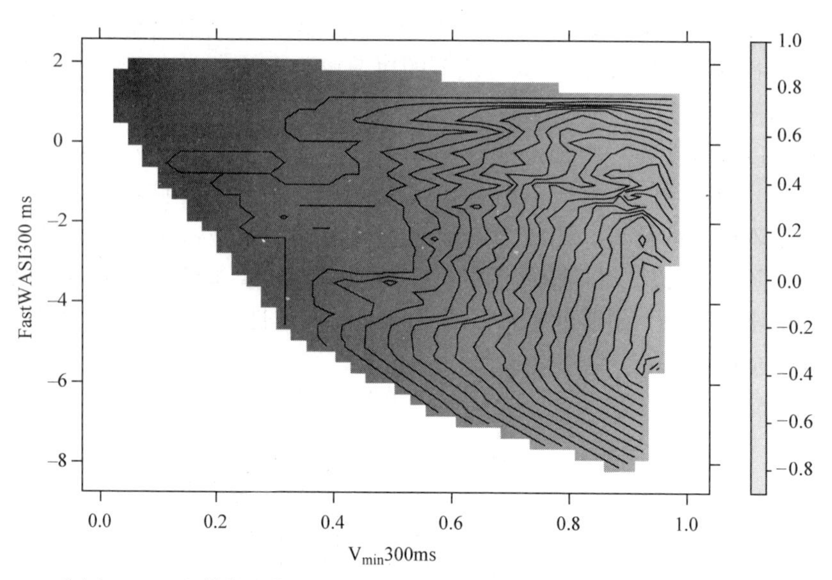

图 4.26　应用 Sugeno 去模糊方案的基于 Fuzzy _ ID3 的不安全性概率（60000 个意外事件）

4.6　系统振荡的早期检测与阻尼条件评估

4.6.1　背景

在全球许多电力系统中，振荡稳定性问题是对电网稳定性和可靠性的主要威胁之一。不稳定的振荡模式会导致大振幅的振荡，并可能导致系统崩溃和大面积停电。大电网的系统振荡发生过几起事件。其中，最值得注意的是，1996 年 8 月 10 日，由于系统无阻尼的振荡而导致西部电网解列[27]。最近，澳大利亚和哥伦比亚提出了不稳定振荡需要早期在线检测的方案[28-29]。在这些情况下，当发现电力系统小阻尼振荡时可以发出振荡警报，为运行人员提供采取补救措施的时间，并减小系统因为小阻尼振荡情况而发生系统解列的可能性。

为了满足这种需求，科研人员已经开发了几种基于测量的模态分析算法。这包括 Prony 分析[30-31]、特征系统实现算法（ERA）[32-33]、随机状态空间识别(SSSID)、Yule - Walker 和 N4SID 算法[27,28,34-35]。在某些条件下，每种方法都被证明是有效的，但是在其他条件下则效果不佳。例如，传统的 Prony 分析和 ERA 适用于干扰数据，但不适用于环境数据，而 Yule - Walker 仅适用于环境数据。即使在对干扰数据和环境数据（例如 SSSID）都适用的算法中，算法中使用的时间窗口的延迟结果反映了振荡模式进行及时评估的问题。对于环境数据，时间窗口需要更长的时间来累积信息以进行合理的精确估计。但是对于干扰数据，时间窗口可以大大缩短，所以估计的延迟可以少得多。

如图 4.27 所示，我们可以以强制或随机激励来识别信号的状态空间模型，从而在广义上说明在线模态跟踪问题，然后对所得模型进行特征分析。在预警环境

中，可以假设数据仅是基于 PMU 的广域测量系统的输出测量数据。数据可以是单冲扰动后的振铃信号或环境噪声。唯一要注意的是，在前一种情况下，可以使用标准的基于 ERA 的模态识别方法，而在后一种情况下，随机识别方法在某种程度上是强制性的[32]。

4.6.2 多频模态分析

当输入信号在识别阶段之前进行带通预滤波时，可以改进 ERA 和 SSSID 方法的性能[36]。这是通过可以处理嵌入在显著噪声中的紧密的自然模式的线性滤波器组预处理实现的。另外，滤波器组的处理可以通过信道确定能量通道，乃至在该通道上尝试任何模态识别之前，都要使用 Teager - Kaiser 能量算子（TKEO）概念来测试带内能量或活跃的水平。如图 4.28 所示，该方法对每个超过给定阈值的临时带内能量的频带分别进行模式识别，对存在显著噪声的情况下使模态参数的模糊性最小化以及为模态参数变化提供相对较快的响应时间方面具有有效性。

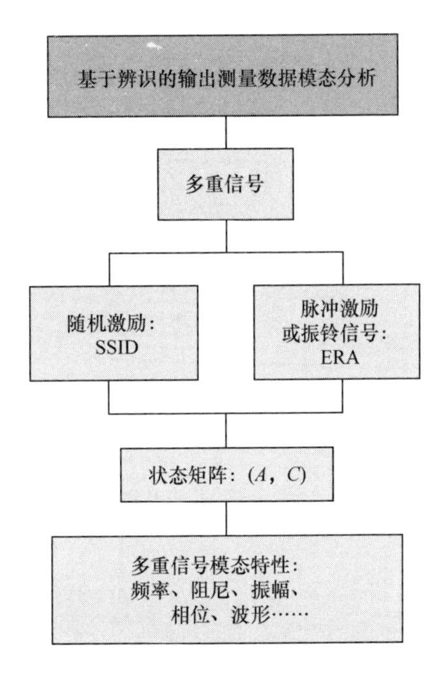

图 4.27 无阻尼振荡检测的在线模态分析

原理

电力系统响应信号通常可以被描述为振幅（AM）和调频（FM）原始信号的叠加：

$$x(t) = \sum_k A_k(t)\cos(\Theta_k(t)) = \sum_k a_k e^{\sigma_k}\cos(\omega_k(t)t + \varphi_k) \tag{4.9}$$

式中，a_k、ω_k、σ_k 和 φ_k 分别是第 k 个模态分量的振幅、频率、阻尼和相位。需要强调的是，所有参数 a_k、ω_k、σ_k 和 φ_k 都是缓慢时变的，但不会对信号的变化产生影响。

图 4.29 阐述了使用滤波器组来分解多重电力系统信号［式（4.9）］，然后采用能量分离算法（ESA）[36,37]或希尔伯特变换[37-38]对每个信道分量进行时域分析。ESA 提供了滤波器组预处理后的具有一定精度的主模式的振幅（A_i）和频率（ω_i），但是，当需要精确的阻尼信息，或者滤波器组输出信号不是单色波时，使用参数法的更详细的模态分析会优于 ESA。如图 4.29 所示，ERA 或 SSSID 被认为是机电模式识别工具，尽管是其他识别方法也都适用[27,28,32-35]。将离散希尔伯特变换（DHT）[30]应用于输入信号，以便更有效地拒绝准稳态分量。接着滤波器组将可能的多分量信号[36]分成 $N=9$，基本上为正交分量。在分解输入信号之后，采

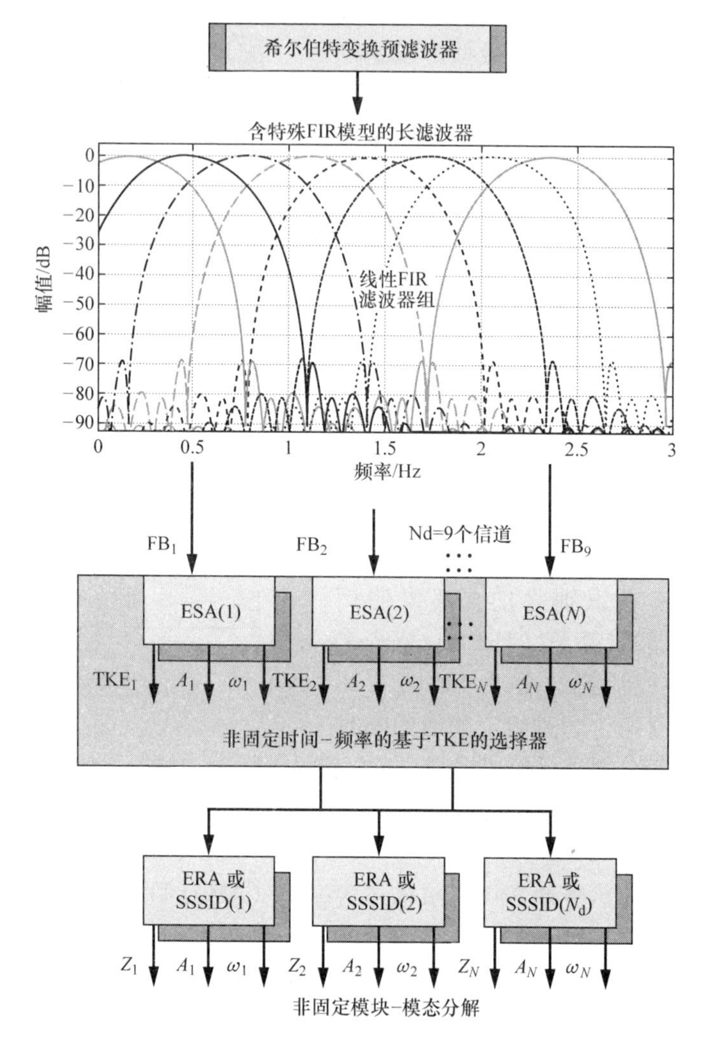

图 4.28　用基于 TKEO 的标准检测具有最强振荡行为的信道的 MBMA 方案概述

用 TKEO[37] 计算每个信道的能量（TKE_i，$i=1$，…，9），并且将 N_d（通常 $N_d \leqslant 4$）主能量信号用于基于能量阈值测试的参数模态分析。然后在滑动不重叠的数据块上进行模态分析，每个信道的数据块大小可根据信道中心频率进行调整，其结果是阻尼（Z_i）、振幅（A_i）和频率（ω_i），$i=1$，…，N_d。

4.6.3　线性 SIMO 信号识别

1. 基于状态空间的模态分析背景

在不失一般性的情况下，以 $\{y_k, k=1, 2, \cdots, N\}$ 的形式给出时间序列，y_k 是维数为 n_y 的列向量，可被认为是具有适当输入激励的线性滤波器的输出[39]。如

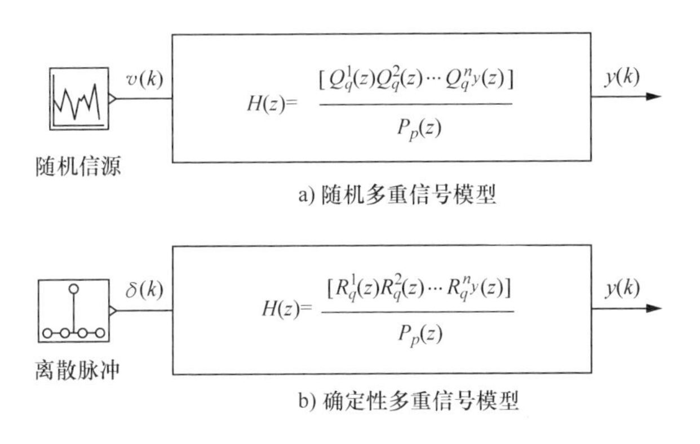

图 4.29 ESA 在多分量 AM – FM 信号上的应用

果信号是确定性的，例如电力系统振铃响应信号，最便捷的输入是离散脉冲。另一方面，如果信号是随机的，就像电力系统对随机负荷切换做出环境响应一样，输入自然是随机噪声激励。无论如何假设，为了得到具有单个分母的更紧凑的传递函数表示，对多个信号假设有同一单个输入是比较方便的。因此，信号将共享相同的极点，但是对于每个极点，留数将会按输入变化。

为了说明，考虑如下振铃信号：

$$y(t) = Ae^{\sigma t}\cos(\omega t + \psi) \qquad t \geqslant 0 \tag{4.10a}$$

传递函数的脉冲响应如下：

$$H(s) = \frac{(s + a)\cos(\psi) - \omega\sin(\psi)}{(s + a^2)^2 + \omega^2} \tag{4.10b}$$

式中，s 是拉普拉斯变换符号。使用 Tustin 离散化连续时间传递函数[32]的方法，图 4.29 中 $H(s)$ 和 $H(z)$ 之间的关系变得很明显。假如说这些传递函数是合适的，即分子多项式阶数严格小于分母多项式的阶数，系统的确定性单输入多输出（SI-MO）模型等价于下列状态空间模型 $\{A, B, C\}$：

$$\begin{cases} X_{k+1} = Ax_k + Bu_k \\ y_k = Cx_k \end{cases} \tag{4.11}$$

式中，$u_k \in \mathrm{R}^{n_u \times 1}$ 和 $y_k \in \mathrm{R}^{n_y \times 1}$ 分别为输入和输出向量（对于 SIMO 系统，$n_u = 1$）。

为了解决这个问题，在实验模态分析中很常见的一个简单想法是以压缩形式建立两个转移 Hankel 矩阵，即系统状态矩阵。这种方法通常从 Hankel 矩阵中的输入输出数据开始。因此，式（4.11）给出了脉冲响应 $H_0 = D$，$H_k = CA^{k-1}B$，$k = 1, 2, \cdots, N$。相关的 Hankel 矩阵在参考时间 $k > 0$ 处定义如下：

$$H_{k|(i,j)} = \begin{bmatrix} H_k & H_{k+1} & \cdots & H_{k+j} \\ H_{1+k} & H_{1+k+1} & \cdots & H_{1+k+j} \\ \vdots & \ddots & \iddots & \vdots \\ H_{i+k} & H_{i+k+1} & \cdots & H_{i+k+j} \end{bmatrix} = \vartheta_i A^{k-1} \wp_j \tag{4.12a}$$

式中，i 和 j 是固定整数，以及

$$\vartheta_i = \begin{bmatrix} C \\ CA \\ \vdots \\ CA^{i-1} \end{bmatrix}, \wp_j = [B \quad AB \quad \cdots \quad A^{j-1}B] \tag{4.12b}$$

是扩展的可观测性和可控性矩阵。

2. 确定性的 SIMO－ERA

假设$\{y_k, k=1, 2, \cdots, N\}$是描述系统 $\{A, B, C\}$ 的脉冲响应的测量结果，我们首先将它们组成一个脉冲块矩阵序列 $\{H_k\}$ ，$k=0, 1, \cdots, N$。然后 $\{H_k\}$ 被用来建立 Hankel 矩阵 $H_{1|(i,j)}$ 和 $H_{2|(i,j)}$。如果 $i >> n = dim(A)$，$H_{1|(i,j)}$ 的奇异值分解（SVD）可以被划分如下：

$$H_{1|(i,j)} = [U_n \quad U_o] \begin{bmatrix} \sum_n & O \\ O & \sum_o \end{bmatrix} \begin{bmatrix} V_n^{\mathrm{T}} \\ V_n^{\mathrm{o}} \end{bmatrix} = \vartheta_i \wp_j \tag{4.13}$$

式中，$\sum_n$ 包含 n 个主要奇异值并且 $U_n^{\mathrm{T}} U_n = V_n^{\mathrm{T}} V_n = I_n$，$I_n$ 为 n 维单位矩阵。因此，可观测性矩阵和可控性矩阵的最小维数估计为：

$$\vartheta_i = U_n \sum_n^{1/2} \quad \wp_j = \sum_n^{\frac{1}{2}} V_n^{\mathrm{T}} \tag{4.14}$$

使用 $H_{2|(i,j)} = \vartheta_i A \wp_j$ 的表达式，由于 U_n 和 V_n 的正交性，得到状态矩阵：

$$A = \vartheta_i^{\dagger} H_{2|(i,j)} \wp_j^{\dagger} = \sum_n^{1/2} U_n^{\mathrm{T}} H_{2|(i,j)} V_n \sum_n^{1/2} \tag{4.15a}$$

式中，符号 † 表示伪逆。因此，输入矩阵由$\wp_j$ 的前 m 列给出，而输出矩阵等于 ϑ_i 的前 p 行。因此有：

$$B = U_n \sum_n^{1/2} E_{n_{\mathrm{u}}}^{\mathrm{T}} \qquad C = E_{n_{\mathrm{y}}} \sum_n^{1/2} V_n^{\mathrm{T}} \tag{4.15b}$$

式中，$E_{n_{\mathrm{u}}}^{\mathrm{T}} = [I_{n_{\mathrm{u}}} \quad O]$ 和 $E_{n_{\mathrm{y}}}^{\mathrm{T}} = [I_{n_{\mathrm{y}}} \quad O]$ 是两个由适当维度的单位矩阵和空矩阵

组成的特殊矩阵。

3. 随机 SIMO－SSID

信号的 SIMO 随机模型的状态空间表示是通过将式（4.11）中的强制输入 $\{u_k,\ k=1,\ 2,\ \cdots,\ N\}$ 为0得到：

$$\begin{cases} x_{k+1} = A x_k + w_k \\ y_k = C x_k + v_k \end{cases} \tag{4.16}$$

过程噪声 ω_k 是驱动系统动力的输入，而测量噪声是 $n_y \times 1$ 系统响应向量 $\{y_k,\ k=1,\ 2,\ \cdots,\ N\}$ 的直接扰动，该向量是状态的可观测部分和由测量噪声 v_k 建模的一些噪声的混合。状态矩阵 $\{A,\ C\}$ 可由 SSSID[34-35]确定。尽管近年来出现了这种方法的几种变体，但它们都或多或少地遵循输入数据的 Hankel 矩阵和噪声数据的 Hankel 矩阵之间的基本代数关系[34]：

$$Y_{i|(i-1,j)} = \vartheta_i X_{i|j} + \Gamma_i^s W_{i|(i-1,j)} + V_{i|(i-1,j)} \tag{4.17a}$$

式中，$X_{i|j}$ 是扩展状态矩阵：

$$X_{i|j} = [x_i \quad x_{i+1} \quad \cdots \quad x_{i+j-1}] \tag{4.17b}$$

$$\Gamma_i^s = \begin{bmatrix} 0 & 0 & \cdots & 0 \\ C & 0 & & 0 \\ \vdots & \iddots & \ddots & \vdots \\ CA^{i-2} & CA^{i-3} & \cdots & 0 \end{bmatrix} \tag{4.17c}$$

Γ_i^s 为下三角形 Toeplitz 矩阵。定义矩阵 $A \in \mathrm{R}^{p \times j}$ 在矩阵 B 的行空间上的投影为[34-35]：

$$A/B = AB^{\mathrm{T}}(BB^{\mathrm{T}})^{\dagger}B \tag{4.18}$$

使用未来输出$Y_{i|(i-1,j)}$的 Hankel 矩阵在过去输出 $Y_{0|(i-1,j)}$ 的 Hankel 矩阵的空间上的投影，式（4.17a）可改写为[34-35]：

$$W_{\mathrm{c}}(Y_{i|(i-1,j)}/Y_{0|(i-1,j)})W_{\mathrm{r}} =$$

$$\underbrace{W_{\mathrm{c}}\vartheta_i}_{1}\underbrace{(X_{i|j}/Y_{0|(i-1,j)}W_{\mathrm{r}})}_{2} + \underbrace{W_{\mathrm{c}}(\Gamma_i^s W_{i|(i-1,j)} + V_{i|(i-1,j)})W_{\mathrm{r}}}_{3} \tag{4.19a}$$

式中，选择输入－输出数据相关的加权矩阵来删除式（4.19a）中的第3部分：

$$W_{\mathrm{c}} = I_{\mathrm{in}_y} \quad W_{\mathrm{r}} = Y_{0|(i-1,j)}^{\mathrm{T}} \Phi_{[Y_{0|(i-1,j)},\ Y_{0|(i-1,j)}]}^{-\frac{1}{2}} Y_{0|(i-1,j)} \tag{4.19b}$$

因此，式（4.19a）不含信道噪声参考项。该式完全是由输入输出测量来定义的，可由扩展的可观测性矩阵与状态矩阵来确定，如下式所示：

$$W_c(Y_{i|(i-1,j)}/Y_{0|(i-1,j)})W_r = [U_n \quad U_n]\begin{bmatrix}\sum_n & O \\ O & \sum_o\end{bmatrix}\begin{bmatrix}V_n^T \\ V_n^o\end{bmatrix} \tag{4.20a}$$

$$\begin{aligned}\vartheta_i &= U_n \sum\nolimits_n^{1/2} = W_c\vartheta_i \\ \tilde{X}_{i|j} &= \sum\nolimits_n^{1/2} V_n^T = X_{i|j}/Y_{0|(i-1,j)}W_r\end{aligned} \tag{4.20b}$$

在式（4.12b）中，矩阵 C 是 ϑ_i 的前 n_y 行，而 A 是由 ϑ_i 的平移不变性确定的：

$$A = \underline{\vartheta}_i^+ \bar{\vartheta}_i \qquad C = \vartheta_i(1:n_{y'}:) \tag{4.21a}$$

在 Matlab 记号中，$\bar{\theta}_i$ 和 $\underline{\vartheta}_i$ 分别代表没有前 n_y 行和后 n_y 行的 ϑ_i，并且 $\vartheta_{i-1} = \underline{\vartheta}_i$：

$$\vartheta_i = \begin{bmatrix}\underline{\vartheta}_i \\ CA^{i-1}\end{bmatrix} = \begin{bmatrix}C \\ \bar{\vartheta}_i\end{bmatrix} = \begin{bmatrix}\vartheta_{i-1} \\ CA^{i-1}\end{bmatrix} \tag{4.21b}$$

4. 状态空间矩阵的模态特征

第一步是使用双线性逆变换或两个域之间的任何合适的映射函数将前面章节的离散时间状态空间模型转换为等效的连续时间模型。例如，在基于 ERA 的状态空间矩阵（A，B，C）的情况下[32]：

$$\begin{aligned}\hat{A} &= \log(A)/\Delta t \\ \hat{B} &= F_n(\hat{A}^{-1}(B-I))^{-1} \\ \hat{C} &= C^*\Delta t\end{aligned} \tag{4.22}$$

式中，Δt 为采样率。自然地，Matlab 包含实现这个过程的所有必要的工具。将连续时间系统转换为模态空间会产生以下替代表示形式：

$$\{\hat{A}, \hat{B}, \hat{C}\} \Leftrightarrow \Lambda, \Psi^{-1}\hat{B}, \hat{C}\Psi \tag{4.23}$$

式中，$\Lambda = \mathrm{diag}(\lambda_1, \lambda_2, \cdots, \lambda_n)$ 是特征值的对角矩阵，而 Ψ 矩阵的列是它对应的特征向量。$\sum = \Psi^{-1}B$ 是模态振型矩阵，$\prod = C\Psi$ 是初始模态振幅矩阵[32-33]。根据这些定义，与第 k 个模式相关的残差可以在 $n_y \times n_u$ 维矩阵 R_k 中得到：

$$r_{ij}(k) = \prod(i,k) \times \sum(k,j) = A_{ij}(k)\mathrm{e}^{i\varphi_{ij}(k)} \tag{4.24}$$

式中，$i=1, 2, \cdots, n_y$，$j=1, 2, \cdots, n_u$，$k=1, 2, \cdots, n$，n 是 Λ 的不同自然模态的数目，其中阻尼为 $\sigma_k(1/\mathrm{s})$，固有频率为 $\omega_k(\mathrm{rad/s})$。相应的传递函数矩阵采取如下形式：

$$G(s) = \sum_{k=1}^{k=n} \frac{R_k}{s - \lambda_k} = \sum_{k=1}^{k=n} \frac{R_k}{s - \sigma_k - i\omega_k} = [g_{ij}(s)] \tag{4.25}$$

为了便于模态识别和解释，对零初始条件脉冲响应分量 $g_{ij}(s)$ 应用拉普拉斯逆变换，如下式：

$$h_{ij}(t) = \sum_{k=1}^{k=n} 2A_{ij}(k)e^{\sigma_k t}\cos(\omega_k t + \varphi_{ij}(k)) \tag{4.26}$$

在 SSSID 配置模式中，$B=0$，残差和脉冲响应矩阵简化为定义纯输出系统自由响应的矢量：

$$\begin{aligned} r_i(k) &= \prod(i,k) = A_i(k)\mathrm{e}^{i\varphi_i}(k) \\ h_i(t) &= \sum_{k=1}^{k=n} 2A_i(k)\mathrm{e}^{\sigma_k t}\cos(\omega_k t + \varphi_i(k)) \end{aligned} \tag{4.27}$$

4.6.4 输出信号的实时模态分析图解

1. 事故后振铃信号

为了演示振铃信号分析，我们使用 IEEE 9 节点测试系统[40]，如图 4.30 所示。基本情况为区域 2 输出 1000MW，分别从区域 1 和 3 输入 100MW 和 900MW。由于本身不稳定，在发电机 1、2 和 4 处安装了 IEEE4B 电力系统稳定器。这足以稳定所有的系统模式。然后在节点 7 的 C 线上施加三相故障 0.5s，随后出现故障线路停电。系统在这种条件下仍然保持稳定，记录 4 台发电机的转速偏差，以便确定系统的故障后模态特性。将 ERA 方法的 SIMO 版本应用于这些振铃信号产生准确的单输入、四输出状态空间表达式（A，B，C），其阶为 $n=14$。

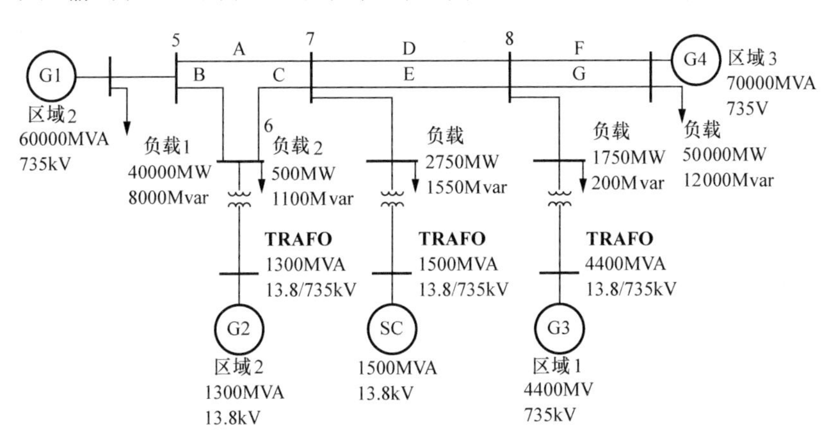

图 4.30 9 节点测试网络[40]

图 4.31a 中显示了发电机 2 和 4 的响应的 SIMO 模型拟合优度的示例图。该仿真只是 ERA 模型（A，B，C）的零初始条件脉冲响应。在每个曲线图中，模态参数以幅度减小的方式显示，并按照与前一节中相同的规则进行滤波：如果其阻尼小

于0.3或其幅度大于列表中的最高模式的1/50，则保留该模式。为了进一步检查SIMO模型的准确性，图4.31b叠加了实际的和故障响应后重建的功率谱密度。这相当于比较图4.31中每个图中两个信号的频谱。这些结果证实了，具有14个特征值的SIMO模型可以在0~5Hz频率范围内同时重现4个故障后的转速谱。

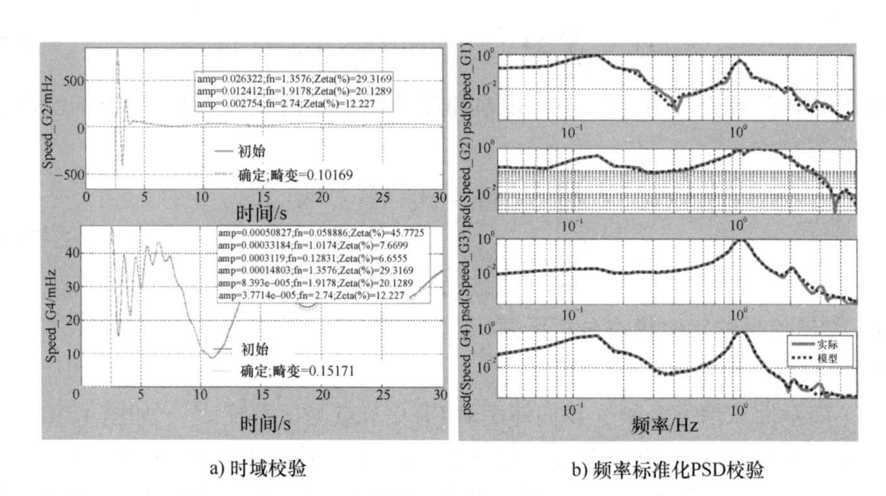

a) 时域校验　　　　b) 频率标准化PSD校验

图4.31　系统发电机1、2和4都带有IEEE PSS4B，节点7处发生故障0.5s后，系统对其做出多重振铃信号响应，基于ERA得到的模态分解

图4.32显示了SIMO模型的6个主要复特征值的可观测性振型。在所有发电机上观测到的共同频率模式（0.06Hz）具有相同的相位和幅度，而在线路停电之后区域间模式由0.22Hz变为0.12Hz的涉及发电机1~4。发电机2的后置PSS本地模式为1.36Hz，而发电机3（无PSS）的本地模式保持不变，为1Hz。1.92Hz的模式包含发电机2和3，而最后一个模式，发电机2为2.74Hz，似乎太弱而没有任何特殊的意义。

2. 噪声嵌入的时变环境信号

为了更好地在时变环境信号上确定随机状态空间模态分析的性能，我们首先考虑以下合成时间序列：

$$y(t) = \sum_{k=1}^{3} A_k(t)\sin(2\pi f_k(t) \times t + \theta_k(t) \times \pi/180) + v(t) \tag{4.28a}$$

式中，$v(t)$ 是一个白噪声过程，并且：

$$\begin{gathered} A_1(t) = 1/3\text{pu},\ \theta_1(t) = 0° \\ f_2(t) = 1\text{Hz}, \theta_2(t) = 0° \quad \forall t \geqslant 0 \\ A_3(t) = 1/3\text{pu}, f_3(t) = 1.5\text{Hz} \end{gathered} \tag{4.28b}$$

第一个分量是频率啁啾，在400s内从0.15Hz上升到0.4Hz：

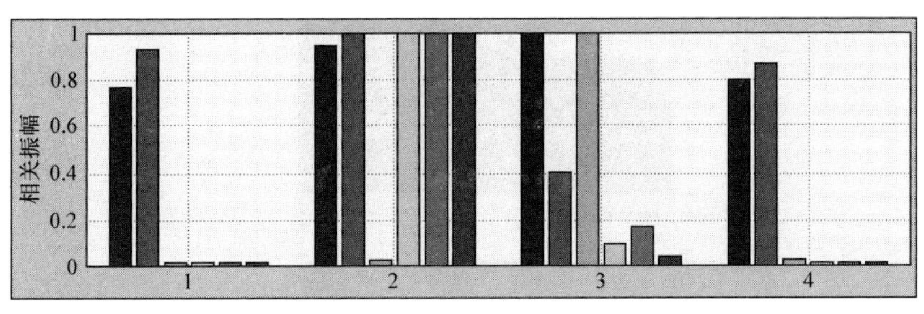

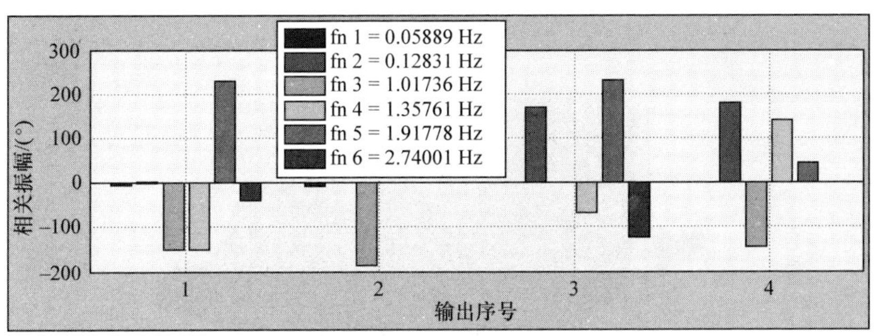

图 4.32 含3台都带有 IEEE PSS4B 发电机的 IEEE 9 节点测试系统的多信号可观测性振型

$$\begin{cases} f_t(t) = 0.15, & t \leqslant 10 \\ f_t(t) = \dfrac{0.25}{400}(t-40)+0.15, & 40 \leqslant t \leqslant 440 \\ f_t(t) = 0.40, & t \geqslant 100 \end{cases} \tag{4.28c}$$

式中，$f_t(t)$的单位为 Hz。

第二个分量是固定的无阻尼正弦（1Hz），其幅度斜坡调制起始于260s：

$$\begin{cases} A_2(t) = 1/6, & t \leqslant 260 \\ A_2(t) = \dfrac{0.5}{200}(t-260)+1/6, & 260 \leqslant t \leqslant 440 \\ A_2(t) = \dfrac{0.5}{200}\times 220+1/6 = 0.71667, & t \geqslant 440 \end{cases} \tag{4.28d}$$

式中，$A_2(t)$的单位为 pu。

最后一项是固定的无阻尼正弦（1.5Hz），其相位在260s 开始斜坡调制：

$$\begin{cases} \theta_3(t) = 0, & t \leqslant 260 \\ \theta_2(t) = t-260, & 260 \leqslant t \leqslant 600 \\ \theta_2(t) = 400, & t \geqslant 600 \end{cases} \tag{4.28e}$$

式中，$\theta_2(t)$的单位长度（°）。

图 4.33 显示了前面提到的时间序列（图 a）及其时变频谱（图 b）。增加了随机白噪声，以达到 15dB 的信噪比。在傅里叶变换前，在 Kaiser 窗口使用不重叠的数据块每 15s 对功率谱密度进行一次计算。

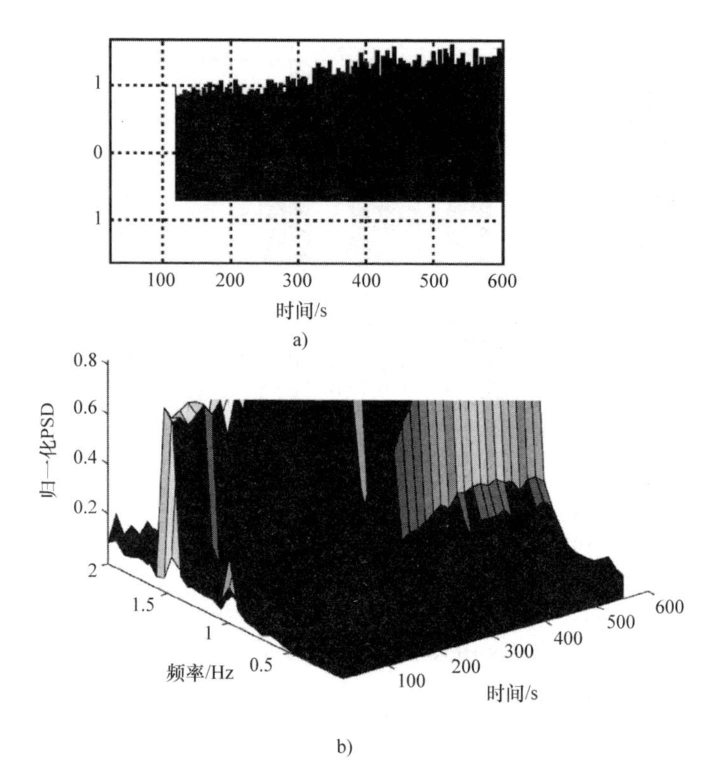

图 4.33　嵌入噪声中的合成时变型机电振荡（15dB SNR）。a）时间序列；b）光谱图

参考文献［36］首次将线性滤波器组应用于该信号。符合 TKEO 能量阈值标准的主要信道输出信号连同其能量在图 4.34 中显示。图 4.34 提供了由 TKEO 理论所得的时变频率和振幅[36]。甚至在 15dB 的信噪比下，该结果与解析信号定义也是一致的［式（4.28）］。然而，低频通道 FB1 和 FB2 的结果需要进行一些讨论。起初，最低频率分量是 FB1 的中心频率为 0.15Hz，而在 $t=300$s 时，相同的频率已经上升到 FB2 的中心频率为 0.3Hz。因此，FB1 的 TKEO 振幅平滑地过渡到零，而 FB2 的振幅增加到其最大值的 1/3。多频带分析依赖于 TKEO 能量来检测信道变化的时间，这反映在图 4.34 顶部的频率图上：频率估计是从通道 1 上升约 $t=200$s，然后又从通道 2 开始。

第Ⅳ－B 节中的 SSSID 应用于通过 9 通道滤波器组滤波的 15s 连续非重叠噪声数据块。TKEO 能量[20]应用阈值，以便选择 4 个主要通道，每个通道都有给定的 15s 数据块，对通道进行分析从而进一步建模。SSSID 算法是在 SISO 的基础上，对每个选定的信道使用参数 $l=25$ 和 $n=3$。在识别矩阵 A 和 C 之后，提取模态信息产生的结果如图 4.34 所示。很明显，尽管有 15dB 的低信噪比和多个信号时变参数，但是模式频率的估计还是很准确的。在频率快速变化期间，振幅和阻尼更加不确定，特别是当主通道从 FB1 变为 FB2 时。有趣的是，在所考虑的变化率内（1°/s）阻尼和

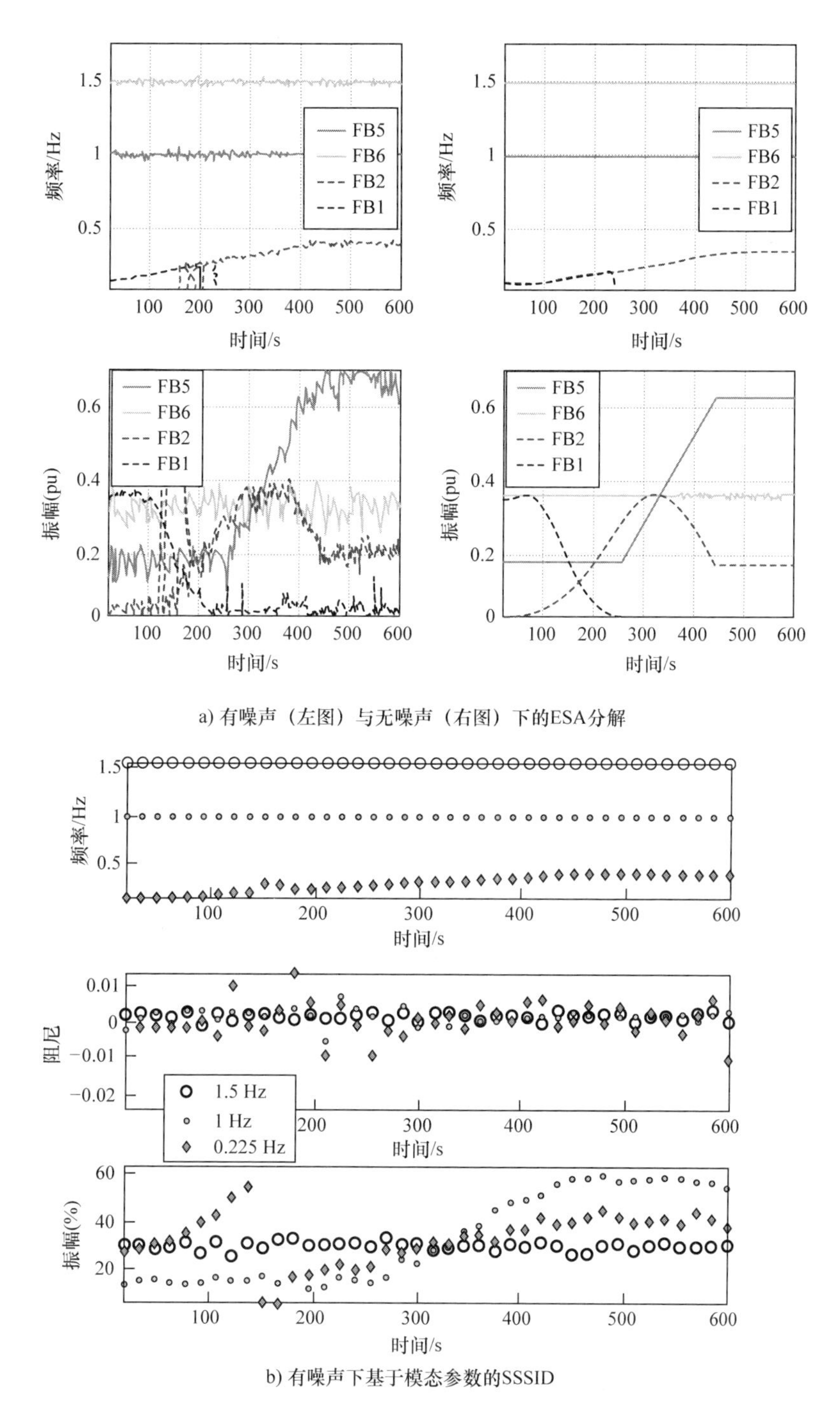

图 4.34　含 15dB 信噪比噪声中的合成信号的基于多频带 ESA 的跟踪模态分析

幅度几乎不受相位调制的影响。值得注意的是，在图 4.34 中，由滤波器组的通带响

应引起的振幅衰减没有被补偿（与参考文献［36］中的结果相反）。

4.7 小结

在智能电网的背景下，早期预警系统（EWS）的发展将使电网监控发生范例式转变，将经历以人为中心过渡到为以数据为中心的决策过程。在新框架下，通过PMU收集的丰富的历史和实时质量数据正在全球得以广泛应用，这要归功于大规模的智能电网投资。在数据丰富的电网中，将数据转换为模型，然后转换为信息和控制，这成为一个基本的实现步骤。在此基础上，需要研发新的预测分析工具，可以帮助预测扰动后电网事故的发生，或者量化系统与安全运行边界的距离（见图4.35）。

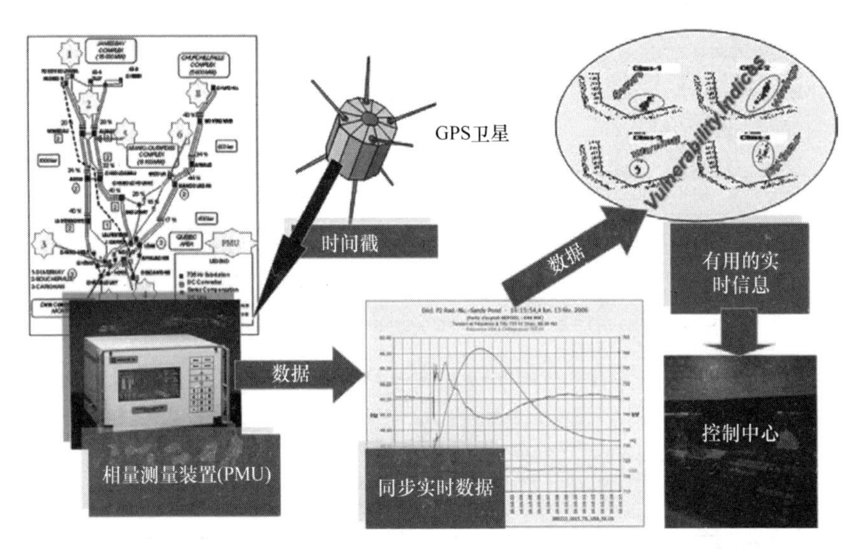

图4.35　将广域PMU数据转换为人工在线决策和自动化系统的可执行信息

然而，从历史或模拟PMU记录来研发预测模型是一项不小的任务，这是因为电力系统响应是高度非线性的，因此非常依赖于环境。尽管数据挖掘非常适合将巨大的数据库转化为预测模型，但它们需要数以千计的配置以及成千上万的实例来最小化捕捉底层电网动态的内在特征。另一方面，跟踪模态分析，也是现代重负荷电网在EWS方面的一个关键部分，很难用数据挖掘的方法解决。

在本章中，我们提出了一个全面的方法论来解决这个新工具的所有方面，总结在图4.36中。在基于网络划分和系统惯量中心参考概念的统一框架下，基于PMU的EWS的数学基础采用了完整的自上而下的方法。我们已经强调了对基本的两个模块的需求：第一个专门用于追踪环境信号的模态分析；第二个则侧重于在扰动能量、瞬态电压或频率下跌以及振荡阻尼方面的扰动后脆弱性评估。由于PMU的广泛使用，数据传输速率和广泛的地理覆盖范围得以实现，集成的EWS很可能会成为智能、灵活的控制中心的关键应用，具有新的预警和先发制人的行动能力。为

此，2009 年的 FERC 智能电网政策将广域情景意识确定为一种高优先级的功能，事实上，EWS 是其核心功能。

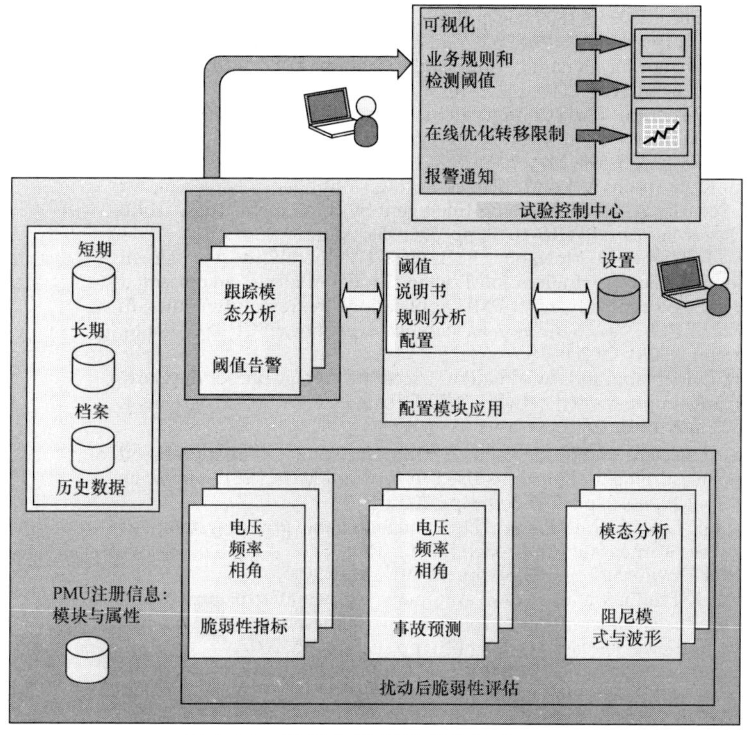

图 4.36　智能电网背景下的集成 EWS

参考文献

[1] Steps to Establish a Real-Time Transmission Monitoring System for Transmission Owners and Operators Within the Eastern and Western Interconnection, *DOE-FERC Report to Congress Pursuant to Section 1839 of the Energy Policy Act 2005,* 3 February 2006 [available on-line]: http://energy.gov/oe/downloads/steps-establish-real-time-transmission-monitoring-system-transmission-owners-and (accessed on 5 June 2012).

[2] North American SynchroPhasor Initiative (NASPI), [on-line] http://www.naspi.org.

[3] J. Warichet, T. Sezi, and J.C. Maun, "Considerations about synchrophasors measurements in dynamic system conditions," *Int. J. of Electrical Power and Energy Systems*, pp. 1–13, 2009.

[4] A.G. Phadke, B. Kasztenny, "Synchronized phasor and frequency measurement under transient conditions," *IEEE Trans. on Power Del.*, vol. 24, no. 1, pp. 89–95, Jan. 2009.

[5] I. Kamwa, K. Pradhan, G. Joos, "Adaptive Phasor and Frequency-Tracking Schemes for Wide-Area Protection and Control," *IEEE Trans. Power Del., vol.* 26, 2011 (in print).

[6] I. Kamwa, J. Béland, G. Trudel, R. Grondin, C. Lafond, D. McNabb, "Wide-Area Monitoring and Control at Hydro-Québec: Past, Present and Future", Panel Session on PMU Prospective Applications, *2006 IEEE/PES General Meeting*, Montreal, QC, Canada, June 18–22, 2006 (paper 06GM0401, 12 pages)

[7] U.S.-Canada Power System Outage Task Force, "Final Report on the August 14, 2003 Blackout in the United States and Canada: Causes and Recommendations," April 2004. https://reports.energy.gov/BlackoutFinal-Web.pdf.
[8] FERC Smart Grid Policy, 19 March 2009, [on-line]: http://www.ferc.gov/whats-new/comm-meet/2009/071609/E-3.pdf.
[9] I. Kamwa, A.K. Pradhan, G. Joos, S.R. Samantaray, "Fuzzy Partitioning of a Real Power System for Dynamic Vulnerability Assessment," *IEEE Trans. on Power Systems*, **24**(3), Aug. 2009, pp. 1–10.
[10] I. Kamwa, R. Grondin, "PMU Configuration for System Dynamic Performance Measurement in Large Multi-area Power Systems," *IEEE Trans. on Power Systems*, **17**(2), pp. 385–394, May 2002.
[11] I. Kamwa, R. Grondin, L. Loud, "Time-varying Contingency Screening for Dynamic Security Assessment Using Intelligent-Systems Techniques," *IEEE Trans. on Power Systems*, **PWRS-16**(3), pp. 526–536, Aug. 2001.
[12] I. Kamwa, J. Beland, D. McNabb, "PMU-Based Vulnerability Assessment Using Wide-Area Severity Indices and Tracking Modal Analysis," in presented at the Panel Session on advanced PMU applications in system dynamics, in *proc. 2006 IEEE PES Power Systems Conference and Exposition*, PSCE '06, Atlanta, GA, pp. 139–149, Oct. 29 2006.
[13] J. Lambert, D. McNabb, and A.G. Phadke, "Accurate voltage phasor measurement in a series-compensated network," *IEEE Trans. on Power Del.*, vol. 9, no. 1, pp. 501–509, Jan. 1994.
[14] I. Kamwa, M. Leclerc, and D. McNabb, "Performance of demodulation-based frequency measurement algorithms used in typical PMUs," *IEEE Trans. on Power Del.*, vol.19, no. 2, pp. 505–514, Apr. 2004.
[15] G. Trudel, J.-P. Gingras, J.-R. Pierre, "Designing a reliable power system: The Hydro-Québec's integrated approach," *IEEE Proc. Special Issue on Energy Infrastructure Defense Systems*, **93**(5), pp. 907–917, May 2005.
[16] I. Kamwa, A.K. Pradhan, and G. Joos, "Automatic segmentation of large power systems into fuzzy coherent areas for dynamic vulnerability assessment," *IEEE Trans. on Power Systems*, vol. 22, no. 4, pp. 1974–1985, 2007.
[17] R. Krishnapuram, A. Joshi and O. Nasraoui "Low-complexity fuzzy relational clustering algorithms for web mining," *IEEE Trans. on Fuzzy Systems*, vol. 9, no. 4, pp. 595–607, 2001.
[18] G. Pison, A. Struyf, P.J. Rousseeuw, "Displaying a clustering with CLUSPLOT," *Computational Statistics & Data Analysis*, vol. 30, pp. 381–392, 1999.
[19] T. Lie, R.A. Schlueter, P.A. Rusche, R. Rhoades, "Method of Identifying Weak Transmission Network Stability Boundaries," *IEEE Trans. on Power Systems*, **PWRS-8**(1), pp. 293–301, Feb. 1993.
[20] D.R. Ostojic, "Spectral Monitoring of Power System Dynamic Performances," *IEEE Trans. on Power Systems*, **PWRS-8**(2), pp. 445–451, May 1993.
[21] I. Kamwa, S.R. Samantaray, G. Joos, "Catastrophe Predictors from Ensemble Decision-Tree Learning of Wide-Area Severity Indices" *IEEE Trans. on Smart Grid*, **1**(2), pp. 144–158, Sep. 2010.
[22] I. Kamwa, S.R. Samantaray, G. Joos, "Development of Rule-Based Classifiers for Rapid Stability Assessment of Wide-Area Post-Disturbance Records," *IEEE Trans. on Power Systems*, **24**(1), pp. 258–270, Feb. 2009.
[23] S. Guillaume, "Designing fuzzy inference systems from data: An interpretability-oriented review," *IEEE Trans. Fuzzy Syst.*, vol. 9, pp. 426–443, June 2001. [on-line]: http://www.inra.fr/internet/Departements/MIA/M/fispro/FisPro_EN_doc.html
[24] F. R. Gomez, A. D. Rajapakse, U. D. Annakkage and I. T. Fernando, "Support Vector Machine Based Algorithm for Post-Fault Transient Stability Status Prediction Using Synchronized Measurements", *IEEE Transactions on Power Systems*, vol. 26, Feb. 2011.
[25] T. Hastie, R. Tibshirani, J. Friedman, *The Elements of Statistical Learning*, 2nd Ed., Springer-Verlag: New York, 2009, p. 745.
[26] Rattle (the R Analytical Tool to Learn Easily), by D. Williams, ver. 2.3, May 2008: http://rattle.togaware.com/.
[27] N. Zhou, F. Tuffner, Z. Huang, S. Jin, "Oscillation Detection Algorithm Development Summary Report and Test Plan," Pacific Northwest national Laboratory Report, October 2009, PNNL-18945, [on-line]: http://www.pnl.gov/main/publications/external/technical_reports/PNNL-18945.pdf.

[28] R.A. Wiltshire, Analysis of Disturbance in Large Interconnected Power Systems, PhD Thesis, Queensland University of Technology, Brisbane, Australia, 2007, [on-line]: http://eprints.qut.edu.au/35773/1/Richard_Wiltshire_Thesis.pdf.
[29] O.J. Arango, H.M. Sanchez, D.H. Wilson, "Low Frequency Oscillations in the Colombian Power System – Identification and Remedial Actions," paper C2-105_2010, *Cigré 2010.*
[30] S. Zhang, X. Xie, J. Wu, "WAMS-based detection and early-warning of low-frequency oscillations in large-scale power systems," *Electric Power Systems Research*, vol. 78, pp. 897–906, 2008.
[31] T.J. Browne, V. Vittal, G.T. Heydt, A.R. Messina, "A comparative assessment of two techniques for modal identification from power system measurements," *IEEE Trans Power Syst.*, vol. 23, no. 3, pp. 1408–1415, Aug. 2008.
[32] Jer-Nan Juang, *Applied System Identification.* New Jersey: PTR Prentice-Hall, 1994, p. 394.
[33] I. Kamwa, R. Grondin, E.J. Dickinson, S. Fortin, "A minimal realization approach to reduced-order modelling and modal analysis for power system response signals," *IEEE Trans. on Power Systems*, **PWRS-8**(3), pp. 1020–1029, Aug. 1993.
[34] P. Van Overschee, B. De Moor, "N4SID: Subspace Algorithms for the Identification of Combined Deterministic-Stochastic Systems," *Automatica*, **30**(1), 1994, pp. 75–93.
[35] T. Katayama, *Subspace Methods for System Identification*, New-York: Springer, 2005, p. 390.
[36] I. Kamwa, A.K. Pradhan, G. Joos, "Robust Detection and Analysis of Power System Oscillations Using the Teager-Kaiser Energy Operator," *IEEE Trans. on Power Systems*, vol. 26, no.1, pp. 323–333, Feb. 2010.
[37] A. Potamianos and P. Maragos, "A Comparison of the Energy Operator and Hilbert Transform Approaches for Signal and Speech Demodulation," *Signal Processing*, vol. 37, pp. 95–120, May 1994.
[38] D.S. Laila, A.R. Messina, B.C. Pal, "A refined Hilbert–Huang transform with applications to interarea oscillation monitoring," *IEEE Trans Power Syst.*, vol. 24, no. 2, pp. 610–620, May 2009.
[39] M.H. Hayes, *Statistical Digital Signal Processing and Modeling*, New York: John Wiley & Sons, 1998.
[40] P.M. Anderson, R.G. Farmer, *Series Compensation of Power Systems*, PBLSH! Inc., Encinitas, CA, USA, 1996, Appendix B: pp. 519–530.
[41] I. Kamwa, R. Grondin, Y. Hebert, "Wide-Area Measurement Based Stabilizing Control of Large Power Systems – A Decentralized/ Hierarchical Approach," *IEEE Trans. on Power Systems*, **PWRS-16**(1), pp. 136–153, Feb. 2001.
[42] Nawab S.H., T.E. Quatieri, "Short-Time Fourier Transform," in: *Advanced Topics in Signal Processing* (J.S. Lim, A.V. Oppenheim, eds.), Prentice Hall, Englewoods Cliff, NJ, 1988.
[43] Y.N. Zhou, L.L. Zhu, K.K.Y. Poon, D. Gan, H. Zhu, Z. Cai, "Area Center of Inertia—A potential unified signal for synchronous and frequency stability control of interconnected power systems under short and long time spans," *The International Conference on Electrical Engineering (ICEE)*, 8–12 July 2007, Hong Kong, paper no. 390, pp. 1–6 [on-line]: http://www.icee-con.org/papers/2007/Oral_Poster%20Papers/08/ICEE-390.PDF.

第5章

可再生能源并入智能电网

Mietek Glinkowski，Jonathan Hou，
Dennis McKinley，Gary Rackliffe，Bill Rose，ABB公司

人类总是被自然元素和大自然所创造的天气所吸引。毫无疑问，人类的本能不可避免地会找到一种利用这些自然元素的方法，例如风、太阳和水，可以创造其他形式的能源。风能、太阳能、水电、生物质能和其他“可再生”能源正迅速成为当今社会的主流能源。

这些可再生能源也正变得与智能电网本身一样重要。事实上，可再生能源已成为新兴智能电网革命中的一个重要组成部分。然而，这些可再生能源并入电力系统存在着独特的挑战和机遇。其中，10~50MVA的小规模装机容量，通常直接与中压配电网相连，而100MVA及以上较大规模装机容量则需要并入输电网。从电压调整到电压穿越，从负荷预测和调度到无功功率管理，如果这些可再生能源发电能够顺利并网，可以极大地支撑和改善电网性能。

目前，可再生能源有几个关键的市场驱动因素。一个关键的驱动因素是推动可再生能源配额制（RPS）。例如，在美国的50个州中，至少有33个州要求在未来10年里实行某种形式的RPS。此外，各州还齐心协力建立一个全国性的RPS系统，充分利用风能或太阳能等可再生能源，通过新型的输电线路并入电网。风能行业继续推动一项永久性的可再生能源发电税收抵免（PTC），它将提高美国的就业率并提高风电在美国混合能源发电中的比例。可再生能源企业继续努力，以实现更好的标准、互操作性、合作伙伴关系和政策可实施性。

在许多公用事业和电力公司中，推动可再生能源发电的另一个关键市场因素包括探索具有积极环境影响的资源，其中包括减少碳排放量和温室气体排放。这也会影响石油和其他化石燃料所带来的不确定性和风险，其目标是减少一个国家对外国石油和天然气出口的依赖。

现在的风力发电比20世纪后期更具成本效益。虽然太阳能电力设备和组件的成本仍然相当高，但随着其价格的不断下降，建设太阳能电站会更具可行性，其成本效益也会越来越好。以大型河流、大坝和湖泊为中心的水力发电及其电力系统一

直具有很好的成本效益，它将可能成为最广泛的替代能源，但这至少是在附近有水体的前提下。

近年来，可再生能源的指数级增长得益于多项技术的突破和进步，使得这些能源变得实用。智能技术及其实施方式的一些例子会影响电网的运行和整体健康状况，包括：

- 对配电系统的实时态势感知和分析，可以推动改进的系统运行实践，从而提高可靠性；
- 故障定位与隔离可以让工作人员极大地缩小搜索线路故障点的范围，从而加快恢复送电的速度；
- 变电站自动化（SA）可以以分散化的方式来规划、监视和控制电力设备，从而更好地利用检修预算，提高系统可靠性；
- 智能电表使得电力客户能够参与分时电价项目，从而更好地控制其用电与成本；
- SCADA（监控和数据采集）系统/DMS（配电管理系统）使得更多的分析和控制功能掌握在电网运营商手中；
- 电压控制，通过无功功率补偿和电力电子技术的广泛应用，提高了现有线路的输电容量，并提高了整个电力系统的弹性。

更具体地说，在以下方面取得了重大技术进步：

- 电力电子（PE）技术及其控制潮流的能力，包括有功功率和无功功率；
- 用于电力系统的高压直流（HVDC）输电和柔性交流输电系统（FACTS）技术；
- 光伏发电和其他太阳能技术；
- 使可再生能源与其他智能电网项目和发展相连接的自动化技术。

5.1　智能电网并网

这些技术突破伴随着智能电网的整体进步。这是智能电网与可再生能源之间的“自然”连接。电力行业仍然存在一个关于智能电网究竟是什么或者什么使电网真正智能化的争论。给出的答案通常取决于被问及的人或企事业单位。智能电网的定义是基于许多不同意见的广泛共识。

许多意见中的共识回答是对智能电网的广泛认识，以及智能电网能够做什么，这正如其能力和运行特性所定义的，而不是使用任何特定的技术。智能电网最广泛的特点就是：

- 适应性：对运营商的依赖性较小，尤其是在对变化的运行方式迅速做出反应；
- 预测性：在将运行数据应用到设备检修实践中，甚至在发生故障之前预测潜在的停电事故；

- 集成性：集实时通信和控制功能于一体；
- 互动性：客户与市场存在互动性；
- 优化：最大限度地提高可靠性、可用性、效率和经济性能；
- 安全性：免受物理攻击和自然发生的破坏。

风能、太阳能和生物质能源领域的可再生能源技术和系统在可扩展性和大型公用事业规模商业化方面持续增长。可再生能源拥有许多积极的、吸引人的、独特的特性，这是其他能源所没有的。例如，这些自然能源提供了“免费”燃料，却几乎没有碳排放，能够一直被反复循环利用（因此，称之为“可再生能源”）。

当然，可再生能源的适应与被人们接受还面临着新的长期性挑战。如前所述，许多可再生能源的成本仍然太高，与化石燃料或核燃料相比没有竞争力。可再生能源经常被认为是间歇性的，因此不稳定，供电的可预测性较差，尤其是风能和太阳能。相比之下，水力发电则稳定的多，只要河水流动，就能提供电能。这些可再生能源往往需要大量的土地资源。例如，风能能量密度为 3.7~4.0W/m^2，太阳能能量密度约为 1W/m^2，均具有低至中等的“燃料”效率（风能约为 35%，太阳能约为 13%）。机组出力的时变性、调度、需要储能装置以及在大电网受系统扰动后的穿越能力也是关键的挑战。

本章将简要介绍各种可再生能源的历史、现状和发展趋势，尤其是在世界能源范围内增速最快的风能和太阳能（尤其是光伏电站）领域。

5.2 智能电网发展助力风电技术

电力系统技术的进步使得风电并入新兴智能电网，并且是以不断提升电网效率和可靠性的方式并网的。

这种集成是双向的。具有电力电子控制装置的先进的风电机组可以为电网提供无功功率，并在严重的电网扰动期间保护电力设备，而智能电网则允许风电机组作为间歇性能源并网。近年来，大型风电场已经越来越多地采用 HVDC 输电系统、FACTS 和带有储能装置的静态无功补偿器（SVC）等技术并入电网。这些技术提升了运营商对电网的控制能力，缓解了电力系统中风电的间歇性和电网扰动的影响。

本节从风力发电机的智能控制及自动化到大型风电场及联网设计，从电气角度来讨论目前和未来的先进的风能解决方案。电力系统运行状况和风能都是逐时变化的，而双馈异步发电机和永磁发电机新技术使得大范围内控制有功与无功功率输出成为可能。基于脉宽调制（PWM）技术的高效电力电子交流变频器已经成为风电项目设计的标准配置。

风电场所处位置偏远及大型风电场的沿海化发展趋势给风电的发展带来挑战，而这正在被基于晶闸管的 HVDC 输电和基于晶体管的 HVDC 输电联网所克服，从而更好地控制和利用风能。这些技术提高了电网的稳定性，并在外部故障和严重电

压跌落的情况下提供了穿越能力。在风电电能传输领域还有很多的工作要做。电网互联和风电场保护及控制领域正在研究实施新的技术解决方案。本章阐述了未来可能产生的一些技术，以及这些技术进步将如何促进电力系统的发展，使更多的风电能源能够以一种更有效、更可靠、更智能的方式传输。

公用事业正在分阶段进行智能电网投资。输电线路投资通常是根据需要满足系统可靠性和容量需求的项目要求论证进行的。智能电网输电投资包含 HVDC 输电系统和 FACTS 应用的电力电子设备投资。先进的监控技术，例如相量测量，将这些信息集成到 SCADA/EMS 和运营系统，是当前美国能源部（DOE）和公用事业部门的焦点。

对于配电投资，初始阶段是获取核心信息技术（IT）系统，许多公用事业部门正在实施先进的计量基础设施（AMI）来吸引客户，并提供关于电力消费和分布式能源的及时数据。同时，公用事业公司正在对配电网管理进行投资，通过使用 DMS、分布式 SCADA 系统、变电站和馈线的通信以及配备可控设备的变电站自动化（SA）和配电自动化（DA），通过故障检测、隔离和恢复（FDIR）来实现可靠性。配电网管理还通过电压/无功功率优化（VVO）使得馈电网损最小化和降低馈线峰值需求来提升电网输电效率。

智能电网的另一个重点是利用配电网管理和输电 SCADA/EMS 来管理风电和其他可再生能源发电的并网。如表 5.1 所示，美国的混合发电模式正从集中式到集中式与分布式（含大量可再生能源发电）并存转变。在税收抵免的支持下，风电的发展预计将迅速增长。这种增长将会由于风电的时变性给系统运行带来挑战，并需要更智能的电网。

表 5.1 未来智能电网的走向

	当前电网	智能电网
通信	无或单向	双向、实时（快速）
客户交互	无或局限的	广泛的
运行与检修	人工，基于时间的计划检修	远程监控和诊断、预测
发电	集中式	集中式与分布式 大量可再生能源，储能
潮流控制	局限的	更广泛的

5.3 智能电网背景下的风能

在智能电网背景下，风能变得愈加重要，主要有以下三个因素：经济性、环境友好性和技术成熟。

风能的经济性仍有待商议。由于风电行业仍处于初级阶段，它的经济性并不尽如人意。尽管风电设备的“燃料”是免费的，但它的成本仍在传统能源的边界线之上。税收抵免［PTC 和 ITC（投资税收抵免）］仍然需要推动许多项目向前发展。风电的规模以及由于风电的增加而对电网进行加固的成本都对经济性产生了影响。在一些国家的研究中，分析了由于风电而对电网进行强化的预计成本。图 5.1 阐述了一些欧洲国家的研究成果。显然，随着风能渗透率的增加，电网的强化成本也会跟着增加，以支撑这种新能源。10% ~25% 渗透率时的风电成本为 50 ~ 100 欧元/kW。而当渗透率超过 50%，风电成本接近 270 欧元/kW。后一种情况（来自丹麦的研究）需要另外评论。这个高额的成本是基于将大约 40% 的总电网强化费用分配给风电的假设。然而，丹麦的另一项研究表明，当只有额外的 2250MW 的海上风电将与电网相连时，约 55% 渗透率下的成本只有大约 80 欧元/kW。

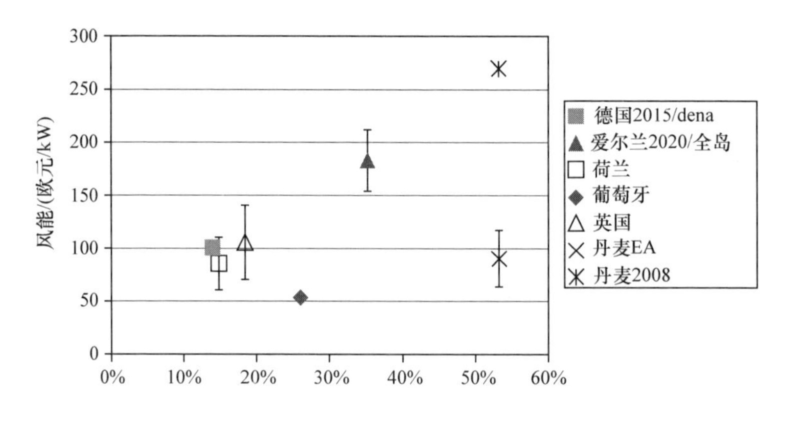

图 5.1　不同风电渗透规模对电网进行强化的估算成本[1]

美国的研究表明，由于风电的增加而导致的电网强化成本不取决于渗透率。每千瓦时美元（美元/kW）与风电渗透率的增加保持相同速率。

未来几年，将会看到更多的商业化和更高的发电量，从而降低风能项目的价格，尤其是更大型的项目（规模经济）。影响经济性的另一个重要因素是提高了电能供应的安全性。一个更安全的系统将会大大降低成本。

风能的环境优势是很大的。无污染和最小的环境影响（鸟类、噪声和美观）使风能成为可再生能源中最合适的选择。

风电技术的成熟也很重要。它显然是所有可再生能源方案中最成熟、最实用的替代方案。1.5 ~ 3.0MW 的风电机组几乎是标准化的，市场上新产品的目标范围是 10 ~ 20MW[2,3]。

风能的劣势之一是它的不确定性，因此随着时间推移，其可预测性就会变差。事实上，风是不确定的，通常对风的预测都取决于对天气模式的预测，因此只能持续 48 ~ 72h。但是负荷也是多变的（见图 5.2）。因此，如果智能电网能够优化风电波动并与负荷匹配，并不断调整风电场的负荷分配，那么风电在系统中的渗透率将会增加。

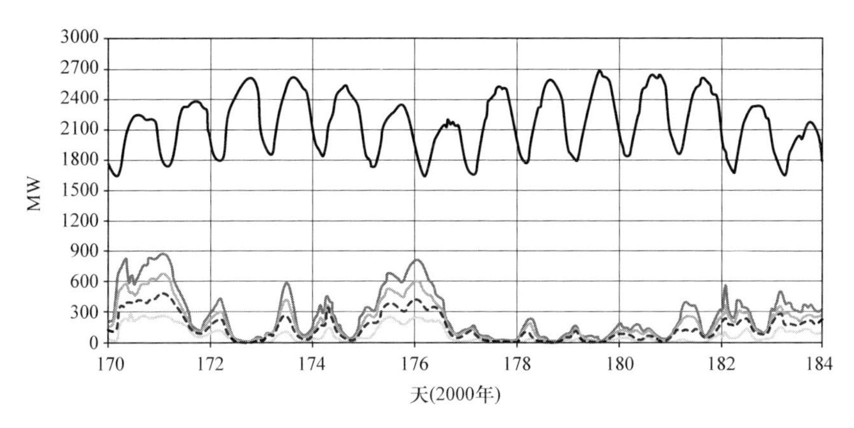

图5.2 2000年2个星期的爱达荷州夏季电力负荷和风电的典型例子。顶部曲线：负荷曲线。底部曲线：风电曲线（爱达荷州风电一体化研究，2007年2月，爱达荷州公共事业委员会爱达荷州电力公司，http：//www.idahopower.com/AboutUs/PlanningForFuture/WindStudy）

备用发电也面临着挑战。同样，风的不确定性要求在没有风能的情况下提供备用发电。在极端情况下，需要1∶1的备用发电（每1MW的风能需要1MW备用发电）。然而，在不同的地方使用不同的风电场，并将它们与负荷匹配起来，可以将备用发电降低到更低的水平。参考文献［1］给出了一个很好的风电所需备用发电的概述。

在图5.3中，所有的案例研究都证实，越高的风能渗透率需要越高程度的备用发电。备用量从1%～2%一直到18%左右。我们还应该注意到，备用发电的规模受风能变化的影响很大。在1h的变化中，备用发电的规模可能在1%左右。如果考虑4h的风能变化就是五分之一的必要备用，大约为5%。在德国、美国明尼苏达州和加利福尼亚州的案例中，已经考虑到了24h风能的不确定性。这种相当广泛的备用评估源自几个因素，比如不同备用（化石燃料、水力、核能、燃气轮机等）的启动和上升时间，以及电网自身处理动力转换和变化负荷潮流的灵活性。第二个方面与智能电网的需求有关。

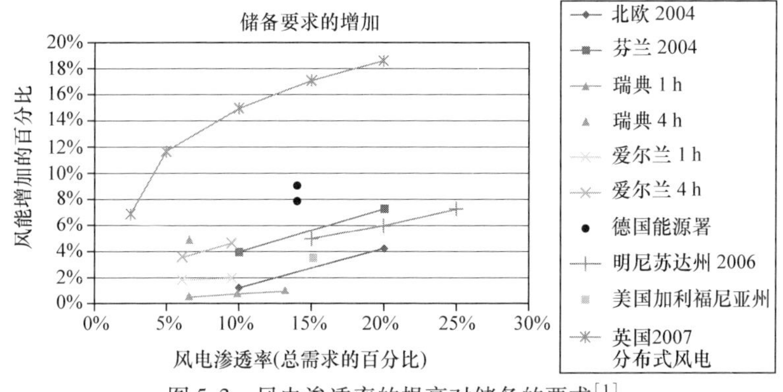

图5.3 风电渗透率的提高对储备的要求[1]

不确定性的另一方面是能源储存。目前商业化的公共规模的储能只能以抽水蓄能水电站的形式存在。在高峰负荷（白天）期间将水排放，在小负荷（夜间）时将水泵送至上层水库。

这项技术仅限于土地和水资源丰富的地区。电池储能技术已经在商业化方面取得了很好的进展。第一个系统开始出现在实用性试验中[4]。

至于风能的可预测性，两个因素最为显著。首先，由于气象科学的发展使得可预测性本身有所提高。如图 5.4 所示的风电等级 3 及以上的确定性评级表明，在风能最具吸引力的地区（美国中部各州），风能的确定性很高，大多在 3 ~ 4 之间[5]。其次，智能电网的适应性和交互性更强，能够比现有系统更快地适应不同风电场风况的变化，其实时响应时间也更短。

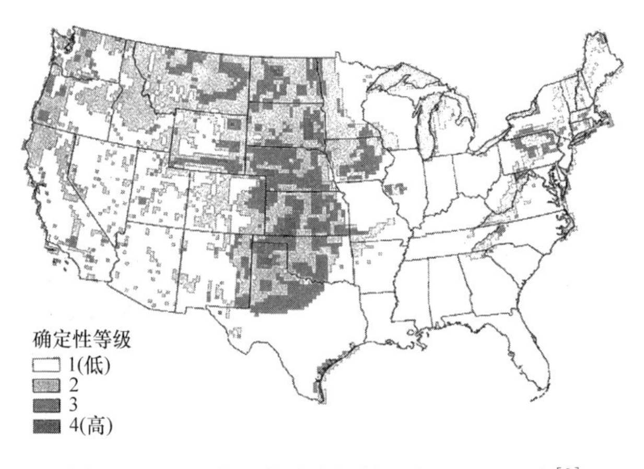

图 5.4　WPC 的风能确定性等级为 3 以及更高[2]

除了风力资源丰富的美国中部外，近海沿岸地区受到的关注也越来越多。这些风力资源往往靠近东西海岸的负荷中心。由于没有建筑物、山脉、树木等障碍物，地表的湍流较低。这里所要解决的技术难题是水下连接情况和海水的恶劣侵蚀环境。

这些因素表明，智能电网能够轻松并且高效地包容日益增长的风能生产基地[9]。此外，通过支持可再生能源和太阳能发电（25% RPS）的规模，智能电网可以对减少二氧化碳排放量产生显著的间接影响（高达 5%）[6]。

在智能电网愿景中，能源效率和风能等可再生能源有着密切的关联。能源效率有时被称为第 5 种能源，它和风能一样，必须被智能电网所容纳。因此，能源效率和可再生资源都需要一个功能更加复杂和灵活的电网，拥有全方位发送和接收功率的能力。可再生能源（风能）的聚集降低了其不确定性的影响，变换了负荷和电源，从而更好地优化了输电和配电系统，更好地测量、监测及减少了负荷（如果必要的话），并控制了能量流向[7]。

目前和近期可用的先进技术将在风能渗透中发挥重要作用。以下部分将从组件、设备和产品层面到电网连接的高级解决方案以及电力系统层面来介绍这些新技术。

5.4　涡轮机解决方案：智能风电变流器

风电机组是每一个风能项目的核心。为了最大限度地提高效率，所有现代涡轮机都是变速的。因此，它们的发电机是双馈感应发电机（DFIG）或变速永磁（PM）同步发电机，以相对于电网频率的异步速度转动。为了在几组最佳工作点产生50/60Hz的电能，DFIG使用部分变流器为转子提供可变的频率[8]。永磁发电机全部需要变流器。对于维护量低的离岸应用，永磁发电机是首选。5MW或更高的大功率额定值最好通过更高的电压来限制额定电流。满负荷变流器往往在部分负荷运行时效率较高，这些特性将在风电机组的大部分寿命中占据主导地位（平均涡轮机容量系数为30%~35%）。所有这些因素综合起来包括海上应用、部分负荷效率、高额定功率、低维护要求、需要中压（MV）全功率变流器可以直接连接到电网（见图5.5）。这种方法的优点包括较小的连续电流、中压开关设备的较易使用以及连接输电网络的转换步骤较少[9]。

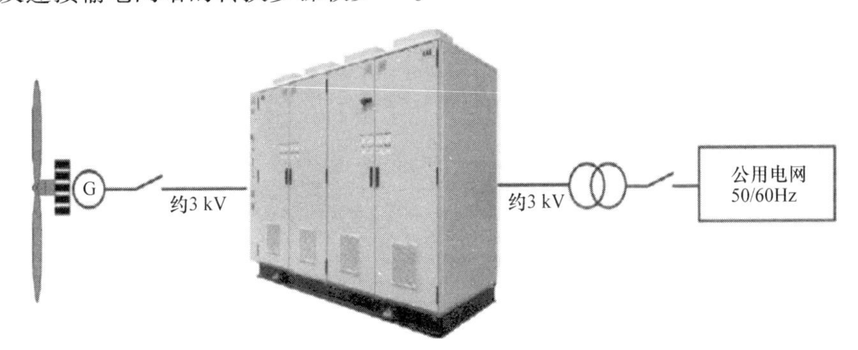

图5.5　具有中压全功率变流器的永磁发电机的概念

与其他PE（电力电子）变流器一样，选型和设计都有三个目标：可靠性、效率和成本。其结果往往是基于成熟的大型工业机械的工业解决方案的PE系统。

例如，基于PEBB（电力电子模块）的简单模块化结构。这些PEBB设计紧凑，并且基于高功率半导体IGCT（集成门极换相晶闸管）。如图5.6所示，5MW变流器可安装在带水冷、电网谐波滤波器和发电机谐波滤波器的涡轮机塔内。

变流器由三个子系统组成：PEBB、控制系统和力学系统。四象限三电平变流器拓扑结合了两个中性点连接（NPC）相以实现高功率密度。基本的电路如图5.7所示。

控制子系统与光纤（FO）电缆连接，以降低电磁兼容（EMC）的干扰，整个系统对严酷的风电机组海上环境具有防凝露和防振作用。

在四象限三电平变流器的正常工作中，每相两个IGCT总是处于关断状态。这允许在具有相同部件的两电平变流器的2倍直流电压情况下操作直流母线。此外，电流纹波要低得多(4倍)，这减少了发电机及其齿轮箱和轴的扭矩波动。

图5.8和表5.2总结了现代中压PE变流器（见图5.7）的不同功能和技术参数。许多功能都与智能电网密切相关，目标一致：无内冲、无载能力、谐波滤除、远程监控、高级诊断等。

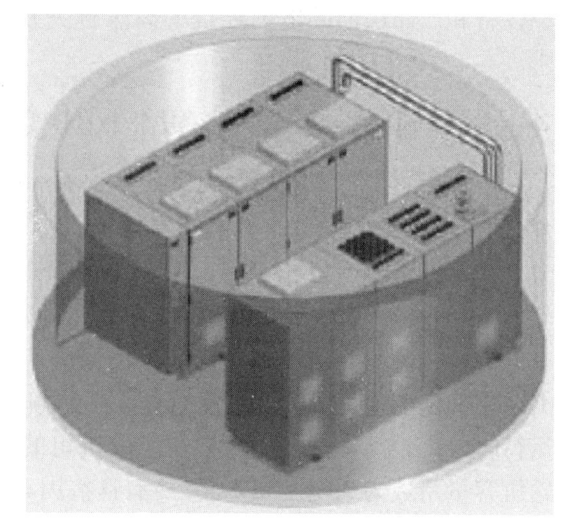
图5.6 安装在风电杆塔内额定功率为5MW的全功率PE变流器[10]

近年来，越来越多的输电系统运营商要求风电机组有很强的电网故障穿越能力，并支持无功功率(var)系统 。例如，美国联邦能源管理委员会（FERC）已经执行了第661号和第661 - A号命令。区域输电组织(RTO)和独立系统运营商（ISO）（例如，MISO、CAISO、PJM、ISO - NE、SPP和NYISO）被要求为低压穿越需求创建风电互联标准[11]。虽然不同的运营商有不同的具体要求，但是现代风电机组及其变流器必须能够在系统故障和供应全部(额定)无功功率的情况下成功运行。

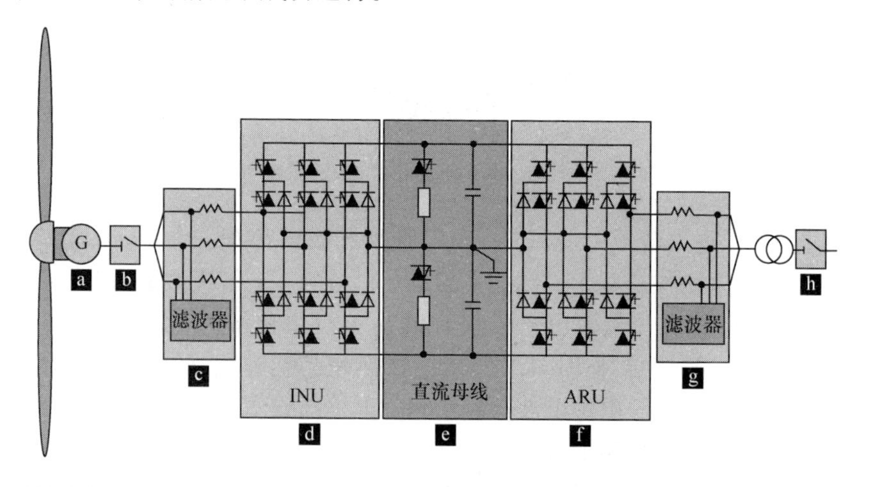

图5.7 全功率四象限三电平风电变流器的基本框图[10]

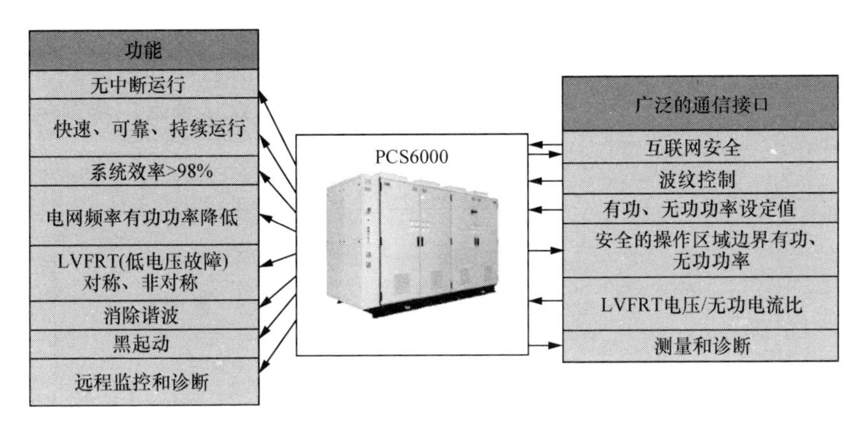

图 5.8　用于智能电网的风电机组的全功率变流器（见图 5.7）的功能

表 5.2　图 5.7 中的中压变流器的技术数据

输入值（发电机输入）	
输入电压	0～4kV
输入功率	大于 8.5MVA
输入功率因数	-1.0～+1.0
输入频率	0～100Hz
发电机类型	异步/同步
输出值（电网）	
输出变压器	6 脉冲标准中压变压器
输出电压	0～3.5kV
输出功率	大于 8.7MVA
输出频率	50/60（1±5%）Hz
输出功率因数	1.0（可控的、无功功率设定值或功率因数设定值）
输出滤波器	串联滤波器和调谐分流滤波器
输出功率响应时间	<20ms
输出功率设置时间	<80ms
损失和效率	
变频器的损失	<1.2%
过滤器的损失	<0.6%
其他组件	<0.2%
整体转换效率	大于额定输出的 98%

在这个例子中，这是由电压限制单元（VLU，即制动斩波器）完成的。它可以在故障期间消耗有功功率，并且仍然保证风电机组的安全和持续运行。

发电机电流波形和发电机输出电压在电网侧电压崩溃期间是稳定的。没有经历扰动或瞬变，这使发电机免受电力和机械（扭矩）应力。

由于需要持续改善电压分布和电能质量并减少功率损耗，无功功率补偿、提高功率因数和动态无功功率支持变得越来越重要。智能电网将需要能源（如风电机组）为其提供全面的无功功率管理，使其能提供超前到滞后的功率因数、动态响应以及快速的响应时间。图 5.9 仅举例说明了 PE 变流器对系统电压扰动的动态响应，持续 0.2s 导致电压跌落到 18%。

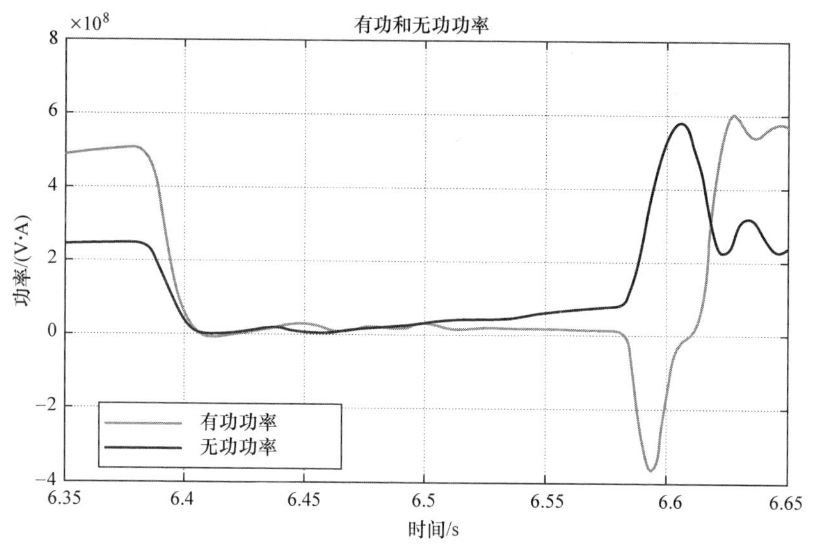

图 5.9　在电压骤降期间，来自 PE 变流器的有功和无功功率达到 18%。正无功功率对应过激励

该变流器在正常情况下可以提供 5MW 和 2.5Mvar 的功率；它通过约 0.2s 的电压扰动，然后快速恢复到正常条件，产生所需的有功和无功功率。

5.5　塔内：中压开关设备

风电场需要许多不同的系统和组件来生产和输送电力。这其中的许多组件和产品在电力系统里早已广泛应用。然而，风能和风电机组的独特特性需要有所不同。例如，在风电机组应用于保护中压（MV）系统免受故障和中断影响的中压开关设备必须满足额外的限制条件，即通过风塔的窄门安装。风塔的开口较窄，不会影响整个塔架结构的机械强度和刚度。因为开关设备比较笨重，成本较高，所以通常安装在其底部平台。另外，如果需要维修或更换，同样的设备必须能够从塔内取出。考虑到典型的风电场中压额定值为 36/38kV（IEC/ANSI），其设计挑战是减小中压开关设备的宽度（通常是高度），而不会影响该额定电压所需的介质间隙。该设备还必须提供抗电弧闪光和内部电弧的抗电弧结构[12]，以便为操作人员提供最高级别的安全保证。

这类开关设备的一个例子是宽度为 420mm 的基于真空断器面板的 SF6 绝缘设备（见图 5.10）。

图5.10　通过风塔门安装的中压（36/38kV）开关设备

5.6　电网互联解决方案

风电场并网一般有两种方式：交流电和直流电。这两种方式各有其特点、优势和局限性。从智能电网的角度来看，两者都具有先进的技术，可以最大限度地利用风能，保持甚至提高电网的可靠性和稳定性。

5.6.1　交流：交流风电互联解决方案

风电与地面设备的互联通常是建立在风力发电机附近的一个交流变电站上，来将风电场收集的系统电压提高到传输电压等级。（对于规模较小的工厂以及公共系统在36/38kV电压下运行的地区，可以连接到配电网。）在最佳情况下，输电线路位于风电设备附近，变电站直接连接到输电线路，或者使用短输电线路延伸线将风电连接到电网。由于输电线路的成本，获取传输权的困难，以及选址和许可所需要的时间，在发展风电时，输电网的近距离接入和风能的可用性同等重要。

在欧洲，大量的风电源于海上。定位海上风电机组，由于海水环境恶劣，确实增加了发电设备、安装和维护成本。海上风电也改变了输电网的互联，并需要高压（HV）电缆将风电收集系统的电能传输到陆上电网。如果没有高架线路，高压电缆也可能需要在岸上使用。

将海上风电与电网互联的系统也需要在海上进行局部集电，但互联系统更为复杂。区域的收集系统由中压海底电缆组成，这些电缆将风电输送到安装在海上平台的变电站。变电站提高了为陆上变电站供电的海底输电电缆的电压（见图5.11）。

陆上变电站是一个转换开关站。如果局部电网电压与电缆不同，则其可以包括变压器。最后，无功功率支持的无功补偿通常位于陆上变电站，来提供电压支持。

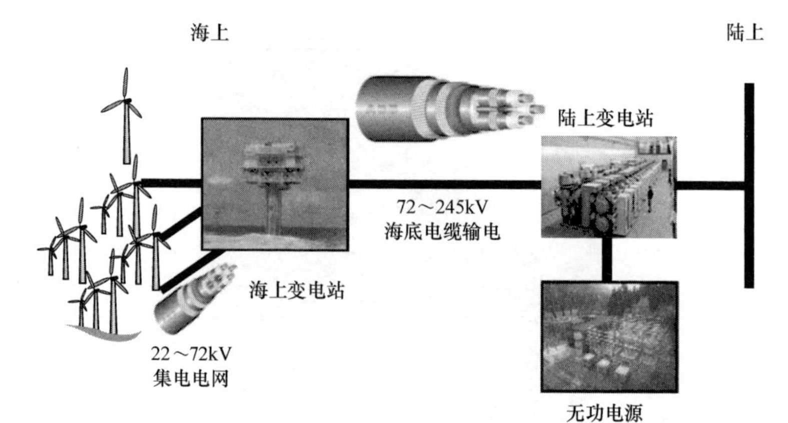

图 5.11　海底电缆输电连接海上风电场与陆上电网

这可能是由于风电输出的不确定性而需要稳定的电网输电。

在许多风电场的装置中，固体电介质电缆已经成为高压输电的首选技术，它们具有以下优点：

- 无绝缘液体，消除了有害材料和物质意外泄漏到环境中的风险；
- 降低维护成本（固体绝缘电缆几乎不用维护）；
- 每英里和每相的电缆电容小于满充流体电缆电容的 60%；
- 能够在不连续的变化中拼接电缆；
- 电缆适合于直埋的开阔沟道中，其总安装成本比使用混凝土的管道系统要低；
- 光纤控制和通信电缆可以嵌入到电缆中。

图 5.12 是一个固体电介质电缆技术的例子。使用光纤控制和通信电缆是值得关注的，同时，它也是一种技术趋势，这种技术通过引入新的多功能产品，简化了系统架构，减少了单个组件的数量。

然而，交流电缆对于远距离高压输电的应用具有技术限制。例如：

- 在交流电缆中的充电电流会随距离消耗能量。例如，40km 的 345kV 交联聚乙烯电缆需要大约 600A 的充电电流。这也会产生如此多的无功功率（大约 360Mvar），以至于大的功率传输变得不切实际。
- 高压电缆的容量等级随着距离的减小而减小，这限制了地下和海底交流传输线路的最远实际距离。
- 高压交流电缆的技术可行性及其容量限制作为电缆长度的函数，将影响到地下和海底高压交流电缆系统的评估。

5.6.2　直流：用于海上的 HVDC 输电互联

如前所述，越来越多的风电行业将重点放在海上风电场，因为它们靠近负荷中心，风力更稳定，且视觉影响也更小。

然而，一般来说，海上设施比陆上需要更多（或全部）新的电力基础设施。由于恶劣的海洋环境，设备必须更加坚固耐用。因为维护成本较高并且依赖于天

气，所以风电机组的可利用率必须更高。此外，大型海上风电机组的间距可达0.5km以上。这些需求需要更高的技术来解决。各个发电机通过海底电缆连接到36~38kV的电压等级，但与岸上的连接可能需要高压直流（HVDC）而不是交流。对于距风电场较远的地方（50~100km或更远），HVDC输电是一种有效的替代方案[14]。直流电缆可以与电压源换流器（VSC）一起使用，这些VSC采用功率晶体管而不是晶闸管串联，以提供所需的额定电压。图5.13是一个带有直流阀、交/直流开关柜、滤波器和冷却系统的典型换流站。

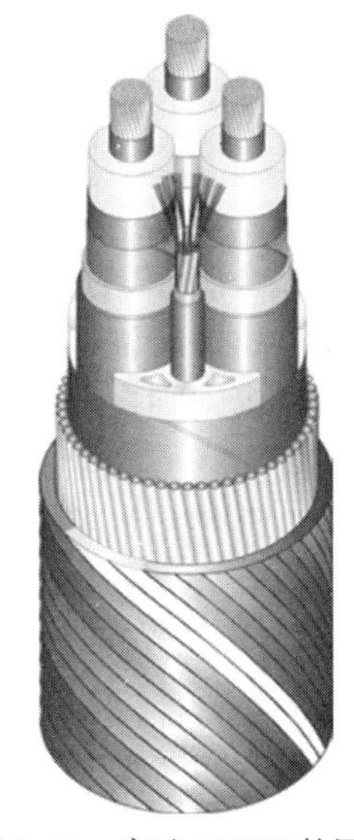

图5.12 高达230kV的固体电介质海底交流电缆设计。导体材料：铜；导体屏蔽材料：导电聚乙烯；绝缘类型/材料：干固化三重挤压交联聚乙烯；绝缘屏蔽；导电PE；纵向水封：膨胀胶带；金属护套材料：铅合金；内护套材料：导电PE；装配：聚合物型材；电缆芯粘合剂：聚合物胶带；铺垫：浸渍胶带；外壳材料：镀锌钢；外用材料：聚丙烯纱线

这个系统的核心是具有中性点接地电容器的两电平桥（见图5.14）。这种设计在两个变电站（变流器）处都提供了低地电流，保证了互联的良好动态操作。

这种低地电流对于海上风电场的海平面环境更为重要。基于绝缘栅双极型晶体管（IGBT）的阀门由PWM控制，可以快速瞬时响应，合成工频正弦波形。

这种技术组合能够全面控制功率输入和输出，无论是有功功率还是无功功率。其结果振幅、相位角和电压频率是完全可调的。使用IGBT有利于电网恢复或海上风电场起动。它可以在频率模式下起动一个离岸换流站，当电压的交流侧升高并稳定时，单个风电机组就可以自动连接到换流站。

a 交流电源区
b 换流器反应器
c HVDC光阀
d 直流电源区
e 冷却系统
f 斩波电阻器

图5.13 HVDC换流站

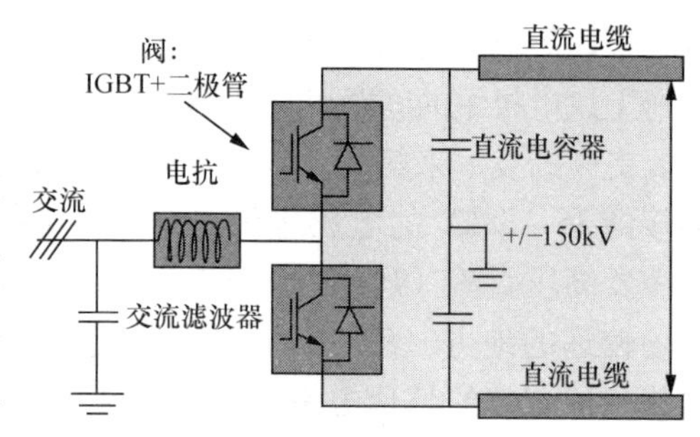

图 5.14　中点接地的 HVDC 输电 VSC 电桥电容

每个换流站有功（P）和无功（Q）功率的完全独立控制，对海上风电场的优化运行和智能运用起着重要的作用。只要两个换流器具有相同的命令，即可将有功功率从满额额定输入转换为满额额定输出。如果换流器没有相同的有功功率输入输出，则会导致直流母线电压中的有功功率（实际功率）累积，并使其快速充电至超出其额定极限。另一方面，无功功率可以在每个换流站独立地实现。

值得一提的是，基于 VSC 的 HVDC 输电系统在异常系统条件下的特点。故障穿越（在电压崩溃期间）已经被提及。HVDC 换流器也可以响应直流链路两侧的频率变化。如果系统端频率下降，则可以增加换流器的输出功率来抵消它。

这种技术未来可能会进一步发展。我们可以设想，在完全控制基于 HVDC 输电的 VSC 的情况下，风电场可以以可变频率运行（对应于可变转子速度和可变风速），而电网换流器与电力系统的恒定系统频率完全同步。这将进一步提高风电的效率。另一个技术上的设想是将风电场完全用于直流操作，简化各个风电机组内的转换设备，并将其作为直流电输送到电网侧的换流站。

5.7　支持电网运行：风能 SVC 与储能

太阳能和风能的不确定性是毋庸置疑的。图 5.15 显示了加利福尼亚州可再生能源每小时的一个例子[15]，风能和太阳能的贡献明显不同。

面对这样的挑战，智能电网不仅要为了环境原因而适应这些资源，而且要尽可能利用这些资源。通常，变化的能量需要在变化能量资源不可用时进行储能。风能专家估计，至少需要 5% ~18%[1]，而在极端情况下，需要 80% 的储备来支持风电场。这是储能可以大幅减少储备能源需求的地方。尽管最近对于热能和机械能储能以及新型电池化学储能呼声很高，但是电能储存几十年来一直是一个挑战。

在前面的章节中，综述了风电变流器和 HVDC 输电的先进技术中有功和无功功率控制的需求。有功和无功功率的动态控制以及可变发电的能量存储的组合是另一项技术进步，这将被更多地应用到智能电网中。

通过电力变压器和串联电抗器实现与电网的连接。VSC 将交流转换为直流。在传统的 SVC 中，直流侧由电容器供电，在这种情况下，两个电容器的中性点接地。在这个组合（称为具有储能的 SVC - VSC）中，电池与电容器并联。这两种解决方案有技术上的协同作用。电池储能和 SVC 都在同一个电力电子变换器上运行[16]。

电池提供有功功率，电容器提供无功功率（消耗或注入系统的无功功率）。与

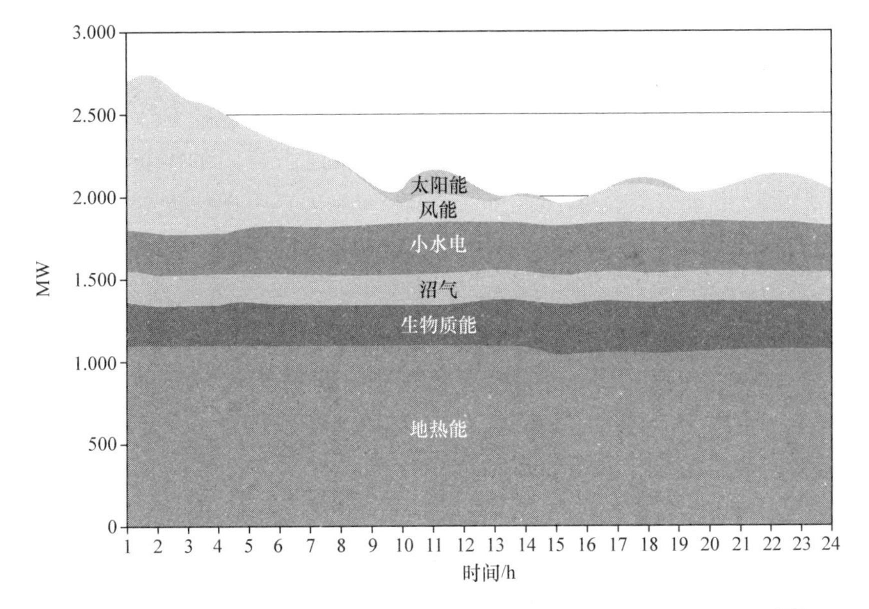

图 5.15 可再生能源按小时细分的例子说明风能和太阳能的变化性质[15]

之前的 HVDC 输电一样，VSC 以 IGBT 为基础，储能采用锂离子电池技术。

显然，电池储能并不是无限的，每一次向电网注入的能量都必须随着充电时间而变化。但是这里再一次说明了组合解决方案的优点：换流器充当电池充电器，因此不需要额外的设备。

具有储能的 SVC 的另一个优点是有源谐波滤波。SVC 可以将谐波电流注入电网，其幅度可以抵消系统电压的谐波分量。

5.8 风电总结

只要有美国的生产税收抵免和投资税收抵免政策的推动，对风能的需求将会持续增长。可再生能源的需求得到了许多国家和大多数美国监管机构所要求的 RPS 的支持。有关气候变化和能源法案的附加立法支持在美国和全球增加风能资源的开发。

配合商用电网管理系统、电力电子、风电场应用的增强型中压开关设备、电网互联解决方案、电缆技术和具有储能的先进风能技术 SVC，可实现可靠、环保、高效的智能电网运行。采用系统的方法和终端设计，可实现成本效益高的风能开发和交付系统。智能电网是一种自适应、集成和优化的发电和输电系统，有利于客户和环境。

5.9 太阳能在智能电网中的应用

太阳能是一种无限可再生能源，具有巨大的发展潜力。我们可以认为，当地球表面暴露在太阳下的时候，地表就会接收超过 50000TW 的能量。太阳能的能量大约是全世界使用总电能的 1 万倍。

在可再生能源的不同系统中，由于其内在特性，光伏（PV）技术是一种很有前途的技术：没有燃料成本（燃料是免费的）、有限的维护要求（没有移动部件）、无噪声且安装简单。此外，在某些独立应用中，光伏与其他能源相比便捷性高，特别是在那些难以使用传统电线和大量暴露于太阳辐射的地方，比如非洲。

当然，光伏也面临许多挑战。例如，在美国内华达州，美国能源部的一个研究表明，增加数百兆瓦的太阳能可能会耗费公用事业 NV 公司数百万美元的化石燃料（见上一节关于风电的论述）。150 ~ 1000MW 的间歇式光伏渗透需要大量的化石燃料备用发电机，以帮助在阴天平稳运行，在炎热的内华达沙漠会增加3 ~ 8 美元/MWh[17]。

例如，在意大利，由于电价补贴政策（一种为光伏行业提供资金的机制），电力公司主管（EUA）给予奖励，与电网相连的电厂产生电力，光伏产业持续增长。

太阳辐射是指在特定的时间段内太阳辐射对时间的积分（kWh/m^2）。水平面上的太阳辐射由三部分组成：直接辐射、来自天空的间接散射辐射、由地面和周围环境反射的辐射。

例如，冬季通常是阴天，而这种情况下的漫射辐射最大。平均每年辐照度从阿波谷的 $3.6kWh/m^2$ 到中南部地区的 $4.7kWh/m^2$/天，以及西西里岛的 $5.4kWh/m^2$/天。因此，在最多照射地区，每平方米每年可以抽取约 2MWh（5.4×365kWh），也就是每平方米相当于 1.5 桶石油的能量。

5.10 光伏电站的一般注意事项

从光伏电站的概述中，分析连接到电网的方法以及防止过电流、过电压和间接接触是非常重要的。

由于其相对较小的尺寸和较低的电压输出，光伏电池板为分布式发电（DG）提供了机遇，从而接近负荷发电，减少传输和分配损失。大多数国家在制定太阳能辐射功率时，从 1000 ~2000kWh/m^2/年不等。它们是季节性的、每天的、每小时的变化。

光伏电站的优点很多，可以归纳如下：

- 在有需求的地方进行分布式发电；
- 节约化石燃料；
- 无污染物质排放；

- 可靠性强，因为它们没有移动部件（使用寿命通常超过20年）；
- 降低运行和维护成本；
- 根据用户的实际需求，系统模块化（增加工厂功率，提高面板数量）。

然而，从技术和经济角度来看，由于市场尚未完全成熟，光伏电站的初始成本相当高。此外，由于太阳能的不确定性，功率的产生是波动的（动态的），如图5.16所示。

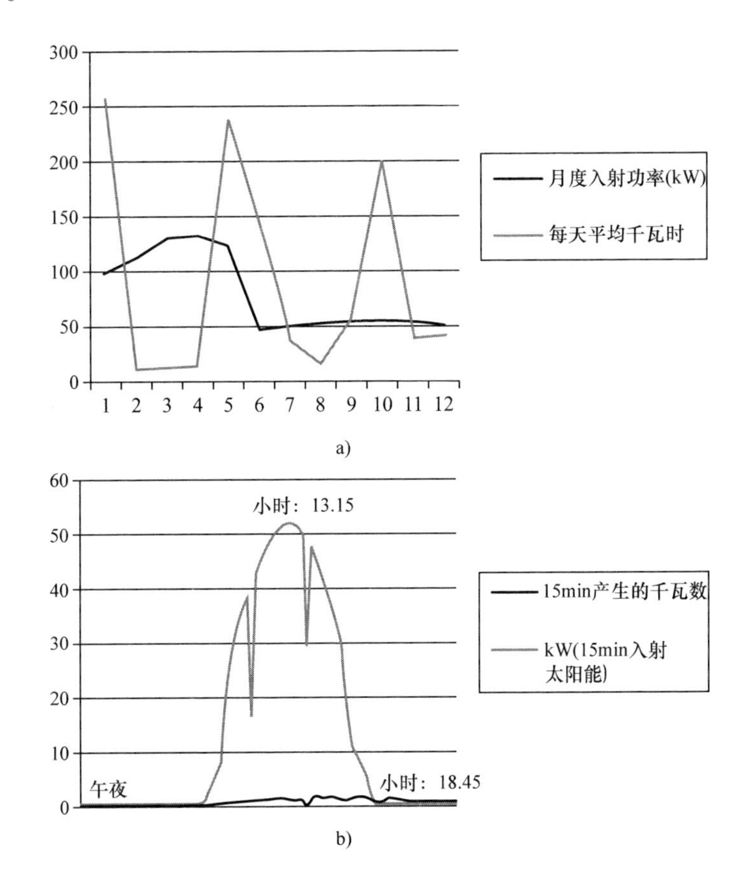

图5.16　北卡罗来纳州入射和产生的太阳能a）每月和b）每小时变化的例子。数据来自2010年10月。图a为1月1日，12月12日；图b为以15min间隔测量每小时的变化。小时图上的两个下降峰值可能是由于测量误差引起的。垂直刻度如图中所示（由北卡罗来纳州立大学太阳能屋提供）

光伏电站的年发电量取决于不同的因素。其中：

- 安装现场的太阳辐射；
- 面板的倾斜和方向；
- 有无遮蔽物；

- 工厂组件的技术性能（主要是模块和逆变器）。

光伏电站的主要应用：

- 对于与电网隔离的用户，安装和存储系统；
- 用户连接到低压（LV）电网的大量安装；
- 较大的太阳能光伏电站，通常连接到中压电网。

本节简要介绍大容量安装。

光伏装置由发电机（光伏板）组成，包含可以在地面、建筑物上或任何建筑结构上安装太阳能板的支撑架，功率控制和调节系统、储能系统、配电装置和提供开关和保护设备的开关装置，以及连接电缆。

5.11 太阳能光伏发电

光伏电站的主要组成是光伏发电机。光伏发电机的基本组成是光伏电池，它将太阳辐射转化为电流。该电池由一层薄薄的半导体材料组成，通常是经过适当处理的硅，其厚度约为0.3 mm，表面为100~225cm^2。

典型的光伏发电机的能量平衡表明：相当大比例入射的太阳能并没有转化为电能。

太阳能摄入率达到100%：

- 3%的反射损失和前端接触处的遮蔽；
- 23%的高波长的光子，能量不足以释放电子，产生热量；
- 32%的光子具有短波长，能量过剩（传输）；
- 自由充电设备的8.5%重组；
- 电池中20%的电梯度，最重要的是在过渡区域；
- 串联电阻率0.5%，表示导电损耗=13%可用电能。

在标准工作条件下（温度为25°C时，辐照度为1W/m^2），光伏电池产生的电流约为3A，电压为0.5 V，峰值功率为1.5~1.7 W。

5.12 并网电厂

当光伏发电机不能产生满足消费者需要的能量时，永久并网电站就会从电网中获取能量。当光伏系统产生正的净电能时，剩余的电能被注入电网中，这个电网就作为一个大的蓄电池。因此，并网系统不需要蓄电池组。

这些电厂提供的是分布式而不是集中式发电：事实上，在消费区附近产生的能源价值高于传统大型发电厂产生的能源，因为传输损耗减少，传输和分配的成本也降低了。另外，当需求很高的时候，太阳照射生成的能量使白天对电网的要求降低。此外，当太阳照射时，生产的能源可以使白天电网的需求减少，而此时正是需

求高的时候。

图5.17为并网光伏电站原理图。

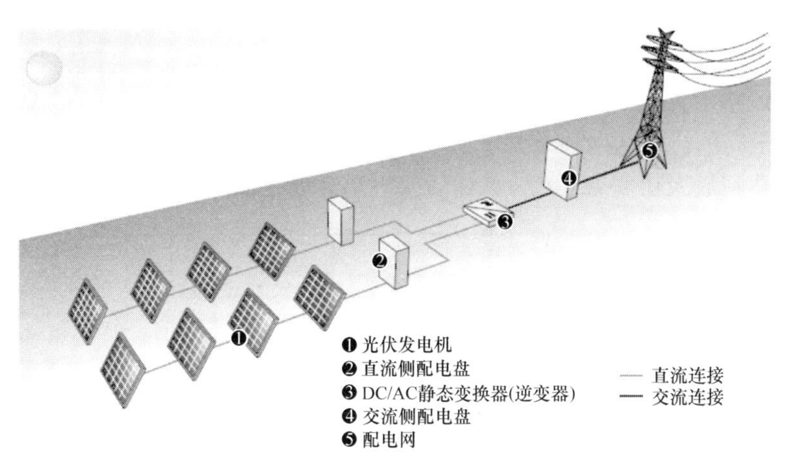

图5.17　并网光伏电站原理图

5.13　电力生产与存储的间歇性

在很大程度上，光伏利用受到发电间歇性的影响。配电网可以接受有限的间歇性输入功率，然而电网的稳定性会降低。接受限制取决于网络的配置以及与相邻电网的互联程度。

一般认为，当电网的总间歇功率超过传统发电设备总功率的10%～20%就是危险的。参考本章风能部分的相应信息。因此，太阳能发电的间歇性，在一定程度上限制了光伏发电对国家能源平衡的贡献。这句话对所有的间歇性可再生能源都是有效的。

要想克服这一负面影响，首先要在足够长的时间内存储能量，以便能够以一种更连续、更稳定的形式将太阳能注入电网中。电能可以通过多种方式存储：大型超导线圈，将其转换成其他形式的能量；存储在飞轮或压缩气体中的动能；水流域的重力能量；合成燃料中的化学能；电池中的电化学能量。为了有效地维持一天和/或几个月的能源，有电池和氢气两个存储系统。在这两种技术的现状下，电化学存储在短期到中期是可行的，可以将能量存储几个小时到几天。

因此，在对小型电网的光伏电池的应用中，插入一个小到中型的电池存储子系统可以改善这种情况，从而允许部分克服电网的接收限制。对于大量电能的季节性存储，氢气是最合适的技术。夏季存储的多余能量可以用来优化可再生能源的年容量，将其提高到普通电厂的平均水平（约6000h）。

作为一个补充的替代方案，可以通过混合不同的可再生能源——太阳能、风能、生物质能、水力、海洋波浪等来解决间歇性的问题，并利用它们间歇性的程度和时间的差异，这可能会减少对备用基础发电量的需求。

5.14 光伏组件的电压－电流特性

光伏电池可以看作是一个电流发生器。光伏组件的电压－电流特性如图5.18所示。在短路条件下，产生的电流（I_{sc}）是最大的，而在开路的情况下，电压（V_{oc}）是最高的。在这两种条件下是不产生电能的。在其他所有条件下，产生的功率上升：达到最大功率点（P_m），然后接近空载电压值。

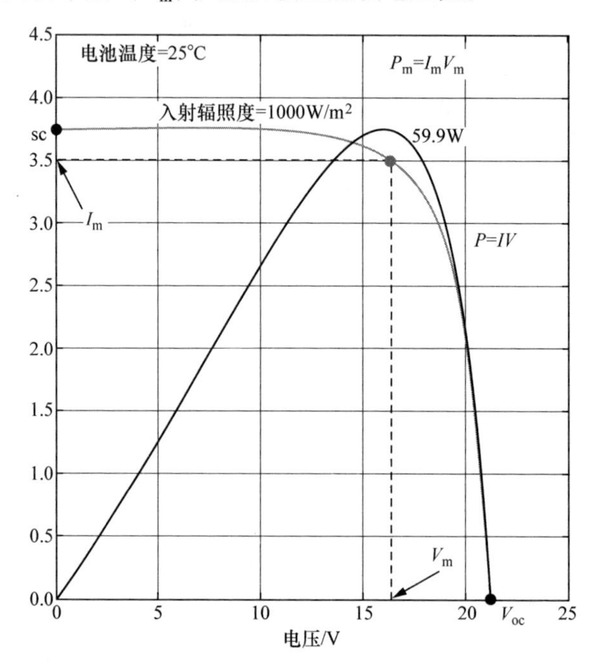

图5.18　光伏组件的电压－电流特性曲线

因此，光伏组件的特性参数可以总结如下：

- I_{sc}—短路电流；
- V_{oc}—空载电压；
- P_m—标准条件（STC）下产生的最大功率；
- I_m—最大功率点产生的电流；
- V_m—最大功率点产生的电压；
- FF—填充因数：决定特性曲线 $V-I$ 形式的参数，是最大功率与空载电压乘以短路电流的乘积（$V_{oc}I_{sc}$）的比值。

如果从外部施加与正常运行相反极性的光伏电池电压，则电流保持恒定，并且功率被电池吸收。当超过一定的反向电压值（“击穿”电压）时，与二极管一样，P－N结被击穿，并且过电流损坏电池。在没有光的情况下，产生的电流在反向电

压达到“击穿”电压时为零。

连接到电网并提供本地负荷的光伏电站可以通过图5.19所示的方案以简化方式表示。供电网络（假设为无限总线）表示为理想的电压源。光伏发电机由理想的电流发生器（具有恒定电流和相等的入射太阳能）表示，而本地负荷用电阻 R_u 表示。

来自光伏发电机和电网的电流 I_g 和 I_r 分别汇集在图5.19的节点N中，工厂吸收的电流 I_u 从节点流出：

$$I_u = I_g + I_r \tag{5.1}$$

由于当前的负荷是：

$$I_u = U/R_u \tag{5.2}$$

电流之间的关系变成：

$$I_r = U/R_u - I_g \tag{5.3}$$

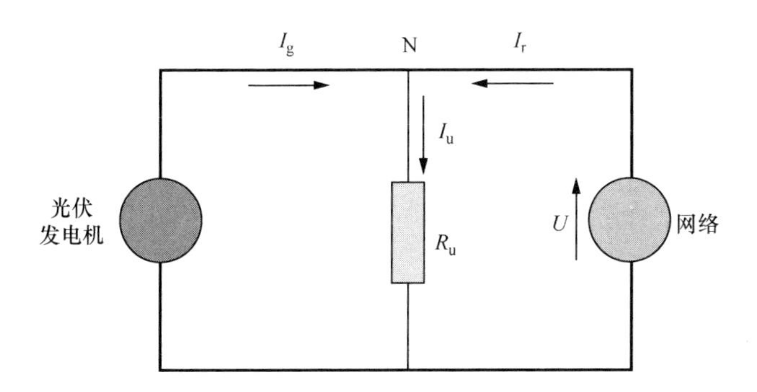

图5.19　连接到电网并提供本地负荷的光伏电站

如果在式（5.3）中 $I_g = 0$，因为它发生在夜间，从电网吸收的电流：

$$I_r = U/R_u \tag{5.4}$$

相反，如果光伏电站所产生的电流全部被本地负荷吸收，则电网供电的电流应为零：

$$I_g = U/R_u \tag{5.5}$$

当入射的太阳能增加时，所产生的电流 I_g 超过负荷 I_u 所需的电流 I_g，电流 I_r 变负，流入电网。

之前的考虑也可以用在功率上：

- $P_u = UI_u = U^2/R_u$ 为由用户工厂吸收的功率；
- $P_g = UI_g$ 为光伏电站产生的功率；
- $P_r = UI_r$ 为电网输出的功率。

5.15 预计每年能源产量

从能源的角度来看，设计目标通常是最大限度地收集可用的年度太阳辐射量。在某些情况下（例如，独立的光伏电站），设计标准可能是优化某年某些特定时期的能源生产。

光伏装置一年内生产的电能取决于：

- 太阳辐射的可用性；
- 组件的方向和倾斜；
- 光伏装置的效率。

由于太阳辐射是不确定的，为了确定电厂在固定时间间隔内可以产生的电能，假定组件的性能与入射能量成比例，考虑与该间隔有关的太阳辐射。

一个给定地点的年太阳辐射量可能由于来源的不同而不同，因为它是统计得来的，并且从这一年到下一年受气候条件变化的影响。

从平均每年的辐射量开始，下式用于获得每 kWp 每年的预期产生的能量(kWh/kWp)：

$$E_{p}=E_{ma}\cdot hBOS \tag{5.6}$$

式中，hBOS（系统平衡）代表面板负荷面上所有光伏电站组件的总体效率（逆变器，连接，温度效应造成的损失，由于性能不一致造成的损失，阴天造成的损失和低太阳辐射，由于反射造成的损失……）。这样的效率，在一个恰当的设计和安装装置中，可能在0.75~0.85之间。

相反，考虑到每日平均辐照量 E_{mg}，计算每 kWp 每年的预期产生能量(kWh/kWp)：

$$E_{p}=E_{ma}\cdot 365hBOS \tag{5.7}$$

5.16 面板的倾斜和方向

如果太阳射线的入射角度是90°，那么太阳电池板将达到最大效率。

除热带之外，太阳不能到达地球表面的最高点，但是在北半球的夏至和南半球的冬至是在最高点（取决于纬度）。因此，如果我们想要使面板倾斜，使它们能够在中午最长的一天中被太阳光线垂直照射，就必须知道在哪个瞬间太阳到达地平线以上的最大高度（以度数计）。

找到一个（$90°-\alpha$）的余角，可以获得与水平平面（IEC/TS 61836）有关的倾斜角度β，从而使面板垂直于太阳光线。

然而，确定面板的最优方向只了解 α 角是不够的。此外，要考虑每年不同时段太阳划过天空的轨迹，因此应考虑全年的天数来计算倾斜角度（见图5.20）。这使我们能够获得由面板（以及每年的能量生产）所捕获的全年总辐射，比在冬至期间垂直于面板的辐射条件下所获得的辐射量要高。

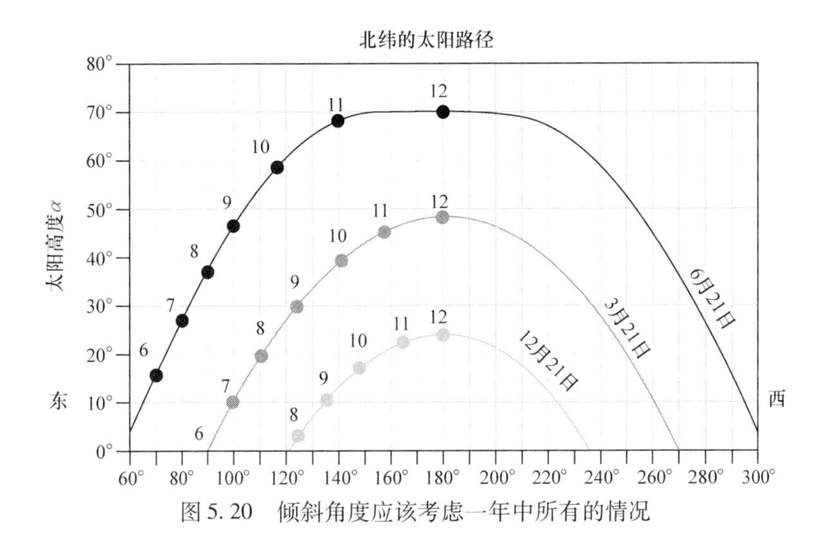

图5.20　倾斜角度应该考虑一年中所有的情况

在北半球，固定的面板应该尽可能地朝向南方，以便在当地时间中午的时候能更好地暴露面板表面，并在全球每天都获得更好的照射。

这些面板的方向可以用向南的最佳方向（对于北半球的位置）或向北（对于南半球的位置）的方向偏离的方位（γ）来表示。

5.17　光伏电站的电压和电流

通常，光伏组件在30～40V的电压下产生4～10A的电流。

为了获得投影的峰值功率，面板被电气连接以形成串并联连接。考虑到布线的复杂性和成本，目前的趋势是建立尽可能多的面板串，特别是串之间的并联配电盘。这也意味着在现代光伏装置中串电压增加。

串联连接的最大面板数量（因此可达到的最高电压）形成一个串，取决于PE逆变器的工作范围以及适用于电压的隔离和保护装置的可用性。值得注意的是，这些串产生直流电压，PE逆变器将其转换为交流系统的工作频率。

由于效率的原因，逆变器的电压与其功率有关：一般情况下，当使用功率低于10kW的逆变器时，电压范围为250～750V，而如果逆变器的功率超过10kW，电压范围通常为500～900V。

5.18　连接电网和能量测量

如果符合下列条件，则允许光伏电站连接到公共配电网：

- 这种并联连接不会对公共网络服务的连续性和质量造成干扰，并将为其他连接的用户保持服务水平；
- 不能连接光伏电站，没有电源电压的情况下，电网电压大小和频率不在允许的值范围内，连接必须立即自动中断；

• 如果由单相发电机组成的三相电站所产生的功率的相位不平衡超过系统允许的单相连接的最大值，则生产设备不能被连接或连接到系统必须立即自动中断。

这是为了避免：

• 在电网电压不足的情况下，所连接的有源（发电）用户为电网供电；

• 如果中压电力线发生故障，电网本身将由与其连接的光伏电站供电（并馈送故障）；

• 在配电网断路器自动或手动重合的情况下，光伏发电机可能与电网电压不同相，这可能会损坏发电机。

光伏电站可以连接到低压、中压或高压电网，这取决于所产生的峰值功率：

• 连接到高达 100 kW 的低压电网；

• 连接到高达 6MW 的中压电网。

特别地，光伏电站与低压电网的连接：

• 功率为单相 6kW；

• 对于高于 6kW 的功率，必须是三相，如果逆变器是单相的，则相位之间的最大不平衡不能超过 6kW。

图 5.21 为与公共电网并联的发电系统布局的原理图。

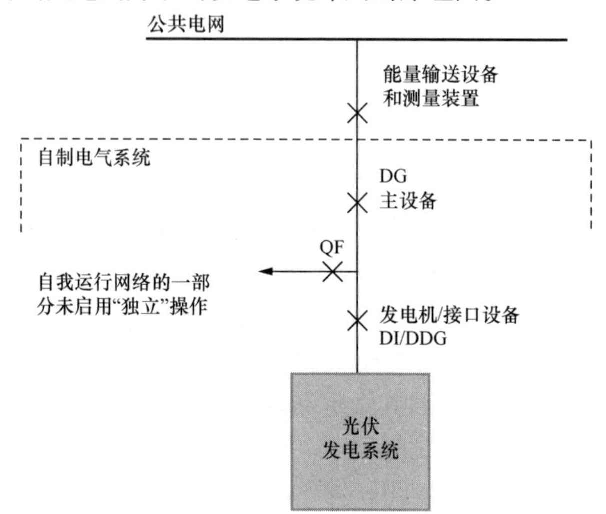

图 5.21 与公共电网并联的发电系统布局的原理图（指南 CEI 82 - 25，第 2 版。CEI 82 - 25：与中低压电网相连的光伏发电系统建设指南）

5.19 小结

可再生能源在本质上是间歇性的。然而，近年来的许多技术进步，尤其是在电力电子领域，使得这些电源可以连接到任何电网，无论是低压、中压还是高压。多种可再生能源的组合以及各种各样的储能计划，帮助抵消了太阳能和风能的间歇性。从很大程度上说，这些可再生能源需要电网升级，尤其是在与电网传输的互联

互通方面。智能切换、双向潮流、高级计量和动态无功功率补偿，这些智能电网的特点都推动了可再生能源的发展。太阳能发电将持续增长，尤其是在更靠近负荷的情况下。随着陆上和海上风电将继续扩大，大面积的土地被利用。越来越多的传输技术与这种风电的互接使得功率将远远超出大都市地区的负荷中心。随着这些技术的突破和智能电网的兴起，可再生能源的各个方面在未来都是光明的。

参考文献

[1] H. Holttinen et al., "Impacts of large amounts of wind power on design and operation of power systems, results of IEA collaboration," in *Proc. 8th Int. Workshop on Large-Scale Integr. Wind Power Into Power Syst. Well as on Transm. Networks of Offshore Wind Farms,* Bremen, Oct. 14–15, 2009.

[2] *Annual Wind Industry Report 2009,* American Wind Energy Association. [Online]. Available: http://www.awea.org/publications/reports/AWEA-Annual-Wind-Report-2009.pdf.

[3] *EU's Sixth Framework Programme (FP6). Upscaling*, 2008. [Online]. Available: http://www.upwind.eu/Shared%20Documents/WP11%20-%20Publications/leaflets/080311_WP1B4%20final.pdf.

[4] Pacific Northwest National Laboratory, *Wide-Area Energy Storage and Management System to Balance Intermittent Resources in the Bonneville Power Administration and California ISO Control Areas,* Jun. 2008. [Online]. Available: http://www.pnl.gov/main/publications/external/technical_reports/PNNL-17574.pdf.

[5] U.S. Department of Energy, 20% Wind Energy by 2030, Jul. 2008.

[6] "Smart Grid: An Estimation of the Energy and CO2 Benefits," U.S. Dept. Energy, Pacific Northwest National Laboratory, PNNL Rep. 19112, Jan. 2010, Rev. 1.

[7] R. Wiser and M. Bolinger, B2009 Wind Technologies Market Report, U.S. Dept. Energy, Energy Efficiency and Renewable Energy, Aug. 2010.

[8] N. Janssens, G. Lambin, and N. Bragard, Active power control strategies of DFIG wind turbines,[in Proc. IEEE Power Tech 2007. [Online]. Available: http://www.labplan.ufsc.br/congressos/powertech07/papers/167.pdf.

[9] P. Maibach, A. Faulstich, M. Eichler, and S. Dewar, Full-Scale Medium-Voltage Converters for Wind Power Generators Up to 7 MVA. [Online]. Available: http://www05.abb.com/global/scot/scot232.nsf/veritydisplay/9847712acf892432c125740f003c3d65/$File/Full-Scale_MediumVoltage_Converters%20for_%20Wind_%20Power%20Generators_%20up_%20to_%207_%20MVA.pdf.

[10] M. Eichler, Offshore but online,[ABB Review 3/2008, pp. 56–61. [Online]. Available: www.abb.com/abbreview.

[11] National Renewable Energy Laboratory, Generation Interconnection Policies Ad Wind Power: A Discussion of Issues, Problems, and Potential Solutions, Jan. 2009.

[12] R. McDermott and G. Hassan, Investigation of Use of Higher AC Voltages on Offshore Wind Farms, Mar. 2009. [Online]. Available: http://www.gl-garrad-hassan.com/assets/technical/283_EWEC2009presentation.pdf.

[13] A. Sannino, P. Sandeberg, L. Stendius, and R. Gorner. (2008). Enabling the power of wind. ABB Rev. 3/2008, pp. 62–66. [Online]. Available: www.abb.com/abbreview.

[14] National Renewable Energy Laboratory, *Electrical Collection and Transmission Systems for Offshore Wind Power*, Mar. 2007.

[15] *California ISO (CAISO) Daily Renewables Watch.* [Online]. Available: http://www.caiso.com/green/renewrpt/20100422_DailyRenewablesWatch.pdf.

[16] E. Muljadi, C.P. Butterfield, R. Yinger, and H. Romanowitz, *Energy Storage and Reactive Power Compensator in a Large Wind Farm,* Oct. 2003. [Online]. Available: http://www.nrel.gov/docs/fy04osti/34701.pdf.

[17] Jeff St. John, "Cost of Big PV to the Grid: $3 to $8 per Megawatt Hour," Greentech Media, Jan. 5, 2012. Available: http://www.greentechmedia.com/articles/read/cost-of-big-pv-to-the-grid-3-to-8-per-megawatt-hour.

第6章

电力系统改革中的微电网

Steven Pullins，Horizon 能源集团董事长

内外因素改变了美国电力系统的未来轨迹，使其从以资源为中心的模式转变为以技术为中心的模式，以便更好地发展下去。以商业为常态的做法不再具有可持续性。因此，需要一个更加智能、更具有分布式、更集成的系统。然而，这样的系统往往很复杂。

对于工业企业、商业园区和大学来说，它们的问题是，电力服务的成本不断增加，而电网的可靠性却在下降。此外，减少发电厂排放的转变进程非常缓慢，而这与许多工商业消费者及大学校园的“绿色”目标不符。微电网是这些问题的智能电网解决方案之一。微电网是一个小型的主网，已经针对具有智能控制、优化方案和发电资源的产业综合体或大学校园而定制，已不再从电力公司购电。

Horizon 能源集团发现，具有多种能源的微电网可以将年度能源成本降低10%~15%，从而提高电力服务的可靠性，并减少校园排放量[1]。行业研究事务所派克研究公司（Pike Research）估计，在未来几年内，美国将在商业和大学站点上建立2000个左右的微电网[2]。

6.1 什么是微电网

“微电网是一组相互连接的负荷与分布式能源，并在清晰界定的电气边界内，作为电网的单一可控实体。微电网可以与电网连接和断开，使其能够以并网或孤岛模式运行。”

——美国能源部微电网交流小组，2010年10月

并不是所有的微电网都是在岛屿或偏远的村庄。大多数微电网（见图6.1）将会出现，以帮助消费者提供一套通用的社区或校园为基础的资源，以优化经济性、可靠性和环保目标，同时连接到主网。如果目标受到挑战，微电网控制器的控制功能来决定微电网作为岛屿运行的运行状况会更好。在孤岛运行模式中，微电网能够在当地公用事业供电的情况下提供微电网内客户或设施的核心电力需求。在当地公用事业发生意外停电的情况下，微电网将具有执行“黑起动”运行以恢复微电网

内的电力供应的能力。

作为智能电网解决方案，微电网与美国能源部（DOE）现代电网战略团队[3]提出的所有智能电网特性最为紧密地联系在一起，如表6.1所示。智能电网有以下特性：

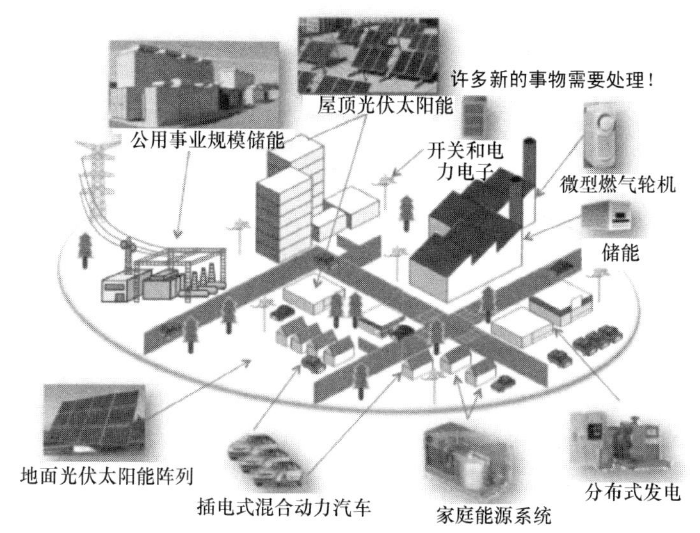

图6.1 基于社区的微电网

来源：Horizon能源集团。

表6.1 将电网关键策略映射到智能电网特性中

特性	零售市场	BAU中央站供电	DR、EE、节能	清洁能源	VPP（DG并网）	微电网
让消费者积极参与	X		X		X	X
适应所有发电与储能				X	X	X
启用新型发电、服务和市场	X		X		X	X
为数字经济提供电能质量	X	X	X			X
优化资产利用率和运行效率	X		X		X	X
系统扰动的预期与响应（自愈）						X
灵活应对物理攻击和自然灾害						X

- 让消费者积极参与；
- 容纳所有发电和储能装置；
- 启用新型发电形式、服务和市场；
- 提供数字经济的电能质量；
- 优化资产利用率和运行效率；
- 预测和响应系统扰动（自愈）；
- 有效应对物理攻击和自然灾害。

与未来电网中的其他关键战略相比，微电网提供了备选方案和灵活性，以适应不断变化的市场和不断变化的消费者。

6.2 微电网的优势

微电网为当地公用事业和微电网消费者提供了优势。微电网的优势可以通过商业和工业（C&I）企业以及以传统的电力和燃气公用事业为主的大学校园体现出来，但它却有强烈的愿望来提高其经济性、可靠性和排放标准。

微电网的优势也体现在需要满足国家制定的高可再生能源义务公用事业上。虽然这对于公用事业并不总是很明显，微电网也会为其电力服务提供经济性和可靠性。微电网可以优化一个“棘手”的商业综合体或大学校园，使其服务更加经济可靠，基本上将其从可靠性挑战转变为配电网的一个支撑点。然而，公用事业公司并没有为配电设计的复杂转变做好准备，除非受到可再生能源高度义务的推动。因此，公用事业将从经济性和可靠性优势中受益，这成为次要的驱动因素。一般来说，电力公司的好处包括降低输电网输电压力，提高可靠性，在高水平的可再生能源条件下提高电能质量，以及支持需求侧响应。

事实证明微电网是在配电网和消费者层面增加使用零成本燃料资源（即风能和太阳能）的最佳途径。微电网的主要优点如下：

- **节约**：资源的微电网组合调整到大学校园或商业综合体，通过积极参与电力市场和增加可再生能源发电，提供经济上的节约。
- **可持续性**：微电网组合能够承受传统的燃料成本增长的冲击。
- **管理**：微电网实现可再生能源的高渗透率消纳，减少了排放，为绿色营销（企业品牌）提供了机会。
- **可靠性**：微电网将校园电网从公用配电层面上的被动控制系统转变为在能源和负荷水平上的主动控制和优化系统，从而提高系统的可靠性。

拥有一定能源（通常利用率不足）和综合目标的消费者可以获得最大的收益。例如，一所大学校园可能具有强大的可持续性供电，并且需要为实验运行数月或数年的复杂实验室提供卓越和可靠的电力服务。这样一个实验的断电可能使得数月的工作付之一炬。工业企业可能需要降低能源成本占主导地位的销售成本，同时减少总排放量以满足当地或国家的环境标准。

6.3　微电网的架构与设计

微电网有几个结构上比较重要的元素可以满足消费者或公用事业的多目标需求。通常，多目标控制和优化是一个不小的挑战。微电网的正常运行环境通常比较复杂，但优化了许多资源和负荷的使用可以满足多目标环境要求。而系统扰动、暂态过程和紧急情况下的运行方式会变得更加复杂[4]。

1）资源整合：具有不同运行特性的多种能源发电方式的顺利并网和消纳是微电网取得成功的主要因素。柴油发电机、风电机组、光伏（PV）阵列、燃料电池、储能装置等各自具有独特的运行特性的优化使用是对控制系统的一个挑战。此外，随着时间的推移，在微电网中并入或解列不同的能源发电方式，需要微电网具有可扩展性和适应性。

2）电压、无功功率与时变性（VVV）管理：当今的配电管理系统主要用于管理电压和无功功率，但不管理与可再生能源相关的时变性，特别是当这些时变性能源发电方式的渗透率较高时。微电网架构认识到将时变性管理集成到系统的电压和无功功率管理中的重要性。人们普遍存在的误解是可再生能源发电的不可预测性与不可调度性。业界传统的认知是可预测意味着稳态，只有稳态资源是可调度的。微电网旨在最大限度地提高可再生能源资源的渗透率，并有效管理这些资源。

3）控制模式和信号设计：无论是在并网模式还是孤岛模式下，微电网控制系统都必须了解其运行和风险状况。对于经济性、可靠性和环境运行目标必须进行合理构建，以便对微电网进行发电和负荷控制，并彼此之间进行有效的信息互通。例如，分时电价或电压变化能否驱动信号？在环境优化方面，碳排放交易价格、碳排放量或与碳排放相关的资源选址点是否会驱动信号？

4）分布式控制：微电网利用柴油发电机控制器、光伏逆变器、储能电力转换系统（PCS）等设备，进行能源并网并对设备进行本地保护。部分资源具有复杂的控制，有些则不然。其结构应该充分利用复杂的资源控制，并在以往没有资源控制的地方提供默认级别的微电网控制。

5）实时共享信息（双向）：微电网中可用信息的数量远远多于目前配电网级别上的消费者和公用事业公司所能获得的信息量。可用信息的范围可以从概览类型（即时或平均运营成本、到目前为止的排放量、日前资源调度计划等）到运营类型（日前预期负荷和资源组合、电网设备命令等）。这些信息需要以易于理解和实用的方式与合适的利益相关者（消费者、公用事业和市场）分享。

6）市场影响：市场每次在某个节点上不止提供一个电价。市场信息影响购电、电力生产以及微电网控制空间的电力销售。对优化的影响将侧重于微电网的各种运行目标，如能源套利或为批发或零售市场提供监管服务等。调度决策是非常动态的（经济性、可靠性和环境效益调度信号的优化），并受到实时电力市场和日前电力市场趋势的高度影响。

7）电网覆盖：微电网设计必须认识到微电网大多数情况下与主电网并联运行，就像覆盖层一样，但是当微电网目标决定支撑主电网运行时，它也能够与主电网实现孤岛运行（与电网分离）与并网运行的无缝切换。这不仅仅是一个控制设计的要求，也是一个微电网资源组合的设计要求。

微电网的设计有两个主要考虑因素：

- 基于资本成本、运营成本、排放和电网稳定性对微电网资源和设备组合设计；
- 设计微电网控制以实现消费者或公用事业的既定目标的最佳性能。

如下所述，每个主要考虑点都具有重大的复杂性。然而，在投资组合的设计和控制的设计方面却有一些共同的线索。

首先，基本的主题是投资组合和控制必须支持实时、不断优化的计划方式。资源组合的前期设计和建设必须与微电网控制中的优化方案相一致，以实现经济性、可靠性和环境效益（ERE）调度中表现出的多目标函数基础：

- 随着时间的推移，降低能源成本；
- 提高并保持电气可靠性以达到非常高的标准；
- 尽量减少校园或企业的总排放量。

其次，微电网的复杂性背离了现有的配电网设计和控制方式。从传统的配电运营角度看，运行变量基本上是电压、无功功率、负荷。电网的有功功率平衡很好管理，只要达到平衡即可，该平衡方案像一个跷跷板，一边是负荷，而另一边是电源和电网装置。平衡方案是改变电源出力以适应变化的负荷，同时保持其余电源在备用状态下运行以吸收其他小的负荷波动。现在，从未来智能电网的角度来看，消费者可以积极参与需求侧管理，可参与电网管理的变量不是只有电压、无功功率和负荷，还包括可变成本、排放量、嵌入式资源（沉没成本项目）的使用和服务质量（如果有成本优势，为潜在变量）。

最后，企业和校园的价值主张从同等优化转向本地优化。如今，传统的配电公司设计了适用于所有消费者的同等可靠性和运营成本的系统、资源和控制措施，但这并不能为特定的企业或园区提供最佳的经济性、可靠性和排放量。成本通过国家监管程序以同等的方式（有时多年）应用于所有的消费者。其结果是公平公正的，所有消费者都来承担电网优化运行的责任，但商业和校园在经济、可靠性和环境效益目标方面仍然存在不匹配。通过微电网，可以利用特定的资源组合设计和微电网控制设计来实现这些消费者目标与输电成本之间更直接的联系。

微电网的总体设计从具体的消费者目标开始，而配电网的总体设计却是始于许多不同消费者的共同目标。这是一个本质的区别。

一般来说，微电网的设计考虑了现有的和新的资源、电网设备、市场和可以实现特定的消费者目标的负荷管理工具的最佳组合。在这种情况下，这些目标是由大学校园或工商业建立的。针对特定校园或企业的最佳组合将会是下面考虑的最佳

结合：

- 投资期望的投资回报期或内部回报率；
- 减排的资源（风能、太阳能、生物质能转化、地热等）；
- 减少排放的资金成本和运行成本（每种资源的安装成本、每种资源的燃料成本、每种资源的典型运行和维护成本、公用事业和国家激励、税收优惠等）；
- 减少排放的资源限制（风、阳光、天气限制、生物质能可用性、容量因素、检修停电等）；
- 基本负荷能源（煤炭、天然气、燃料电池、地热、生物质能转换等）；
- 基本资源的资本成本和运营成本（每项资源的安装成本、每项燃料成本、典型的运营和维护成本等）；
- 基础设施资源的限制（排放、维修中断、能力因素等）；
- 市场交易可以降低年度能源成本（以低价购买批发能源、以高批发价格或零售市场价格出售过剩的能源发电量、提供监管服务等）；
- 促成市场交易的资本成本和运营成本（经认证的市场参与、对市场的物理接入、通信和控制等）；
- 市场交易的限制（最低调度规模、批发或零售市场准入等）；
- 提高可靠性的资源（储能、电容器、稳压器、遥控使能开关、继电器等）；
- 提高可靠性的资本成本和运营成本（每项资源的安装成本、每项资源的运行成本、典型运行和维护成本等）。

设计工具通常用于根据消费者建立的目标并考虑发电资源和设备能源使用模式的运行特性来建立微电网的财务模型。财务模型能够探索各种情景，以便在考虑目标的相对价值时，理解经济性、可靠性、排放量和成本（资本和运行费用）之间的关系。

微电网主控制设计，识别消费者目标、资源组合、设备、负荷管理工具和市场影响，然后将所有这些元素优化为实时解决方案，以尽可能最好的方式实现目标。此外，微电网主控制器（MMC）将尝试通过成为网络中坚实可靠的节点，并在网络需要时提供电网支持服务，将微电网作为电网中的很好的环节并入配电网。

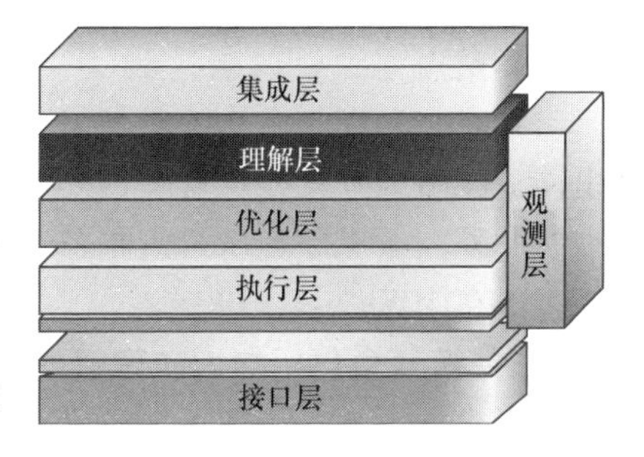

图6.2　微电网主控制器设计
来源：Horizon能源集团

如图6.2所示，MMC采用分层设计，其中算法用于执行各种任务、计算和比较，以便在任何给定时刻等提供微电网的可靠和最佳的性能状态。这个有组织的结构对于解决在不同的时间状态下发生的大量计算工作是有必要的。也就是说，与正在运行的柴油发电资源接口需要不同的时间周期，而不是与用于月度计费的场外金融交易软件解决方案相连。如图 6.3 所示，MMC 的高层体系结构具有控制层：

1）接口层：该层为微电网网络中的所有资源和设备提供接口。

2）执行层：该层提供了实时所需的行动或决策步骤。

3）优化层：该层提供了连续优化所有输入和变量的微电网网络的主要手段。

4）理解层：该层提供了更多的计算密集型决策服务，支持优化但不需要实时。

5）集成层：该层提供对复杂的系统外发电机组的访问，以支持整个微电网操作或网络设计，但不是实时需要的。这包括向本地 ISO 或区域输电运营商（RTO）进行的市场交易。

6）观测层：该层向操运行人员、管理人员、检修人员和客户提供关键信息的可视化和演示。一些信息是实时的，而大部分是准实时的。

该设计源自 Borrego Springs 微电网团队（圣地亚哥天然气和电力公司、Horizon 能源集团、洛克希德马丁公司和 Gridpoint 公司）与多家公用事业集团和其他公司协商开发的案例和功能要求。

为了最大限度地提高系统利益，还有一些新的设计元素可以构建到 MMC 中，例如：

- 状态估计（日前）。这与 RTO 或 ISO 状态估计器不同，这里的重点在于日前的时间框架，并且还考虑到三相不平衡负荷潮流环境。
- 状态测量（实时）。这与 RTO / ISO 状态估计器相似，但节点较少且具有明确定义的资源。这必须在实时控制环境中进行。
- ERE 调度工具。如前所述，这是一个具有复杂需求的工具。
- 用于优化的目标函数和算法。
- 预测和响应/纠正算法。
- 能量套利算法。
- MMC 结构灵活性。集中式与分布式、人工与智能代理社区。

障碍难点

引入微电网存在几个关键技术壁垒，但是工作仍要继续。目前，至少有 20 个微电网正在美国动工，符合美国能源部微电网交换组定义和前面讨论的大部分设计特点。此外，派克研究所最近报道，他们正在追踪全球 140 多个微电网项目，总容量超过 1100MW[5]。

1）关键壁垒包括知识和理解：即使微电网项目出现这种上升趋势，公用事业和消费者也并不真正了解可能的情况。在公共文献中提供的完整性能指标的微电网运行示例实在太少了。这意味着公用事业和消费者将继续谨慎行事，或者等到风险得到更好的理解后再继续使用微电网。

2）复杂性：正如前面所讨论的，在建立和运行微电网的过程中，复杂性是一个天然壁垒，直到有足够的微电网运行示例来帮助公用事业和消费者了解风险并量化红利。复杂性不是微电网本身的固有缺陷，而是现有配电网的局限。如果美国的配电网与那些技术领先国家的配电网处于相同水平，那么到微电网的飞跃就不会那

么大。配电网主动控制的复杂性与现有的被动控制的错综复杂将得到更好的理解并逐渐过渡。整合不同技术的多种资源将是实现电力系统目标的经验丰富的方法。

3）资金：由于微电网是新的应用，传统的股票和债券融资者还没有准备好投资。为股票和债券投资商运作的项目太少，无法了解风险和商业模式。这类似于风能、太阳能和地热项目投资的早期阶段，机构投资者在其他股权投资者将风险从项目中解除之前，没有投资。现在，主要机构投资者在风能、太阳能和地热项目上进行了许多常规项目投资。

4）监管：消费者拥有的或第三方的微电网对消费者，尤其是商业、工业和高校消费者的使用/监管机构提出了挑战。这并不是技术上的挑战，因为几乎所有的设计和运行问题都是由输电层面上的 RTO 和 ISO 解决的。只有扩展配电网和需求侧的技术解决方案仍然是一个综合挑战。甚至连 RTO/ISO 也认识到参与需求侧负荷和资源管理的必要性。在美国，多数 RTO/ISO 都鼓励自身具有小规模发电机组（最小为1MW）的用户参与电力批发市场交易，电力市场的参与机制发生了很大改变。因此，关键的监管壁垒是挑战电网垄断对消费者的控制。

随着时间的推移，授权消费者电价和公用事业项目成本恢复的过程已经成为一种企业监管交易，几乎没有对实际消费者产生影响。这些过程已经在州一级的立法行动中被列入法律，这就产生了一种感觉，即监管机构是客户，而公用事业机构则为监管机构服务。

美国公用事业公司以安全问题为由，拒绝在电网上使用分布式能源发电。该声明称，如果电网出现故障，在配电网的用户侧投入电源将会导致安全问题。与此类似的是，一家卡车运输公司要求州警察让其他司机远离高速公路，因为大多数卡车司机都视力不好，如果他们开车，其他司机可能会受伤。与其纠正视力问题，不如让其他司机离开高速公路。该企业的论点是，与其通过安装传感器和控制装置来升级配电网进行主动管理，还不如阻止其他人使用电网。

5）设计工具：目前的配电网设计工具不支持本地分布式电源并网、负荷管理程序或电力市场影响到公用事业的配电网设计。因此，企业工程师不能建立更新的、更主动的电网管理。今天，电力公司的工程师们设计的电力系统能够满足可能存在的峰值负荷，而这导致了产能过剩设计。这一趋势导致了对高成本的发电、输电和配电资产的低利用率，这最终反映在消费者的高电价上。

6.4 微电网对电力系统有重要意义吗

如前所述，派克研究所描述了未来几年快速增长的微电网市场。Horizon 能源集团的研究[1]表明，在美国大约有 26000 个潜在的选址点，在社区、校园或企业这些地方应用微电网将在技术和经济性上比现有供电方式更具优势。

很显然，如果大量中小城市、商业综合体、工业园区和大学校园迅速转型应用微电网，那么对现有配电网的影响却无从得知。这是一个需要研究的领域，以了解对本地和国家的影响。该行业需要认识到，阻止消费者发起的微电网站点的增长并不是一个解决方案。更确切地说，该行业应该采用各种方式将微电网并入大电网，以获得更大的利益。

对中西部地区两所负荷为10MW的高校分别采用传统商业供电模式（BAU）与采用微电网供电模式进行对比，结果如表6.2所示。

表6.2 10MW校园微电网比较

负荷为10 MW校园①	传统商业供电模式	微电网供电模式
年度电费/美元	8.6×10^6	6.9×10^6
校园供电的总装机量/MW	约22	约14
可再生能源比例(%)	1	39
需求管理(%)	4	30
减排量/(t/年)	–	23824
可靠性(SAIDI/SAIFI)	120/1.2	120/0.5

①应用Horizon能源集团微电网模型。

该模型表明，微电网可以降低年度能源成本，减少排放量，并可以数量级地提高系统可靠性。

6.5 小结

微电网被证明是运行和管理电网的一个强大的工具。然而，对于消费者和电网公司来说，意识到微电网的普及和有效性还需要几年时间。

看起来，微电网将对具有某些特征的消费者更加有利，例如某些中型工业企业、较大商业实体和大学校园，特别是那些具有重大可再生能源目标的消费者。

微电网广泛应用的壁垒是它并非工业供电的传统解决方案。但是，目前已经有大量的微电网项目动工，它们应该能为风险澄清提供依据，并能说明微电网广泛应用带来的社会红利，这样消费者就会做出关于微电网的商业案例。

引入微电网的另一个重要的经验是，在配电网和消费者层面上扩展公用事业企业和RTO/ISO的可用能源选项。

参考文献

[1] "The Role of Microgrids in the Electric System Transformation," S. Pullins, keynote at District Energy Systems & Microgrids Conference, Pace Energy and Climate Center, Nov. 2010.
[2] "More than 2,000 Microgrids to Be Deployed by 2015," report press release, Pike Research, Jan. 2010.
[3] "A Vision for the Smart Grid," DOE Modern Grid Strategy team, DOE National Energy Technology Laboratory, June 2009.
[4] "Autonomous Microgrids: Revitalizing Distribution Company Relevance," Pullins, Bialek, Mayfield, and Weller, DistribuTech, 2008.
[5] "Microgrids," Asmus, Davis, and Wheelock, Pike Research, 2010 http://www.pikeresearch.com/research/microgrids.

第7章 通过智能链接增强辐射型配电网中可再生能源的并网

A. Gómez－Expósito，J. M. Maza－Ortega，E. Romero－Ramos，A. Marano－Marcolini，
西班牙塞维利亚大学电气工程学院

7.1 引言

配电系统，尤其是中压（MV）电网目前还没有达到输电网的自动化与技术水平。实际上，基于当前面临的新挑战，引入智能电网概念可以简单地认识到提高配电网性能的迫切需求和机遇[3]。

中压电网是网状结构的，但是它是按照辐射型网络进行运行的。直到最近，在这一电压等级上没有任何发电机组，只是把电能从变电站输送到配电变压器。这明显对这些系统的运行和保护设备的设计进行了简化。因为需要确保备用供电，所以辐射型馈线通常设计容量比较大，以便在临近馈线出现故障的情况下使它们还能有少部分承担响应负荷的输电容量。在这种情况下，分布式发电（DG）日益增多，一方面减少了备用馈线容量，导致许多情况下出现功率过剩的状况；另一方面使得运行和保护方案复杂化。电力电子装置的使用被认为是提高资产利用率和大规模DG渗透功率的有效解决方案，就如同几十年前在输电层面引入的高压直流（HVDC）输电系统一样。中压电力转换系统[2－4]领域的持续改进进一步推动了这一趋势。

电力电子装置在实时控制电力流动中的应用，影响着配电设施的运行和规划活动。一方面，考虑到配电系统的运行情况，需要注意的是，大多数配电系统的设计都是利用变电站通过树干式馈线向负荷单相供电。最近研究表明，电力电子装置通过使一些馈线互联，通过控制潮流来提高运行效率。例如，参考文献［5］中使用级联式背靠背（BTB）变换器来获得馈线之间的柔性桥。为了降低网损与调节电压，提出了一个优化问题。参考文献［6］也提出了同样的目标，其中使用的是所谓的“统一潮流控制器”（UPFC）。本章提出了两种不同的方案来控制UPFC串联和并联变换器，其测试是在一个相当简单的配电系统的实验室模型上进行的。在参考文献［7－8］中，将级联式BTB变换器用于连接中压电网，在两条馈线之间安装串联BTB变换器来控制电压水平，降低网损，平衡变电站变压器之间的潮流。

仿真测试是在小型和简单的配电系统上进行的，着重研究电力电子装置的控制策略。参考文献［9－11］的主要目的是将分布式能源并网，以提高系统的运行。在包括直流连接器的配电网中，参考文献［9］从开发成本的角度确定最佳的运行状态。其目的是为特定的场景获得DG相对于常规能源的最佳渗透率。在参考文献［10］中，串联控制器用于允许更高的DG渗透水平和增加负荷。电力电子变换器采用了一种相当简单的模型。在参考文献［11］中，同一作者为调节电压提出了一种更通用的电力电子变换器控制方案，并采用梯度法求解优化问题。在一个相当理想的系统中，只采用了一种控制方法对电力电子变换器进行了测试。

另一方面，配电网规划中的一个关键问题是尽可能减少所需的投资，以便以一种可靠的方式满足所有不断增长的负荷需求，同时尽可能多地使可再生能源发电并网。最后一个考虑是关于配电设施现在必须面对的一个新的制约因素，由于环境和战略原因，可再生能源如光伏（PV）电站，全世界大多数国家的政府都在推广。实际上，在中压电网中引入DG可以带来一些众所周知的好处，但是在进行严格的技术分析之前，对大规模可再生能源发电不加选择可能会对配电业务产生不利影响。在这种情况下，在配电网络（例如直流连接器）中使用已安装的电力电子变换器，能够调节潮流和电压大小，能够为规划工程师在解决目前在辐射型运行电网中所面临的潮流拥塞问题方面提供新的解决方案。在许多情况下，所需功率器件的成本只占光伏电站总投资的一小部分，在这些电压水平下，一般为2～5MW。但是，在传统业务中引入一种新技术，例如DG，还远远没有得到迅速和广泛的接受。因此，任何旨在清楚显示与直流连接器相关的投资回报和相关技术优势的工具都应该受到欢迎。

本章是按如下方式组织的：7.2节首先介绍使用直流连接器向配电公司报告的应用和优势。然后，7.3节描述了BTB电压源换流器（VSC）的拓扑结构，这是目前在这类应用中最常见的拓扑类型。7.4节详细介绍了一个通用的优化框架，它可以用于规划和运行问题。这是在CIGRE任务小组C6.04.02所提议的基准配电网上测试的。最后，总结了本章的主要结论。

7.2 辐射型配电网中的直流连接器

图7.1为城市辐射型配电网的典型结构。只有两个相邻变电站的三条馈线被详细地表示出来，为了简化其余的则作为集中的点负荷来表示（注意，一般情况下可能涉及两个以上的变电站）。每条馈线都达到一定数量的二次配电变压器，馈线上有分布式发电机组和用户接入。在这种情况下，三条馈线通过在远程终端开关站的机械开关彼此互联。这些联络开关通常是打开的，以保持辐射型系统拓扑结构，但是如果上游的馈线故障停电，则关闭该联络开关。在其最简单的形式中，两条馈线之间的开关站可以简化为一个常开的联络开关。

通过在开关站安装直流连接器可以实现更多的灵活性，只需更换或与现有机械开关并联运行即可。直流连接器可以围绕不同的配置构建，这里考虑的是基于所谓的 VSC。图 7.2 显示了共享一条公共直流母线由两个 VSC 组成的 BTB 装置。在更一般的情况下，n 条馈线可以通过由共享同一直流母线的由 n 个 VSC 组成的复合直流连接器所连接。例如，图 7.3 显示了三端直流连接器，可以代替图 7.1 的开关站中的三个机械开关。

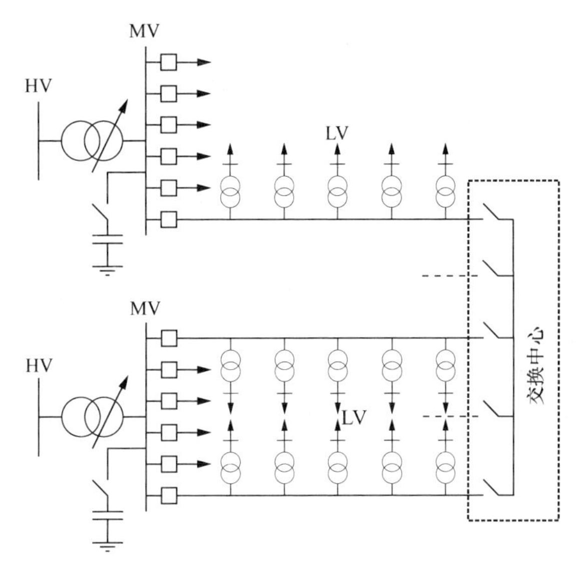

图 7.1　典型的城市辐射型配电网拓扑结构

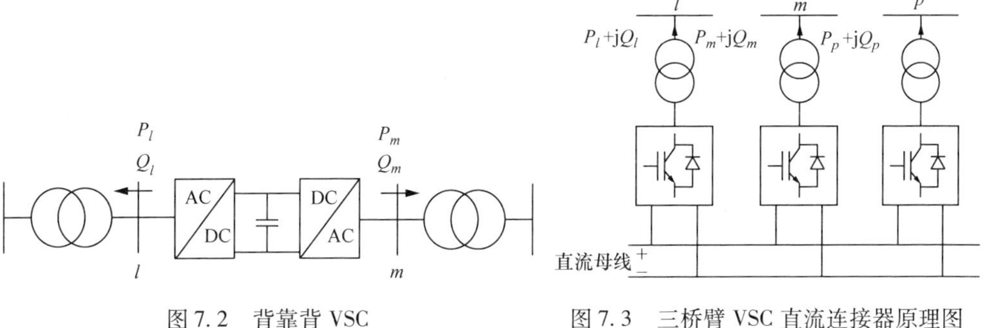

图 7.2　背靠背 VSC

图 7.3　三桥臂 VSC 直流连接器原理图

基于直流连接器的电桥在相邻馈线之间提供了新的供电点，从而实际上形成了一种灵活的网状拓扑结构。引入一组正确选址安装的含有两个或多个 VSC 连接可以给电网带来更多的自由度。基于两个背靠背 VSC 的最简单直流连接器能够控制其有功功率流以及两端注入的无功功率（剩余自由度由控制系统用来保持直流电容电压在可接受的范围内[4]）。在一般情况下，连接 n 条馈线的多 VSC 连接器应该能够控制 $n-1$ 有功功率潮流和 n 无功功率注入。需要注意的是，通过所有互联馈线的有功功率不是独立变量，因为所有有功功率之和应该等于零（为了简化，忽略有功功率损耗）以保持直流连接器电压接近其参考值。这些灵活的“电桥”所提供的相对于机械开关的最显著的优点是：

- 无论负荷或者 DG 渗透功率如何，直流连接器都能够分别连续调节相应馈线之间的潮流。而且，有可能出现逆向“自然”潮流，即在使用零阻抗开关时形成环流。

• 使用基于 VSC 技术的直流连接器允许在交流端子节点独立注入无功功率。考虑到联络开关通常位于馈线的远端，这一特征带来了非常有趣的电压控制能力，传统的无源馈线的电压跌落较大，并且出现 DG 后馈线会存在电压上升的风险。

• VSC 技术可用于减轻电压不平衡，并且在采用典型换相频率（1～2kHz，低次谐波）时，可以提高配电网的电能质量。

• 直流连接器可用于连接任何一组馈线，并且不用考虑它们之间的相位差（当馈线源自不同的变电站时，这可能是一个关键因素）。另外，连接不同额定电压的馈线应该是可行的，而机械开关则不是这样。

• 添加多 VSC 连接器时，现有的短路电流不会被修改，因为它们具有几乎瞬时的电流控制能力。该技术的使用有一个明显的优势，就是现有的保护装置不需要做任何改变。

此外，本身源于直流发电机（如光伏发电系统、燃料电池或储能装置）的电源可以直接连接到 VSC 直流母线。这意味着有以下更多的优点：

• 通过多 VSC 连接器注入直流母线的电能输送到一组连接的馈线。根据系统状态，电能按照 VSC 的要求被动态地控制在所有馈线间进行分流。

• 如果其中一条馈线出现故障，则其余的馈线可以用来分流发出的电能。

• 这种安排避免安装额外的变压器、逆变器和开关，而这些电气设备正是将直流电源连接到交流电网所必需的。值得注意的是，这不仅可以减少投资，还可以降低网损。

然而，这种定性描述不足以充分评估使用这种技术所带来的技术和经济效益。本章的其余部分提供了一个研究工具，旨在以系统方式量化公用事业和 DG 用户通过使用与基于 VSC 的直流连接器相关的多余电网资源所获得的优势。

7.3 背靠背 VSC 拓扑结构

图 7.2 所示的背靠背 VSC 是用于连接配电网馈线的常用拓扑结构，这是由于其结构简单，并且其短路功率不增加。使用变压器很方便，可以将配电网的电压调节至半导体器件的额定值。然而，在参考文献［12］中已经提出了无变压器的网络拓扑结构。通过处理以下问题，对两种方案进行定性比较：

• 无变压器拓扑的空间要求较低。这一点在城市电网必须考虑到，此处换流中心具有降维的性质。

• 通过变压器联网只会实现电气隔离。其主要优点是直流母线上的接地故障不会影响配电网，并且由换流器的误操作引起的任何 VSC 电流的直流部分都会与交流电网隔离。

• 通过变压器连接时，VSC 拓扑可以是常规和成熟的二级或三级结构，这主要取决于额定功率。但是，使用无变压器拓扑时，必须使用创新的多级拓扑结构。

• 通过变压器联网时，可以实现标准化和馈线耦合的灵活性。由于耦合变压

器可以适应电压水平，因此背靠背 VSC 额定电压的标准设计可以不考虑电网电压。最后，使用耦合变压器是连接不同电压等级配电网的唯一选择。

对背靠背拓扑的运行特性进行分析，需要对这个新的网络资产进行正确的管理。为此，VSC 侧的单相稳态模型及其相关的相量图如图 7.4 所示。该模型包括一个交流电压源，其功能是提供直流母线电压和调制信号，以及为控制配电网注入电流所需的耦合电抗。

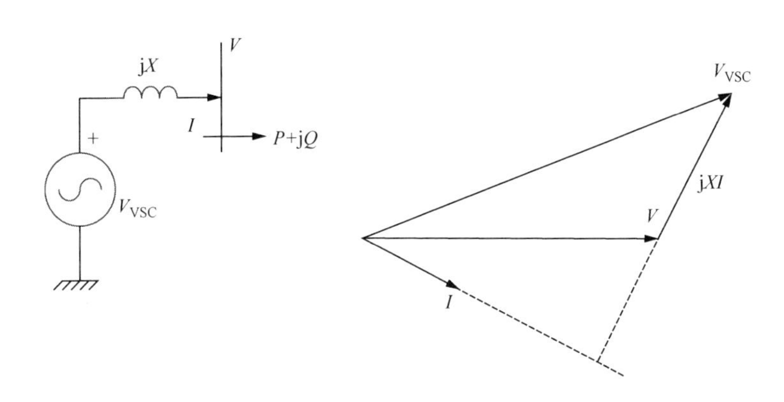

图 7.4　VSC 侧的单相稳态模型及其相关的相量图

需要注意，对于给定的电网电压，可以根据 VSC 电压值调整潮流，如下所示：

$$P = \frac{VV_{\text{VSC}}}{X}\sin\delta \tag{7.1}$$

$$Q = \frac{VV_{\text{VSC}}}{X}\cos\delta - \frac{V^2}{X} \tag{7.2}$$

如果图 7.4 所示的相量乘以 V/X，就可以很容易地得到如图 7.5 所示的有功功率和无功功率轨迹。根据给定的额定电压和电流值，可以得到如图 7.5 中虚线所示的 VSC 的运行极限。

根据式（7.1）~式(7.2）与相量图，可以很容易地得到给定电网电压的有功功率和无功功率极限：

$$P_{\max} = \frac{VI_{\text{VSC}}^{\text{rat}}}{X} \tag{7.3}$$

$$Q_{\max} = \frac{VV_{\text{VSC}}^{\text{rat}}}{X} - \frac{V^2}{X} \tag{7.4}$$

最大有功功率受 VSC 的额定电流 $I_{\text{VSC}}^{\text{rat}}$ 的限制，而无功功率受其额定

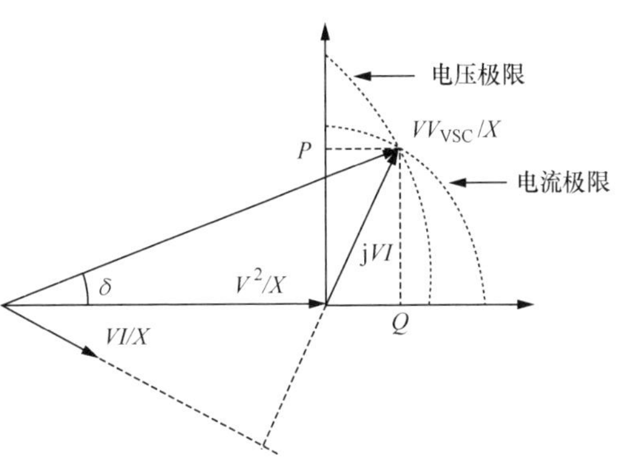

图 7.5　VSC 的 PQ 相量图

电压 $V_{\mathrm{VSC}}^{\mathrm{rat}}$的限制。因此，如果异步发电机所连接的每个 VSC 都只提供视在功率 $S_{\max}$，而不考虑在额定电网电压 V^{rat}的功率因数，那么由此产生的运行限制如图 7.6 所示。

在图 7.6 中，PQ 图的原点中心的圆周对应于额定电流极限。对于额定电网电压，可以建立低于 $S_{\max}$的任何潮流。但是，如果交流电压低于额定值，则由于额定电流限制，最大 PQ 轨迹缩小。相反，如果交流电压高于额定电压，则最大有功功率增加，而注入配电网的无功功率会因电压限制而降低，这可以通过图 7.7 中的相量图来解释。但是要注意，VSC 额定电压 $V_{\mathrm{VSC}}^{\mathrm{rat}}$是在电网额定电压 V^{rat}和额定电流 I^{rat}下定义的，这是在最坏的情况下，即纯无功功率注入的情况下（任何其他功率因数都会导致较低的 VSC 电压）。但是，如果电网电压增加 ΔV，则无功电流注入必须降低 VSC 的电压极限 $V_{\mathrm{VSC}}^{\mathrm{rat}}$时的值。

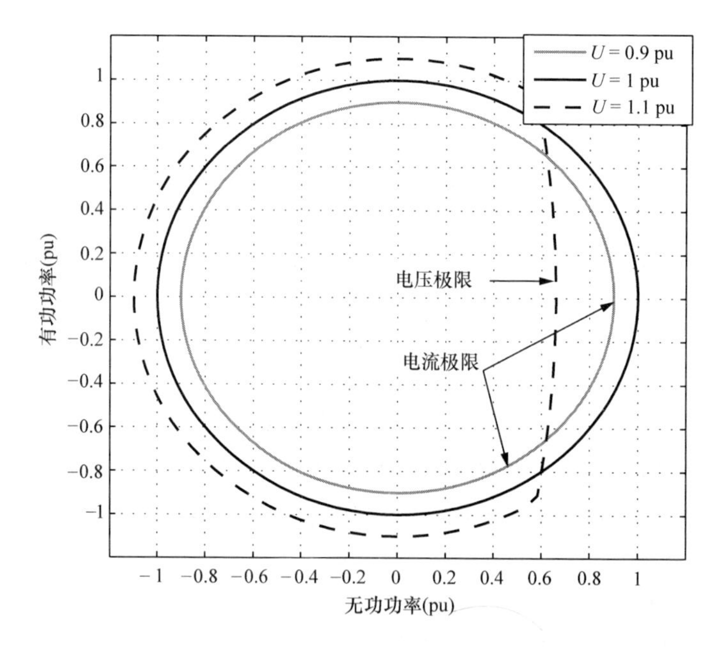

图 7.6　取决于电网电压的 VSC 运行极限

一旦对其中一个背靠背 VSC 的运行极限进行了研究，就可以直接将双方纳入分析。假设有一个无损模型，那么 VSC 两侧的有功功率在稳态下必须相等才能维持直流母线电压。因此，在给定有功功率的情况下，那么每个 VSC 的无功功率范围取决于如图 7.8 所示 $V_{\mathrm{m}}=1\mathrm{pu}$ 和 $V_{\mathrm{n}}=1.1\mathrm{pu}$ 的电网电压。

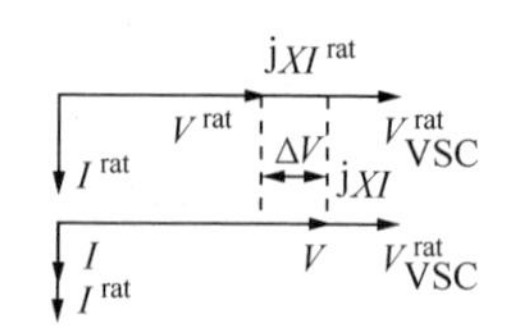

图 7.7　当电压高于 V^{rat}时的无功功率极限

因为有功功率是两个 VSC 的公共变量，所以包含

P、Q_l 和 Q_m 的背靠背 VSC 的运行区域的三维表示是可能的，如图 7.9 所示。它所表示的表面内的体积包含给定电网电压内的背靠背 VSC 的可行运行点。

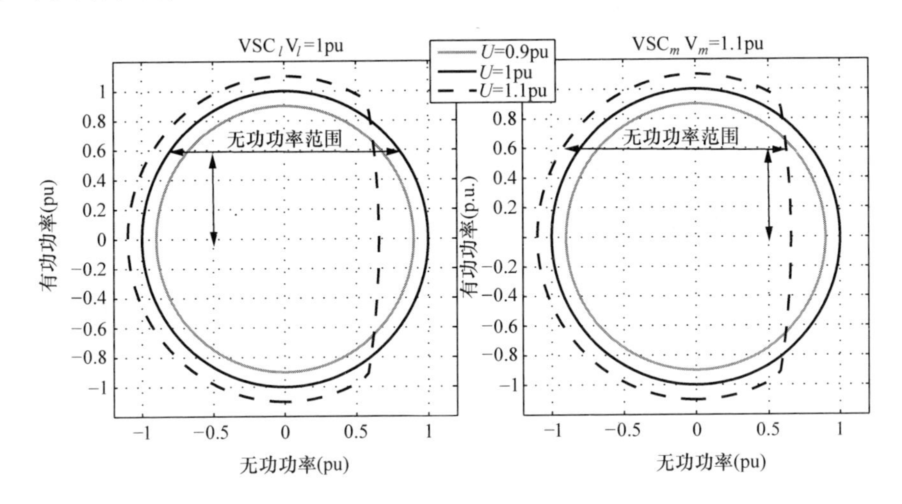

图 7.8　在 $V_l=1$pu 和 $V_m=1.1$pu 情况下，背靠背 VSC 的无功功率范围

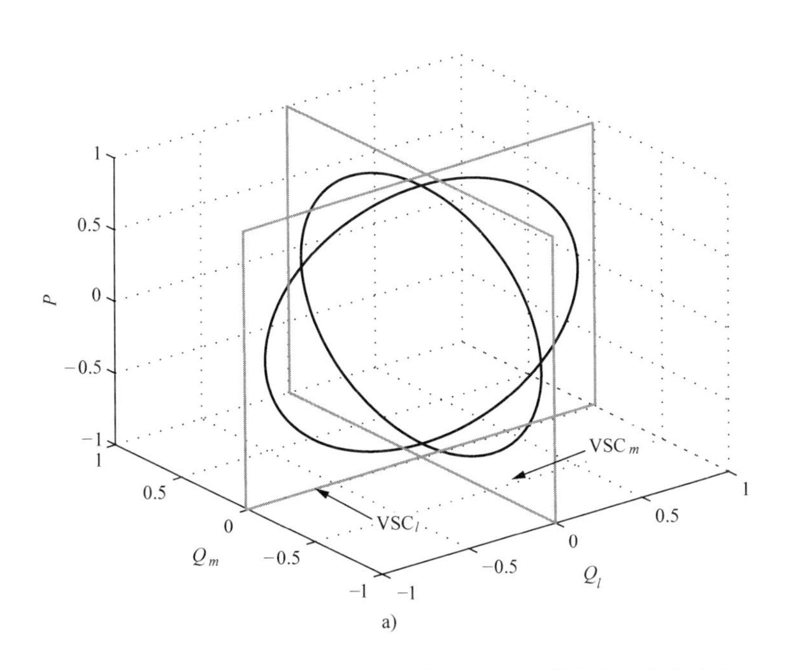

图 7.9　背靠背 VSC 三维运行区域：a）具有共同有功功率轴的 VSC 的 PQ 平面；b）可行的运行点

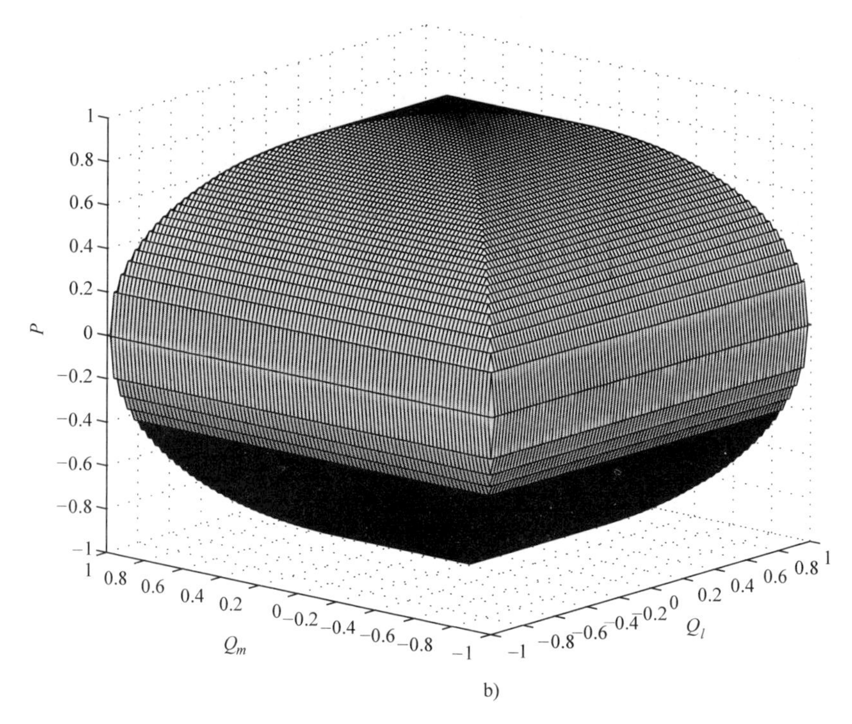

b)

图 7.9 背靠背 VSC 三维运行区域；a）具有共同有功功率轴的 VSC 的 PQ 平面；b）可行的运行点（续）

7.4 常规优化框架

确定直流连接器的最佳数量、选址点、容量和拓扑结构（包括引脚的数量），构成了一个宏伟的规划问题，其严格的公式将导致难以处理的混合整数、非凸问题。参考文献［14］提出了一种更简单的启发式程序，它基于直流连接器（额定功率、位置、拓扑结构）的给定集合的初始假设，对该传统非线性优化问题迭代求解。这是为了评估假定的集合与基本情况相比较时，能否更加经济地处理负荷增长、DG 渗透功率和降低网损。

任何优化问题的表述都包括一个最小化或最大化的标量目标函数 f，以及问题求解过程中所必需的等式和不等式约束。其数学表达式一般为：

$$\begin{aligned} \min \quad & f(x,u) \\ \text{s.t.} \quad & g(x,u)=0 \\ & h(x,u)\leqslant 0 \end{aligned} \tag{7.5}$$

式中，向量 x 包含因变量或状态变量；相量 u 包含控制变量。本章中，复杂的母线电压是因变量，也就是每个节点的电压幅值 V_i 和相角 θ_i。控制变量 u 包括与基于 VSC 的直流连接器相关联的独立变量，取决于规划方案，其余的变量在后面描述。

下面的小节描述与优化问题相关的不同问题，即目标函数、控制变量、直流连接器的详细模型（包括损耗）和配电网施加的约束。

7.4.1　目标函数

以下目标函数构成了参考文献［14］中提出的优化框架的关键共同组成部分，用于评估主动配电网中直流连接器的优点：

$$f(x) = \sum_{k=1}^{k=n_s} p_k^s \tag{7.6}$$

式中，n_s是通过直流连接器与中压电网联网的配电变电站总数；p_k^s 是通过配电变电站 k 给辐射型馈线提供的总有功功率。

需要注意的是，通过配电变电站注入各自馈线的有功功率总和可分为三部分：负荷需求、DG 注入功率和系统损耗。因此，式（7.6）可改写为：

$$f(x) = P_{\text{loss}} + \sum_{i=1}^{i=n} (\lambda P_i^l - P_i^g) \tag{7.7}$$

式中，P_i^l 和 P_i^g 分别为与母线 i 相连的用户和分布式发电机组的有功功率；n 为与 n_s个变电站母线相连的所有馈线的总母线条数；P_{loss}表示系统的总有功功率损耗；λ 是用来模拟负荷增长速度的变量（或取决于场景的恒定参数）。

根据式（7.7），可以考虑使用三个品质因数来量化使用直流连接器所带来的好处：

- DG 渗透率最大化。对于给定的负荷水平（常量 λ），尽可能多地增加连接到所有馈线上的 DG 数量。在与 DG 直接相连的候选母线（通常很少）上，P_i^g 是变量（在其余的母线上，$P_i^g=0$）。很明显，这个问题等价于$f(x)$ 最小化或 $-f(x)$ 最大化。当 DG 最大化时，通过变电站输送给负荷的电能最小。
- 负荷增长率最大化。另一个有意义的规划目标在于，对于给定的 DG 渗透功率（常数 P_i^g），使得所有馈线所能提供的负荷量最大化。尽管在这项工作中假定了一个单一 λ 变量（均匀负荷增长），但几个 λ（例如，每个变电站或甚至每条馈线都有一个 λ）可以很容易地调节。在这种情况下，使$f(x)$ 最大化或使 $-f(x)$ 最小化与规划目标相符。
- 最大限度地减少功率损失。最后，值得考虑的一个目标，它在实时运行中比规划环境更有意思，这就是减少所有馈线的有功功率损耗。当 λ 和 P_i^g 保持不变时，使$f(x)$ 最小化就可以实现该目标，唯一的控制变量是直流连接器的相应变量。需要注意的是，这个问题与规划工程师传统上所面临的问题密切相关，即寻求最佳的辐射型配置以最小化网损。主要区别在于传统问题的开关量在这种情况下被直流连接器的连续潮流变量所替代。

一旦目标函数确定下来，用户就可以在有与没有直流连接器的情况下对该优化问题运行两次。然后，两种解决方案之间的 DG 渗透功率、负荷增长等的差异性将完全归因于直流连接器的控制能力。为了确定功率变换器的实际价值，在相同的电网场景下，最终将直流连接器的成本与传统电网强化措施的投资进行对比。

7.4.2 直流连接器模型

为了简化，考虑了连接三个馈线的三引脚直流连接器（见图 7.3），加以扩展为连接 n 条馈线的普通直流连接器。如前所述，直流连接器的配置基于脉宽调制（PWM）的 VSC 装置。此外，还考虑了 VSC 最经济的拓扑结构，即六脉冲二级电桥。

当换流器的交流侧通过变压器与三条馈线相连时，可以通过连接器调节潮流以满足各个方向的运行要求。当直流母线上未连接储能装置或有功电源时，三条馈线分支上的有功功率必须等于换流器上的有功功率损耗。按照图 7.3 所示的符号，该条件下的数学表达式为：

$$\sum_{j=p,l,m}(P_j + P_j^{\mathrm{loss}}) = 0 \tag{7.8}$$

式中，P_j^{loss} 是与第 j 个 VSC 相关的功率损失。

VSC、绝缘栅双极型晶体管（IGBT）和二极管中的开关元件的内部损耗用 P_j^{loss} 量化。该损耗需要同时考虑换相和电能传输损耗。本章使用参考文献［13］所提出的模型，使用二次多项式方程来近似表达功率损失。每个 IGBT－二极管对的功率损耗表达式为：

$$P_{\mathrm{loss}} = aI^2 + bI + c \tag{7.9}$$

式中，常数 a、b 和 c 取决于 IGBT 的制造商；I 是通过每个 IGBT 的均方根（RMS）电流。考虑基于目前功率最强大的 IGBT 的 3MVA 的 VSC。注意式（7.9）表示 VSC 中每个 IGBT 的功率损耗，采用的两级电桥中共有 6 个。

此外，自换相技术允许由每个独立控制的 VSC 吸收或产生的无功功率，为提高电压水平提供无功电源。因此，三引脚的基于 VSC 的直流连接器有 5 个新的控制变量，即在换流器的每条交流母线侧注入的无功功率 Q_{l}、Q_{p}和 Q_{m}，注入的有功功率 P_{l}、P_{p}和 P_{m}（其中，P_{m}由功率平衡方程所确定）。

7.4.3 网络约束

优化问题中的等式约束如下：

1）每条母线的功率平衡方程：

$$P_i^{\mathrm{g}} - P_i^{\mathrm{l}} = V_i \sum_j (V_j G_{ij}\cos\theta_{ij} + V_i B_{ij}\sin\theta_{ij}) \tag{7.10}$$

$$Q_i^{\mathrm{g}} - Q_i^{\mathrm{l}} = V_i \sum_j (V_j G_{ij}\sin\theta_{ij} - V_i B_{ij}\cos\theta_{ij}) \tag{7.11}$$

式中，$P_i^{\mathrm{g}} + \mathrm{j}Q_i^{\mathrm{g}}$ 为连接到母线 i 的分布式电源输入的总视在功率；$P_i^{\mathrm{l}} + \mathrm{j}Q_i^{\mathrm{l}}$ 为母线 i 上所需的总负荷视在功率；$G_{ij} + \mathrm{j}B_{ij}$为母线导纳矩阵的 ij 元素。

2）主变电站的电压约束：配电变电站的高压/中压变压器都配备自动分接开关，以保持馈线始端电压幅值恒定。因此，对于每个节点 i，$i=1, \cdots, n_{\mathrm{s}}$，将式（7.10）和式（7.11）中替换为 $V_i = V_i^{\mathrm{sp}}$。本章中，假设配电变电站母线之间的相

角差主要由高压电网确定，这主要是忽略了线路下游的负荷和DG增量的影响所造成的（如果需要，可以通过添加连接到所有涉及的变电站的高压电网的外部等效精确模型来解决）。

3）如果将3个有功功率作为显式变量包含在内，则应在式（7.8）增加直流连接的有功功率平衡。

4）本章中假定，分布式发电机组都在统一的功率因数下运行，就如同光伏电站那样。

不等式约束定义如下：

1）导体载流量：架空线路或地下电缆的热极限：

$$0 \leqslant I_{ij} \leqslant I_{ij}^{\max} \tag{7.12}$$

2）电压幅度限制：

$$V_i^{\min} \leqslant V_i \leqslant V_{\mathrm{i}}^{\max} \tag{7.13}$$

3）换流器容量：通过每个VSC的视在功率不能超过其额定功率 $S_{\max}$：

$$0 \leqslant S_j \leqslant S_{\max} \qquad j = l,m,p \tag{7.14}$$

与每个换流器相关的总视在功率必须包括式（7.9）中所确定的功率损耗。

4）DG物理限制：任何分布式电源的最大功率都取决于技术、土地可用性等：

$$0 \leqslant P_i^{\mathrm{g}} \leqslant P_i^{\max} \tag{7.15}$$

7.5　结论

本节致力于展示在配电网中使用直流连接器的优点。对每个目标函数，它分为三个部分（电阻损耗、负荷能力和DG渗透率）。

后续采用的配电网如图7.10所示。它是CIGRE C6.04.02提出的德国的实际中压农村电网的简化版本。线路的完整参数以及日负荷和DG渗透功率见参考文献[15]。20kV配电网的电源侧来自110kV变电站，为附近的农村地区和小城镇的工业和居民负荷供电。变电站通过2台110/20kV、20MVA的变压器给两条线路供电，其长度分别为15km和8km。该网络包括连接工业和居民负荷的14个节点。除了负荷之外，还有几台DG也分布在馈线上。

在初始或基本情况配置中，子网络采用辐射型接线方式（节点4－11和节点6－7之间的联络开关是打开的）。通过假定三引脚背靠背换流器位于节点6、8和14来运行优化问题。VSC有一条单直流母线，并通过具有适当额定功率的20kV/1100V的变压器连接。

原始网络[15]修改如下：在节点6和VSC的第3个终端节点之间增加一个新的支路，成为支路15。此外，母线8和6所带的负荷被修改：母线8上连接一台恒定负荷为500kW的大型感应电动机，同时母线6上增加3MVA负荷以保持原始功率因数不变。最后，在VSC的直流侧增加一个直流负荷，这代表未来配电网中并入电动汽车。在这种情况下，假定充电桩通过DC/DC变换器直接连接到直流母线上。

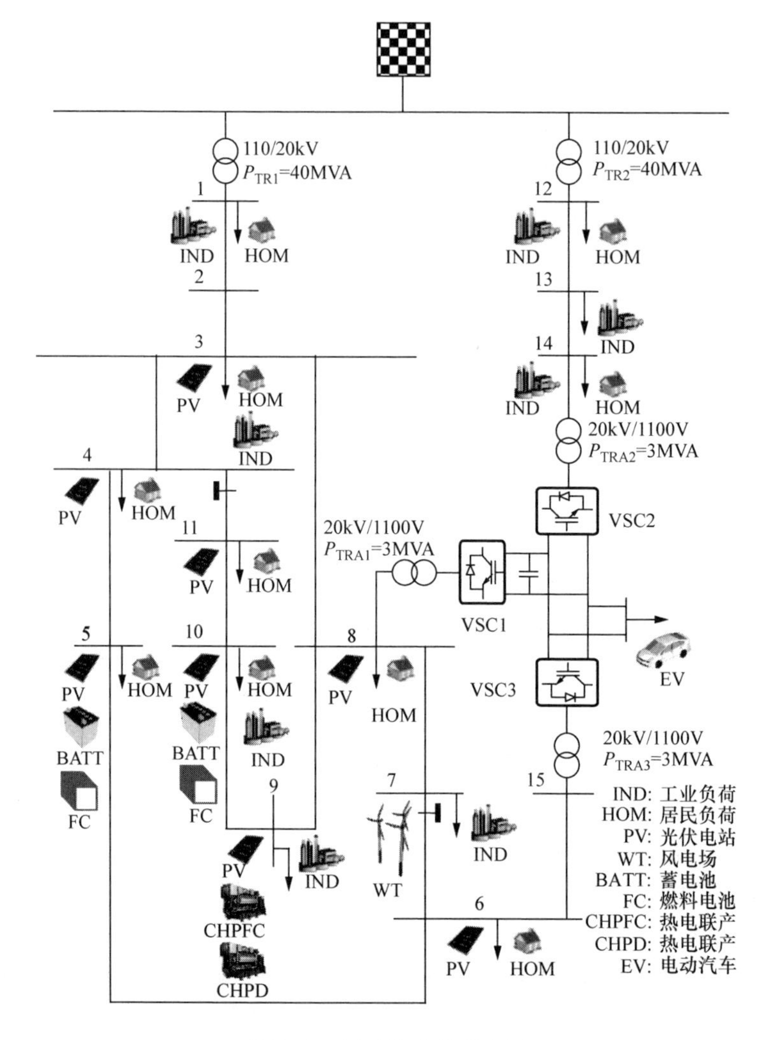

图 7.10　用于仿真的配电网

电动汽车的最大功率为 500kW，允许两辆电动汽车以快速充电模式充电（每辆充电功率为 250kW）或 10 辆电动汽车以慢速充电模式充电（每辆充电功率为 50kW）。

7.5.1　使用直流连接器用于降损

在一整天的时间内，对稳态运行中使用多端直流连接器的好处进行评估。主要目标是比较两条有无直流连接器的母线的系统损耗和电压。采用潮流算法每 5min 计算一次网损和母线电压。当使用直流连接器时，先前的优化模型为每个 VSC 的有功功率和电压提供最优值。然后，在这些额外的限制条件下，潮流会再次反映系统状态。

如图7.11所示，三引脚VSC工作时功率损耗显著降低。常规情况下，一个典型日的总网损为6680kWh，而当直流连接器运行时总网损为3465kWh（注意，该数字也考虑了三引脚VSC的功率损耗）。后者节约的电能几乎占前者网损的一半。

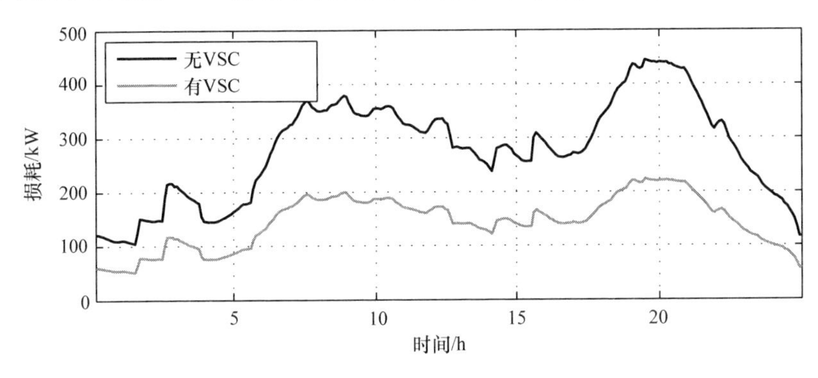

图7.11　有无VSC的网损比较

为了实现这些结果，同时用到VSC的有功功率和无功功率容量。通常，有功功率通过直流连接器由重载馈线流向轻载馈线，从而平衡整个电网中的电流。这可以在图7.12中得以验证。VSC2引脚全天吸收有功功率，通过VSC1和VSC3引脚注入电网，这两个引脚均连接在负荷较少的馈线上。

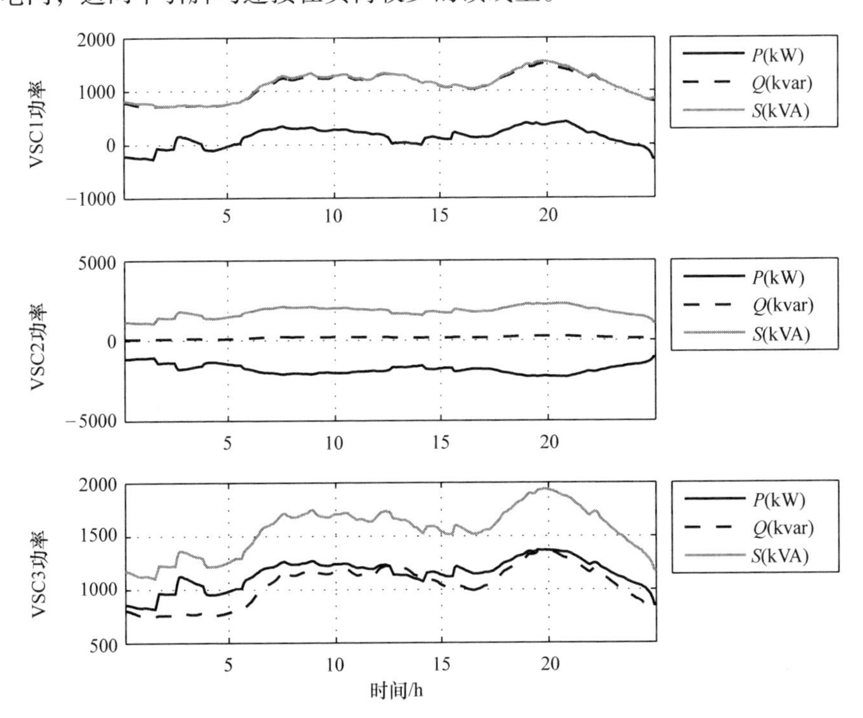

图7.12　当网损最小化时，每个VSC注入的有功功率和无功功率

从图 7.13 可以看出，直流连接器对系统电压有明显的积极影响，使其电压值保持在电网调度所允许的可行运行范围之内。图中显示了节点 11 和 15 的电压，这是因为根据网络拓扑结构和负荷条件，它们最容易出现较低电压情况。如图 7.12 所示，提高低电压节点处的电压需要利用 VSC 在它的终端节点处注入无功功率，这与之前提到的功率损耗降低直接相关。

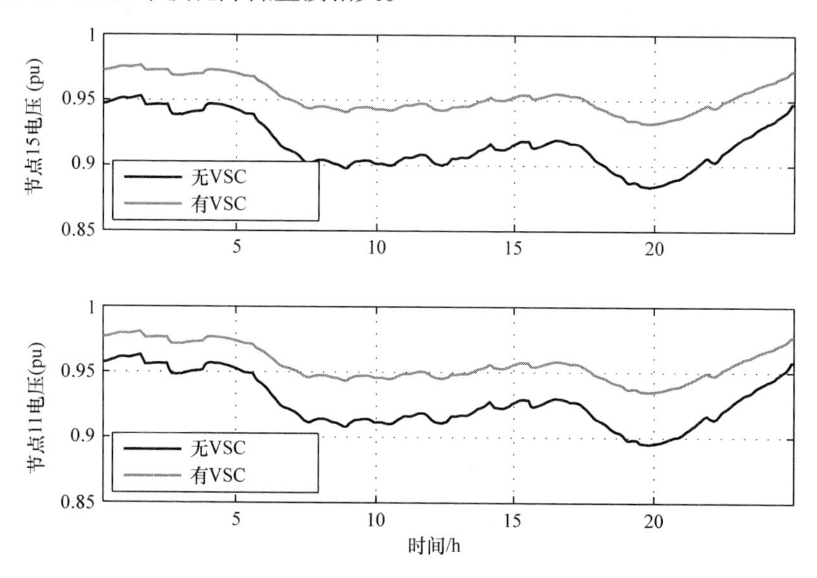

图 7.13　有无 VSC 的两条母线上的电压变化曲线

7.5.2　使用直流连接器提高负荷水平

如前一节所述，根据基准负荷和 DG 日常运行模式，通过查找比例因子 λ 获得每个场景的最大网络负荷能力。使用 VSC 可以提高系统所能承受的负荷水平。在这种情况下，网络主要受到线路载流容量的限制，并在较小程度上受到馈线末端低电压值的限制。直流连接器对这两个问题都有积极的影响：一方面可以将有功功率从饱和容量馈线转移到相邻的馈线；另一方面可以注入无功功率来提高附近的节点电压（一般在馈线的远端）。

图 7.14 比较了在一整天时间内分别在有无直流连接器的情况下每 5min 产生的 λ 值。显然，最大负荷增量取决于初始负荷条件，这就解释了为什么在这两种情况下，谷值时段的 λ 值要大得多。在这个系统中，最小的 λ 值出现在晚上 8 点左右。这也是从这个角度来看 VSC 影响较小的时刻。没有 VSC，系统负荷可以增加 23.6%（超过这个负荷水平，系统的某条线路会变得超负荷运行）。当直流连接器工作时，最大载荷增量为 45.6%。在这一天的其他时间里，载荷能力的提高更为明显。

在这种运行模式下，VSC 的有功功率和无功功率如图 7.15 所示。可以注意到，在“桥接”馈线之间传输的有功功率大小起着重要的作用，在这种情况下线路的

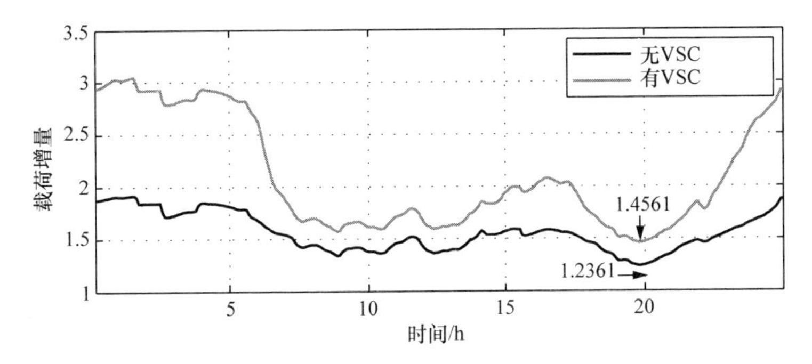

图 7.14　比较有无 VSC 的最大载荷能力

过负荷能力是最重要的限制因素。VSC2 总是吸收 3 MW，然后根据 VSC1 和 VSC3 各自馈线的负荷条件将 3 MW 注入。所有 VSC 在其额定功率允许的范围内向其连接母线注入无功功率。

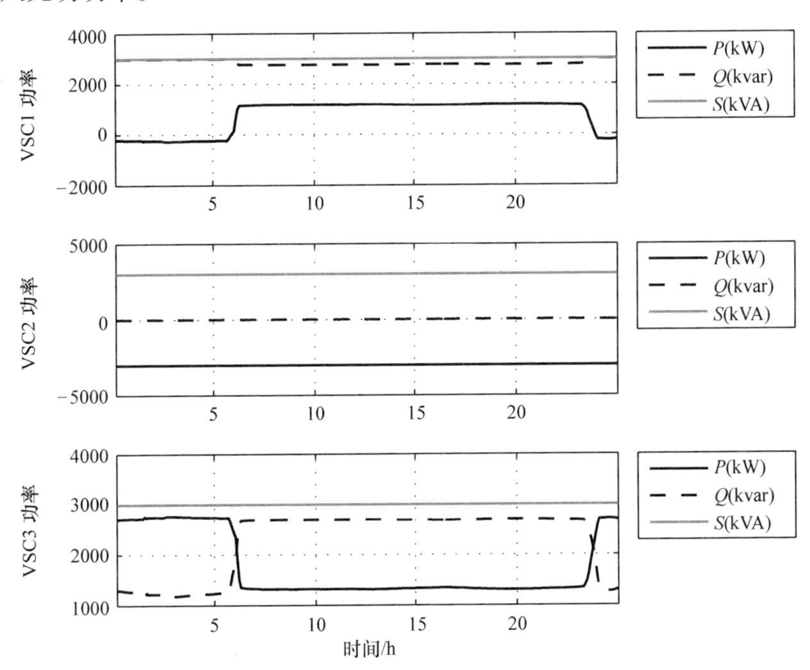

图 7.15　当目标是提高负荷能力时，通过 VSC 的有功功率和无功功率

7.5.3　使用直流连接器提高 DG 渗透功率

本章分析的直流连接器的第三个目标是增加 DG 的渗透功率。所使用的测试系统有来自不同发电技术的多个有功功率注入点。假定只有可再生能源发电（光伏和风能）可能会发生变化，由于热电联产机组的发电量与工业过程所需的热负荷有关，因此不能修改。和前面的情况一样，两个运行极限限制了这个目标，即线路

载流容量和电压范围。图 7.16 描述了在有无直流连接器的情况下可能产生的 DG 渗透功率增量，以及这两个量之间的差异。值得注意的是，除了 10：00 至 15：00 的时间段之外，大部分时间内的增长几乎是微不足道的。该结果是由光伏电站和风电场发电的时间演变的结果。光伏电站注入的最大功率主要是在这段时间内产生的，在其他时间几乎为零。另一方面，尽管与风力发电机相对应的有功功率水平更加稳定，但在这种情况下，DG 的渗透功率增量受到支路7－8 饱和载流容量的限制（见图7.10）。图7.17 显示了每个 VSC 的有功和无功功率。这三台设备几乎一整天的时间内都在额定功率下运行，与之前的情况相比，注入的有功和无功功率相对影响会随着时间的变化而变化。要注意的是，VSC1 根据其光伏 DG 的发电量来改变其有功功率的符号。在没有光伏发电的情况下，VSC1 向其终端节点馈送有功功率。否则，当光伏 DG 机组正在注入有功功率（从 10：00 到 15：00）时，VSC1 会部分地吸收该有功功率，其通过 VSC2 被注入节点 14。

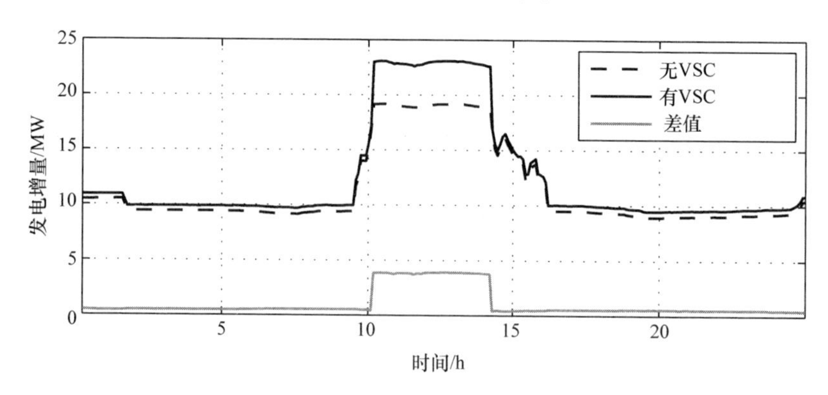

图 7.16　有无 VSC 条件下的 DG 渗透功率比较

对该场景进行仔细分析，表明确定直流连接器的最佳位置并不是一件容易的事情，因为最终的优势显然受到这种选择的影响。如前所述，在这种情况下，DG 渗透功率主要受支路7－8 拥塞的限制，并且 VSC1 不能使之缓解。如图 7.18 所示，如果这个换流器连接到节点8 上，则能够取得更好的结果，从而增强风电机组产生的有功功率的消纳能力。

7.5.4　经济评估

一旦提出了在配电网中使用直流连接器可以实现的技术效益，就有必要评估该提议的经济可行性。使用直流连接器取得的好处取决于上述应用，具体如下：

- 降低损耗。这明显代表了电力企业的收益。但是，使用直流连接器设计需要大规模投资，因此必须证明这个投资是合理的。为此，需要进行基于简化投资回报分析的粗略经济研究。与候选投资有关的投资回报可以定义如下：

$$PB = \frac{IC}{AI} \tag{7.16}$$

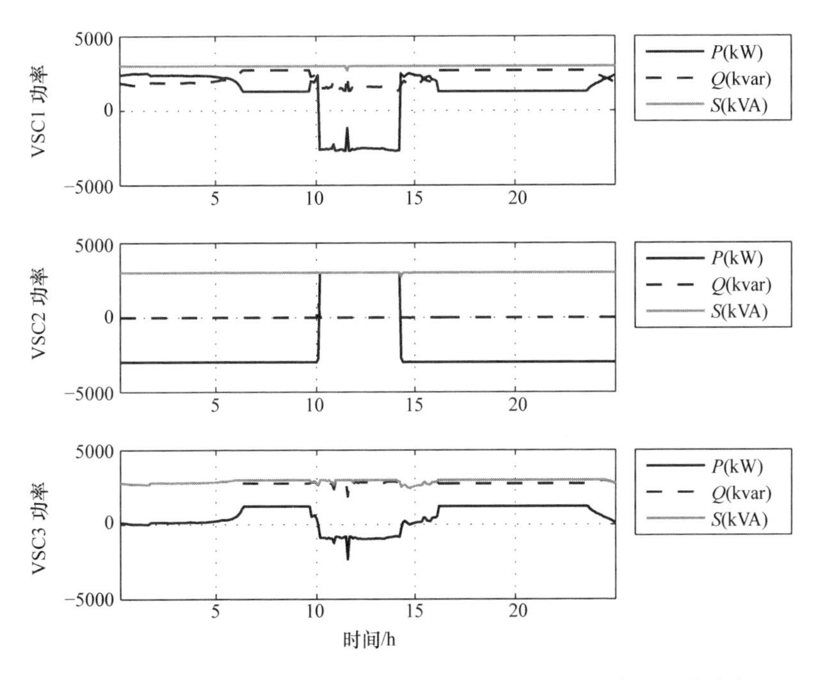

图 7.17 当提高 DG 渗透功率时，通过 VSC 的有功功率和无功功率

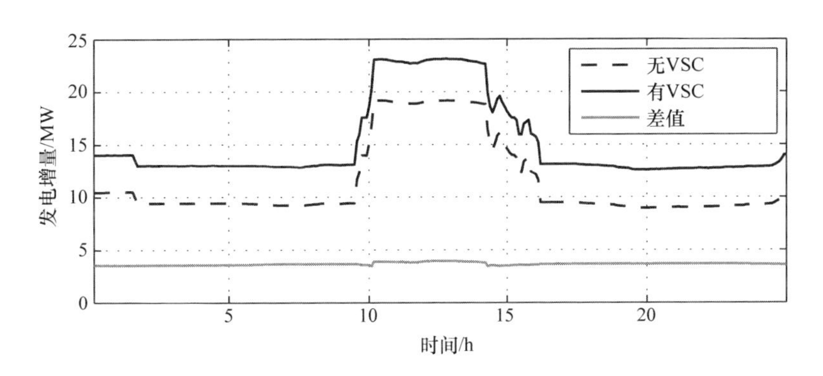

图 7.18 VSC1 与节点 8 连接时，有无 VSC 情况下的 DG 渗透功率比较

式中，*PB* 为多年的回报率；*IC* 为投资成本；*AI* 为由于投资而产生的附加年收入。在这种情况下，电力企业的附加收入是与所节省的相关网损成本，以及取决于所安装的直流连接器的额定功率的投资成本。

- 负荷能力增加。在这种情况下，直流连接器投资方法必须与用于增强配电网的传统方法（如增加馈线的载流量、扩建新线路或变电站）相比较。这些策略取决于公用事业规划标准和其他因素，诸如配电网的类型（城市或农村）、预期的负荷增长、电能质量以及其他可能影响电网扩建决策的监管问题。为对使用的直流连接器进行公平的经济评估，必须考虑一切超出本工作范围的因素。

• DG 渗透率的增加。就目前而言，没有任何单独的规定采用经济激励措施来促进配电网中的分布式电源的大规模渗透功率消纳，因此，使用直流连接器的收益就会落到 DG 投资者身上，这可以增加 DG 发电厂的额定功率。需要注意的是，回收期分析必须对前面的分析稍加修改。一方面，DG 发起人必须在直流连接器和附加的 DG 安装电源上进行投资。另一方面的好处是提升了发电量。因此，简化的回报可计算如下：

$$PB=\frac{IC}{AI}=\frac{IC_0+\Delta IC}{AI_0+\Delta AI} \tag{7.17}$$

式中，IC_0和AI_0分别为没有直流连接器的投资和年收入；ΔIC 和 ΔAI 分别为安装直流连接器后的投资和年收入的增量。式（7.17）可以展开为：

$$PB=\frac{IC}{AI}=\frac{(S_{\mathrm{DG}}+\Delta S_{\mathrm{DG}})PC_{\mathrm{DG}}+S_{\mathrm{DC}}PC_{\mathrm{DC}}}{(P_{\mathrm{DG}}+\Delta P_{\mathrm{DG}})EC_{\mathrm{DG}}T} \tag{7.18}$$

式中，S_{DG}为对应的 DG 初始装机容量；ΔS_{DG}为装机容量的增量；S_{DC}为直流连接器的额定功率；PC_{DG} 为 DG 成本（欧元/kVA）；PC_{DC} 为直流连接器成本（欧元/kVA）；EC_{DG}为 DG 电价（欧元/kWh）；T 为 DG 在额定功率下的等效运行小时数。式（7.18）可简化为：

$$PB=\frac{PC_{\mathrm{DG}}}{EC_{\mathrm{DG}}T}+\frac{S_{\mathrm{DC}}PC_{\mathrm{DC}}}{(P_{\mathrm{DG}}+\Delta P_{\mathrm{DG}})EC_{\mathrm{DG}}T}=PB_0+\Delta PB \tag{7.19}$$

式中，PB_0 为在不安装直流连接器的情况下 DG 发起人的投资回报期；ΔPB 为由于 DG 额外装机容量和直流连接器成本引起的投资回报期增量。

考虑到这些因素和前一节的模拟结果，可以给出有关直流连接器盈利能力的一些粗略数字。考虑的数字如下：

• 直流连接器的每个 VSC 的成本估计为 250 欧元/kVA，这包括 VSC、开关、测量装置、控制装置和耦合变压器。

• 公用事业的能源成本估计为 0.1 欧元/kWh。这是在配电网中分析降低网损时使用的成本。

• 光伏和风力发电厂的能源价格分别为 0.32 欧元/kWh 和 0.073228 欧元/kWh（西班牙）。

当电力企业采用降低网损项目时，必须进行直流连接器投资，回报期为 19.20 年。因此，安装直流连接器仅为降低网损并没有什么意思。然而，当对 DG 渗透功率最大化进行分析时，增加 VSC 的投资回报期相对于基本情况仅增加了 0.17 年。因此，安装直流连接器在分析场景中对于 DG 发起人来说是非常有益的。

7.6 小结

本章分析了基于自换相电力电子装置的异步直流连接器的使用，以在多条馈线之间创建可控的“环路”。已经证明，这些装置是目前解决辐射型配电网中出现的

电流拥塞问题的有效解决方案，特别是在 DG 并网的情况下更为明显。本章的主要目标是量化这些优点，因为定性的理由肯定不足以说服相关参与者（公用事业单位、DG 投资人）使用这项新技术。为此，本章提出了一种通用的优化框架，以帮助规划工程师对这个新的电网资产所能获得的收益进行定量评估。所提出的通用框架允许通过一个单目标函数系统地计算几个品质因素，只要定义一组适当的自变量即可。这样，规划者就可以确定 DG 的最大穿透功率、最大负荷增长率或最小功率损失率。将所得的数值与缺少直流连接器时得到的数值进行比较，将直接显示使用此类设备后相关的改进情况。

CIGRE 任务组 C6.04.02 对所提出的配电网进行测试，其测试结果表明了该优化框架的可用性。对基于 VSC 的三端直流连接器的安装进行评估，表明该技术对于参与配电业务的不同代理商来说是一个有趣的选择。一方面，DG 的所有者可以在使用直流连接器中获利，这是因为渗透率得以显著提高。另一方面，配电企业可以利用系统负荷增长的较高水平，从而延迟对电网的升级改造。

总之，直流连接器可能有助于调和电力企业和电网用户（如 DG）的某些利益矛盾。与任何其他新技术一样，将直流连接器全面引入到配电业务需要一段时间，但这项工作提供了简单的规划指导方针，以部分克服现有的一些障碍。

致谢

这项工作得到了西班牙恩德萨国家电力公司、西班牙经济和竞争力部以及安达卢西亚的科研项目支持，科研项目是 SMARTIE、ENE2011 - 24137 和 P09 - TEP - 5170。

参考文献

[1] Jiyuan Fan and Stuart Borlase, *The Evolution of Distribution To Meet New Challenges, Smart Grids Need Advanced Distribution Management Systems*, IEEE Power and Energy Magazine, Vol. 7 No. 2, March/April 2009.

[2] D. Aggeler, *Bidirectional Galvanically Isolated 25 kW 50 kHz 5 kV/700V Si-SiC SuperCascode/Si-IGBT DC-DC Converter*, Ph. Dissertation, ETH ZURICH, 2010.

[3] H. Akagi, *The next-generation medium-voltage power conversion systems*, Journal of the Chinese Institute of Enginerrs, Vol. 30, No. 7, pp. 1117–1135, 2007.

[4] S. Inoue and H. Akagi, *A Bi-Directional Isolated DC/DC Converter as a Core Circuit of the Next-Generation Medium-Voltage Power Conversion System*, IEEE Conference on Power Electronics Specialists Conference 2006, 18–22 June 2006.

[5] N. Okada. *Verification of Control Method for a Loop Distribution System using Loop Power Flow Controller*, IEEE Power Systems Conference and Exposition, pp. 2116–2123, October 2006.

[6] M. A. Sayed, T. Takeshita, *Load voltage regulation and line loss minimization of loop distribution systems using UPFC*, 13th Power Electronics and Motion Control Conference, pp. 542–549, 1–3 September 2008.

[7] R. Simanjorang, Y. Miura and T. Ise, *Controlling Voltage Profile in Loop Distribution System with Distributed Generation Using Series Type BTB Converter*, 7th International Conference on Power Electronics, pp. 1167–1172, Daegu (Korea), 22–26 October 2007.

[8] R. Simanjorang, Y. Miura, T. Ise, S. Sugimoto and H. Fujita, *Application of*

Series Type BTB Converter for Minimizing Circulating Current and Balancing Power Transformers in Loop Distribution Lines, Power Conversion Conference, pp. 997–1004, Nagoya (Japan) April 2007.

[9] A. Orths, Z.A. Styczynski and O. Ruhle, *Dimensioning of distribution networks with dispersed energy resources*, IEEE Power Systems Conference and Exposition, pp. 1354–1358, 10–13 October 2004.

[10] R.A.A. de Graaff, J.M.A. Myrzik, W.L. Kling and J.H.R. Enslin, *Series Controllers in Distribution Systems- Facilitaing Increased Loading and Hiher DG penetration*, IEEE Power Systems Conference and Exposition, pp. 1926–1930, USA, 2006.

[11] R.A.A. de Graaff, J.M.A. Myrzik, W.L. Kling and J.H.R. Enslin, *Intelligent Nodes in Distribution Systems- Optimizing Staedy State Settings*, IEEE Power Tech, pp. 391–395, Lausanne (Switzerland), 1–5 July 2007.

[12] Okada N, Takasaki M, Sakai H, Katoh S. Development of a 6.6 kV - 1 MVA Transformerless Loop Balance Controller. In: Proc. IEEE Power Electronics Specialists Conference, 2007.

[13] J.M. Mauricio, J.M. Maza-Ortega, and A. Gomez-Exposito, *Considering Power Losses of Switching Devices in Transient Simulations through a Simplified Circuit Model*, International Conference on Power System Transients, Paper No. 281, Session 6B - Power Electronics, Kyoto (Japan), 3–6 June 2009.

[14] E. Romero-Ramos, A. Gomez-Exposito, A. Marano-Marcolini, J.M. Maza-Ortega and J.L. Martínez-Ramos, *Assessing the loadability of active distribution networks in the presence of DC controllable links*, IET Generation Transmission and Distribution, Vol. 5, Iss. 11, pp. 1106–113, November 2011.

[15] K. Rudion, A. Orths, Z. Styczynski, and K. Strunz, *Design of benchmark of medium voltage distribution network for investigation of dg integration*, in IEEE Power Engineering Society General Meeting, 2006.

第 8 章

智能微电网中基于电压控制的分布式发电机组及主动负荷

Tine L. Vandoorn, Lieven Vandevelde,
比利时根特大学电力能源、系统与自动化系电力能源实验室

8.1 引言

为了应对日益增多的分布式发电（DG）机组以及老化的电力系统基础设施，智能电网在近些年得到快速发展。智能电网的出现并不意味着一场电力系统的革命，但是电力系统很可能会发生巨大的变化[1]。智能电网又是在智能微电网的基础上产生的（见图 8.1）。微电网集群（可控）的负荷、储能装置及 DG 机组，通常包括可再生能源，如图 8.2 所示。它们提供了一种协调方法通过电力系统中的电力电子接口来使 DG 机组并网。微电网可以通过公共连接点（PCC）开关在并网和孤岛模式下运行。在孤岛运行状态下，微电网必须保持独立于主网之外并保持功率平衡。其中的一项技术挑战为研发先进的控制策略来符合微电网的预期，具体包括以下几方面：

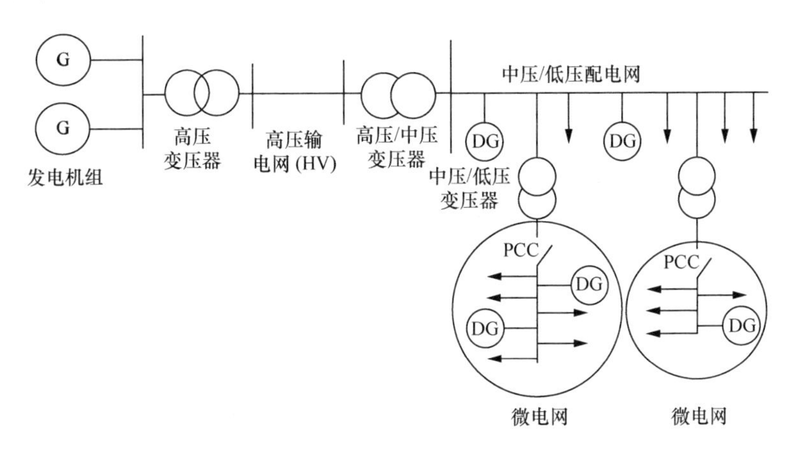

图 8.1　连接到配电网的微电网。智能微电网引领通向智能电网的道路

1）将自身作为可控制实体呈现在电网企业面前，从微电网的角度来看提供了规模效应，从企业的角度来看降低了复杂性。

2）促进大量 DG 机组并网，特别是可再生能源。

3）提高系统的可靠性。

4）以协调的方式支持智能电网的并网概念。

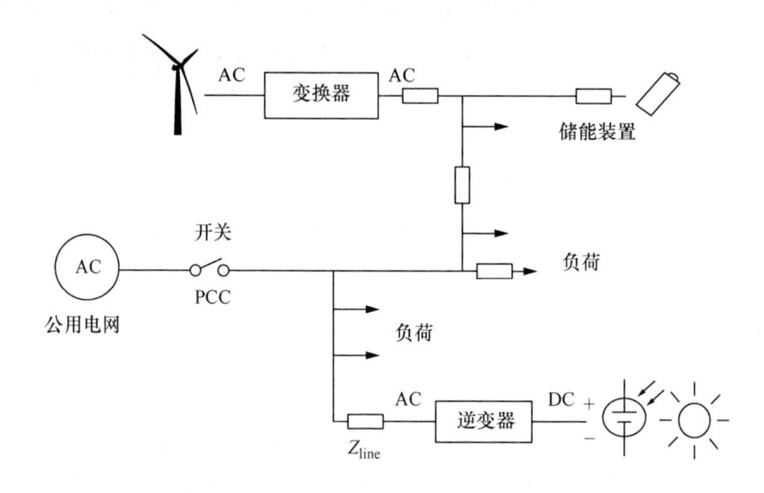

图 8.2　微电网是可控负荷、储能装置和 DG 机组的组合

本章重点介绍了微电网的孤岛运行模式，并对 DG 机组和主动负荷进行了控制策略分析。DG 机组使用基于电压的下垂控制器，用于多个机组之间的功率平衡和互补。这些控制器在孤岛微电网中无需通信即可实现一次控制，提高了系统可靠性。下垂控制器主要基于低压微电网的主要电阻线路参数以及转动惯量的缺失来判断。可调度的 DG 机组的功率比可再生能源的变化更频繁，这些可再生能源的功率变化会被延迟，以至于可调度的 DG 机组本身不能保证微电网的稳定运行。这使得可再生能源在没有通信的情况下进行优化并网成为可能。然而由于孤岛式微电网容量小，间歇性可再生能源的渗透率高，因此需要新的功率平衡方式来保证微电网稳定运行。集成在微电网中的主动负荷控制策略可以提供所需的灵活性，并且将当前的负荷跟随控制策略变为发电跟随控制策略，从而减少 DG 机组的负担并且避免可再生能源的功率在其优化运行点频繁变动。

主动负荷控制可分为一次主动负荷控制和二次主动负荷控制。类似于当前的电网频率控制，一次主动负荷控制侧重于提高系统的可靠性。因此，它应该是自动并且短时间尺度的，不需要通信。在本章中，主动负荷采用基于电压的控制策略，类似于由微电网电压触发的 DG 机组。发电机组和主动负荷的基于电压下垂控制策略的组合允许对于一次控制在不需要机组间通信的前提下提供可靠的电源。这导致了可再生能源的更高效使用，甚至可能提高可再生能源在孤岛微电网中的渗透率。对

于涉及二次目标的主动负荷控制，例如进一步的经济优化和应急负荷响应，可以将基于通信的二次主动负荷控制无通信一次主动负荷控制。为包括二次主动负荷控制策略，可以向用户提供激励与分时电价方案。这些鼓励负荷参与的先进是通过智能电网概念实现的，可以引入到智能微电网中。

8.2　分布式发电机组的控制策略

微电网在孤岛运行模式下对其自身的发电、储能、消纳进行管理，实现自给自足，大大提高系统的可靠性。在并网模式下，它们能够有效管理可再生发电，使其成为配电网的可控发电机组，并在系统中提供备用容量。

为了确保微电网在孤岛模式下的稳定运行，目前已经提出了几种关于DG机组的控制策略。由于大多数DG机组通过电力电子接口与电网连接，所以DG机组的控制涉及对这些接口的控制，即变换器控制。孤岛微电网的控制策略可以分为有通信控制器和无通信控制器两种。

8.2.1　基于通信的分布式发电机组控制

基于通信的控制方案实现了良好的电压调节和功率共享。但是，这些控制策略需要昂贵且易受攻击的通信线路，这在长距离输电的情况下具有很大的限制性。尽管在地理面积较小的微电网中，这些问题较少，但这些通信链路可能会降低系统的可靠性和可扩展性，从而限制了系统的灵活性。在基于通信的孤岛微电网中，最有名的、有效的、直观的方法是中央控制、分布式控制和主/从控制。

在中央控制方法中，中央控制器协调微电网中的电力电子接口，以在稳态条件下保持有功功率 P 和无功功率 Q 的平衡[2,3]。中央控制器定义每个模块的电流整定值，并负责配电。中央控制器测量总负荷电流 i_L。总负荷电流 i_L 在 N 个模块之间分配，以便为每个子单元定义参考电流：i_L/N。每个模块的本地控制器将其输出电流控制为从中央控制器接收的参考电流。

分布式控制方法是中央控制的一种变体。在分布式控制方法中，中央控制器通过向所有变换器分配低带宽信号来实现不同变换器之间的基频功率共享[4,5]。电能质量方面是通过更高频率的信号在本地控制器内处理的。其主要优点是可以通过有限的带宽通信链路传输信号。

在主/从控制策略中，主控制器提供电压调节功能，并为从控制器指定参考电流[6,7]，如图8.3所示。从控制器作为电流控制器工作，跟踪主控制器提供的电流指令 i_{ref}。主/从控制也可以与一个中央控制器结合，将负荷电流分配给所有的从控制器。

8.2.2　不含通信的分布式发电机组控制

为了避免可能降低系统可靠性并形成单点故障的发电机组间通信链路，采用众所周知的基于下垂的控制方法。对于感应线路，通常使用 P/f 下垂控制，类似于传

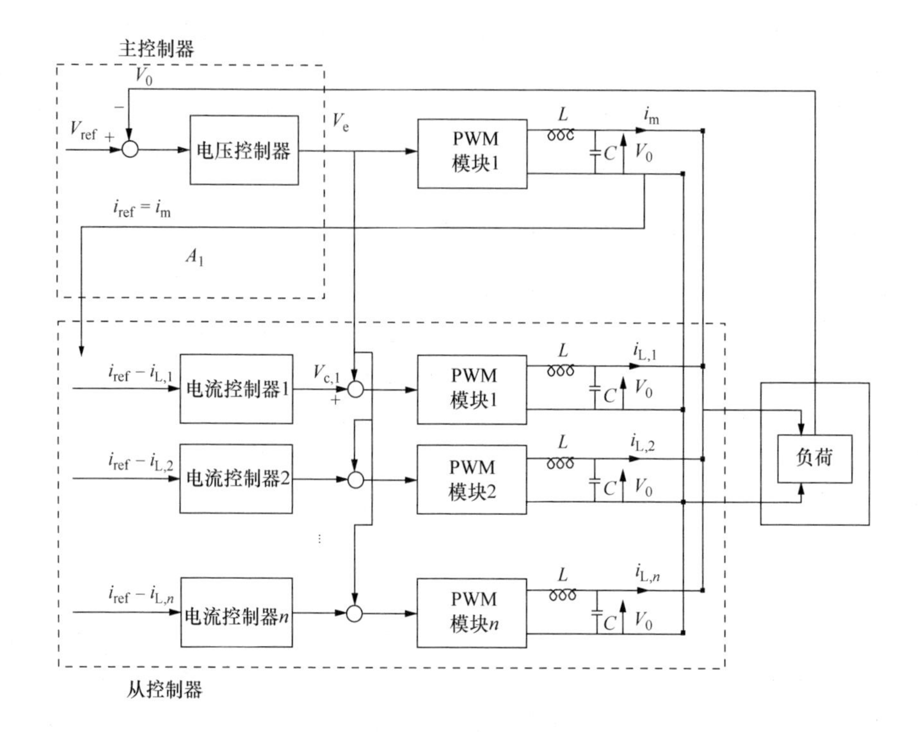

图 8.3　主/从控制示意图

统的电网控制[8-11]。然而，在电阻性微电网中，有功功率与电网电压之间存在关联，而不是与相位角（本身是动态的，由频率确定）存在关联。因此，参考文献［12，13］中提出了P/V下垂控制，也被称为反下垂控制。

参考文献［14，15］提出了改善下垂控制策略，即虚拟输出阻抗方法，采用了其演变方法，而不是纯比例控制器[16-18]。为了获得微电网中可再生能源的优化并网，参考文献［19］提出了基于电压的下垂控制，用于多个 DG 机组之间的有功功率平衡和共享。如图 8.4 所示，参考电压幅值由有功功率控制器确定，而相位角由Q/f下垂控制器确定。如图 8.4 所示，基于电压的下垂控制器由两个控制器级联组成，用于有功功率交换。首先，V_g/V_{dc}下垂控制器负责网络中的功率平衡。与具有转动惯量的传统网络中的电网频率类似，逆变器直流环节电压的变化反映了电网的电能供需平衡的变化。该控制策略改变与 DG 机组的直流环节电压V_{dc}成比例的电网电压V_g。即使V_g发生轻微的变化，也会导致由逆变器输出到电网的功率发生变化。这种影响是通过阻性负荷和微电网线路的自然平衡以及在主动负荷控制中使用电压作为触发器的智能负荷来实现的[20]，本章将对此进行进一步讨论。为了避免电压极限越限，P_{dc}/V_g下垂控制器最终改变了分布式发电机组的直流功率。再次使用了负斜率的比例控制器。该控制器基于缺乏惯性和微电网线路的电阻。

在传统电网中，可再生能源（RES）的渗透率以保守的方式受到限制，例如为

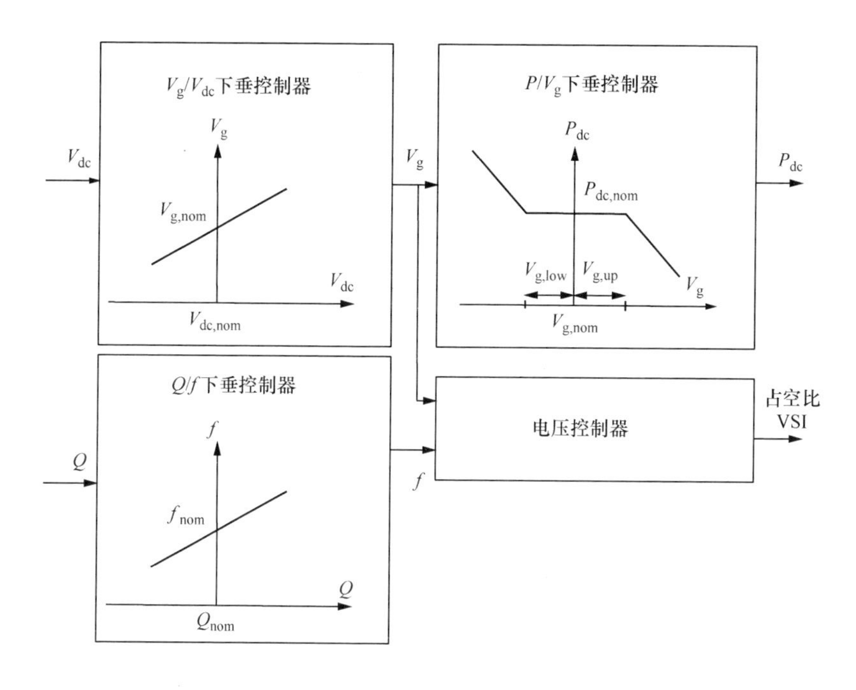

图 8.4　由 V_g/V_{dc} 和 P_{dc}/V_g 下垂控制组成的基于电压的下垂控制

了避免过电压。利用基于电压的下垂控制，通过包括功率削减（或者甚至通过包括组合的储能 - 发电解决方案临时增加注入的功率）以分布式方式实现更高的 RES 渗透率。与可调度的 DG 机组相比，RES 的 P_{dc}/V_g 下垂控制器的功率变化被延迟。这是通过包含一个恒定功率带来实现的，其宽度取决于能源的性质，如图 8.5 所示。例如，对于 RES，使用一个宽的恒定功率带（如图 8.4 所示的 $2b = V_{g,low} + V_{g,up}$）。在接近基准电压的情况下，这些发电机组的输出功率不是由电网状态所决定的，而是由能源决定的，例如在光伏面板的情况下以最大功率点（MPP）跟踪。如果电压超过这个恒定的功率带，这些发电机组也控制其输出功率（储能或非 MPP 条件），以确保微电网的稳定运行。另一方面，可调度的 DG 机组具有小的恒定功率频带，并且在小于基准值的电压偏差下做出反应。通常功率带为 $2b$ 的发电机组可以是热电联产（CHP）机组，在额定工况下，热量是主要驱动力，电力是副产品。但是，如果超出恒定功率带，电力成为驱动因素，因此它们的发电量取决于电网的状态。

控制策略的差异取决于终端电压，并不受通信信号触发的影响。因此，可以使 RES 在微电网中优化并网，乃至获得更高的渗透率。

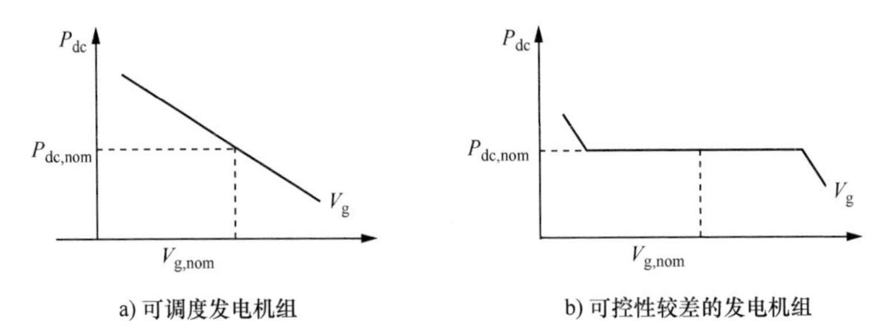

图 8.5 可调度发电机组与可控性较差的发电机组（可控性较差的发电机组通常使用可再生能源，如光伏板、风力发电机组或热电联产发电机组）

8.3 主动负荷的控制策略

电网控制目前基于“负荷跟随”策略，发电机在负荷变化的同时不影响负荷。在负荷跟随策略中，负荷对于网络状态是盲目的。与具有间歇性变量特征的发电机组（通常是 DG 机组，如风力、太阳能）相比，大量 DG 机组的出现导致集中式发电厂的相对减少。因此，在网络中存在大量 DG 的情况下，发电机的控制灵活性会降低负荷的可变性。发电和需求变得可变，并且调整它们使发电与需求完全匹配变得非常复杂。由于可用的储能容量大多是有限的或者昂贵的，所以经常提出的解决方案是使用主动负荷控制来迫使负荷对电力系统的状态做出反应。主动负荷控制的一些优点是

1）减少对未来公用事业投资和发电资产的需求。

2）减少/避免拥塞问题。

3）减少峰值负荷。

4）减轻电网上的压力。

5）可能会增加分布式电源的渗透率限制，同时避免大电网升级改造。

如提出更高标准的要求，则负荷跟随控制策略可以逆转为更多的“发电跟随”策略，其中负荷在供给侧引入额外的刚性。典型的可控负荷，例如在家庭中是具有大电容量或热容量的负荷，如电动汽车电池、冰箱、电热水器和冷冻机，或者具有较不严格的时间要求的负荷，如洗碗机、洗衣机和烘干机。

一般而言，智能微电网的引入为负荷响应提供了巨大的潜力，这通过新的智能电网功能（如先进的电表和嵌入式通信基础设施）实现了实时电价。智能微电网特别适合负荷响应。为了迫使负荷根据外部参数改变其消耗，应考虑负荷参与的驱动因素。这些驱动因素有以下特点：

1）具有维持系统稳定的功能。通常情况下应当阻止这个驱动程序，但是它对于系统的稳定性（例如，在小型系统中）是绝对必要的，可以获得用户的接受。如果需要这种驱动程序来确保系统的稳定性，则需要快速的客户响应（当然是在小型系统中）。因此，在这种情况下，应该得到一个自动负荷响应。

2）成本优势：用户在参与主动负荷控制时获得经济利益。

另一种分类可以基于主动负荷控制策略的通信要求。

8.3.1　基于通信的主动负荷控制

第一类主动负荷控制使用通信向负荷发送直接（强制性）控制信号，或者向负荷提供有关在响应负荷控制时可以实现的经济利益的信息。负荷响应这些信息的驱动因素通常来自电价策略。因此，本节简要介绍了电价制定方面的内容。

一般来说，电价有两种方式来促进主动负荷控制：基于激励机制的电价和分时电价。在电价激励策略中，专用控制系统能够响应电力企业的请求而甩负荷（强制驱动）。基于激励电价机制则通常用于处理基于紧急事件的主动负荷控制，从而避免停电。

负荷响应电价机制的第二类使用分时电价。输电网和发电机的容量随峰值负荷而变化，这涉及重要的资本成本。通常包括特别是基于时间的主动负荷控制，以通过向有助于此峰值降低的用户提供成本收益来减少峰值需求，即削峰。目前，对于小型消费者（可以连接到低压微电网），基本的基于时间的主动负荷控制程序以不同的电表形式存在。

经常使用的单一计费表包含固定的每千瓦时电价，与用电时的发电成本无关。因此，消费者没有面对实际成本，也没有激励措施来减少在高发电成本时的用电量。负荷在短期内对发电成本不敏感。对于日间和夜间用电的差异，与双日计费相比，双费计费解决方案可以在夜间和周末降低成本。这种资费方式在比利时实施。这两种资费之间的切换是基于远程控制的。比利时另外一种电表是夜间计费的独特计量表。这个电表单独处理一个单独的加热装置（蓄热和温水锅炉）的电路，在夜间为加热装置充电。比利时废除的三计费表在一天中的某些时段收取较高的电费，例如打开供暖。尽管这些电表在一天之内实现了价格差异化，但是实时定价还是没有得到实现。

一个全新的概念是通过先进计量基础设施（AMI）的智能电表。这种电表的主要特点是其远程通信的能力。它使得基于实时价格的定价成为可能。这可能会导致更为市场化的定价策略。

目前，已经存在几种实时资费方案，例如：

1）分时（TOU）定价，每天定义不同的价格，具有固定的时隙数量。TOU 反映了在这段时间内发电和输电的平均成本。它鼓励消费者把用电时间从高负荷时期转移到这些不同价格的低需求时期，如图 8.6 所示。电价通常是按月/季节确定的。这类似于两计费表，但是可以有更多的区分，例如，应对季节性影响。

2）实时定价（RTP），通常按小时变动价格，与批发市场电价相关。电价通常是以提前一天或小时为基础来确定的。相对于分时定价，RTP 允许更多的电价层次。与分时定价相反，除了季节性影响之外，例如日内天气影响也可以起主要作用。

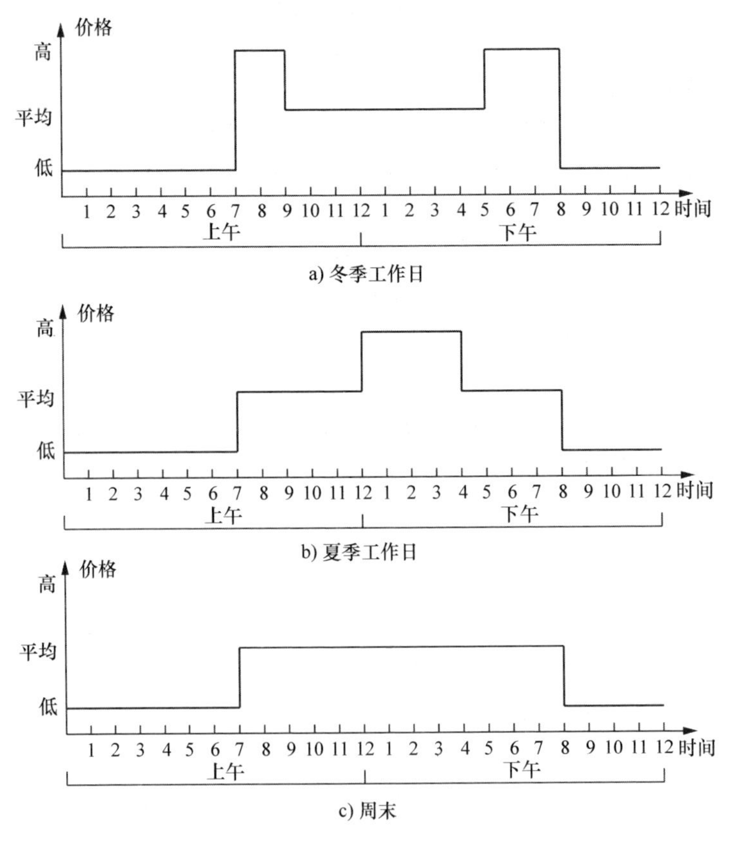

图 8.6　分时定价的示例

3）关键峰值定价（CPP）使用可以改变电价的触发条件。它通常与分时定价相结合。

在智能电网中，与现在运行的系统相比，可以增加不同价格和不同价格水平的时隙数量，并且可以降低提前沟通价格的时间。但是，通信负担和时段数量/价格不同/信息交换与实际使用时间之间的差异总会有一个折中。因此，如果对于系统的稳定性至关重要，例如在小规模系统中，则很难实施这些基于通信的主动负荷控制策略。所以它们不能用作主要的负荷控制算法，而仅仅是辅助二次负荷控制。对于主要负荷控制来说，实时特性和大量可能的时段是重要的，因此应该避免通信。主要的主动负荷控制因此应该涉及自动的负荷响应。

8.3.2　不含通信的有效负荷控制

在孤岛微电网中，目前的电费双计费表可能会对电网的稳定性产生不利影响。例如，在太阳能电池板渗透率较高的微电网中，一天内注入的功率较大。在这种情况下，用电应该转移到这些时间，而不是晚上。总之，负荷应该以动态的方式转移。为此，可以使用通信（例如由中央控制中心提供的可变价格）。然而，如果该

电网依赖于负荷响应的稳定性，则通信总是涉及一些时间延迟（例如，中央控制单元中的计算和聚合延迟），这对于微电网鲁棒性可能是显著的。在微电网中，除了分布式发电机组和能量存储元件提供控制灵活性来处理负荷的可变性，微电网也可以依靠快速可控的负荷来保证其稳定性。由于可再生能源比例高，微电网规模小，在应急微电网的情况下，负荷的灵活性是保证稳定运行的一个重要因素。因此，在参考文献［20］中，我们开发了一个主动负荷程序，特别是针对孤岛微电网，使用户的响应不依赖于通信。

这个基于电压的主动负荷策略的示意图如图8.7所示。该策略符合发电机的基于电压的下垂控制，并且不需要单元间通信。它被安装来处理可靠性问题，因此它被用作主要的主动负荷控制策略，将在下节中阐明。

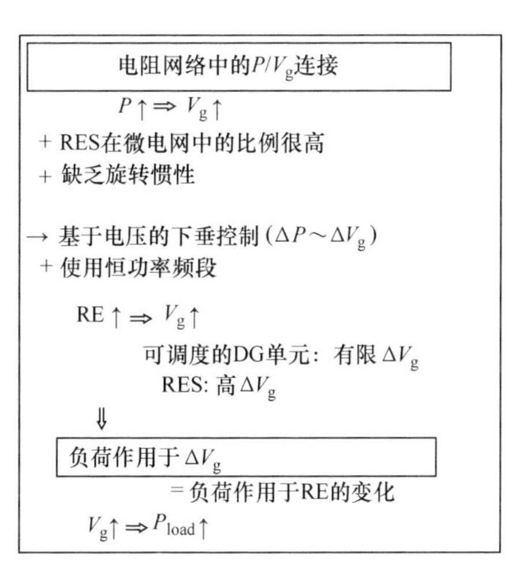

图8.7　基于电压的主动负荷策略的示意图（RE是可再生能源）

该主动负荷控制策略可以基于电网电压。如图8.8所示，负荷可以使用继电器功能将其功耗从低电压转换到高电压。使用电压作为控制参数的原因首先是由于电阻网络线路，其次是使用基于电压的发电机的下垂控制。首先，在低压电网中，线路主要是电阻性的，因此，输入的有功功率P主要取决于电网电压V_g。由图8.9可得到如下的潮流方程：

$$P=\frac{V_g}{R_{\text{liter}}}(V_g-V\cos\delta) \tag{8.1}$$

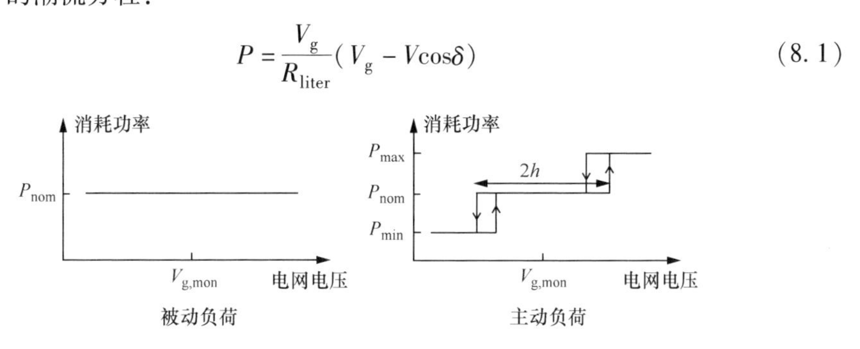

图8.8　基于电网电压的主动负荷控制策略

因此，在高功率输入或低负荷的情况下存在高电压，反之亦然。其次，在基于电压下垂控制和高比例可再生能源利用的孤岛微电网中，可再生能源注入主要在电压中体现。使用取决于能源的性质的宽度为$2b$的恒功率

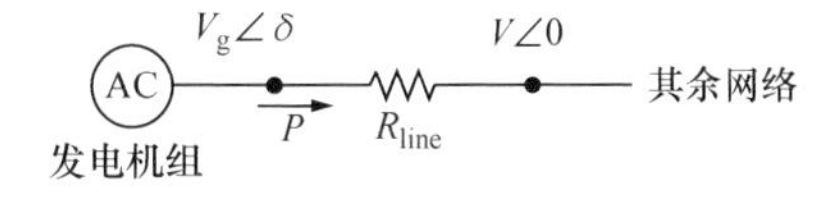

图8.9　由DG机组（V_g，δ）通过电阻线R_{line}向微电网（V，0）的其余部分供电

频带是主要条件。可调度 DG 机组具有较低的恒定功率带宽 $2b$，使得它们改变其功率以迫使电网电压接近标称电压。另一方面，可再生 DG 机组具有较高的恒定功率带宽。在正常运行状态下，它们作为不可调度 DG 机组运行。它们提供给电网的功率不受网络状态的影响，而是受其能源状态的影响，例如风力机和太阳能电池板中的最大功率点跟踪。从式（8.1）可发现，这对电网电压有显著的影响。如果电压超过恒定的功率带，那么这些 DG 机组将改变它们输送到电网的功率，例如通过使用存储或者通过保留最大功率点。因此，由于依赖于能量源的不同功率带宽的使用，与可再生能源发电的高能量输入相比，通常可以获得极端的电压，相比于可调 DG 机组的生成与低负荷相结合。这样，电压是主动负荷控制的重要参数。例如，如果负荷将其消耗转移到高电压时间，则它们将消耗转移到高可再生能源发电的时期。如果它们从低电压阶段转移，它们将从可调度的往往不可再生的机组重负荷的时期转移。

基于电压的下垂控制可以在高电压情况下自动降低可再生能源的功率。然而，与负荷转移相比，可再生能源的损失应该被延迟。因此，主动负荷控制也包括在恒定功率带 $2h$ 内，并且可再生能源的恒定功率带宽 $2b$ 一般应大于主动负荷。恒功率带的宽度取决于负荷的性质。另外，具有较低的功率带 h 的负荷应该比具有较高的功率带 h 的负荷有更多的经济利益。这个负荷响应的定价应当参考以下几个方面：

1）恒定功率带的宽度 h。

2）负荷转移的次数和持续时间。

智能电网功能可以处理这个定价。负荷响应应该是自动且非常快的，但所涉及的定价可能会有一些延迟，并且可以使用从可控负荷到汇聚中心的双向通信。

综上所述，利用电压作为负荷响应的参数，获得了基于电压的主动负荷控制策略，类似于发电机的基于电压的控制策略。这样，用电从高负荷/低可再生能源（低压）自动转移到低负荷/高可再生能源（高压）。

8.3.3 一次与二次主动负荷控制

一次和二次主动负荷控制是基于输电网中的发电机的一次和二次控制（[UCTE 操作手册附录 1，2004]），如图 8.10 所示。在输电系统中，一次控制系统是根据系统的旋转惯量自动进行的，保证了频率变化与生产变化之间的比例恒定，动作速度非常快。集中式发电机的一次控制由有源电力/频率下垂控制策略执行，该策略测量频率并相应地改变输入功率。一次控制的作用是恢复功率平衡，并将系统频率保持在指定的范围内。但是，这种发电机调节会导致与商定的功率交换的偏差以及与标称值不同的稳态系统频率。因此，二次控制用于消除这种频率偏差并纠正在区域之间规划的功率互换中的误差。

智能微电网中的一、二次主动负荷控制可以认为与发电机的一、二次控制类似。一次主动负荷控制包括可靠性问题，最好没有通信。因此，一次主动负荷控制应该在短时间内运行，以确保微电网的稳定性，主发电机控制也是如此。基于电压

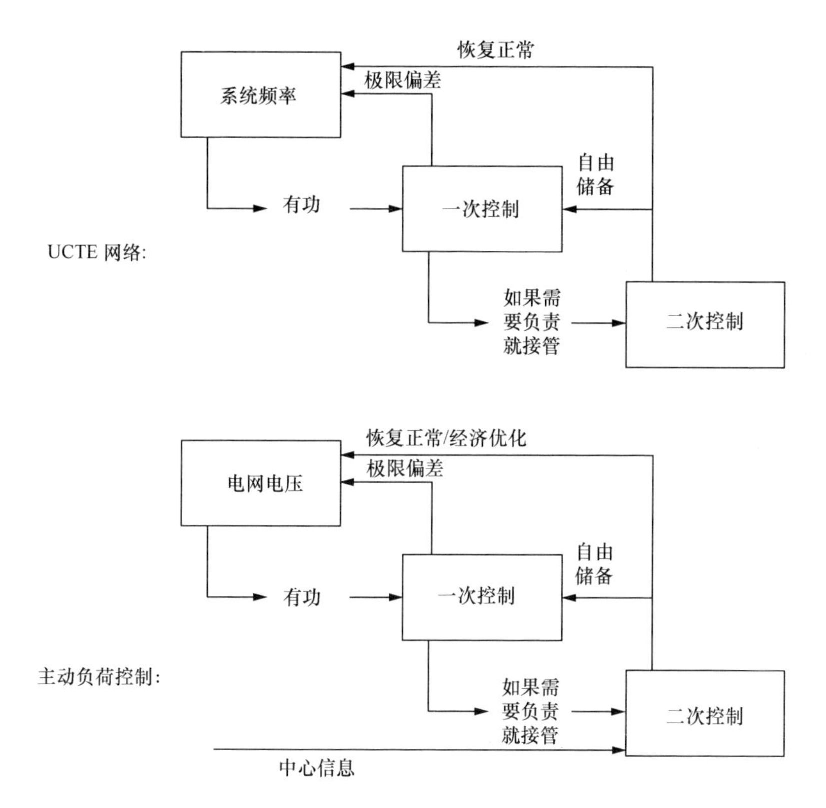

图 8.10　一次/二次电网控制与一次/二次主动负荷控制

的主动负荷控制处理这些条件。结合 DG 机组的电压下垂控制，可以将其视为可再生能源控制灵活性的新手段。一次主动负荷控制是有效情况包括：

1）孤岛微电网采用基于电压的下垂控制，这样高电压主要是由于不可调度 DG 机组（可再生能源）和低负荷时间产生的。

2）并网微电网：在低负荷和高电压输入期间，不可调度 DG 机组（可再生能源）会导致过电压。一般来说，通过保守地限制不可调度 DG 机组的数量可以减轻这个问题。一次主动负荷控制可以增加这个最大允许数量。

二次主动负荷控制可以包含在优化问题中，并且可以在更大的时间范围内运行。智能电网在二次主动负荷控制中扮演着重要角色，因为它提供了双向通信和智能传感器/设备。二次主动负荷控制的一些目标可以是

1）有关负荷可用性的通信：智能设备与控制中心之间的双向信息。

2）紧急行动（直接负荷控制）。

3）一次主动负荷控制动作的协调。

4）在一次主动负荷控制改变后恢复预先约定的用电模式。

8.4 智能微电网

应对大量增加的分散式不可预测电源和用电增加（高峰）的方法是使得电力系统更加智能化。新的通信和远程管理功能能够通过一个完全交互的智能电网耦合电网元素，如图 8.11 所示。再将计量与信息系统应用于发电、配电和用电整个环节，从而节约能源，降低成本，提高可靠性和透明度，为更多的用户选择能源管理。

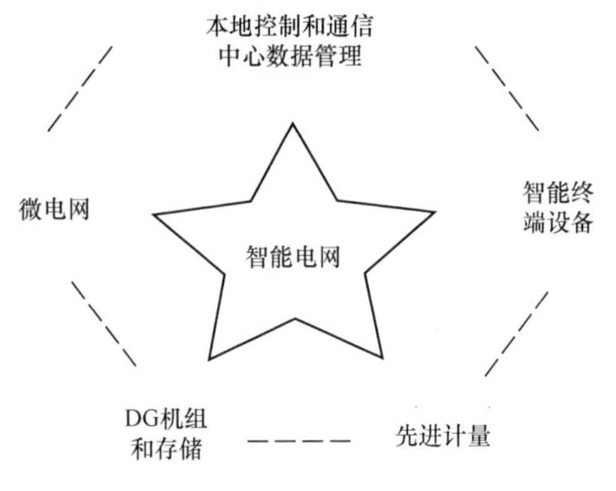

图 8.11　智能电网

本质上，微电网和智能电网的目标是一致的：面对不断增加的间歇性，要最小化成本，满足不断增长的需求，整合更多的可持续发电资源，提高效率，提高系统的可靠性。微电网通过处理 DG 机组的非常规行为，以协调的方式提供整合，有利于 DG 机组进入电网。从电网角度和消费者角度来看，微电网都可以带来显著的收益。从电网的角度来看，一个关键的优势是微电网作为一个单一的可控单元出现在电网中，使其能够提供大机组的成本效益，如图 8.12 所示。从用户的角度来看，微电网对配电网络可靠性的影响是相关的，特别是对于未来更难以预测的发电量和更高的用电（峰值）。

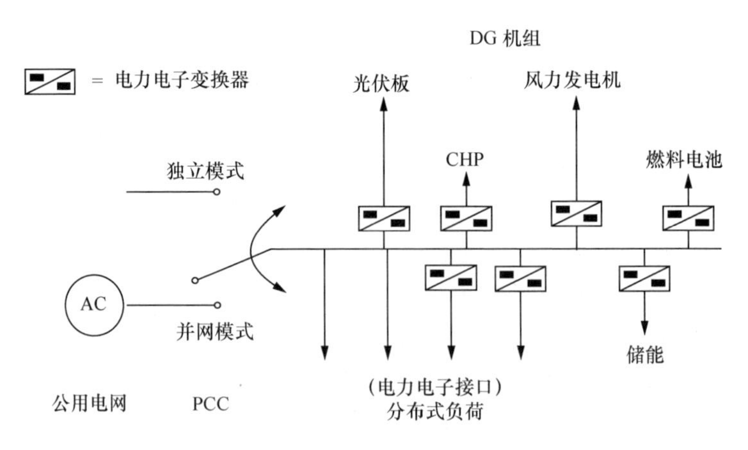

图 8.12　独立或并网模式的带（电力电子接口）负荷、存储和 DG 机组的微电网

智能微电网是一种具有智能软件的微电网，用于监测、管理和优化能源供应、储能和需求，具有如下功能：

1）包含电能管理系统。

2）监视系统并主动干预消纳/发电。

3）确定并最大限度地提高能效机会。

4）使用额外的通信和传感器层来最大限度地节约成本并减少碳排放。

5）鼓励用户积极参与。

预计未来，智能电网不会发生革命性的变化，相反，智能电网将逐渐演变为集成智能微电网系统[1]。由于灵活性和可扩展性（模块化方法），微电网常被认为是智能电网发展的主要对象。智能微电网能够智能选择清洁能源、智能家电等。它可以被看作是一个微电网，确保在短期内稳定的运行，并且是快速动作，具有重叠智能方案，具有较慢的响应速度以限制数据负担并且利用通信的选择，例如经济优化。智能微电网非常有趣，它们可以看作是未来电力系统的一个小试点版本。

在智能成本和效益之间需要取得平衡。智能电网的基础设施和控制中心可能会大规模实施，这可能需要很多年。与大规模智能电网相比，投资小型智能微电网可以以更低的成本和更快的速度完成。这使得智能微电网对于实施智能电网功能非常有吸引力。因此，智能微电网是一种更简单的替代方案，可以在智能网络的部署中起主导作用。此外，系统内置的高级智能并不是无处不在：不同的领域需要不同程度的智能。只有小型住宅单元的地区要求/允许较低的智能水平，而较大的单元受益于较高的可控性，同时 DG 机组渗透率较高的地区允许较高的智能水平来增加最大的 DG 渗透功率限制。这些能够让系统的高度智能化获得更多收益的领域直接融入微电网概念。在这些微电网中，智能功能的安装速度比网络其他部分的智能功能更高，智能水平高于平均水平。因此，与系统的其他部分相比，智能微电网需要更高的智能化。由于智能化水平与成本相结合，智能微电网可以实现新能源战略，同时降低整个系统智能化的成本。

8.5　小结

智能微电网通过在网络中引入更多的智能来实现 DG 机组、存储和主动负荷的协调控制。DG 机组的基于电压的下垂控制在没有通信的情况下运行，以确保适当的电压控制、功率分配和平衡以及微电网的稳定和可靠的运行。因此，这是孤岛微电网 DG 机组的主要控制策略。这种下垂控制是基于低电压孤岛微电网的具体特性，即线路阻抗、可再生能源的高度渗透和缺乏转动惯量。恒定功率频带用于延迟可再生能源的功率变化，与没有机组间通信的可调度 DG 机组相比。这实现了微电网中可再生能源的优化整合。它还使得可再生能源注入在网络电压中变得可见。因此，一次主动负荷控制，类似于 DG 机组的基于电压的下垂控制，也包括在网络中。这种主动负荷控制的时间尺度比可调度机组的功率变化要慢，但比可再生能源的时间尺度更快，对端电压的依赖性越来越快。由于这种负荷控制是基于电压的，所以不需要通信，而且速度非常快。因此，它处理的是提高微电网的可靠性，并被用作一次控制策略。

智能电网功能（如计算能力更强，通信和传感器使用率更高）可帮助优化微电网。从这个意义上说，可以使用二次主动负荷控制，例如在紧急情况下进行经济优化，或者支持一次控制。二次负荷控制的驱动程序可以是基于激励的或基于时间的。二次 DG 控制可以以类似的方式包括在内，如在参考文献［21］中提出的。

致谢

T. Vandoorn 的工作由 FWOVlaanderen（比利时佛兰德斯研究基金会）资助。

参考文献

[1] H. Farhangi, "The path of the smart grid," in *IEEE Power & Energy Magazine*, vol. 8, no. 1, pp. 18–28, Jan./Feb. 2010.
[2] K. Siri, C. Q. Lee, and T. F. Wu, "Current distribution control for parallel connected converters part ii," *IEEE Trans. Aerosp. Electron. Syst.*, vol. 28, no. 3, pp. 841–851, July 1992.
[3] J. Banda and K. Siri, "Improved central-limit control for parallel-operation of dc-dc power converters," in *IEEE Power Electronics Specialists Conference* (PESC 95), Atlanta, USA, Jun. 18–22, 1995, pp. 1104–1110.
[4] M. Prodanović, "Power quality and control aspects of parallel connected inverters in distributed generation," Ph.D. dissertation, University of London, Imperial College, 2004.
[5] M. Prodanovic and T. C. Green, "High-quality power generation through distributed control of a power park microgrid," *IEEE Trans. Ind. Electron.*, vol. 53, no. 5, pp. 1471–1482, Oct. 2006.
[6] K. Siri, C. Q. Lee, and T. F. Wu, "Current distribution control for parallel connected converters part i," *IEEE Trans. Aerosp. Electron. Syst.*, vol. 28, no. 3, pp. 829–840, July 1992.
[7] J.-F. Chen and C.-L. Chu, "Combination voltage-controlled and current-controlled PWM inverters for UPS parallel operation," *IEEE Trans. Ind. Electron.*, vol. 10, no. 5, pp. 547–558, Sept. 1995.
[8] M. C. Chandorkar, D. M. Divan, and R. Adapa, "Control of parallel connected inverters in standalone ac supply systems," *IEEE Trans. Ind. Appl.*, vol. 29, no. 1, pp. 136–143, Jan./Feb. 1993.
[9] J. M. Guerrero, J. Matas, L. García de Vicuña, M. Castilla, and J. Miret, "Wireless-control strategy for parallel operation of distributed-generation inverters," *IEEE Trans. Ind. Electron.*, vol. 53, no. 5, pp. 1461–1470, Oct. 2006.
[10] R. H. Lasseter and P. Paigi, "Microgrid: A conceptual solution," in Proc. *IEEE Power Electron. Spec. Conf. (PESC 2004)*, Aachen, Germany, 2004.
[11] J. A. Peças Lopes, C. L. Moreira, and A. G. Madureira, "Defining control stategies for microgrids in islanded operation," *IEEE Trans. Power Syst.*, vol. 21, no. 2, pp. 916–924, 2006.
[12] H. Laaksonen, P. Saari, and R. Komulainen, "Voltage and frequency control of inverter based weak LV network microgrid," in *2005 International Conference on Future Power Systems*, Amsterdam, Nov. 18, 2005.
[13] A. Engler, O. Osika, M. Barnes, and N. Hatziargyriou, *DB2 Evaluation of the local controller strategies*. www.microgrids.eu/micro2000, Jan. 2005.
[14] J. M. Guerrero, L. García de Vicuña, J. Matas, M. Castilla, and J. Miret, "Output impedance design of parallel-connected ups inverters with wireless load-sharing control," *IEEE Trans. Ind. Electron.*, vol. 52, no. 4, pp. 1126–1135, Aug. 2005.
[15] W. Yao, M. Chen, J. M. Guerrero, and Z.-M. Qian, "Design and analysis of the droop control method for parallel inverters considering the impact of the complex impedance on the power sharing," *IEEE Trans. Ind. Electron.*, vol. 58, no. 2, pp. 576–588, Feb. 2011.

[16] J. M. Guerrero, J. Matas, L. García de Vicuña, M. Castilla, and J. Miret, "Decentralized control for parallel operation of distributed generation inverters using resistive output impedance," *IEEE Trans. Ind. Electron.*, vol. 54, no. 2, pp. 994–1004, Apr. 2007.
[17] J. M. Guerrero, J. C. Vásquez, J. Matas, M. Castilla, and L. García de Vicuña, "Control strategy for flexible microgrid based on parallel line-interactive UPS systems," *IEEE Trans. Ind. Electron.*, vol. 56, no. 3, pp. 726–736, Mar. 2009.
[18] Y. Mohamed and E. F. El-Saadany, "Adaptive decentralized droop controller to preserve power sharing stability for paralleled inverters in distributed generation microgrids," *IEEE Trans. Power Electron.*, vol. 23, no. 6, pp. 2806–2816, Nov. 2008.
[19] T. L. Vandoorn, B. Meersman, L. Degroote, B. Renders, and L. Vandevelde, "A control strategy for islanded microgrids with dc-link voltage control," *IEEE Trans. Power Del.*, vol. 26, no. 2, pp. 703–713, Apr. 2011.
[20] T. L. Vandoorn, B. Renders, L. Degroote, B. Meersman, and L. Vandevelde, "Active load control in islanded microgrids based on the grid voltage," *IEEE Trans. on Smart Grid*, vol. 2, no. 1, pp. 139–151, Mar. 2011.
[21] J. M. Guerrero, J. C. Vásquez, J. Matas, L. Garcia de Vicuña, and M. Castilla, "Hierarchical control of droop-controlled AC and DC microgrids - A general approach towards standardization," *IEEE Trans. Ind. Electron.*, vol. 58, no. 1, pp. 158–172, Jan. 2011.

第9章

智能电网环境下的电动汽车

David Dallinger, Daniel Krampe, Benjamin Pfluger,
弗劳恩霍夫系统与创新研究所

多年来，智能电网以及在电力行业中信息和通信技术的推广使用一直是讨论的主题，但是在实现中却进展缓慢。大多数智能电网应用与其潜在盈利相比，仍太复杂而且成本太高。此外，电力行业的主要利益方对促进柔性需求并不感兴趣，从而降低了当前发电机组的利润率。在本章中，我们描述了可能引发变化并促进智能电网技术实施的两个主要驱动因素。

第一个驱动因素是从一个可控的发电厂过渡到以风力发电和光伏发电为主的发电组合。如果全球减少二氧化碳排放的目标能够严格执行，可再生能源发电的技术进一步发展并能降低发电成本，电力行业将发生彻底改变。在丹麦、西班牙或德国这些国家，这种发展已经被考察过，并且由于国家早期的补贴，可再生能源发电的作用越来越大。

第二个驱动因素是电动汽车的兴起。与其他智能家庭中的大量产品相比，它的预期的年耗电量是非常高的。之后，电力电子充电设备将实现先进的电网服务。随着汽车企业面临降低二氧化碳排放的新规定，车队排放和公益事业正寻求将更多的风电和光伏电站并入电网的方法，电动汽车在智能电网未来发展中扮演着非常有前途而且重要的角色。它们使电力的使用和需求脱钩，并能平衡产生的波动。在本章中，我们分析了电动汽车作为智能电网的应用，以及它们与波动发电的交互作用及可能来自储备和电力市场的收入。

9.1 引言

9.1.1 电动汽车用于削峰填谷

智能电网是一个模糊的概念，目前还没有明确的定义，并且对使用通信技术的先进配电网也有许多不同的设想。智能电网的重要组成部分包括电力电子器件的应用、柔性交流输电系统（FACTS）、先进计量系统，以及允许负荷切换或分布式发电的工业过程。包括纯电动汽车（BEV）和插电式混合动力电动汽车（PHEV）在

内的并网电动汽车（EV），理论上是允许需求和供应（负荷切换）的解耦以及电能被反馈回电网（Vehicle to Grid，V2G，车辆并网）。与其他被称为家用智能电网设备不同的是，电动汽车使用电池储能。电力存储技术使车辆并网（V2G）和长电网管理时间的存储损失较低，但与智能电网设备（例如冷冻机、空调系统或热泵）使用的热存储相比，其成本明显较高。

电动汽车的主要目的是以与传统车辆相当的成本来满足人们对机动车的需求。因此，移动特性和可用的电网管理时间是必须考虑的关键值。车辆的平均停用时间很长（95%~98%），并且理论上提供了良好的电网管理潜力。然而，我们通常不会考虑行驶［荷电状态（SOC）降低］时间、充电时间和停车时间的平均值以及在出行开始之前所需的荷电状态（SOC）之间的相互影响。图9.1给出了在某个周一的典型日内，全职员工从第一次出行到最后一次返回的时间点的概率分布情况，以及在这个时间段里驾驶汽车、管理电网和电动汽车充电的概率分布情况。

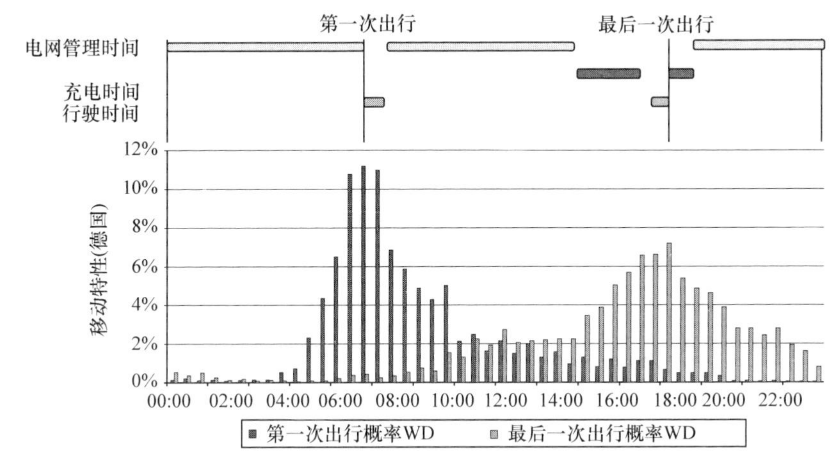

图9.1　插电式汽车电网管理时间原则（WD：工作日）

来源：自主计算；数据基础[17]。

在德国，白天的平均电网管理时间㊀为5h 15min（从第一次出行开始到最后一次出行返回之间的时间），而晚上的平均电网管理时间为12h 17min。与其他住宅类智能电网应用设备相比，电动汽车的转换周期可能会更长。例如，在加利福尼亚州一栋有空调的普通房屋里，由于保温水平普遍较差，建筑蓄热能力低，因此只允许在几分钟内切换负荷。具有蓄热能力的热泵的电网管理潜力取决于环境温度，而且它主要在冬季时才可用。

电动汽车用户应该最大限度地提升行驶距离，从而补偿比传统机动车更高的初期投入㊁。于是负荷转换被限制在较短的时间内，因为电动汽车必须定期充电。对

㊀　电网管理时间定义为行程开始时间与下一次返回时间之间的间隔减去行驶时间和充电时间。——原书注

㊁　电动汽车的每千米成本比汽油车或者柴油车的每千米成本低。——原书注

于使用电池容量较小（4～15kWh）的插电式混合动力电动汽车来说，经常充电尤为重要。通过对不同类型电动汽车的分析表明，对于那些只想买一辆主用车的用户来说，纯电动汽车有限的续航里程是打消他们购买欲望的主要因素。相比之下，电池容量较小的插电式混合动力电动汽车能够保证较高的电能行驶比例而不用担心续航里程。就整体成本而言，拥有大容量电池的纯电动汽车与电池交换站或快速充电设施的结合，还是没有插电式混合动力电动汽车吸引顾客。因此，预计未来大多数电动汽车将成为混合动力车，其特点是短期电网管理选项，而且电池存储容量小于20kWh[1]。因此，不可能在几天内进行负荷转移，这意味着要有客户详细的出行计划和更大的电池容量。

电动汽车作为智能电网设备的另一个重要方面是车辆的停放位置。图9.2给出了德国四种不同停车位置类别移动性调查。

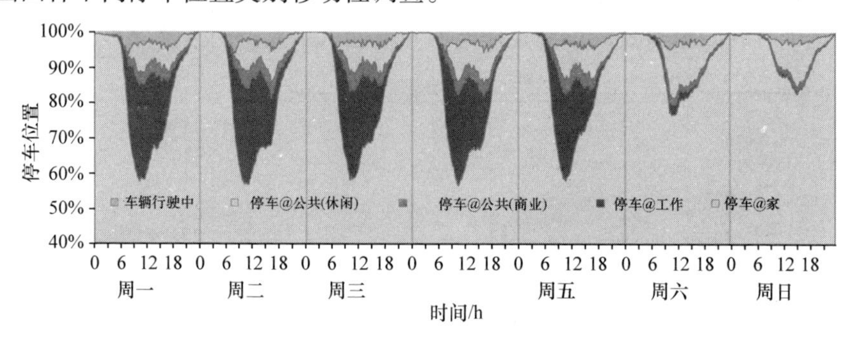

图9.2　停车位置的频率分布

来源：自主计算；数据基础[2]。

从图9.2中很容易发现，人们经常在家或者是在工作时停车，并且停车位置相对容易预测。购物或者业余活动时的公共停车呈现高度多样化的特点。因此，在这些地点充电更复杂，价格也更高。另外，由于平均公共停车时间最短，缩短了电网管理时间。所以，从智能电网的角度来看，在家充电和工作时充电似乎是最主要的途径。

9.1.2　控制装置

我们以直接控制和间接控制区分智能电网设备。直接控制或集中优化充电意味着服务供应商可以直接关闭或减少负荷，并且能够直接控制分散的发电机组。例如位于加利福尼亚的住宅热水器[3]和空调负荷，或者是控制风电机组输出的Iberdrola可再生能源㊀实时系统这类虚拟发电厂。直接控制的优点是迅速，而且可以预测被控对象的反应，以便控制信号。在控制私人住宅或车辆负荷的情况下，由于消费者接受度的降低，为了迎合不同消费者需求，控制大量的小型储能或发电设备时要投入大量的时间在通信和优化上面，这就是它的缺点。

㊀ Iberdrola可再生能源是位于西班牙的公共设施。——原书注

间接控制以价格信号来控制负荷或者发电机组。在这种情况下，服务供应商发送价格信号，而消费者（或者由消费者设置的自动控制设备）在高价位时会决定减少或切换负荷，或者支付更高的价格。在这种情况下，决定权仍然在消费者手中。缺点是由于需要预测消费者对不同价格信号的反应，电网可能会出现雪崩效应，或者是消费者对信号的同期反应与供应商的预测有误差。

控制车辆自动充电的最基本设备包括一个通信装置和电表（见图9.3）。原则上，这些组件可以安装在车内或直接安装在电网连接处。现如今，电力计费点是一个安装在电网连接处的电表，铁路计量除外。因此，每个电网连接点都与能源供应商签订合同。如图9.2所示，在家充电是电动汽车用户最可能选择的充电方式。因此，家用智能电表为这些用户提供了最大的益处。为了延长智能电网连接时间，可以在工作中或在不同的商业和休闲场所安装其他仪表。在非捆绑类型的电力市场中，每个电网连接点都有不同的供应商合同。移动着的车辆在每个连接处都需要遵守相关的电网接入合同和电能转换率或智能电网服务协议。另一个合同是指在公共的电网连接上所得的收入需要共享。最近的研究表明，使用费用相对较低的公共充电站的用户的收费高于电力消耗的收入。电网连接点和车辆的其他更进一步的基础设施应具备同样的功能。例如，车辆提供V2G服务（V2G技术指电动汽车给电网送电的技术，其核心思想就是利用大量电动汽车的储能源作为电网和可再生能源的缓冲）而电网连接点只允许单向的计量，则只能提供简化了的服务，并且双向组件的使用率将会更低。

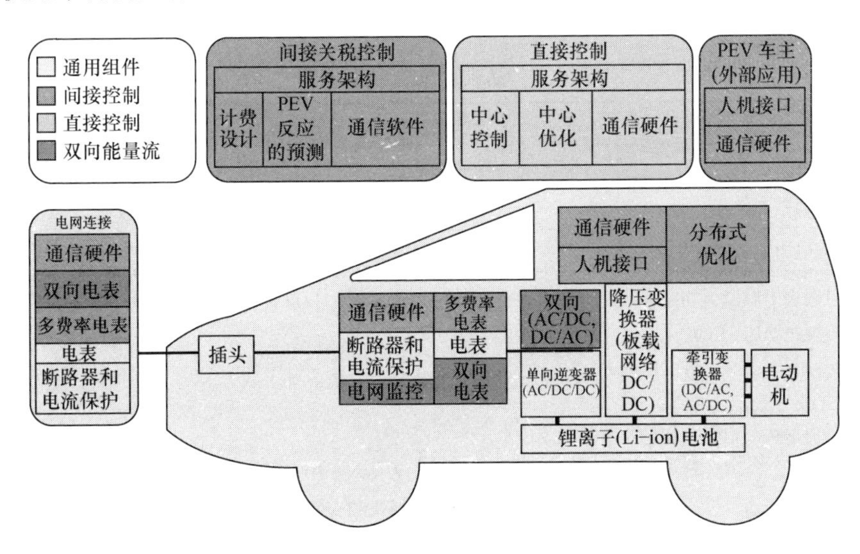

图9.3　电动汽车自动控制组件

在电动汽车中安装电表和通信单元，这将使其成为一个更加独立的可用基础设施。但是在这种情况下，电能消耗计量了两次，所以要从正常需求的电量中扣除电动汽车的电能消耗。从目前来看，没有特别的电动汽车账单的非车载计费方式是最简单的选择。但从长远来看，车载计费能够保证基础设施有效的扩建。更短的车辆寿命周期也有助于更快的技术应用。图 9.3 显示了这个自动控制过程所需的组件。

纵观并网和智能电网服务的成本，功率和实时性能扮演着重要角色。增加功率就增加了断路器、电流保护、插座、布线和电力电子设备的成本㊀。实时性能只与常设的通信链接有关，而对可靠通信技术的需求也意味着更高的成本。例如 22kW mode 3 IEC 61851 插头如今的价格大概是 300 欧元㊁。一个普通的足够为汽车彻夜充电的家用插头价格不到 5 欧元㊂。特别是在短期内，我们预测插电式混合动力电动汽车将采用低功耗技术标准。在中期内，有必要利用电动汽车和智能电网应用中现有组件之间的协同作用。车载电脑或智能手机处理器可以根据电费或者电表记录的数据来计划充电时间（见图 9.3，分布式优化）。通信硬件将于 2020 年应用在电动汽车上。事务处理和充电逆变器可以使用相同的功率电力电子器件集成在一个设备中（例如，碳化硅开关）。在这种情况下，双向电网连接的成本就会更低[5]。相比之下，在如今科技发展和消费者需求都很快演变的情况下，自身安装有通信模块、处理器、电表、断路器和电流保护装置的额外充电设施并不是最好的方法。

为了分析调频备用，基础设施（电表和通信系统）的成本数据取自参考文献[6]㊃。对于双向电力电子器件来说（逆变器、升降压变换器和电网监控设备），在光电系统中所使用的逆变器的价格可以作为参考㊄。这些电动汽车之所以不考虑使用相同电力电子器进行电动机控制，是因为目前的车辆不提供这种功能。假设的价格见表 9.1。

表 9.1　基础设施的必要投资㊅

	负调控	正调控
计费电表	29 欧元	29 欧元
通信系统	71 欧元	71 欧元
双向电力电子器件	–	0.15 欧元/W

注：根据表中假设，如今在德国，私人消费者购买一台具有加权脉冲信号（DIN 43864）的官方校准仪表需花费约 250 欧元。

表中数据基于参考文献［6，7］。

㊀ 特别是从单相到三相的步骤增加了成本。——原书注

㊁ 未来可能会因经营规模扩大而降低了价格。预计成本约为 100 欧元。——原书注

㊂ 戴姆勒公司提供一个壁箱（不包括智能充电）的插头和安装的费用为 1550 欧元。——原书注

㊃ 假定的汇率为 1.40 美元 =1 欧元。——原书注

㊄ 根据对光伏发电成本的研究，在 1997 年至 2007 年之间，逆变器的价格下降了 70%，达到了 0.36 欧元/W。假设到 2020 年，由于规模经济，价格可以进一步降至 0.15 ~0.20 欧元/W[7]。——原书注

㊅ 位于电动汽车停车位置的新型充电电路不包括在内。因为这些的成本变化大且很昂贵。——原书注

为了计算年金，假设电子设备和电池的利率（d）为5%，寿命（n）为12年。建立一个池或向参与该池的车辆提供控制信号的成本仍不清楚，因此在本次研究中不予考虑。

9.1.3　电池退化

电动汽车之所以能作为智能电网设备的一个特别组成部分是因为电动汽车能够并入电网（V2G技术）。这不仅可以实现负荷的转换，还可以将电能反馈至电网。尽管电动汽车可以被视为智能电网中柔性部分，但是车辆并网还会因为电池退化和增加的电力电子器件而产生额外的成本。关于电池损耗的不确定性是在选择车辆并网时的一个考虑因素。图9.4量化了电池每个能量单位退化的成本。

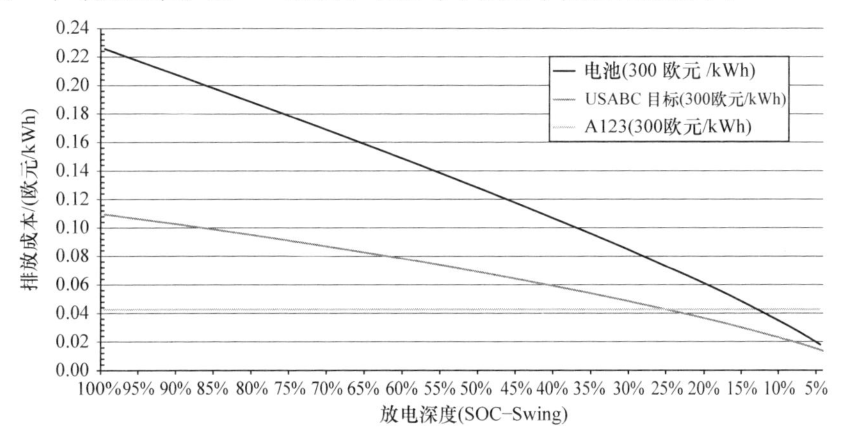

图9.4　锂电池的退化

数据来源：自主计算[8]，数据基础[9-11]。

这个方法[8]使用Saft电池的循环寿命数据[9]，并且A123给予了300欧元/kWh的投资，它是美国先进电池联盟（USABC）的目标。基于电池放电深度（DoD）的模型可以看出，成本函数随着电池放电深度的升高而升高。根据USABC和Saft的假设，成本在2~22欧分/kWh之间。A123电池基于能量模型进行仿真的结果显示DoD独立成本约为5欧分/kWh。Saft电池使用一整个周期的成本约为22欧分/kWh。这种对不同程度电池退化和循环寿命进行的简化方法研究表明，即使是在乐观的估计下，车辆并网仍然是一个昂贵的选择。只有技术上的突破和成本的大幅降低，再加上电力市场峰谷价差进一步上升才能使车辆并网进入大众市场。

9.2　储能市场管理

为电力公司提供监管储备是将电动汽车纳入智能电网环境的途径之一。特别是在晚上，车辆连接充电基础设施的时间明显长于实际充电所需的时间。这使得电力公司或中央服务提供商能够在用电高峰期内延迟充电，并且如果电能供应高于实际需求则激活充电。

本节首先简要介绍了德国辅助服务市场（用于调频备用），而后介绍了一个参与这些市场的电动汽车车队的动态仿真模型，并总结了我们的仿真和分析的结果（有关这项工作的细节见参考文献［12］）。

9.2.1　德国辅助服务市场

欧洲输电系统运营商网络（ENTSO－E）负责中欧的频率调控。控制是在一系列三个独立的控制步骤中执行的：

1）一次调频是所有电力系统中的电厂在频率偏差发生后仅几秒钟就联合动作。这种调节能力主要依靠常规发电站提供，这些发电站的运行容量稍低于其最大容量。主要的平稳电量必须在30s内部署，并且持续时间长达15min。

2）二次调频取代了一次调频并将频率恢复到其额定值。二次调频的实现在事件发生后几秒钟至15min内动作。如果发电机和负载之间存在不平衡，则控制区域内的传输系统运营商（TSO）负责启动二次调频。二次调频基于连续的自动发电控制。

3）如有必要，三次调频将由传输系统运营商（TSO）负责启动。三次调频储备在15min到1h或2h内手动启动。这些主要是为了在不平衡的情况下移出二次储备，并在大事故时作为对其他储备的补充（详见参考文献［13］）。

表9.2总结了2008年德国三个辅助服务市场和四个德国输电系统运营商[1]的市场容量、产能和能源价格，以及每月调度和调度概率（调度重合度）。

表9.2　2008年德国四个输电系统运营商不同配套服务的平均市场价格

调频备用			容量	标准化容量价格	调度	电价	调度概率
			MW	欧元/MWh	MWh/月	欧分/kWh	
一次调频			667	20.51	—	—	未定
二次调频	HZ	正	3081	22.05	120163	11.16	14.9%
		负	2451	4.04	106521	0.1	16.6%
	NZ	正	3050	7.41	116290	6.91	8.1%
		负	2413	8.23	270227	0.01	23.8%
三次调频	HZ	正	3263	10.4	9332	21.43	1.1%
		负	1949	0.31	11681	0.04	2.3%
	NZ	正	3205	2.73	3181	16.73	0.2%
		负	1919	3.92	18770	0.00	2.1%

注：峰时（Hauptzeit，HZ）；谷时（Nebenzeit，NZ）；数据依据：德国传输系统运营商2009。[2]

在所有的三个市场中，交易员都会对特定的容量提出独家的报价。此外，正负调控和峰时与谷时一样对于二次调频和三次调频存在区别。峰时被定义为工作日上午8点至晚上8点之间的时间段，谷时包含了工作日剩余的时间以及双休日全天。正调控储备意味着在电能不足的情况下向电网注入额外的电能，而负调控储备则意

[1] 50 Hertz Transmission GmbH（E.ON），Amprion GmbH（RWE），Transpower Stromübertragungs GmbH（Vattenfall），EnBW Transportnetze AG。——原书注

[2] 一次调频的调度概率没有被规定。计算值为10%。——原书注

味着在电能富裕的情况下减少发电量或者从电网中汲取电能（例如激活抽水蓄能电站）。除了容量电价之外，在二次调频和三次调频时也支付了正、负备用电能的价格。调度概率描述了发电量恢复的频率，以及在某个确定的时间段内，电网必须提供或减少的电能输送。操作可用性被定义为特定容量必须由控制单元提供（发电厂必须提供的最大能量）来预先限定，因此对电动汽车的投标能力至关重要。由于电池存储没有明确的要求，因此假定二次调频和三次调频的市场运营可用性等于4h。这也符合抽水蓄能电站的规定。由于没有关于一次平衡发电容量调度规定的数据公布，所以调度概率取自参考文献［14］。

9.2.2 电动汽车的正调控

正如上一节所讨论的那样，人们对电动汽车并网有许多反对意见，比如对电池退化的恐惧和电池电能耗尽的不确定性。分析这些因素和潜在的收益表明，目前提供正调节能力似乎没有经济上的意义（参考文献［12］，见图9.4）。在正二次调频电能市场中，高调度概率会导致非常高的可变成本。其中约三分之一的成本为电池退化成本，三分之二为能源成本㊀。在正旋转备用市场中，收入很少来自于提供调度能力，固定成本才是决定性的。由于容量价格太低，罕见的调度事件导致对双向电力电子器件的额外投资不经济。

将电能重新投入电网的唯一获利途径是参与一次调频市场。在如今的能源调控价格下，利润仍然相对较小，但鉴于过去价格的大幅上涨（相比参考文献［15］）以及对可再生能源需求的上升趋势，这个方式将会是一个不错的选择。目前，参与一次调频市场似乎被监管要求所排除。资格预审的要求非常高，而且由于不允许资源以聚合体形式存在，因此每个发电单位必须能够提供至少10MW的容量。

分别分析正、负调控，以降低复杂性并揭示了二、三级市场的不同。一般来说，在一个调控区间内，正、负调控都是需要的。因此，可以同时为正、负调控出价。特别是在二级市场，通过负调控服务充满电池后再提供正调控来获得进一步的效益。此外，联网车辆为高级出价策略提供了新的选择。车辆池由于负荷的减少可以简单地提供正调控。因此，该车辆池可以在没有双向电网连接的情况下参与正调控市场。总的来说，由于没有电池退化或双向电网连接的成本，这可能会带来经济效益。

9.2.3 电动汽车的负调控

研究表明，在负二次调控能力的市场可以获得最大的利润[12]。相对较高的调度意味着可以避免传统充电的能源成本。通过这种方式，驾驶员几乎可以免费地获得一些电能，而且技术上的努力和基础设施的投资相对较小。由于电池没有额外放电，因此不会发生电池退化。三级调控市场吸引力并不是很大，必要的投资与之前是相同的，但是由于调控的概率较低导致收入较少。

㊀ 车辆需要给电池充电才能将电能反馈到电网中。——原书注

由于许多因素（停驶的车辆、价格、负荷曲线）在一天中的动态变化，因此我们在动态仿真中更详细地调查了这一选项。

9.3 动态仿真方法

我们采用了蒙特卡罗仿真法，在某个工作日模拟了一组车辆并且重复实验500次，以获得对实验结果方差的洞悉。

对于其中一天的模拟方法基于两个步骤：

1）首先，模拟纯电动汽车（BEV）和插电式混合动力电动汽车（PEHV）用户的驾驶行为。车辆在一天中最后一次出行结束后接入系统，并在第二天第一次出行时离开系统。每辆车的电池及其电量状态都被结合在一个虚拟电池组中。仿真结果是在特定的一天中每个时间点都可以给电池充电（负调控）。

2）其次，计算当天可以由车辆组提供的电能，其出价受制于辅助服务提供者的规定。

一天的仿真重复500次。

第1步：模拟输出

将模拟时间从1天改为9天后可以概览每个工作日的特点。图9.5显示了长期模拟情况下的第1步结果。9天里车辆池内电池的巨大差异表明，考虑到不同工作日的特点以及全天的变化会产生显著不同的结果。

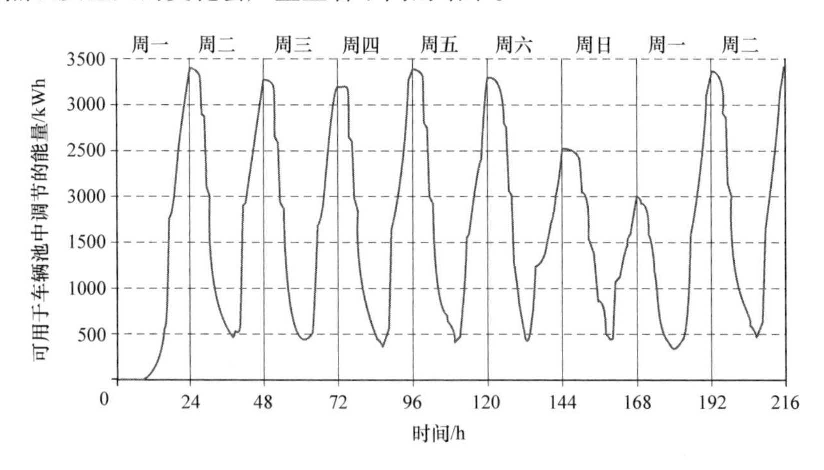

图9.5　车辆池中1000辆汽车的荷电状态。车辆池由10%的城市纯电动汽车（20kWh）和90%的城市插电式混合动力电动汽车（16kWh）组成（基于参考文献［16，17］的驾驶行为假设）

第2步：调控功率的计算

可以使用第1步的结果计算调控功率。供电所需的调度时间t_{disp}假定为4h，这与抽水蓄能发电站的规则相对应。对于全天的每个时间点假定能量是恒定的，并计

算辅助服务的可能需要的功率。工作日被分为峰时（“Hauptzeit”：HZ 从早 8 点到晚 8 点）和谷时（“Nebenzeit”：NZ 从晚 8 点到早 8 点）。出价对两个时间段中的一个有效。计算假定车辆池只需要提供电能直到时间段结束，尽管 t_{disp} 可能更大。因此，电能需求在上午 8 点至晚上 8 点增加，如图 9.6 所示。

由于该出价在整个时间段内都有效，因此整个期间可用的最小电能决定了该特定日期内有多少调控电能来自于车辆池。图 9.6 所示的例子发生在峰时的 90kW 和谷时的 462.5kW。由于大多数车辆白天时都在使用，并且无法提供辅助服务，因此我们专注于在谷时提供调控电能。

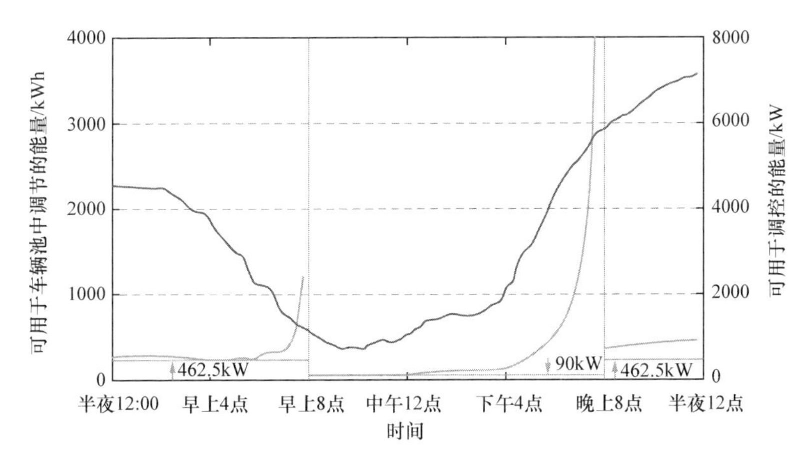

图 9.6　由 1000 辆车组成的车辆池在周一可用调控功率和电能（基于参考文献［16，17］的行为假设）

9.3.1　动态方法的结果

为了深入了解结果的变化，将 1 天的模拟重复 500 次，并对结果进行统计学评估。

9.3.2　车辆池大小的影响

图 9.7 给出了一个给定规模的车辆池中单个电动汽车可以提供的功率调节范围（在 500 次迭代中）。可以观察到随着车辆池大小的增加，功率趋于一个固定的值。大量的车辆可以平衡每个人驾驶行为的变化，从而使每辆汽车提供更多的调控功率。

据推测，车辆池需要在 95% 的天数（迭代次数）里保证能够提供所需的调控功率。这提供了额外的安全性，因为在 5% 的不确定日期中最薄弱的时间点不太可能需要辅助电能。因此，一个特定大小的车辆池可以提供的容量被假定为 5% 的样本分量。

一个包含 10000 辆车的车辆池已经可以较为准确地确定每辆车的功率。

9.3.3　持续报价时间的影响

根据目前辅助电能供应商的要求，二级控制市场中的报价在峰时或谷时内的有

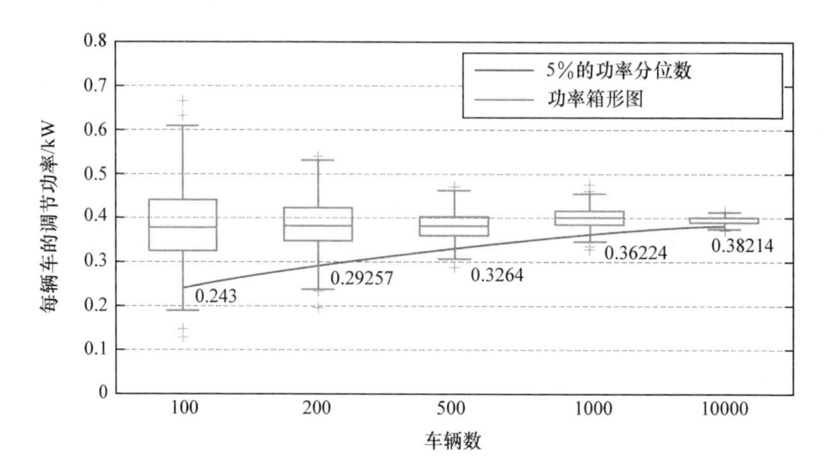

图 9.7　在周一谷时一辆车提供的调控功率（基于参考文献［16，17］的行为假设）

效期为一个月。由于用户的驾驶行为主要取决于相关工作日，因此这一要求是一个强有力的限制，并导致对车辆池能力的低效使用。表 9.3 给出了工作日和每辆车的功率调节之间的高度相关性。一个月的出价受限制于周末相对较低的电力供应。例如，一个 100 辆汽车的车辆池在周末的时候每辆车只能提供 34W 的功率，但从周二到周五可以提供 10 倍以上的功率。改变需求能够使车辆池的经营者更加高效地利用车辆池。

表 9.3　每辆车的调度功率

车辆池规模	周一	周二～周四	周五	周六	周日	所有工作日最小值
辆	W/辆	W/辆	W/辆	W/辆	W/辆	W/辆
100	243	508.8	501.7	34	64	34
1000	362.2	629	612.1	77.9	112.1	77.9
10000	382.1	663.2	644.7	100	135.9	100

注：谷时使用 4h 的调度时间。

如果报价能以工作日进行区分，那么一周的平均发电量可能会增加 360%～900%。那么小规模的车辆池将比大规模的车辆池在依靠工作日报价的基础上获利更多。

9.3.4　所需调度时间的影响

第 2 步中计算的调度功率是基于当前所需的 4h 调度时间。缩短车辆调度时间可以在调度市场中提高调度功率并且促进参与。

因子 a 减少，调度时间 t_{disp} 相应地会产生更高的功率。调度时间和功率之间的关系并不像预期的那样相互成比例。

表9.4　按工作日划分出价后功率的上涨情况

车辆池规模	辆	100	1000	10000
原有调控功率	W/辆	34	77.9	100
分化后的工作日平均调控功率	W/辆	338.4	435.9	464.6
增加的功率		895%	460%	365%

注：谷时使用4h的调度时间。

图9.8所示为将调度时间从4h减少到1h的效果。在谷时内，调度时间减少后，最小功率位于（Ⅱ）部分。在（Ⅱ）部分，调度功率的差异并不相互成比例。因此，功率增加比以前的功率小4倍。在峰时，减少前后的最小值位于（Ⅰ）部分。在本节中，功率差是相互成比例的，因此功率差比4h的调度时间高4倍。

表9.5所示为将调度时间缩短为1h后，每个工作日中每辆车的功率。括号内给出了相比于表9.4的相对增加，其显示了基于4h的调度时间的结果。

周六和周日，提供负调控储备的最低容量位于（Ⅰ）部分（见图9.8），功率可增加300%。周末是整个月度报价的限制期。如果报价是按照工作日来分类的，那么该车辆池可以提供4倍的功率。如果工作日的区别和调度时间的减少这两个因素同时作用，则每次报价的平均容量仍将增加，但小于4倍，因为工作日的最小功率在（Ⅱ）部分（见图9.8）。

表9.5　每辆车的调度时间为1h对应的调度能力

车辆池规模	周一	周二~周四	周五	周六	周日	所有工作日的最小值
辆	W/辆	W/辆	W/辆	W/辆	W/辆	W/辆
100	312（28%）	696（37%）	752（50%）	136（300%）	256（300%）	136（300%）
1000	555.2（53%）	965.6（54%）	1017.2（66%）	311.6（300%）	448.4（300%）	311.6（300%）
10000	626.2（64%）	1110.6（67%）	1169.6（81%）	400（300%）	543.7（300%）	400（300%）

注：谷时。

9.3.5　并网车辆功率调度的意义

车辆池的大小和市场对辅助电能的需求，这两个因素决定了由车辆池提供的并网车辆功率的价值大小。

表9.6显示了每辆车和每年的潜在利润，不包括车辆池经营者在不同情况和不同车辆池大小情况下的管理成本。假设一个车辆池由90%的PHEV和10%的BEV

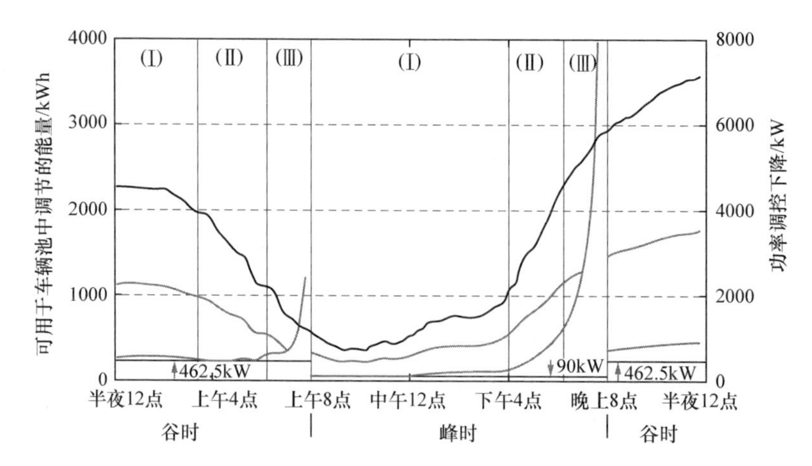

图 9.8　通过减少周一的调度时间可获得 1000 辆车的调节功率（下面的灰线表示调度时间为 4h 的功率，上面的灰线表示调度时间为 1h 的功率）

组成㊀，车辆技术的影响相对较低，因为很少超出最大范围。结果表明，在当前的情况下从电动汽车提供辅助功率是不经济的㊁。

如果用户已经与电能供应商就其车辆签订了合同，准备安装智能电表并提供月度账单的话，那么提供辅助服务的额外费用就可以忽略不计。在这种情况下，如果电价大幅上涨（并且通过负调控进行免费充电将会变得非常有吸引力），即使所需的变化建议未得到充分的实施，参与市场调度也已经是很经济了。表 9.6 中相应的情况标记为灰色。

表 9.6　在不同条件和车辆池大小的情况下每辆车和每年 V2G 的潜在功率和价值

		基于工作日的报价差异/欧元			
		否		是	
		100 辆	10000 辆	100 辆	10000 辆
调度需求从 4h 至 1h 的下降	否	-4.25（34W）	9.40（100W）	58.62（338.4W）	84.88（464.6W）
	是	16.85（136W）	71.44（400W）	93.36（506.3W）	168.01（867.3W）

注：表中颜色表示盈利能力。深灰色：不盈利；浅灰色：未来可能盈利；白色：盈利。

一般来说，为了平衡个体的随机行为，可以将许多车辆整合到一个车辆池中，从而更好地预测可能的调度功率。如果实施降低调度时间并且整合基于工作日报价的差异，那么即使在今天的电价下，大型车辆池也可能是经济的。对电动汽车来

㊀ Fraunhofer ISI 评估了德国电动汽车发展的不同情境[18]。“ISI 有优势情景”假定，到 2020 年 98% 的电动汽车将是 PHEV。到 2030 年，这一比例将下降到 86%。对电动汽车的第一批用户的另一项研究认为，2020 年 PHEV 的比例将在 64% ~86% 之间[16]。由于不确定未来哪种技术将会占据主导地位，所以本研究假设 PEHV 的使用率为 90%，BEV 的使用率为 10%。——原书注

㊁ 工作日没有区别，所需的调度时间为 4h。——原书注

说，把工作日和周末区别开也是一个比较合理的改进。

9.4 电力市场

除调控市场外，电动汽车还可以通过使用基准负荷与高峰负荷之间的价格差异参与电力市场。在假设的理想电力市场中，用边际发电成本来代表电价。发电厂的边际发电成本主要取决于效率和燃料成本。在欧洲，二氧化碳排放证书的机会成本也增加了边际发电成本。实际上，在某些时间内可能会增加额外的保证金或加价，以支付固定成本并产生利润，例如资本成本或运营支出。具有较高特定投资和较高效率或较低燃料成本的发电厂通常被用作基本负荷电厂㈠。在某些情况下，较低投资和较低效率的燃油电厂用来提供峰值功率。由于一般的负荷波动，加上一个主要由可调度发电机组构成的发电厂，一天内峰值一般出现在中午和傍晚时分。在夜间，当用电需求量最低时，主要是基本负荷电厂负责运行㈡。典型的基本负荷电厂㈢和高峰电厂㈣之间的边际发电成本差异约为45欧元/MWh。在这种简化的情况下，电动汽车拥有者每年的电能需求为2000kWh，他的最大可能收入为90欧元㈤。包括用于自动化削峰填谷和运营的投资成本显示，其可实现的利润非常低（见图9.10）。其他与日常生活有关的智能电网设备的特点是负荷管理时间更短，需求更低，这进一步降低了潜在的收入。管理所有家庭智能电网设备可带来更高的收入，但单个家庭的利润仍然很低。在这种情况下的另一个问题是，消费者已经习惯了高度灵活的个人消费习惯，而需求侧管理可以视为对这一自由的限制。如果消费者被视为“家政达人”，那么即使潜在利润很低也会改变用户的习惯。实际上对于这些消费者来说，必须有更高的财政激励才能使其根深蒂固的习惯发生改变。在实用层面上，由于更大的弹性需求所带来的消费者利润意味着收入的大幅减少，因为利润主要在高峰时段产生。所有这些问题都可以被视为是智能电网向前发展的主要障碍。

9.4.1 出力波动性的影响

近期，丹麦、西班牙和德国等国家的可再生能源（RES）的高速增长主要是由政治激励措施引起的。由于研发水平提高，RES的发电成本也会降低，而燃料价格和传统发电厂的投资风险正在上升㈥。外部成本表明，RES是可持续能源供应最有效的解决方案[19]。

㈠ 例如，燃煤发电厂和联合循环燃气发电厂。——原书注

㈡ 从环境角度来看，负荷转移可以导致通常用于提供基荷电力的燃煤发电厂的更高利用率。——原书注

㈢ 例如，一座效率为45%、燃料价格为13欧元/MWh的火力发电厂。——原书注

㈣ 例如，效率为35%、燃料价格为26欧元/MWh的燃气发电厂。——原书注

㈤ 价差：4.5欧分/kWh×需求：2000kWh =收入：90欧元。——原书注

㈥ 由于新的勘探技术和运输限制条件下，美国的天然气价格目前下降。但从长期来看，美国的天然气价格上涨的可能性也很大。——原书注

在电力系统中，RES 占据较高份额会对常规发电厂的能源产生直接影响，因为在大多数国家，RES 是优先发电的。如果来自 RES 的高发电机组迫使发电厂运营商节流或关闭工厂，那么基础发电厂的发电满负荷小时数以及公用事业利润的基础将下降。另一方面，为了使系统安全保持在同一水平，在这种情况下峰值容量必须增加。在未来的夜间和白天的高峰负载期间，将不再能够明确区分基本负荷，并且需要非常弹性的发电厂（见图 9.9）。

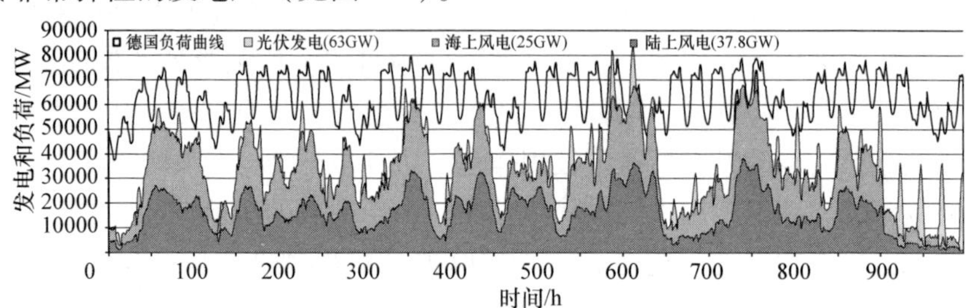

图 9.9　可再生能源发电的波动。资料来源：自主计算，数据基础[20]，2030 年情景，装机容量：陆上风电 37.8GW，海上风电 25GW，光伏发电 63GW

以边际成本为基础的电价跟随剩余负荷㊀，如果安装高份额的风电和光伏发电，会导致价格波动较大。理论上，风能发电和光伏发电的边际成本为零，这会影响电力市场的功能。如果通过更换具有高边际成本的发电厂可获得大量波动发电量，那么优点效应会降低电力交易市场的价格，从而降低所有发电机的价格[21]。然后，每兆瓦时的平均毛利将下降，公用事业在高峰时期往往会包含更高的加价以支付固定成本（见图 9.10）。在低剩余负荷的时间内，基本负荷发电厂的定价会低于边际发电成本以避免循环，这会导致价格更低或甚至出现负价[22]。因此，峰谷剩余负荷之间的电价差会增加。电价分布的扩大为弹性需求和电能存储技术带来了市场和机会。

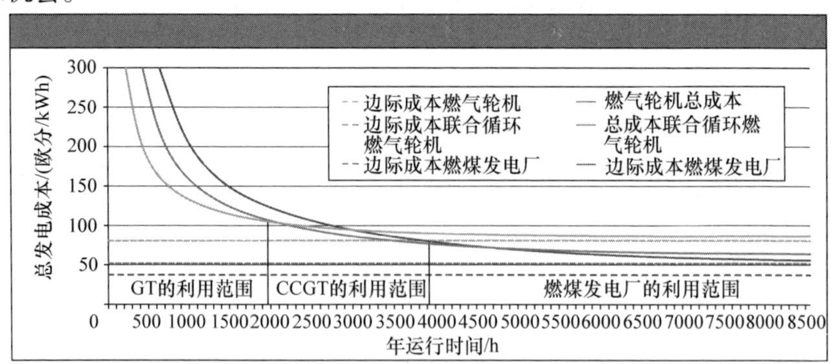

图 9.10　不同发电厂设置的边际成本与总成本。假设：燃气轮机（GT）的特定投资，350 欧元/kW；效率 37.5%。联合循环燃气轮机（CCGT）的特定投资，750 欧元/kW；效率 59%；天然气价格，27.1 欧元/MWh_{therm}。燃煤发电厂特定投资，20 欧元/kW；效率 49%；煤炭价格，12 欧元/MWh_{therm}；二氧化碳价格，15 欧元/t；利率 10%

㊀ 剩余负荷：系统总负荷减去可再生能源产生的波动机组负荷。——原书注

9.4.2 智能电网设备的收益潜力

智能电网设备在电力市场上的收益潜力取决于负荷管理时间内低价和高价之间的价差㊀。在分析可再生能源引起的价格波动时，选定的发电时间序列影响较大。这些 RES 时间序列取决于不同的天气条件和 RES 技术组合，这样很难获得一般性的结论。例如，3 天内如果风力发电量高的话可能导致整个时期内的电价偏低。因此，电网管理时间的可用分布很低。另一方面，2h 的太阳能发电峰值或较短的高风力发电时段，这两个因素都会导致电动汽车的电网管理时间段内的高价。

图 9.10 显示了电力市场价格的可能差距，并根据运行时间比较了边际成本和总发电成本。比如谷时（燃煤发电厂）和峰时（燃气轮机）之间的价格差距范围在 40 ~ 50 欧元/MWh。对于具有高比例的 RES 发电波动的电力系统而言，发电厂的总发电成本与定价的关系更为紧密。6000h 运行的燃煤发电厂和 500h 运行的燃气轮机的总成本差距约为 130 欧元/MWh。总成本曲线在工作时间较短的情况下急剧上升，这表明高容量电力系统的价格高峰倾向于为波动的 RES 机组生成提供后备电力㊁。

在有关民用的层面，电价还包括额外的部分，如电网费用和服务成本。这些固定价格组件更加灵活可能会导致更大的价差。今天，零售价格是最常见的，它不提供削峰填谷的激励措施。将使用时间（TOU）费率，并结合热泵、夜间存储加热等方式用于电动汽车充电上㊂。但是，如果对不可转换的用电（烹饪、照明等）提出更高的要求，通常会收取非常高的价格。因此，特定时间段内的低利率会导致需求侧管理设备的成本较低，而常规电力消耗的成本较高。

图 9.11 显示了自动削峰填谷的假设投资为 250 欧元，年运营成本的净现值为

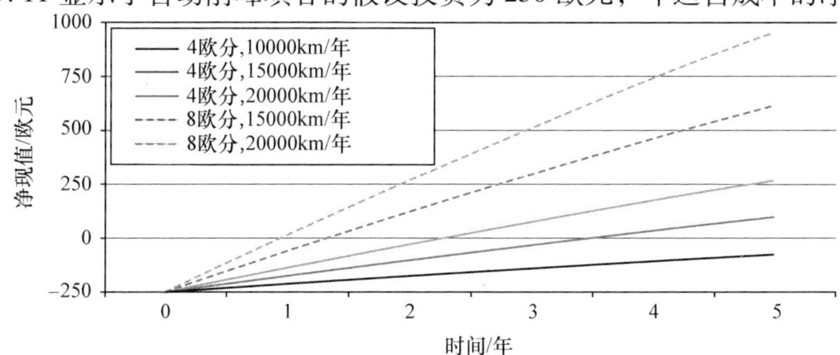

图 9.11　根据价格差异和里程数，为电动汽车用户赚取潜力。假设：利率 5%；能源使用 0.2kWh/km，每年驾驶 250 天，投资 250 欧元，运营费用每年 40 欧元

㊀ 电动汽车可以在 5 ~ 24h 削峰填谷（请参见“电动汽车用于削峰填谷”一节）。——原书注

㊁ 影响价差的另一方面是燃料价格的发展。如果天然气价格上涨速度高于煤炭价格上涨速度，则价差上涨的可能性更大，而二氧化碳价格上涨则相反。——原书注

㊂ 例如，圣地亚哥天然气和电力公司提供非超高峰：午夜至上午 5 时 14.4 欧分/kWh；非高峰时间：上午 5 点至下午 12 点，下午 6 点 到午夜 16.7 欧分/kWh；下午 12 点到下午 6 点 25.7 欧分/kWh[23]。——原书注

40 欧元，其价格差为 4 欧分和 8 欧分。

如前所述，如今的可用价差为 4 欧分或更低，这导致经营 5 年后净现值非常低或为负值。只有较高的价格差距以及较高的可移动需求才能为消费者带来合理的激励。

德国对光伏发电的并网电价是目前支持高价差的一个例外。在德国，光伏消费者自产自用电能的补贴差价允许 12 ~ 16 欧分/kWh。Conergy 或 SMA 等公司已经在销售自用光伏发电系统。在这种情况下，如果电动汽车可以用于消耗不能在本地使用的光伏电力，则可能会带来高收入。那些在 20 年的保证补贴期之后仍然运行的光伏组件，用户可以为其光伏消耗创造市场。研究驾驶模式表明，大多数高度使用的汽车在下午早些时候不在家停车，因此不能用于从自己的光伏系统中消耗当地的光伏电能，但是在工作场所可以进行上述操作。乍看之下，负荷转换到高峰时段似乎并不是一个可持续的方法，这可能只是一个时间问题，直到用完这些补贴。尽管如此，由于功率输出峰值较短，光伏有望成为第一个引起电网整合问题的 RES 技术（下午早些时候的 2 ~ 3h）。在德国拥有高压光伏发电的一些分布式电网中，潮流现在已经受到影响（光伏发电量大于本地需求）。

对于没有上网电价的消费者来说，自己的发电仍然是合算的，因为如果电能是自发的，就不征收电网基础设施的投入和包含在零售电价中的税费。电网平价，自身发电成本与从电网用电成本相同的局面有望在未来 5 年内实现㊀。这一发展可导致电力系统发生根本性变化，并成为削峰填谷和智能电网设备发展的推动力。

9.5 小结

对电动汽车并网在智能电网环境中的分析表明，收入可以在调频备用市场和常规电力市场中产生。与其他家用电器相比，电动汽车的特点是可移动需求大、电网管理时间长。与美国的研究[6]相反，在当今条件下，德国向电网提供监管储备的案例并不经济。这主要是由于作为监管服务供应商进行资格预审所需的调度时间（操作可行性）较长，以及车辆可以提供调度的功率降低所致。如果在一段时间内考虑到现实生活中的驾驶模式，那么与基于平均值的方法相比，参与监管市场的潜在收入大幅减少。

详细的结论如下：

调频备用市场：

• 参与调频备用市场具有较高的控制复杂性。调频储备用来平衡计划的需求与发电之间的不匹配。因此，要对控制信号进行快速反应。响应周期为几分钟甚至实时的电动汽车控制机制需要一个复杂的电网连接。此外，还需要为调频备用服务

㊀ 从模块价格来看，零售电价高的地区已经实现电网平价，辐射广。但是由于建筑、安装和许可证的个别和局部成本不同，很难准确预测电网平价。——原书注

制定单独的账单，以证明该服务和几辆汽车组成的车辆池效果一样。电动汽车的控制机制必须尽可能简单，并且让高端技术应尽可能在车辆中得到应用。

- 由于电池退化，车辆并网其实不经济。关于电池退化的不确定性以及车辆使用寿命的问题是电动汽车发展的主要障碍。分析可用电池老化数据和成本预期显示，提供 V2G 的成本通常高于预期收入。从汽油到电的燃料转换节省约 4 欧分/km；如果不包括额外的技术成本，则负荷转移价差为 4 欧分/kWh 的费用不超过 1 欧分/km㊀。即使在关于电池退化的乐观假设下，套利电力交易的价格差异为 4 欧分也会导致亏本。

- 因为用户的驾驶行为对参与调频市场有很大的影响，所以需要一个动态的测量方法。出于能让用户接受的原因考虑，在提供 V2G 服务时，车主的移动自由不应受到限制，这与目前的辅助电源技术有本质区别。泵储能系统和燃气轮机是固定式系统，其主要目的是发电。电动汽车主要仅作为副产品提供移动性和 V2G 服务。当估计 V2G 值时，考虑动态驾驶行为会导致与关注平均值的静态方法相比明显不同的结果[12]。

- 谷时的负二次调控市场为电动汽车提供了最佳潜力。负二次调控市场代表了电动汽车的最佳报价[12]。进行模拟提供的证据表明，车辆池可以在谷时提供比峰时更多的辅助功率，因为大多数汽车是在晚上连接到电网。此外，在谷时对负调控储备的需求更大，这为“免费充电”提供了最高的潜力。因为在白天充电就不能在谷时再次充电，并且可能的调频备用电能将减少，所以在峰时和谷时的组合报价并不会必然地改变结果。因此，应该把主要精力放在谷时。

常规电力市场：

- 峰谷负荷分布：波动的可再生能源是智能电网的催化剂。智能电网和需求响应的想法并不新鲜，但在过去几年里该领域所取得的进展相对较小，尽管通信技术有了明显改善。进展缓慢的一个原因是，个体参与的（财政）激励措施太低。电动汽车可以转移负载，从而利用峰谷负载发电价格之间的差距。能源价格上涨，波动的可再生能源更高的渗透率，这些都可能会扩大基准价格和高峰负荷之间的价差，从而激励消费者。

- 私人光伏发电：私人光伏消费是德国智能电网设备的第一个利基市场。零售价格和批发价格之间的差异，以及产生的电力自我消费的额外激励，即使对整个系统运行方面没有益处，也可以使消费自发电㊁获利。因此，拥有光伏系统的消费者将开始转移电力需求。已经有产品可以实现光伏发电的同步以及洗衣机、洗碗机甚至电池存储系统的需求。对于那些无法获得可以管理员工或公司车辆电力需求的批发价格的商业公司来说，这也可能是盈利的。

㊀ 价差 4 欧分/kWh × 消耗 0.2kWh/km = 0.8 欧分/km。——原书注

㊁ 在未来 5 年内，光伏发电成本预计将下降至世界许多晴朗地区的零售价格以下。——原书注

这项研究表明，电动汽车可以在智能电网中发挥越来越重要的作用。其盈利潜力取决于调频备用和居民用电价格之间的价差，以及批发电价的每小时价格的变化。日益融入电网的现代信息和通信技术使得分布式电能生产者和消费者的协调成为可能。这些新技术构成了整合电动汽车的基础。车主有机会降低他们的能源成本，而不会限制他们的移动性或降低电池的性能。因此，随着时间的推移，与传统汽车相比，智能电网服务可以促进电动汽车的推广并提高其经济效率。

致谢

这项研究是在德国联邦经济和技术部（BMWI）的拨款支持下作为“MeRegio-Mobil”计划的一部分，并且由德国联邦教育与研究部门（BMBF）的项目“Fraunhofer Systemforschung Elektromobilität.”拨款支持下完成的。我们要感谢 Martin Wietschel、Danilo J. Santini、Jakob Zwick、Tomas Gómez 和 Gillian Bowman - Köhler 对手稿的评审。

参考文献

[1] Mock, P., Schmid, S. (2009), Market prospects of electric passenger vehicles and their effect on CO_2 emissions up to the year 2030—A model based approach, German Aerospace Center (DLR), Institute of Vehicle Concepts, Plug-In Hybrid and Electric Vehicles (PHEV'09), Montreal Canada.

[2] German Mobility Panel (2002–2008). Project handling: Institute for Transport Studies of the University of Karlsruhe, Retrieved: 11 July 2011, URL: http://www.dlr.de/cs/en/desktopdefault.aspx/tabid-704/1238_read-2294.

[3] Ericson, T. (2009), Direct load control of residential water heaters, Energy Policy, vol. 37.

[4] Dallinger, D. and Wietschel, M. (2012), Grid integration of intermittent renewable energy sources using price-responsive plug-in electric vehicles. *Renewable and Sustainable Energy Review* 16 (5): 3370–3382.

[5] AC Propulsion (2003), Development and Evaluation of a Plug-in HEV with Vehicle-to-Grid Power Flow, Retrieved: 11. November 2011, URL: http://www.acpropulsion.com/icat01-2_v2gplugin.pdf.

[6] Tomić, J., Kempton, W. (2007). Using fleets of electric-drive vehicles for grid support. Journal of Power Sources 168, 459–468.

[7] Meinhardt, M., Burger, B., Engler, A. (2007). PV-Systemtechnik – Motor der Kostenreduktion für die photovoltaische Stromerzeugung. FVS BSW-Solar, Retrieved: 11. November 2011, URL: http://www.fvee.de/fileadmin/publikationen/tmp_vortraege_jt2007/th2007_15_meinhardt.pdf.

[8] Link, J., Büttner, M., Dallinger, D. and Richter, J. (2010). Optimisation Algorithms for the Charge Dispatch of Plug-in Vehicles based on Variable Tariffs," Working Paper Sustainability and Innovation, 2010. Retrieved: 11. November 2011, URL: http://ideas.repec.org/p/zbw/fisisi/s32010.html.

[9] Kalhammer, F. R., Kopf, B. M., Swan, D. H., Roan, V. P., and Walsh, M. P. (2007). Status and Prospects for Zero Emission Vehicle Technology. Retrieved: 11. November 2011, URL: http://www.arb.ca.gov/msprog/zevprog/zevreview/zev_panel_report.pdf.

[10] Rosenkranz, K., (2003) Deep-Cycle Batteries for Plug-in Hybrid Application, EVS20 Plug-In Hybrid Vehicle Workshop, Long Beach, CA.

[11] Peterson, S., Apt, J. and Whitacre, J. (2009). Lithium-ion battery cell degradation resulting from realistic vehicle and vehicle-to-grid utilization, Journal of Power Sources. Retrieved: 11 July 2011, URL: http://dx.doi.org/10.1016/j.jpowsour.2009.10.010.

[12] Dallinger, D., Krampe, D. and Wietschel, M. (2011). Vehicle-to-Grid Regulation Reserves Based on a Dynamic Simulation of Mobility Behavior, IEEE Transactions on Smart Grid, vol. 2, no. 2, pp. 302–313.

[13] European network of transmission system operators for electricity, (Entsoe). (2011) Web page, URL: https://www.entsoe.eu/home/.

[14] Tomić, J. and Kempton, W. (2007). Using fleets of electric-drive vehicles for grid support. *Journal of Power Sources* 168, 459–468.

[15] Holttinen, H., Meibom, P., Orths, A., Lange, B., O'Malley, M., Tande, J.O., Estanqueiro, A., Gomez, E., Söder, L., Strbac, G., Smith, J C., Van Hulle, F. (2008). Impacts of large amounts of wind power on design and operation of power systems, results of IEA collaboration. Results of IEA collaboration: Brian K Parsons; National Renewable Energy Laboratory (U.S.)

[16] Biere, D., Dallinger, D. and Wietschel, M. (2009). Ökonomische Analyse der Erstnutzer von Elektrofahrzeugen. Zeitschrift für Energiewirtschaft, Bd. 33, S. 173–181.

[17] MiD-2002. Mobilität in Deutschland. www.clearingstelle-verkehr.de: DIW Berlin & DLR-Institut für Verkehrsforschung.

[18] Wietschel, M., Dallinger, D., Peyrat, B., Noack, J., Tübke, J., Schnettler, A., et al. (2008). *Marktwirtschaftliche Analysen für Plug-In-Hybrid Fahrzeugkonzepte.* Studie im Auftrag der RWE Energy AG.

[19] Awerbuch, S. (2008). Energy Economics, Finance & Technology, Retrieved: 11 November 2011, URL: http://www.awerbuch.com/.

[20] Nitsch, J., Pregger, T., Scholz, Y., Naegler, T., Sterner, M., Gerhardt, N., Von Oehsen, A., Pape, C., Saint-Drenan, Y. and Wenzel, B. (2010). Langfristszenarien und Strategien für den Ausbau der erneuerbaren Energien in Deutschland bei Berücksichtigung der Entwicklung in Europa und global, Deutsches Zentrum für Luft- und Raumfahrt, Fraunhofer Institut für Windenergie und Energiesystemtechnik, Ingenieurbüro für neue Energien, vol. BMU - FKZ0, Retrieved: 11 November 2011, URL: http://www.erneuerbare-energien.de/inhalt/47034/40870/.

[21] Sensfuß, F. (2007). Assessment of the impact of renewable electricity generation on the German electricity sector - An agent-based simulation approach, University of Karlsruhe (TH), 2007.

[22] Genoese, F., Genoese, M. and Wietschel, M., (2010). In Occurrence of negative prices on the German spot market for electricity and their influence on balancing power markets. EEM2010 - 7TH INTERNATIONAL CONFERENCE ON THE EUROPEAN ENERGY MARKET.

[23] San Diego Gas and Electric (2011). Time of use electricity rate for electric vehicles, Retrieved: 11 November 2011, URL: http://regarchive.sdge.com/environment/cleantransportation/evRates.shtml.

第 10 章

绿色建筑中带有智能环境温度传感器的低压直流节能 LED 照明系统

Yen Kheng Tan，新加坡南洋理工大学能源研究所
King Jet Tseng，新加坡南洋理工大学

10.1 引言

在建筑环境中存在许多节能的机会。除了能高效节能并大幅降低功耗之外，延长使用寿命和减少维护也是另外两个非常重要的因素，这些因素有利于将大多数照明设备最终转换为固态光源，尤其是发光二极管（LED）。此外，能源可持续发展的关键挑战源于削减能源消耗的同时给生活不带来负面影响，而目前全球将近 1/3 的电能被用于照明[1]。为了说明这个问题，在 3 年相对较慢的增长之后，在过去的两年中，市场对 LED 的使用量几乎有了两位数的爆发式增长，特别是在建筑应用领域中的固定位置照明领域[2]，如公共区域和办公空间等。根据美国能源部（DOE）报告[2]中的统计数据，高能效 LED 照明系统得到了公众的普遍认同，因为其可以很好地渗透到各种照明应用领域，如绿色建筑。

然而，LED 正面临一个内在的不足，尽管这些设备具有其他令人称赞的优势，但这些设备的驱动电路必须包含电源变换功能，以将交流（AC）分支分配电压（通常为 AC240V）变换为低压直流（DC）电压。虽然这个过程非常简单，但是它增加了成本，并且降低了 LED 自身之外的功率变换效率。AC/DC 功率变换过程不仅有损耗，而且也是没有必要的损耗。然而，考虑到如今的典型建筑交流配电基础设施，我们并没有太多的选择。

为了克服 LED 照明系统需要使用常规 AC/DC 功率变换方法的缺点，目前提出了低压（LV）直流电网。在传统的商业和住宅建筑中，AC110/230V 的电网并网之后，向建筑中的各种电力负载提供电力，而不管是交流还是直流负载。然而，这些电气负载很大一部分用的是直流电，而且它们通常都是低电压、低功耗的电子设备，如 LED 照明系统。在建筑中集成单独的低压直流电网更有效果，而使用现有交流电网中的交流电变换成直流电，进而使这些直流设备运行，则效果不佳。低压直流电网为其他先进技术［如直流可再生能源，即太阳能和热能、储能、电动汽

车，即车辆到电网（V2G）或电网到车辆（G2V）等］提供了许多被引入到绿色智能建筑环境中的机会。

与传统交流电网相比，低压直流电网是一种为电子 LED 照明系统提供直流电的更为有效方式。当然，LED 不是第一个受益于低压直流电网的设备；它也可以延伸至用于建筑中使用的所有类型的电子设备，它们具有相同点——它们都是 DC 设备，试图存在于 AC 环境中，如计算机、打印机、手机充电器以及其他个人用途设备。这些以标准电压 3V、5V、9V 或 12V 低功耗运行的电子负载，因 24V 直流电网的低电压特性而受益匪浅。最重要的是，低压直流电网允许电子负载不必使用笨重且有损耗的电源适配器，而用直接即插即用的直流主电源替代它们。将交流电源和低压直流电网连接在一起的单个电源变换单元是比较有效率的，而不需要许多低功率的 AC/DC 和 DC/DC 电源变换器。因此，通过将这种低压直流电网嵌入建筑内的方式，电子设备现在可以轻松地从直流电源中获取电力来运行。

本章还将讨论如何通过适当控制 LED 照明系统实现节能。因此，房间的亮度，即 LED 照明消耗的电力，可以根据居住者的需求以及他们是否在房间内进行控制。这实际上是由建筑周围部署的微型环境无线传感器带来的智能化操作。与部署在固定传感位置的传统传感器不同，本章所提出的环境无线传感器高效且可靠。最重要的是，这种无线传感器的特点是可以消除传统方法所产生的额外成本，其中传感信号可以通过较长且有损耗的电缆回馈给控制站。

本章将讨论直接由低压直流电网供电的高能效 LED 照明系统，并将提供该集成设计和开发的更多细节。此外，照明系统由一组无线环境传感器控制，以节约因建筑的居住者疏忽而产生的任何不必要浪费的电能。环境无线传感器主要包括电源，即电池、电源管理电路、微控制器、射频（RF）发射器，以及一些传感设备，即光传感器。首先感测光辐射水平以确定环境亮度，然后与期望的照明条件进行比较。数字控制器将以无线方式发送启动信号来控制 LED 照明系统。

10.2 低压直流微电网

一个世纪以来，在电力商业中，AC 和 DC 两种模式为了占领主导地位分别展开了一系列的竞争。关于它们之间相互的商业竞争，很多历史演变被记录了下来。从实现我们最终目标的角度看，我们可以将这些归结为：①大型发电厂的批发电力生产比许多零散的小电厂便宜；②与 DC 不同，AC 可以低损失远距离传输；③白炽灯是最普遍的负载，它们在 AC 或 DC 上都可运行；④半导体尚未发明。AC 或 DC 电力系统是我们下一代的未来吗？它们的优点和缺点都有哪些呢？让我们在遵守建筑环境的前提下探索本章。

10.2.1 交流电网与直流电网技术

在当今现代化高速发展时期，传统的电力系统仍然在设计和构造通过高压输电线路和低压配电线路将集中式的交流电能输送到个人和商业用户中，供白炽灯、交流电机和其他交流设备使用。对电源侧来说，当前的用户设备和今后的分布式可再生能源发电组成的需求侧，要求我们重新考虑这种传统的交流电模型。电子设备（如计算机，荧光灯，变速驱动器，以及许多其他家用和商用电器和设备）需要直流输入。然而，所有这些直流设备都需要将建筑中的交流电变换为直流电才能使用，如图 10.1 所示，并且变换通常使用效率较低的整流器。

参考图 10.1，可以看出与交流电网相比，直流电网的功率变换步骤已经从四个减少到两个，其中额外的 DC/AC 和 AC/DC 变换器已经不再需要。此外，分布式可再生能源发电（如屋顶太阳能）产生直流电，但必须变换为交流电才能连接到建筑物的电力系统中，之后才能重新变换为直流电，最终用于许多用途。这些 AC/DC变换（或在屋顶太阳能情况下的 DC/AC/DC 变换）会导致相当大的能量损失。除了这些原因之外，探索替代现有交流系统也是有意义的，特别是对于本章的建筑环境来说。

一种可行的解决方案就是直流微电网，它是建筑内（或服务于几个建筑）的直流电网，能够最大限度地减少或完全地消除这些变换损耗。在直流微电网系统中，当进入直流电网时，使用高效率整流器将交流电变换为直流电，然后将电力直接分配给直流电网所服务的直流设备。一般来说，该系统可以将 AC/DC 变换损耗从平均约 32% 降低到 10%[3]。此外，如图 10.2 所示，屋顶光伏（PV）系统和其他分布式直流发电系统可以通过直流微电网直接接入直流设备，如果直流发电输出被输入交流系统并且不会发生双变换损耗（直流到交流到直流），同样这也是需要的。直流电网能够更容易、更高效地与可再生能源融合。

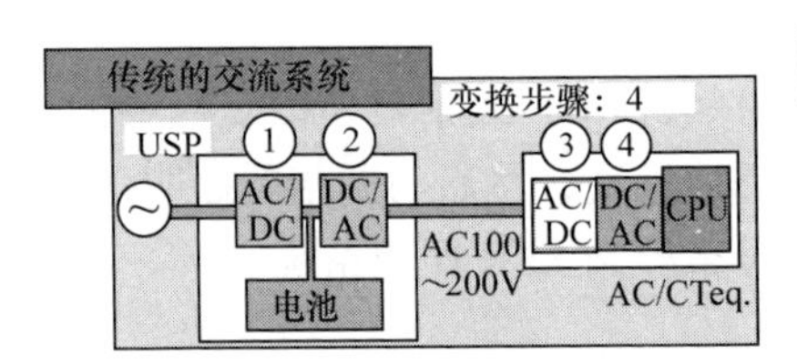

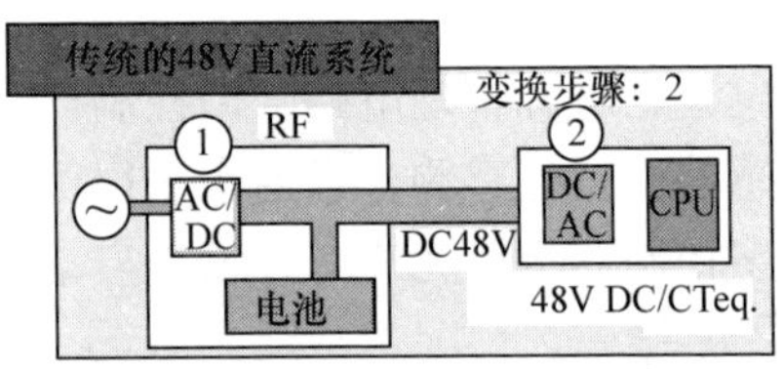

图 10.1　交流和直流系统的结构[4]

10.2.2　低压直流输电的新标准

EMerge 联盟是一家非营利性组织，旨在解决直流微电网的融合问题与 50 多家国际公司的智能电网工作，这些公司共同为设备制造商和系统集成商推广低压直流电源标准，如图 10.3 所示。该组织预测 LED 作为普通照明应用的光源势头将继续并最终在照明市场占据主导地位。LED 通常插入 110V 或 230V 交流电源，然后将电源变换为 24V 直流电以供消耗并生成可见光。并非巧合的是，24V 的 DC 是 EMerge联盟[6]颁布的第一个 DC 电源标准（见图 10.4）。

参与 EMerge 联盟的几家公司已经开发出符合这种直流电源标准的产品，这种产品能够实现一种新型吊顶创新，通过天花板所在的金属栅格支撑结构分配低压

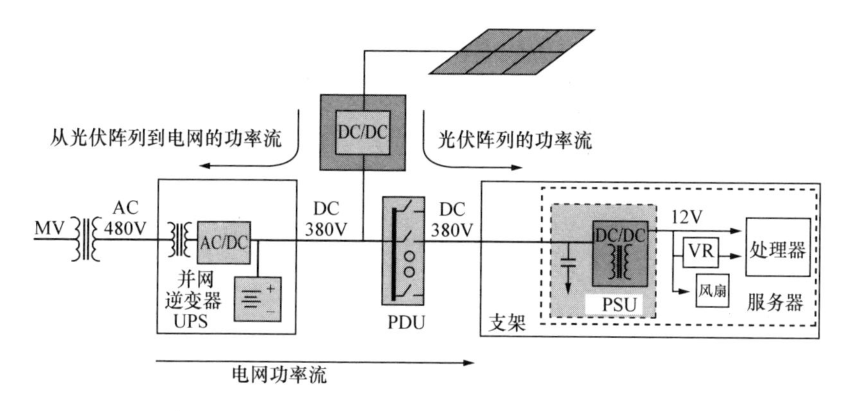

图10.2 直流并网光伏（PV）系统与交流电网系统混合[5]

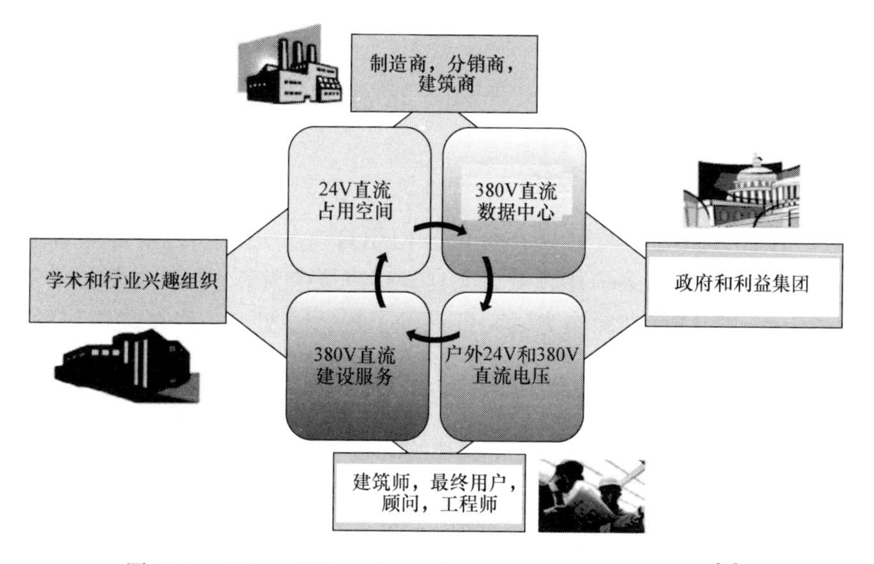

图10.3 EMerge联盟的焦点；贯穿整个建筑物DC微电网[5]

24V直流电。通过天花板进行直流配电的这一创新为直流发电机提供了一种可用于直流负载的新的高效通道，如电子镇流器或LED照明。根据参考文献［3］，如果每年安装在美国的所有新天花板都被指定以这种新的太阳能输入的方式分配DC，这些系统将在前2年内容纳超过1000MW的太阳能光伏。同样，屋顶太阳能可以以99%的效率用本地的DC形式并入一部分空气净化器负载，美国每年可提供超过50TWh避免高峰负荷[3]。正如在照明示例中那样，这种能量既带来了AC模式所不具备的用户和电网消费者的好处，又避免了建筑中的输电和配电损失以及变换损失。

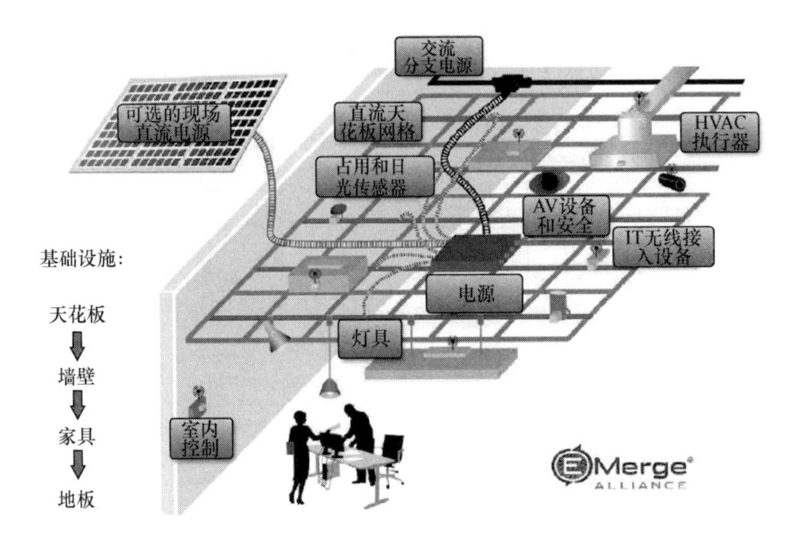

图 10.4 EMerge 联盟第一个标准天花板视图[7]

10.3 LED 固态照明系统

如今，在日常照明中采用 LED 灯代替白炽灯、荧光灯和卤素灯等普通灯具，如图 10.5 所示，这为许多应用领域，尤其是在建筑中为节省更多能源提供了机会。最近，研究人员将 LED 光源作为研究灯进行了视觉感知，并将其性能与紧凑型荧光灯（CFL）进行了比较[8]。使用这两种灯的视觉表现没有发现实质差别。LED 灯和白炽灯之间的另一个比较[9]，再次发现没有显著差异。照明行业目前的趋势表明，LED 灯近期将在家用照明中大量使用[10,11]。由于对节能、超长使用寿命以及对环境无害的产品的关注，家用照明市场正在发生巨大变化。

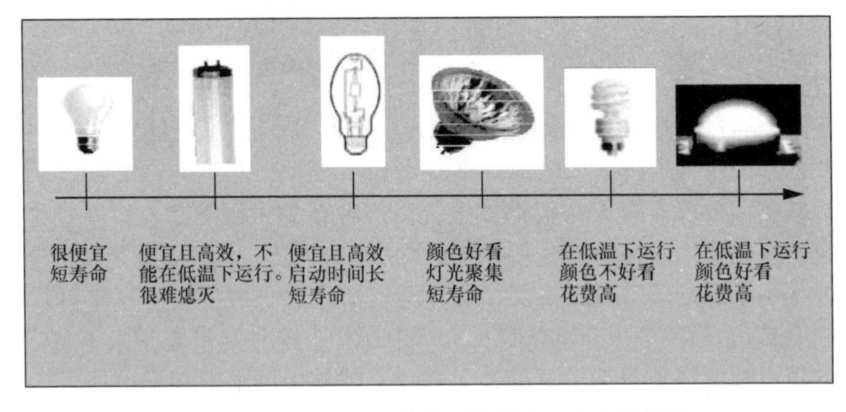

图 10.5 商业用途中不同的光源设备和它们的特性

对于建筑中的普通照明，特别是在直接更换 MR－16、E－27 和普通照明灯等

灯具时，需要重点解决的问题如下：

- 定向与宽泛的分散照明。在定向照明应用中，LED通常更好。
- LED颜色呈现与所需区域的光通量。
- 改造与绿地应用。灯具和灯的改造提供了不同的包装机会。
- 设备散热的能力。
- 典型工作条件下LED灯的寿命。
- 灯的电气输入特性和电网接口。

传统应用要求更换40W、60W和100W的白炽灯，无论是作为独立使用的灯还是内部使用的灯。此外，使用功耗为6W或更少的LED灯等效替换消耗50W的MR-16卤素灯目前已有可行性。与CFL不同，这种强度可以变化而带来的轻松感，为进一步控制提供了机会，并使舒适性和深层次节能成为可能。最后，LED灯现在有多种款式和夹具设计，可以与建筑照明进行结合。在这种情况下，它能够提供使用红色、绿色和蓝色（RGB）LED混合颜色以实现连续可变颜色再现的独特能力。

在固态照明（SSL）研究中，有一个类似摩尔定律的硅集成电路的著名论述，这个论述声称LED的亮度每十年会增加约30倍，而其成本将会减少约为10%。惠普公司的Roland Haitz[12,13]提出的这个论述自20世纪60年代以来一直保持不变，除了最新一代LED的光输出预测已经超过了可实现的长期每瓦流明。此外，LED照明还可以进一步实现重大改进。红外发光器件的电光转换效率已经超过50%[14]。如果在可见发光器件中实现类似的效率，那么对于白光源，其结果将远远超过150lm/W。这比荧光灯效率高几乎两倍，比白炽灯高十倍。因此，在普通照明应用中使用SSL设备，将会节省巨大的能量[15,16]。

10.4 智能绿色建筑中的智能无线传感器系统

智能建筑是与智能电网密切相关的领域。智能建筑能够依靠一系列提高能效、增强节能和用户舒适度，以及监控保护建筑的技术。这些技术包括新型高效建筑材料以及信息和通信技术（ICT）。新整合材料的一个例子就是玻璃摩天大楼的第二个外墙。纽约时报公司的总部拥有先进的ICT应用以及由陶瓷管组成的陶瓷防晒层，可以反射日光，从而避免摩天大楼收集热量[17]。

ICT可用于绿色建筑的几个区域，它们包括：①监控供暖、照明和通风的建筑管理系统；②当办公室空闲时自动关闭诸如计算机和监视器之类设备的软件包；③安全和访问系统。这些ICT系统可以在家庭和办公室中找到。据西门子报道，智能建筑系统中的传感器和传感器网络对节能做出了重大贡献。与具有传统自动化技术的建筑相比，由于气候、空气质量和占用传感器更精确，他们估计能节省的能源为30%。在这些ICT绿色建筑技术中，照明控制系统能够在你任何想要的地方和想要的时间提供合适的光量，这是更为突出和有前途的技术之一。灯光可以在设定的时间或设定的条件下自动开启、关闭或调暗，并且用户可以通过控制自己想要的照明水平以提供最佳工作条件[6]。照明控制有利于通过在不必要时关闭或调暗灯光来降低成本并节约能源。与传统固定位置的传感设备相反，它既不健壮灵活，也不足够智能，以至于不能监控环境条件（环境智能）以适当控制灯光，因此无线传感器网络及其传感器被引入照明控制过程来实现真正的智能照明系统。

10.4.1 无线传感器系统与传感器技术概述

术语“智能照明系统”是指一个系统，系统中有多个照明装置和传感器相互配合收集环境信息，因此形成环境智能网络[5]。在充分了解建筑物照明区域的环境条件的情况下，控制系统去管理每个LED灯的能源消耗并与其低压直流电网相互作用是非常容易和高效的。在智能照明系统中以网络形式连接传感设备的其他好处，包括广泛的故障监视覆盖范围，连续的保护和补救能力，减少接线（因此减少其相关的功率损失和货币成本），以及易于实施和维护（采用能量收集的自我维持技术[18]）。

这种智能照明系统的主要目标，一方面是节能，另一方面是各个节点通过以无线方式进行通信协作来保证用户满意度。每个与它们各自的LED灯耦合的传感器节点具有相互通信的手段，以及将关于环境条件的信息传送回基站以进行后处理和控制。一些研究人员正在努力开发智能照明系统[19,20]。迄今为止，该领域的研究主要集中在使用传统光源，如白炽灯和荧光灯。通过采用日光收集、占用感应、调度和切负荷等照明偏好，节能达到了40%[21]。

为了实现所述智能照明系统，可以将许多传感器节点以无线网络的方式组成一个无线传感器网络（WSN），用来感知并且还可能控制它部署的环境。无线传感器网络通过无线连接传递信息“促进人员或计算机与周围环境之间的交互”[22]。由不同节点收集的数据被发送到接收器，其不是通过执行器在本地使用数据，就是通过网关[22]连接到其他网络（例如，因特网）。图10.6说明了一个典型的WSN。在WSN中，传感器节点是网络中最简单的设备。由于它们的数量通常大于执行器或接收器的数量，因此它们必须低能耗、尺寸小、重量轻，并且相对便宜。网络中的其他通信设备更复杂，因为它们必须拥有高耗能的功能[22]。

如图10.7所示，一个传感器节点通常由5个主要部分组成：一个或多个传感器从环境收集数据；微处理器形式的中央单元负责处理任务；收发器（包含在图10.7的通信模块中）与环境进行通信；存储器用于存储临时数据或处理过程中生成的数据；电池为所有部件供电（见图10.7）。网络各个部分的能效至关重要是因为需要保证足够长的网络寿命。由于这种需要，数据处理任务通常遍布在网络上，即节点合作将数据传输到接收器[22]。尽管大多数传感器都采用一种传统电池，但还是有一些关于生产无电池传感器的早期研究，如使用与无电池无源射频识别（RFID）芯片类似的技术。

传感器测量多种物理特性，包括电子传感器、生物传感器和化学传感器。本章

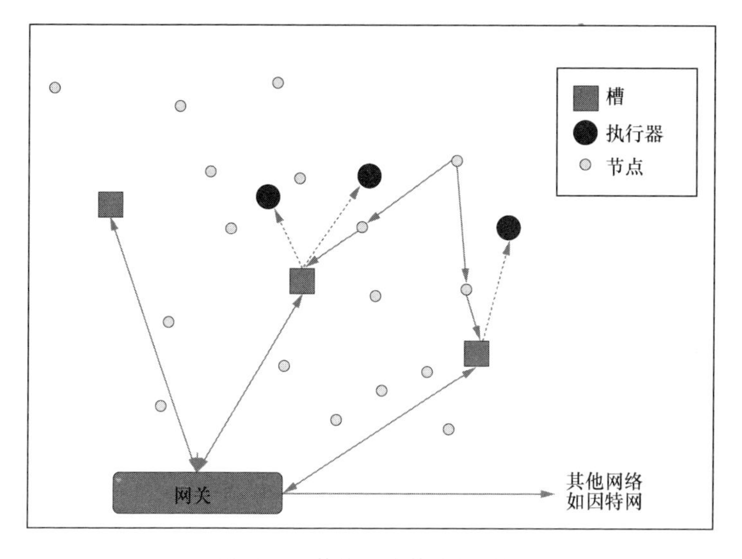

图10.6 传统无线传感器网络

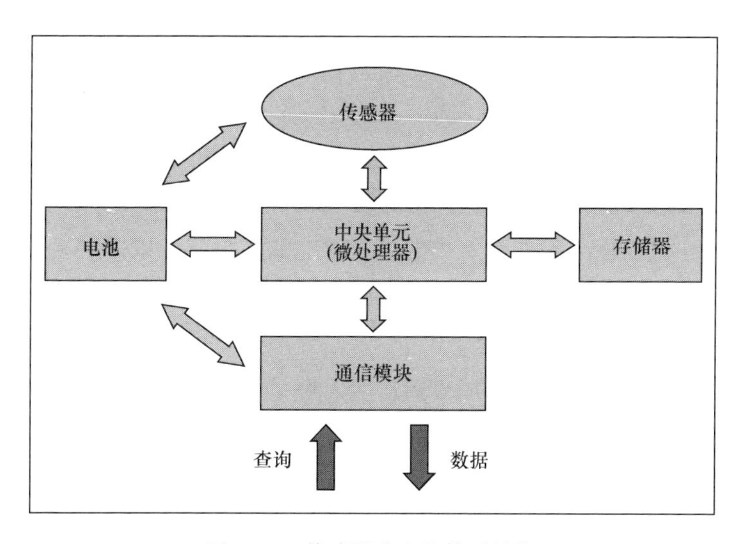

图10.7 传感器节点的体系结构

主要介绍传感器设备，它们将这些设备检测到的信号转换为电信号，但也存在其他类型的传感器。这些传感器因此可以被视为“物理世界和电子设备世界之间的接口，例如计算机”[17]。它由以相反方式起作用的执行器表示，即其任务在于将电信号转换成物理现象，如速度计，恒温计的温度指示器。表10.1提供了主要传感器类型及其输出的示例。其他传感器包括化学传感器和生物传感器，但本章不讨论这些。主要输出是电压、可变电阻或电流。表10.1显示了测量不同特性的传感器可以具有相同形式的电输出。

表 10.1　传感器类型及其输出示例[22]

物理特性	传感器	输出
温度	热电偶	电压
	硅	电压/电流
	电阻温度检测器（RTD）	电阻
	热敏电阻	电阻
力/压力	变形测量仪	电阻
	压电式	电压
加速度	加速计	电容
流量	换能器	电压
	发射器	电压/电流
位置	线性可变差动变压器（LVDT）	交流电压
光强度	光电二极管	电流

资料来源：2008 年基于威尔逊的经济合作与发展组织。

最简单的照明控制系统就是，在建筑被假定为没人工作时的特定时间关闭或调暗灯光，并且在人们第二天到达工作之前再次打开灯光。这是一个开始，但在如今的办公室里，人们的工作时间越来越长，工作时间更加灵活，所以需要额外的控制。灯控感应不仅有助于解决灵活的工作时间，而且还可以控制不规则使用模式区域的灯光。例如像实验室或仓库这样的大房间，灯可以默认为熄灭。当传感器检测到有人进入时，可以使与检测到人员的位置对应的灯亮起，以提供足够的照明。灯控感应也可用于创建“光线走廊”，以便灯光在保安人员和清洁人员穿过建筑时跟随着他们[7]。

使用采光传感器时，当阳光照进窗户时，电灯照明可能会变暗甚至关闭。随着自然光线的暗淡，灯光会自动再次亮起。这不仅有助于节约照明能源，而且还可以减少电灯散发的热量，从而有助于节省空调成本。除了定时器和传感器提供的自动控制之外，照明控制系统还可以将控制权交给个人。人们通常由于他们的年龄和工作类型等因素需要不同级别的照明。照明系统可以让办公室工作人员直接从办公桌上的个人计算机调节个人照明水平。所有这些智能照明功能将成为绿色智能感应建筑中不可缺少的重要组成部分。下一节将介绍一个关于在绿色建筑中带有智能环境控制传感器的低压直流节能 LED 照明系统的研究案例。

10.5　案例分析：绿色建筑中带有智能环境控制传感器的低压直流节能 LED 照明系统

在本节中，我们将讨论一个已有的技术测试项目的案例研究。该技术测试项目

的目标是采用固态设备，如LED光引擎和照明灯具，耦合到低压直流（LVDC）电网并由环境无线传感器控制。采用低压（通常为DC24V）电力的混合分布层形式，它并不能替代建筑中的交流电，但是能对其进行补充。毕竟仍然有一些高电流负载偏向于使用交流电。该测试项目的目标是有效地聚合或消除多个AC/DC变换过程，从而使设备更简单，更安全，使用更灵活。该项目打算实现以下功能：

1）效率。通过加强或消除劣质和高度分级的功率变换，替代发电机组和设备消耗变得更加高效。

2）性价比。越来越多的设备（如LED）本身就是直流电源用户，因此可以更容易地构建，并且当设备直接连接到直流电源时尺寸更小。

3）使用安全。低压直流电源允许使用大大简化和低成本的低电压接线和设备保护，极大地减少电火花和火灾危险，并消除冲击/惊吓危险。

4）部署灵活。低压直流电允许“热插拔”即插即用连接，该连接基本上可以嵌入到现有的建筑结构和元件中，即浮选吊顶栅格、模块化家具等。

5）智能控制。将无线环境传感器添加为智能控制的闭环反馈。当仅应用来自LED照明系统的所需流明量时节省了能源。当可获得日光时，LED的功耗便会自动降低。当没有房客时，智能人体检测无线传感器将关闭照明。

技术测试项目被设计用于覆盖约200m^{2}的办公楼面空间，并在现有建筑中实施和改造。项目可交付成果如下：

1）模拟楼面面积的光强度（约300～500lx）并设计LED照明系统。

2）DC24V直接供电并驱动2′×2′LED灯具照亮办公空间。

3）低压直流电网（DC24V电源）具有完全过负载和过电流安全保护。

4）直流功率、电流和电压测量传感器在源头处通过基于PC系统进行数据采集以实现持续供电趋势。这将允许连续监测和调整传感器设定值、传感器和其他外部条件以实现高能效。

5）在办公环境中专门设计和部署了分布式无线环境传感器。

6）设计并实现了优化LED照明系统能耗的智能控制协议。

10.6　LED照明仿真

针对约200m^{2}的指定办公空间，LED照明系统在照明供应商飞利浦的帮助下进行设计，并使用照明软件DIALux模拟楼面面积的光强度（300～500lx）。在飞利浦的友好合作下，对其两款LED产品进行了改进，进而能满足我们设定的24V低压直流电的要求。LED灯的技术细节如图10.8所示，并且它们被用于LED照明模拟。图10.9和图10.10展示了为办公室中的两个工作区设计的照明设置。办公桌的划分也包含在模拟中，以确保考虑到它们的阴影和光阻影响。对于图 10.9 所示的较小的工作空间，4 个 2′×2′ COREVIEW 灯具和两个 LUXSPACE 筒灯被用来照亮房间。参照图 10.9，从图的对比中可以看出，房间的大部分区域都比较亮（浅灰色)，而房间的一小部分则是暗灰色。同样，对于图 10.10 中看到的较大的工作空间，也可以得到相同的观察结果。通常情况下，分区所在的办公桌的环境亮度很好且能保持持续性。这个项目的一个重要目标是为办公室用户提供一个良好且不受干扰的照明条件。

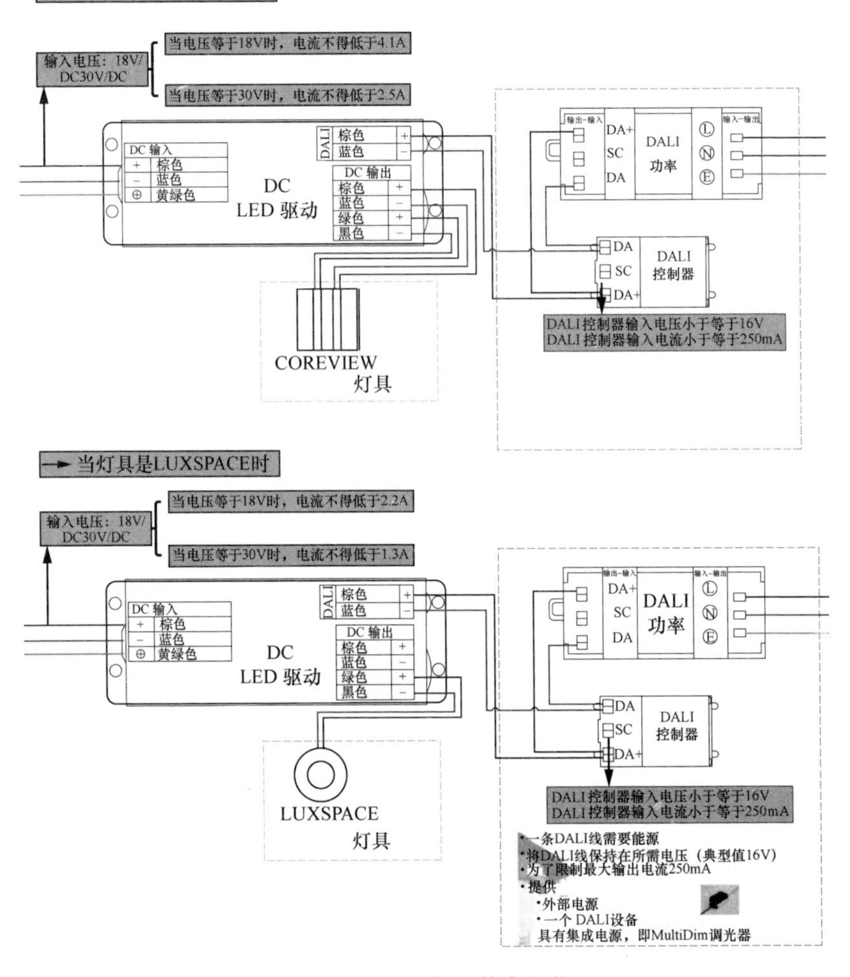

图 10.8　LED 灯的技术细节

为了更好地理解照明条件的充分性，有必要量化图10.9和图10.10中所示的房间每个点处的照度值。仿真结果表明，小房间和大房间的照度水平范围都是300～500lx，这也是在办公室工作空间的标准照明要求范围内。这种积极的结果验证了LED灯的定位是合适的，并且是可以被接受的，这使得每个房间中的照明条件对用户来说足够了。

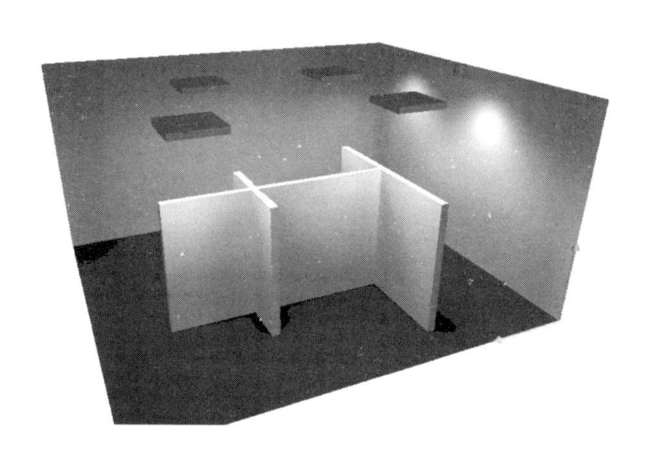

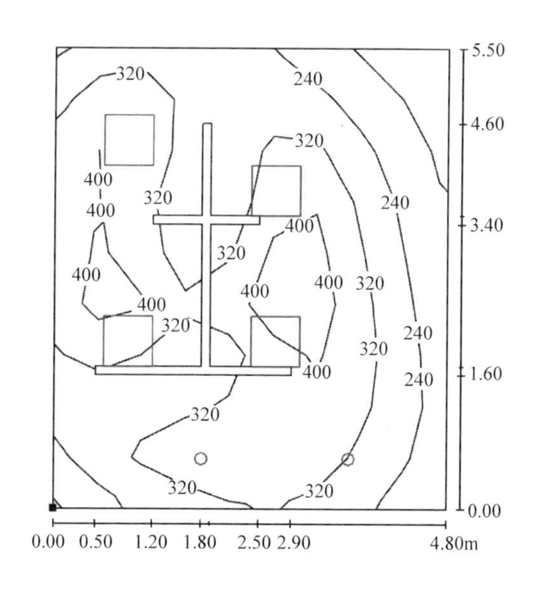

图10.9　较小工作场所的照明仿真

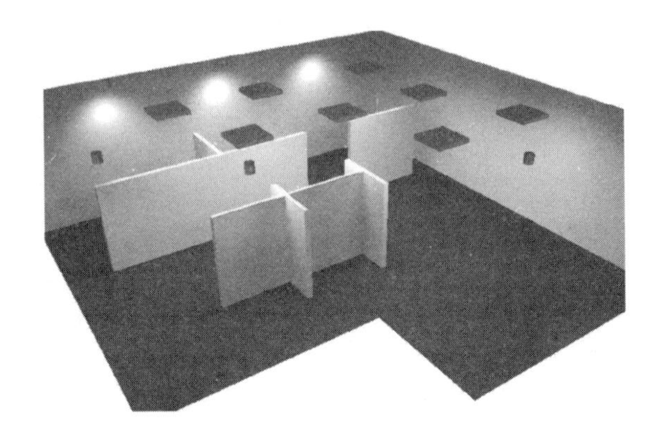

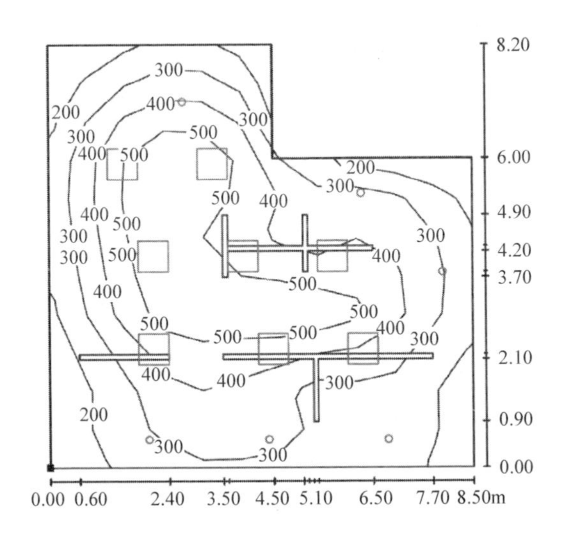

图 10.10　较大工作场所的照明仿真

10.7　低压直流电网供电的 LED 照明系统的应用案例

基于前面讨论的照明设计，技术测试项目已经进入了它的发展阶段。图 10.11～图 10.13 分别显示了一些用于办公区域低压直流电网 LED 照明系统和智能控制传感器节点的照片。

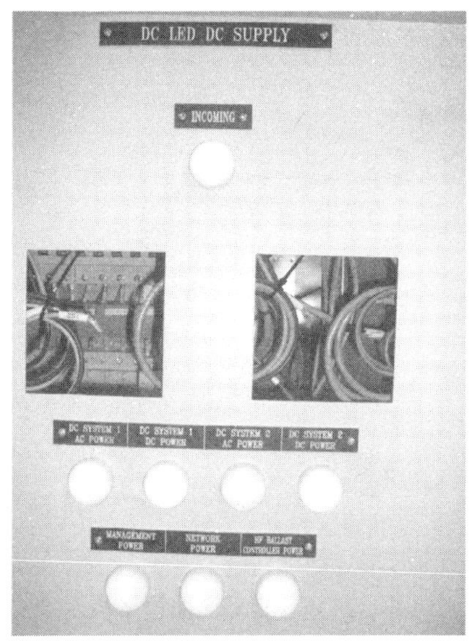

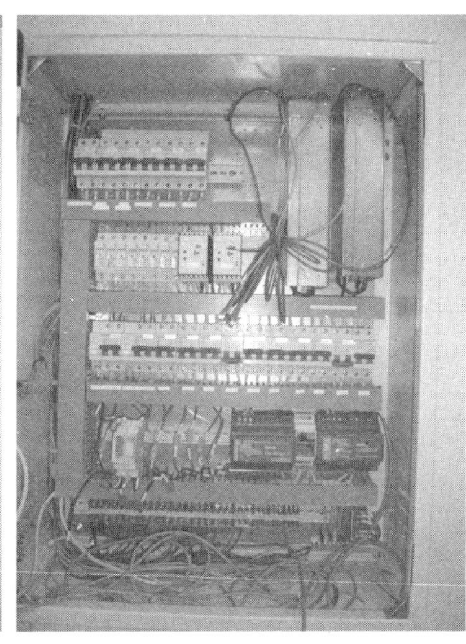

图 10.11　用于 LED 照明的 LVDC 电源仪表板

图 10.12　办公室中的 LED 照明系统

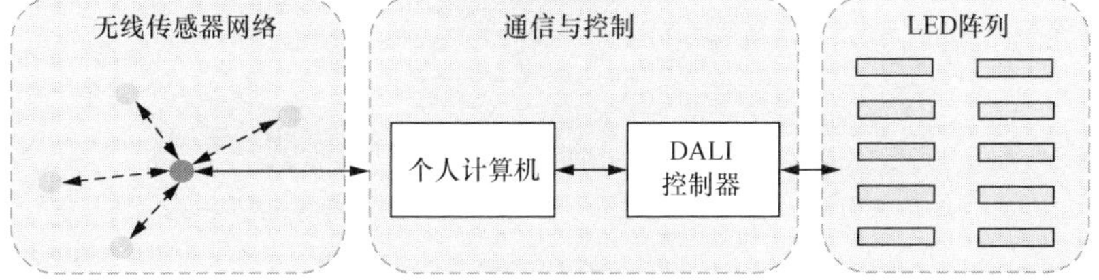

图 10.13　智能无线传感器节点

10.8 绿色建筑中智能环境传感器的节能控制方案

无线传感器网络（WSN）在智能建筑、家庭安全、工业控制和维护、医疗援助和交通监控等领域越来越受欢迎。从根本上说，WSN 由多种先进技术，如智能传感器、MEMS（微机电系统）、无线通信与信息管理以及嵌入式计算等组成。在本章中，图 10.14 描述了在 LED 照明中用于节省浪费能量的智能无线传感器网络的建议架构。

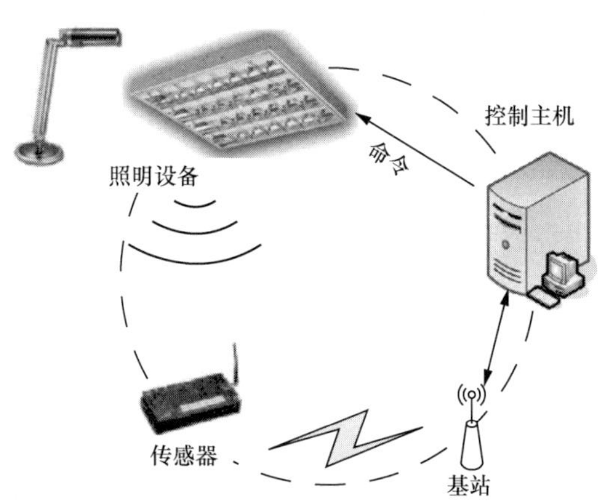

图 10.14 闭环智能照明设备控制系统

参照图 10.14，智能照明系统的环境传感器以星形拓扑结构无线地联网在一起。现有的基于德州仪器 SimpliciTI 无线通信协议的 WSN 平台被用于建立一个星形通信网络；传感器接入点（AP）用作终端设备（ED）的数据收集枢纽，并且每个 ED 被编程为 WSN 中的传感器节点。根据温室标准，SimpliciTI 技术因其低成本、低功耗和高网络容量而成为温室应用的高效解决方案。该技术测试项目中使用的传感器节点平台是德州仪器公司制造的 eZ430 - RF2500 无线开发工具，该工具由 MSP430F2274 微控制器和 CC2500 - 2.4GHz 无线收发器组成。前者主要是数字处理，而后者则用于执行睡眠模式任务，以减少工作电流并节省能耗。

传感器节点的硬件结构如图 10.15 所示。一个传感器节点装置通过将多个传感器集成在一起构成，诸如红外热释电（PIR）传感器和光传感器［光敏电阻器（LDR）］。在第一个模块中，LDR 传感器已被用于控制 LED 系统以满足参考值。在办公时间内，LED 系统将自动开启/关闭或变暗。与往常一样，办公时间过后，照明系统会通过基于 LDR 传感器的控制系统自动关闭；然而，办公室工作人员仍在工作地点的照明系统就需要基于 PIR 传感器维持开启状态。这些 PIR 传感器检测

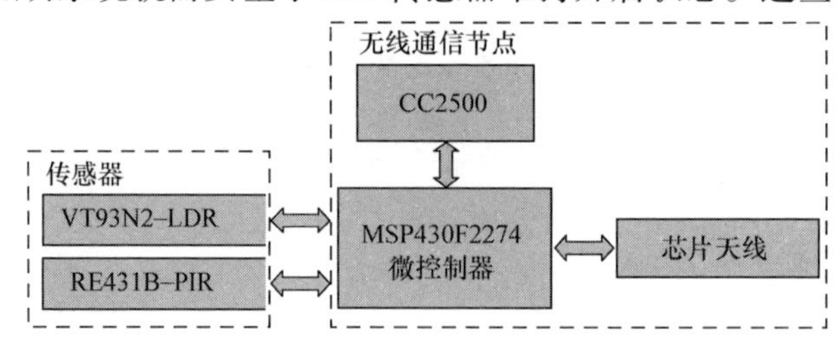

图 10.15 无线传感器节点的框图

人员移动并反馈感应信号，让控制系统知道员工仍在工作，即使在办公时间之后也需要开启照明。

在这个应用中，每个LED灯和传感器节点的地址信息被编码，以确保每个传感器节点将相应地控制特定的LED。除此之外，每个传感器的参考值（在300~500lx之间变化）可以灵活地相对于该传感器节点的特定位置而改变。这种照明调节功能不仅有助于改变灯光的亮度以适应个人用户，而且还有助于节省灯光自身消耗的能量。这就是通过智能照明系统实现节能的智能感应绿色建筑。LED照明系统由提出的智能无线传感器网络控制，步骤总结如下：

- 通过ED将光通过感应器发送回AP，然后通过RS485连接到AP的计算机并计算实际的房间光照度值。
- 确定在各种感应模式（LDR传感器或PIR传感器）之间切换的时间，以获得更好的环境智能，同时节省ED的能耗，以延长使用寿命。
- 接收并分类来自无线传感器节点的感测信号，将反馈信号与参考控制信号进行比较，然后将所需的激励信号传送到与LED灯的电子镇流器接口的数字可寻址照明接口（DALI）控制器。

智能照明系统的工作原理如下所示：智能无线传感器网络的每个传感器节点设置为每2s定期接收来自LDR传感器的光亮度值。然后将检测到的照度值转换为由其板载10位模数转换器（ADC）执行的数字编号（N_{ADC}）。该数字输出通过闭环控制方式计算，如图10.16所示，用户设置参考值（X），其中控制信号通过以下方式获得：

$$E = X - N_{ADC}$$

$$U = k_p E + K_i \mathrm{Sum} E \qquad (10.1)$$

一旦控制信号U被计算出来，控制信号和其他相关信息一起被连接成一串发送到AP的消息，该AP通过串行通信与PC连接。该消息包含传感器节点地址、能量水平和来自传感器节点（ED）计算的U值等信息。

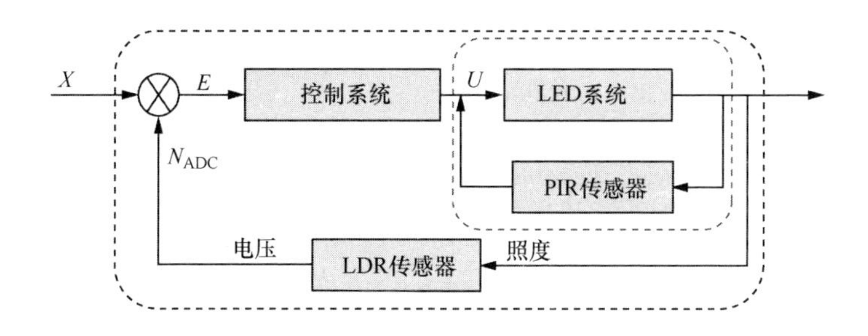

图10.16　提出的考虑人类活动的闭环智能照明控制方案

在传感器节点发送消息串之后，接入点确定用于控制的特定LED灯的标题号和区号。请注意，每个 LED 的地址都需要经过编码，以至于传感器节点只能控制其指定的 LED。在这个应用中，一组 LED 可以由一个传感器节点控制。接入点能够确定控制传感器节点的感测频率时间，并且也在可能的时候改变 PIR 传感器和 LDR 传感器之间的模式。例如，LDR 传感器在上午 8 点到下午 6 点半的办公时间内控制 LDE 系统，并且通过 PIR 传感器选择控制模式。

下一步是控制 LED 系统。一台个人计算机已经被用来通过串行通信向 DALI 控制器发送一个 8 字节的消息来打开/关闭或调亮/调暗 LED。该消息包含 Optcode 以及来自传感器节点的 U 值。

10.9 小结

本章介绍了一种如何在建筑环境中电源分散的情况下分配电力的全新方法：直流微电网的概念并不新鲜，仅仅只是 LVDC 电网。LVDC 电网是一个更加直接和高效的方法，无需额外的电源变换阶段，可以为建筑中的许多电气负荷（直流电）供电。LED 照明是此 LVDC 电网引入的最直接受益者之一。本章以具有智能环境传感器控制功能的 LVDC 电网 LED 照明系统为例，对绿色建筑中的节能问题进行了案例分析，并详细说明了设计细节。技术测试项目已经成功实施，未来的研究成果将在随后进行报告。

参考文献

[1] R. Mehta, D. Deshpande, K. Kulkarni, S. Sharma and D. Divan, "LEDs - A Competitive Solution for General Lighting Applications," *IEEE Energy2030*, 2008.

[2] Building Technologies Program, Office of Energy Efficiency and Renewable Energy, "Energy Savings Estimates of Light Emitting Diodes in Niche Lighting Applications," *U.S. Department of Energy*, October 2008.

[3] P. Savage, R.R. Nordhaus, and S.P. Jamieson, "DC Microgrids: Benefits and Barriers," *Yale School of Forestry & Environmental Studies*, April 2010.

[4] Kaoru Asakura, "Development of Higher-Voltage Direct Current Power Feeding System in Datacenters," *NTT Energy and Environment Systems Laboratories*, DC Building Power Asia, December 2010.

[5] Jeff Shepard, "Improving the Future of Power," *Darnell Group*, DC Building Power Asia, December 2010.

[6] Executive Summary of 1.0 version the standard, http://www.emergealliance.org accessed on March 16, 2011.

[7] Karen Lee, "A Hybrid AC/DC Power Platform for Commercial Buildings" *EMerge Alliance-Smart Power Standards*, July 2010.

[8] S. Varadharajan, K. Srinivasan, S. Srivatsav, A. Cherian, S. Police, R.K. Kumar, "Effect of LED-based study-lamp on visual functions," in proceedings of Experiencing Light, Eindhoven, The Netherlands, 2009.

[9] S. Newel and B. Albert, "Factors in the perception of brightness for LED and incandescent lamps," *Society of Automotive Engineers Transactions*, vol. 114, pp. 908–920, 2005.

[10] M. Richards and D. Carter, "Good lighting with less energy: Where next?," *Lighting Research and Technology*, vo1. 41, no. 3, pp. 285–286, 2009.

[11] T. M. Goodman, "Measurement and specification of lighting: A look at the future," *Lighting Research and Technology*, vol. 41, no. 3, pp. 229–243, 2009.
[12] R Haitz, F. Kish, J.Y. Tsao, and J. Nelson, "The Case for a National Research Program on Semiconductor Lighting," *Optoelectronics Industry Development Association (OIDA) forum*, Washington D.C., 1999.
[13] A. Bergh, G. Craford, A. Duggal, and R. Haitz, "The Promise and Challenge of Solid-State Lighting," *Physics Today*, vol. 54, no. 12, pp. 42–47, December 2001.
[14] M. Wendt and J.W. Andriesse, "LEDs in Real Lighting Applications: from Niche Markets to General Lighting," 41st IAS Annual Meeting on IEEE Industry Applications Conference, pp. 2601–2603, 2006.
[15] M. Kendall and M. Scholand, "Energy Savings Potential of Solid State Lighting in General Lighting Applications," *U.S. Department of Energy*, Washington, DC, April 2001.
[16] D.A. Steigerwald, J.C. Bhat, D. Collins, R.M. Fletcher, M. Ochiai Holcomb, M.J. Ludowise, P.S. Martin, and S.L. Rudaz, "Illumination With Solid State Lighting Technology," *IEEE Journal On Selected Topics In Quantum Electronics*, vol. 8, no. 2, pp. 310–320, March/April 2002.
[17] Working Party on the Information Economy (WPIE), "Smart Sensor Networks: Technologies and Applications for Green Growth," *Organisation for Economic Co-Operation and Development (OECD)*, December 2009.
[18] Y.K. Tan and S.K. Panda, "Review of Energy Harvesting Technologies for Sustainable WSN," *Sustainable Wireless Sensor Networks*, Tan Yen Kheng (Editor), ISBN 978-953-307-297-5, INTECH, 2010.
[19] W. Yao-Jung and AM. Agogino, "Wireless networked lighting systems for optimizing energy savings and user satisfaction," *IEEE Wireless Hive Networks Conference*, pp. 1–7, Texas, August 2008.
[20] M.S. Pan, L.W. Yeh, Y.A. Chen, Y.H. Lin, and Y.C. Tseng, "A WSN-based intelligent light control system considering user activities and profiles," *IEEE Sensors Journal*, vol. 8, issue 10, pp. 1710–1721, October 2008.
[21] E. Mills, "Global lighting energy savings potential," *Light and Engineering*, vol. 10, pp. 5–10, 2009.
[22] J. Wilson, *Sensor Technology Handbook*, Newnes/Elsevier, Oxford, 2008.
[23] D.M. Han, J.H. Lim, "Smart home energy management system using IEEE 802.15.4 and zigbee," *IEEE Transactions on Consumer Electronics*, vol. 56, no. 3, pp. 1403–1410, August 2010.

第 11 章

含自主电能采集无线传感器网络的多层分布式智能微电网

Josep M. Guerrero，丹麦奥尔堡大学
Yen Kheng Tan，新加坡南洋理工大学能源研究所

11.1 引言

在世界范围内，电网有望在不久的将来变得更加智能。从这个意义上来说，人们对智能微电网能够运行在孤岛模式或并网模式的兴趣日益增长，这将是应对新功能以及可再生能源整合的关键。一个微电网可以自主运行，同时也与主电网相互影响，它可被定义为电网的一部分并具有以下组成元素：一次能源、电力电子变换器、分布式能源储能系统以及本地负荷。预计这些微电网的部分功能包括：黑启动操作、频率和电压稳定、有功功率和无功功率的潮流控制、提高有源电力滤波器容量以及储能管理。利用这些整合在微电网中的功能，电能可以在用电负荷附近产生和存储，从而提高可靠性并减少大型输电线路产生的损耗。这些与微电网相关的优点是由微电网中以临时方式部署的许多无线传感器设备所带来的。这些无线传感器设备以网络的形式交织在一起，提供了实现分布式微电网的几个关键功能，即无线通信方式、电气参数传感以及适当的智能功率控制。除了以上所提及的功能外，无线传感器网络的自主传感能力可以对微电网、无线电力计量、安全等方面进行实时的状态监测。通常情况下，这些无线传感器设备都是电池驱动的，在几个月后（最多一年）它们就会进入停机状态。为了维持这些设备的运行，能量采集技术被提出。通过采集在无线传感器设备部署点周围可用的能量，不仅可以延长设备的运行寿命，而且可以使它们拥有更强大的能力去执行更加耗能的任务。

如今的电网正在趋向于分布化、智能化以及柔性化。未来几十年新型电力电子设备将在电网中占据主导地位。新型电网发展趋势是更加分布化，因此电能的生产和消费不能再被分开考虑。目前，电力和能源工程面临着这样一个新局面，即小型分布式发电机和分布式储能设备必须并入电网中，这种新型电网，也被称为智能电网（SG)，它将通过数字技术把电能输送给用户并控制用户家中的电器，以达到节约能源、降低成本、提高可靠性和透明度的目的。从这个意义上说，预期的整个能

源系统将更具互动性、智能性和分布性。分布式发电（DG）的能源系统在没有使用分布式储能系统的前提下解决能源平衡问题是没有意义的。

微电网是一个局部电网，例如，一个具有小型发电机、储能系统和负荷消耗的房子。这个房子里的微电网可以独立运行或者与邻居们的微电网相连，形成一个群域内的微电网群集。因此，微电网可以在集群内部交换能量，而不是与主电网交换能量，从而使电能的利用更靠近发电厂。

为了控制微电网中的元素，电力电子系统需要与发电机、储能系统和负荷相连接，使得电网能协同运行。协同控制系统可用于机器人技术，在这个系统里几个机器人必须为了一个共同的目标而合作。电力电子系统的并网控制器在目前是可用的，但微电网的能量管理和集群的协同控制需要一个更加前沿的方法。

微电网（MG），也称为迷你电网，正在成为一个整合分布式发电（DG）和储能系统的重要概念。这种概念的提出将解决可再生能源系统的渗透率问题，当终端用户有能力去发电、储能、控制以及管理一部分将要消耗的能量时，这种技术将会实现。这种模式的改变使得终端用户不仅是消费者，而且是电网的一部分。

针对不同的应用，直流和交流微电网已经被提出，它们的混合解决方案也已经被开发[1-12]。孤岛微电网已经应用于很多领域，如航空、汽车、船舶以及农村地区。原动机与微电网间的衔接通常以电力电子变换器作为电压源［电压源型逆变器（VSI），在交流微电网下］。这些电力电子变换器通过微电网并联。为了避免变换器之间产生的环流，它们之间没有任何通信，通常采用下垂控制方法。

在逆变器并联的情况下，下垂控制包括减去各个模块频率和振幅的平均输出有功功率和无功功率部分来模拟虚拟惯量。这些控制回路，也被称为 $P-\omega'$ 和 $Q-E$ 下垂，已用于在不间断电源系统（UPS）中连接并联逆变器，从而避免控制线重复以获得良好的功率共享。然而，尽管这项技术有很高的可靠性和灵活性，但是它仍有几个缺点限制了它的应用。

例如，当并联系统必须均分非线性负荷时，传统的下垂方法是不合适的，因为控制单元在考虑谐波电流的同时也要平衡有功功率和无功功率。因此，在均分非线性负荷的情况下，提出了谐波均流技术，避免了循环功率的畸变。所有这些都存在一种权衡，需要扭曲电压来提高谐波均流精度。最近，通过增加输出虚拟电抗器[5,6]或电阻器[7]来调节机组输出阻抗的新型控制回路已经应用到下垂控制方法中，并以此来恰当地均分谐波电流。

此外，通过下垂控制方法，功率分布受到机组输出阻抗和线路阻抗的影响。因此，这些虚拟输出阻抗回路可以解决这个问题。在这个意义上，输出阻抗可以被看作是另一个控制变量。

下垂控制方法的另一个重要缺点是它的负载依赖频率偏差，这意味着在 UPS 的输出电压频率与公用电源的输入电压频率之间有一个相位偏差。这一事实可能导致失步，因为支路开关必须将主线路直接与微电网母线相连。因此，这种方法在它最初的形态下只适用于孤岛微电网[9]。所以，这种技术并不直接适用于在线互动式微电网，由于失步，孤岛模式和与并网模式之间很难相互转换。此外，在孤岛模式中，在有功和无功功率共享精度的前提下，这种方法不可避免地在频率和振幅调节间需要去权衡[14-19]。为了避免前面提到的频率偏差，我们已经做出了大量的努力来改进下垂控制方法。在参考文献［12］中，局部控制器通过使用积分器降低下垂功能来恢复逆变器的初始频率，以避免频率偏差。然而，在实际情况中当逆变器没有同时连接到交流母线时，积分电路的初始条件是不同的，从而导致功率共享的降低。

另一种可能是等待偶然的同步，充分利用了主电网和微电网频率不完全相等这一事实；由此使微电网相位逐渐向主电网相位靠近，使得支路开关能够在两者匹配时合上。但是，这种做法是非常冒险的并且耗时较长。此外，由于频率可能还没有相匹配，重合闸的瞬间可能是不平衡的。为了解决这个问题，一个逆变器被装设在支路开关附近，并且与主电网保持同步以保证无缝对接。然而，在同步过程中如果有大量的逆变器用于供应微电网，这个逆变器就会过载。因此，这些方法的可靠性相当低并且非常不实用，所以通信手段的使用似乎是不可避免的，希望它与分布式电源一起实现一种低带宽、非临界的通信系统。

另一方面，在并联直流功率变换器的情况下，下垂控制方法包括减去每个模块基准输出电压中的一部分输出电流。因此，通过这个控制回路可以实现一个虚拟的输出阻抗。这个回路也被称为自适应电压定位（AVP），它已经被应用于改善电压调节模块（VRM）在低电压、高电流情况下的瞬态响应。但是，下垂控制方法也需要权衡变换器之间电压调节和电流均流问题[8-13]。

为了解决这个问题，提出了一个被称为二次控制的外部控制回路用于恢复微电网的标称电压。此外，当微电网与一个固定电源或者主电网（在交流微电网中）相连接时，额外的三次控制将被用于双向控制潮流[14]。众所周知，分层控制在交流电网中应用于有功调度，几十年来它一直被广泛使用。如今，这些概念正应用于风电场以及独立的光伏系统。然而，随着以电力电子为基础的微电网的兴起，微电网得以在并网模式以及孤岛模式下运行，这使得分层控制和能量管理系统成为必要的。一些学者提出了二次和三次控制的理念，他们主要解决的是系统频率控制问题。

然而，为了使微电网能够灵活地在两种模式下运行，电压稳定和同步问题也尤为重要。但很少研究考虑到不同的控制层次，把微电网看作一个整体问题。

微电网在局部电网中使用直流和交流电压。并且，也有交流电源或微电网通过电力电子变换器与直流微电网互连。因此，混合交直流微电网经常被应用，使得控制交流和直流间的潮流成为必要的。从这个意义上讲，直流微电网与电池、超级电容器或氢燃料电池等储能系统相连接似乎是合理的。虽然直流输电和配电系统高电压领域的应用已经建立了良好的基础并且直流微电网的项目也在显著增多，但是我

们无法找到很多关于这些系统总体控制的研究。

本章由以下部分组成。在11.2节中，一种源自于ISA-95分层控制的通用方法被应用于微电网。在11.3节中，将分层控制应用于交流微电网，通过采用二次控制回路解决下垂控制的权衡问题并运行在并网模式和孤岛模式下。在11.4节中，这种方法被应用于由下垂控制的变换器组成的直流微电网中，它能够与固定直流电源一起分担负荷，它可以是一个直流发电机、一个直流配电网或者整流交流电网。

接着，本章介绍了微电网的智能无线传感器以及用于维持这些传感器运行的能量采集技术。最后，本章提出了一个含自主能量采集无线传感器网络的分布式智能微电网的案例研究。

11.2　微电网的分层控制方法

对微电网控制标准的需求与将在不久的将来出现的新电网规范有关。从这个意义上说，ANSI/ISA-95，通常指ISA-95，这是一种用于开发企业和控制系统之间自动化接口的国际标准。这一标准已被开发供全球制造商应用于所有行业和各种流程，如批量、连续和重复的流程。ISA-95的目标是提供一致的术语作为供应商和制造商沟通的基础，并以此来提供一致的信息模型和操作模型，这是阐明应用程序功能和如何使用信息的基础。在这个标准中，我们提出了一个多层次的分层控制，并具有以下层级[25,26]：

第五层：企业层由一个商业实体的上级管理策略组成，这个层负责整个企业运作和发展，包括它的所有工厂和各自的生产线。

第四层：校园/工厂层由企业的一个分支或一个运营部门的上级管理策略组成，通常包括与业务实体直接相关的企业财务要素。

第三层：建筑或生产层由管理和控制策略所需的建筑的状态和行为以及它的环境和生产系统所组成。

第二层：区域或生产线层由管理和控制策略所需的特定区域的状态和行为或生产线组成。

第一层：单位或单元层由管理和控制策略所需的支配自动化单元或制造单元的状态或行为组成。

第0层：设备层由一组现场设备在环境和生产系统中测量和提供物理过程的驱动组成。

每个层都有命令层下发的职责并对低层次系统进行监督控制。从这个意义上说，有必要确保从一个层到更低的命令和参考信号对稳定性和鲁棒性的影响很小。因此，在提升控制层时带宽必须被减少。

为了使ISA-95适用于微电网的控制，可以采用以下第0层至第三层控制：

第三层（三次控制）：该能源生产层控制微电网和电网之间的潮流。

第二层（二次控制）：确保进入微电网的电平在所要求的值内。此外，它可以包括一个能把微电网与配电系统无缝连接或断开的同步控制回路。

第一层（一次控制）：这个层通常使用下垂控制方法去模拟物理行为来使得系统稳定并获得更多的阻尼。它可以包括一个虚拟阻抗控制回路来模拟物理输出阻抗。

第 0 层（内部控制回路）：每个模块的管理问题都被集成在这个层。当保持系统稳定时，电压和电流、负反馈和正反馈以及线性和非线性控制回路都可以用于调节输出电压以及控制电流。

另一方面，交流微电网应该有能力在并网和孤岛两种模式下运行[27]。旁路开关用于把微电网与电网相连接。这些旁路开关的设计满足并网标准，比如，北美的 IEEE 1547 以及 UL 1541。针对在电力系统下分布式能源孤岛系统的设计、运行以及并网的初步方案正在起草[28]。它将覆盖微电网以及伪性孤岛并包含在公用电力系统下的分布式能源（DER）。这个草案为微电网的设计、运行以及运行提供了可替代的方法，包括与电网连接和从电网断开的能力。

在并网模式下，微电网根据 IEEE 1547—2003 来运行。由于伪或非伪的事件它将会过渡到孤岛模式，比如，电网故障。因此，必须应用适当的孤岛效应检测算法。在孤岛模式下，微电网必须提供所需的有功功率和无功功率，保证频率稳定并运行在规定电压范围内。当电网电压在允许误差范围内并且定相正确时，微电网将与电网重新相连。主动同步需要匹配微电网的电压、频率和相角。

11.3 交流微电网的分层控制

交流微电网是目前最前沿的技术[20-25]。但是，这个系统的控制和管理仍需进一步的研究。微电网在孤岛和并网模式下的应用在过去被认为是两种独立的方法。然而，如今有必要构想有能力在并网和孤岛两种模式下运行的柔性微电网。因此，有必要研究微电网的拓扑、构架、规划以及配置。这是一个巨大的挑战因为需要集成电力电子、通信、发电和储能系统等不同的技术。并且，针对微电网的孤岛效应检测算法必须确保并网模式和孤岛模式之间的平稳过渡。此外，考虑到微电网的可行性，诸如故障监测、预测维护或保护等安全问题也是非常重要的。

本节解决交流微电网的分层控制问题，由上一节出现的三个控制层组成。如图 11.1 所示，欧洲电力传输协调联盟（UCTE）对大电网分层控制进行了定义。在这个系统中，可以运行具有大转动惯量的感性大型同步电机。然而，以电力电子为基础的微电网不具有转动惯量，而且电网的性质主要呈电阻性。因此，在设计它们的控制方案时我们必须考虑到两个系统之间的重要区别。这个三层的分层控制构成如下。一次控制应对分布式发电机组的内部控制问题，增加了虚拟转动惯量并控制了它们的输出阻抗。二次控制的设计目的是通过虚拟转动惯量和输出虚拟阻抗来恢复微电网内部产生的频率和振幅偏差。三次控制用于调节微电网和电网之间在公共耦合点（PCC）

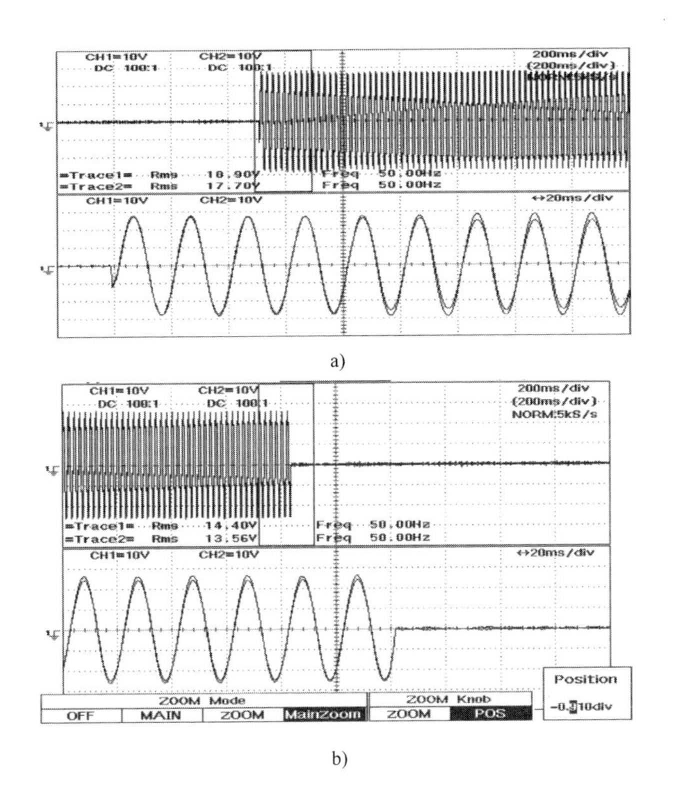

图 11.1　负载阶跃变化的两逆变器微电网电流波形：a）从空载到 7.5kW；b）从 7.5kW 到空载

处的潮流。

11.3.1　内部控制回路

在发电端和微电网之间使用智能功率接口是强制性的。这些接口的最后一部分由 DC/AC 逆变器组成，它可以分为电流源型逆变器（CSI）[包含一个内部电流回路和锁相回路（PLL），并不断与电网保持同步] 和电压源型逆变器（VSI）（包括一个内部电流回路和一个外部电压回路）。为了向电网注入电流，通常使用电流源型逆变器，当处在孤岛或者自主运行模式时，电压源型逆变器需要保持电压稳定。

因为电压源型逆变器不需要要任何外部参考来保持同步，它们在微电网中的应用是非常引人瞩目的。此外，电压源型逆变器也很便捷，因为它可以带给分布式电源系统许多特点，如故障穿越能力和电能质量增强。当这些逆变器需要在并网模式下运行时，它们通常从电压源变为电流源。然而，为了满足微电网灵活性要求，也就是是微电网有能力在并网和孤岛两种模式下运行，电压源型逆变器需要控制向电网的输出和输入功率来使得微电网稳定。

电压源型逆变器和电流源型逆变器可以在一个微电网中协调运行。电压源型逆变器通常与储能设备相连，以稳定微电网的频率和电压。电流源型逆变器通常与光伏（PV）或小型风力发电机（WT）相连接，并需要最大功率点跟踪（MPPT）算法，但如果必要的话，这些分布式发电逆变器也可以作为电压源型逆变器工作。因此，我们可以使大量的电压源型逆变器和电流源型逆变器或者仅仅是电压源型逆变器，以并联的方式连接，从而形成了一个微电网。

11.3.2 一次控制

当并联两个或更多的电压源型逆变器时，就会出现循环有功和无功功率。这个控制层调整了参考电压的频率和振幅并提供给内部电流和电压控制回路。这个控制层的核心思想是模拟同步发电机频率会随有功功率增大而降低的这一行为[30]。此原理通过使用众所周知的 P/Q 下垂方法整合到电压源型逆变器中[31]：

$$\omega=\omega^{*}-G_{\mathrm{P}}(s)\cdot(P-P^{*}) \tag{11.1}$$

$$E=E^{*}-G_{\mathrm{Q}}(s)\cdot(Q-Q^{*}) \tag{11.2}$$

式中，ω 和 E 表示输出参考电压的频率和幅值，ω^{*} 和 E^{*} 表示它们的基准值，P 和 Q 表示有功和无功功率，P^{*} 和 Q^{*} 表示它们的基准值，$G_{\mathrm{P}}(s)$ 和 $G_{\mathrm{Q}}(s)$ 是相应的传递函数［通常是成比例的下垂关系，就是说，$G_{\mathrm{P}}(s)=m$，$G_{\mathrm{Q}}(s)=n$］。要注意的是，当微电网处于孤岛模式时，不允许使用纯积分器，因为总负载与总注入功率不一致，但是它们在并网模式下却非常有用，对注入有功和无功功率的测量有很高的精度[14]。这一控制目标将在三次控制层中实现。

$G_{\mathrm{P}}(s)$ 和 $G_{\mathrm{Q}}(s)$ 补偿器的设计可以通过使用不同的控制合成技术来实现。但是，这种补偿器的直流增益（称为 m 和 n）提供了静态 $\Delta P/\Delta\omega$ 以及 $\Delta Q/\Delta V$ 偏差，这是保持系统同步和在电压稳定范围内的必要条件。这些参数可以被设计如下：

$$m=\Delta\omega/P_{\max} \tag{11.3}$$

$$n=\Delta V/2Q_{\max} \tag{11.4}$$

式中，$\Delta\omega$ 和 ΔV 表示最大允许频率和电压，$P_{\max}$ 和 $Q_{\max}$ 表示由逆变器传送的最大有功和无功功率。如果逆变器可以吸收有功功率，它就可以像一个在线互动式 UPS 一样进行充电，此时 $m=\Delta\omega/P_{\max}$。

此外，一次控制可用于平衡 DG 机组和储能元件如电池之间的能量。在这种情况下，依赖于电池的荷电状态（SoC），可以根据每个 DG 机组的可用能量来调整有功功率的输出比例。因此，频率下垂函数可以表示为

$$\omega=\omega^{*}-\frac{m}{\alpha}\cdot(P-P^{*}) \tag{11.5}$$

式中，m 表示频率下垂系数，α 表示电池荷电的标幺值水平（$\alpha=1$ 是满充，$\alpha=0.01$ 是空置），系数 α 是饱和的，可以防止 $G_{\mathrm{P}}(s)$ 上升到无穷大的值。在这种方式下，DG 机组可以给电池的荷电状态提供相应的能量。

在使用传统下垂方法的大型电力系统中，同步发电机的输出阻抗以及线路阻抗被认为主要是感性的。然而，当使用电力电子时输出阻抗将取决于内部控制回路所采用的控制策略（第 0 层）。此外，低电压应用中的线路阻抗接近于纯电阻。因

此，可以根据由阻抗角 θ 决定的派克变换修改下垂控制［式（11.1）和式（11.2）］：

$$\omega=\omega^{*}-G_{\mathrm{P}}(s)[(P-P^{*})\sin\theta-(Q-Q^{*})\cos\theta] \tag{11.6}$$

$$E=E^{*}-G_{\mathrm{Q}}(s)[(P-P^{*})\cos\theta+(Q-Q^{*})\sin\theta] \tag{11.7}$$

一次控制层也可以包括虚拟输出阻抗回路，在这个回路中输出电压可以表示为[17]

$$v_{\mathrm{o}}^{*}=v_{\mathrm{ref}}-Z_{\mathrm{D}}(s)\cdot i_{\mathrm{o}} \tag{11.8}$$

式中，v_{ref}是由式（11.6）和式（11.7）导出的参考电压，表示为 $v_{\mathrm{ref}}=E\sin(\omega t)$，$Z_{\mathrm{D}}(s)$是虚拟输出阻抗传递函数，它通常用于确保线路频率的感应特性。图11.2描述了虚拟阻抗回路与其他控制回路：内部电流和电压回路以及下垂控制的关系。一个具有虚拟阻抗的逆变器的戴维南等效电路[47]，由一个可控电压源和 $G(s)v_{\mathrm{ref}}$ 组成，$G(s)$表示闭环电压增益传递函数，并通过闭环输出阻抗Z_{o}以及虚拟阻抗Z_{D}与微电网相连。通常Z_{D}被设计的比Z_{o}大；这样，总等效输出阻抗主要取决于Z_{D}[17]。虚拟输出阻抗Z_{D}等效于同步发电机的串联阻抗。但是，虽然同步发电机的串联阻抗主要呈感性，虚拟阻抗仍可以被任意选择。与物理阻抗相比，这种虚拟输出阻抗没有能量损失，因此，这使得在没有效率损失的情况下实现电阻特性成为可能。

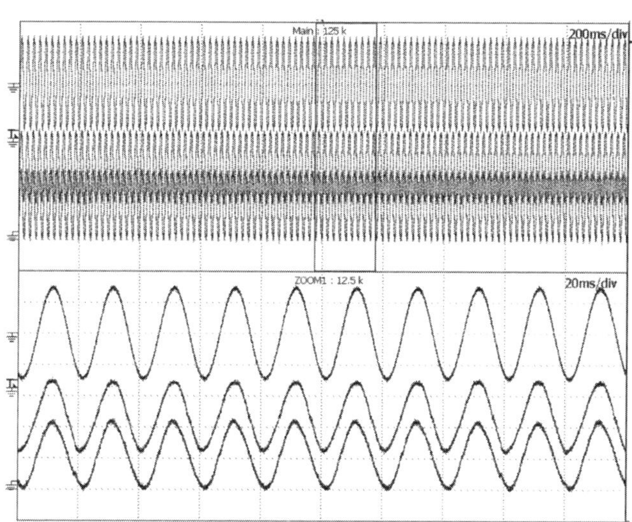

图11.2　并联系统共享一个线性负载时的波形。输出电压（上图）和负载电流（中图和下图）

要注意的是，通过使用虚拟阻抗控制回路，逆变器输出阻抗成为一个新的控制变量。因此，我们可以根据所期望的线阻抗的X/R比值、$\theta=\tan^{-1}X/R$以及线路频率的输出阻抗角来调整式（11.6）和式（11.7）中的相角。此外，虚拟输出阻抗可以为逆变器提供额外的功能，如热插拔操作和谐波电流均流。

当把一个 DG 机组与微电网相连时，相位或振幅上存在的不可避免的误差会导致电流尖峰，这可能会损毁机组或使其过载。例如，大型风力发电机通过使用外部电阻器和晶闸管来增加它的输出阻抗，并逐渐降低输出阻抗[45]。对我们而言，我们可以通过适当地改变虚拟阻抗的值来实现一个类似的软启动器，因此热插拔操作得以实现，表达式如下：

$$Z_{D}(t)=Z_{f}-(Z_{f}-Z_{i})e^{-t/T} \tag{11.9}$$

式中，Z_f和Z_i表示虚拟阻抗的初值和终值，T表示启动过程的时间常数。

另一方面，通过使用一组通带滤波器，我们可以独立地调节输出阻抗，并通过基准电压和谐波电流实现“可见”。这样，我们就能处理谐波电流均流和电压总谐波畸变（THD）的权衡问题。因此，虚拟阻抗可表示如下：

$$Z_{D}(s)=L_{D}\frac{2k_{1}s^{2}}{s^{2}+2\xi\omega_{1}s+\omega_{1}^{2}}+\sum_{\substack{i=1\\ \text{奇数}}}^{n}R_{i}\frac{2k_{i}s^{2}}{s^{2}+2\xi\omega_{o}s+\omega_{o}^{2}} \tag{11.10}$$

式中，L_D和R_i表示电感值和电阻值，k_i表示是每个i次谐波项的滤波器系数。不仅是逆变器的功率等级，而且是这个回路和振幅下垂回路所产生电压降［式（11.7）］，输出阻抗都在设计时考虑到。

这些控制回路允许逆变器并联运行。但是，在P/Q共享和频率/振幅管理之间存在一个固有的权衡[48-51]。图 11.1 和图 11.2 展示了两个逆变器在共享一个普通的 7.5kW 电阻负载时电流和电压波形的实验结果。这说明由于使用一次控制获得了很好的分流。

11.3.3 二次控制

为了补偿频率和振幅偏差，我们提出了二次控制。二次控制确保在微电网内部每次负载或电源变化后，频率和电压偏差均调零[32-35]。微电网中的频率ω_{MG}和振幅E_{MG}被检测到并与参考值ω_{MG}^{*}和E_{MG}^{*}做比较；误差（$\delta\omega$和δE）由补偿器处理后传送给所有机组来恢复输出电压频率和振幅。

考虑到电网的紧急情况[7]，二次控制应当在允许的误差范围内修正频率，比如，北欧电力联盟的 ±0.1Hz 或者 UTCE 的 ±0.2Hz，它被定义为

$$\delta P=-\beta\cdot G-\frac{1}{T_{r}}\int G\mathrm{d}t \tag{11.11}$$

式中，δP表示二次控制器的输出控制点，β表示比例控制器的增益，T_r表示二次控制器的时间常数，G表示区域控制误差（ACE），通常在调度中心的计算机中在5～10s 的间隔内完成以下计算：

$$G=P_{\text{meas}}-P_{\text{sched}}+K_{\text{ri}}(f_{\text{meas}}-f_{0}) \tag{11.12}$$

式中，P_{meas}表示在 PCC 处转移的瞬时测得的有功功率之和，P_{sched}表示产生的交换项，K_{ri}表示在控制区域设置在二次控制器的比例因子，$f_{\text{meas}}-f_0$表示瞬时测得的系统频率和设定点频率的差值，在式（11.11）中，要注意的是，如果区域控制误差

的偏差持续存在，输出控制 δP 将通过积分公式增加［比例积分（PI）型控制器］。这个控制器在美国也被称为负荷频率控制（LFC）或自动增益控制（AGC）。

在交流微电网中，频率和振幅的恢复控制器 G_ω 和 G_E，如图 11.3a 所示，可以如下近似获得：

$$\delta\omega = k_{p\omega}(\omega_{MG}^* - \omega_{MG}) + k_{i\omega}\int(\omega_{MG}^* - \omega_{MG})dt + \Delta\omega_s \tag{11.13}$$

$$\delta E = k_{pE}(E_{MG}^* - E_{MG}) + k_{iE}\int(E_{MG}^* - E_{MG})dt \tag{11.14}$$

式中，$k_{p\omega}$、$k_{i\omega}$、k_{pE}、k_{iE} 表示二次控制补偿器的控制参数，$\Delta\omega_s$ 表示一个同步项，在电网不存在时始终等于零，在这种情况下，$\delta\omega$ 和 δE 必须被限制，才能不超过最大允许频率和振幅偏差。图 11.3a 展示了交流微电网一次和二次控制的结构框图。一次控制仅基于输出电压和电流的局部测量来计算用于下垂方法和虚拟阻抗控制回路的 P 和 Q。二次控制将由外部集中控制器实现并使用式（11.13）和式（11.14）来恢复由一次控制产生的偏差。

为了将微电网连接到电网，我们还需测量电网的频率和电压，这也将是二次控制回路的参考值。微电网和电网之间的相位将通过图 11.3b 所示的同步控制回路实现同步，它也可以被看成 一个传统 PLL。PLL 的输出信号 $\Delta\omega$，将被添加到二次控制［见式（11.13）］并被发送给所有机组来完成微电网相位的同步。经过几个线电压周期，同步过程将完成，微电网可以通过静态支路开关连接到主电网。那时，微电网与主电网间就没有交换任何功率。

图 11.4a 展示了微电网与电网的同步过程。从图中可以看出，当电压误差足够小时，我们可以切换到并网运行模式。图 11.4b 描述了一个导致微电网失步运行的非计划孤岛场景。

11.3.4 三次控制

当微电网运行在并网模式时，潮流可以通过调节微电网中的频率（在稳态改变相位）和电压振幅来控制[35-38]。在三次控制框图 11.5b 中可以看到，通过测量流经静态支路开关的 P/Q，P_G 和 Q_G 可以与预期的 P_G^* 和 Q_G^* 做比较。图 11.3b 所示的控制规律 PI_P 和 PI_Q 可以做如下表示：

$$\omega_{MG}^* = k_{pP}(P_G^* - P_G) + k_{iP}\int(P_G^* - P_G)dt \tag{11.15}$$

$$E_{MG}^* = k_{pQ}(Q_G^* - Q_G) + k_{iQ}\int(Q_G^* - Q_G)dt \tag{11.16}$$

式中，k_{pP}、k_{iP}、k_{pQ}、k_{iQ} 表示三次控制补偿器的控制参数。在这里，ω_{MG}^* 和 E_{MG}^* 也是饱和的，以防止它们超出允许的误差。这些变量是由二次控制在孤岛模式（$\omega_{MG}^* = \omega_i^*$ 和 $E_{MG}^* = E_i^*$）中产生的。当电网存在时，同步过程就可以开始，而 ω_{MG}^* 和 E_{MG}^* 可以等于那些在电网中被测量的。因此，微电网频率和振幅的参考值将是主电网的频率和振幅。在同步之后，这些信号可以由三次控制提供[15,16]。要注意的是，根

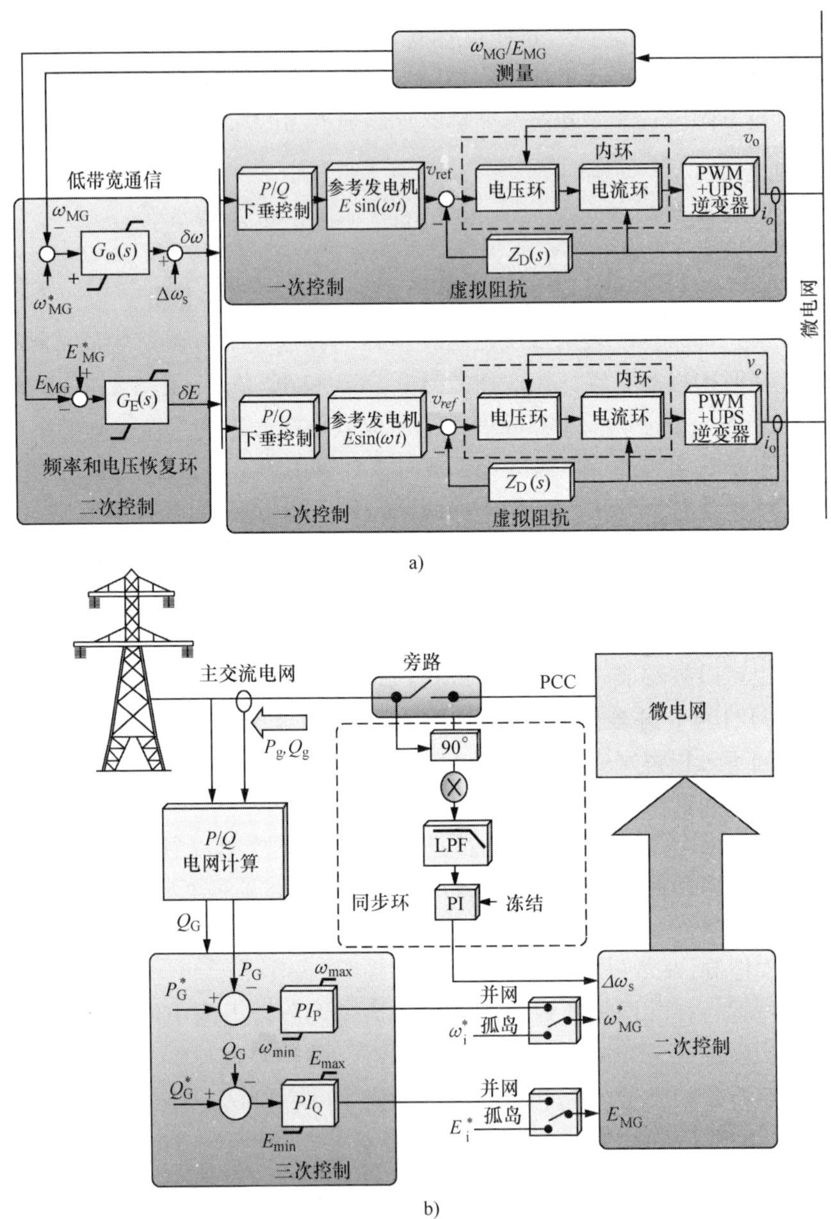

图 11.3　一个交流微电网的分层控制框图：a）交流微电网的一次和二次控制；b）交流微电网的三次控制和同步回路

据 P_G^* 和 Q_G^* 的符号，有功和无功潮流可以被独立地输出或输入。

要注意的是，当 k_{iP} 和 k_{iQ} 等于零，三次控制将作为微电网的一次控制，从而允许多个微电网相互连接，形成一个集群。该控制回路也可用于提高 PCC 处的电能质量。为了实现电压骤降穿越，微电网必须向电网注入无功功率，从而达到内部

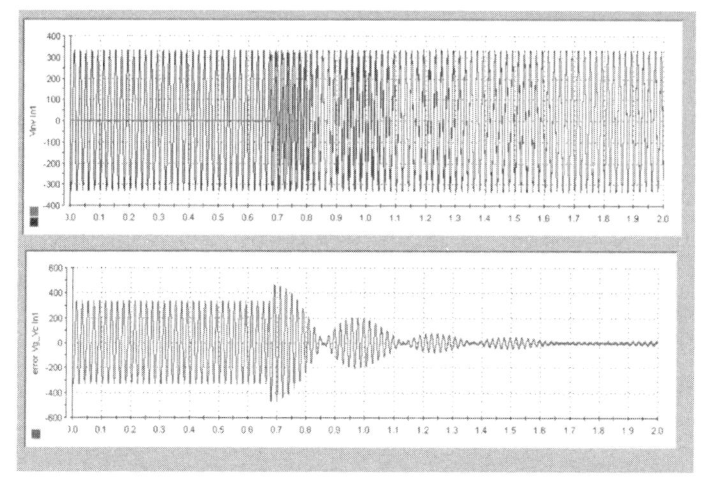

a)

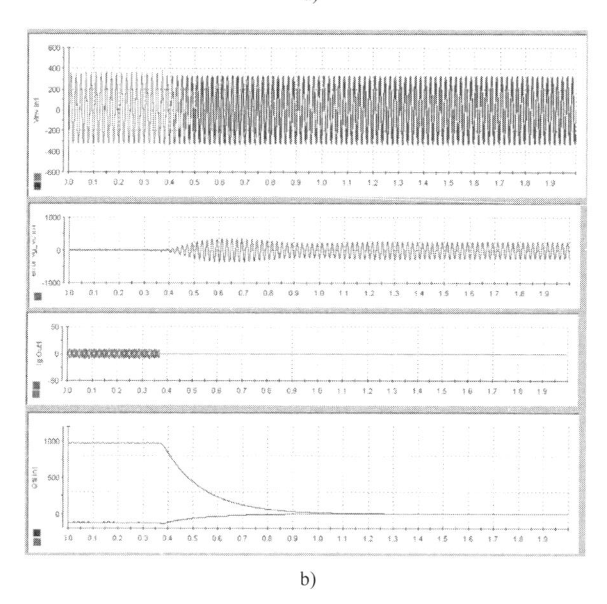

b)

图 11.4　微电网中的模式转换：a）同步过程。上图：电网和微电网电压。下图：电压差。b）从并网模式到孤岛模式的转换。上图：电网和微电网的电压。中图：电压差和电网电流。下图：PCC 处注入的有功和无功功率

电压稳定。孤岛监测有必要通过将微电网从主电网断开、断开三次控制参考值以及无功功率比例积分（PI）控制器的积分环节来避免电压失稳。

通过使用一个把分布式发电机当作电压源型逆变器的微电网实验室得出实验结果，微电网能够在孤岛模式以及并网模式下运行。

图 11.4a 展示了微电网与电网的同步过程。在微电网完全同步后，它可以与电网相连并控制 P 和 Q。因为微电网是以电压源型逆变器为基础的，如果与电网有一

些非计划的断开，微电网仍然可以在孤岛模式运行。图 11.4b 展示了从并网模式到孤岛模式的转换。

图 11.5 展示了有功和无功功率注入电网的电流实验波形。在 1.2s 时微电网与电网相连并且三次控制启动。此时我们如下改变P^*和Q^*。首先，我们从 P^* = 1kW 和 Q^* =0var 开始，向电网注入有功功率并达到单位功率因数。在 5.2s 时。我们将 Q^* 从 0 变为 -500var，因此，微电网就像一个电容器。接着，在 9.2s 时，我们突然将 Q^* 从 -500var 变为 +500var，此时，微电网就像一个电感器。最后，在 10.5s 时，在不改变无功功率的情况下，P^* 被设定为零。

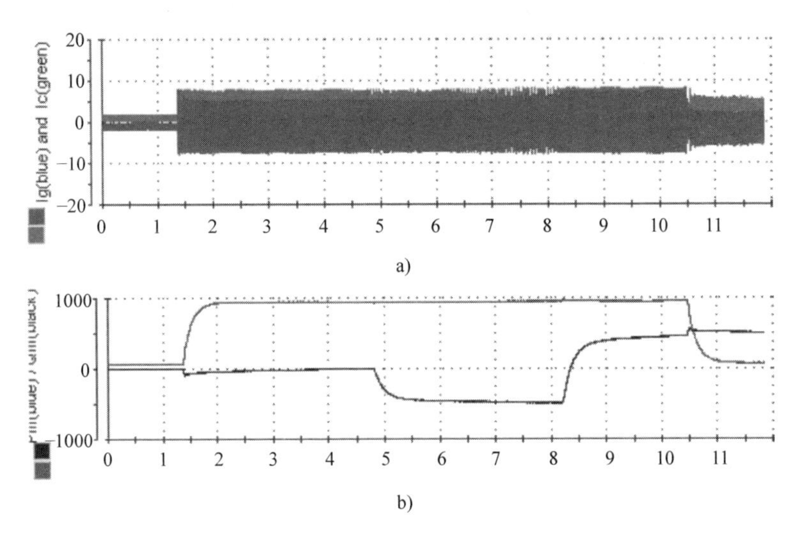

图 11.5 实验结果：a）在 PPC 处和微电网负载时的电流；b）注入电网的有功和无功功率

11.3.5 结论

一些三逆变器微电网的仿真结果被展示出来。逆变器由一个带有 LC 滤波器的全桥组成，额定功率为 5kVA。本地控制器由电流和电压回路、有功和无功功率的计算以及带有一个 50μH 虚拟输出阻抗下垂控制组成。在这个例子中，交流微电网分层控制的第 0 层带宽，对于电压控制回路是 5kHz，对于电流控制回路是 20kHz。第一层和第二层分别是 30Hz 和 3Hz。所选择的控制参数在表 11.1 中列出。

图 11.6a 和图 11.6b 所示为有功和无功共享微电网系统的动态变化。首先，三逆变器系统在连接到电网时就已经启动了。在 2.5s 时，电网的参考值由三次控制固定为从 0 到 1kW，从而提供给三个逆变器每个 650W。此时，一个预先计划的孤岛场景出现，微电网与电网断开以自主（孤岛）模式运行。此后，在 5s 时，一个逆变器（DG#1）突然从电网断开，逆变器 DG#2 和 DG#3 为本地负载提供功率。在 7.5s 时，逆变器 DG#2 断开；因此，逆变器 DG#3 提供了所有需要的功率。要注意的是，微电网运行的灵活性，能够应用于并网和孤岛两种模式下。

在孤岛模式期间，一次控制产生的频率和振幅偏差可以由二次控制回路来补偿。图11.7a和图11.7b分别描述了由二次控制完成的频率和振幅恢复情况。要注意的是，这些控制回路要避免一次控制产生的内部稳态误差（详细波形见图11.8）。

表11.1　交流微电网控制系统参数

参数	符号	数值	单位
功率阶段			
电网电压	V_g	311	V
电网频率	F	50	Hz
电网电感	L_g	10^{-3}	H
电网电阻	R_g	1	Ω
逆变器Ⅰ损耗电阻	R_{loss1}	0.1	Ω
逆变器Ⅱ损耗电阻	R_{loss2}	0.11	Ω
逆变器Ⅲ损耗电阻	R_{loss3}	0.09	Ω
逆变器Ⅰ电感	L_1	50×10^{-3}	H
逆变器Ⅱ电感	L_2	55×10^{-3}	H
逆变器Ⅲ电感	L_3	45×10^{-3}	H
逆变器Ⅰ电阻	r_1	0.1	Ω
逆变器Ⅱ电阻	r_2	0.15	Ω
逆变器Ⅲ电阻	r_3	0.05	Ω
负载	R_L	25	Ω
一次控制			
频率下垂导数	m_d	0.0001	W/rd
频率下垂比例	m_p	0.0015	Ws/rd
振幅下垂比例	n_p	0.001	var/V
二次控制			
频率下垂比例	$k_{p\omega}$	1	Ws/rd
频率下垂积分	$k_{i\omega}$	10	W/rd
振幅下垂比例	k_{pQ}	1	var/V
振幅下垂积分	k_{iQ}	100	var·s/V
三次控制			
相位比例	k_{pP}	10^{-5}	Ws/rd
相位积分	k_{iP}	0.1	W/rd
振幅比例	k_{pQ}	1	W/rd·s
振幅积分	k_{iQ}	100	var·s/V

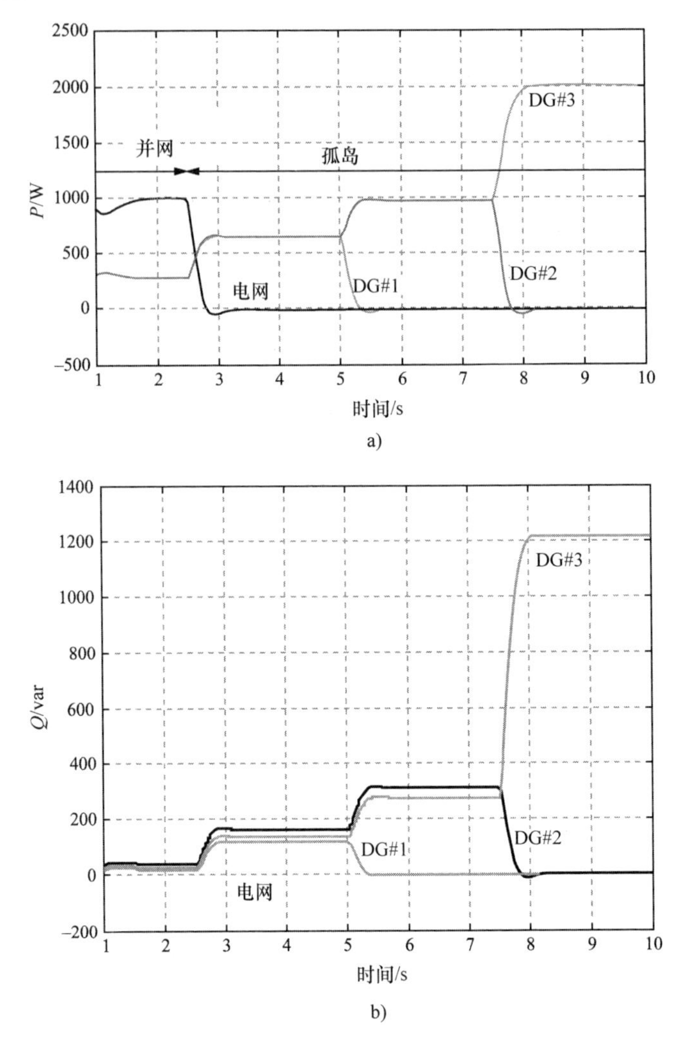

图 11.6　一个两逆变器微电网的瞬态响应：a）有功功率和 b）无功功率

图 11.9 展示了在 2.5s 出现一个非计划孤岛场景时交流微电网频率和振幅的瞬态响应。1s 后，孤岛运行被检测到，三次控制回路失效，用于二次控制的频率和振幅参考值自主产生。要注意的是，小的瞬态频率误差可以被用于检测交流微电网正运行在孤岛模式。这些短暂的变化几乎不对微电网系统的性能产生影响。

图 11.10 展示了从电网到微电网的有功和无功潮流。在这种情况下，三逆变器微电网仍与电网相连，在稳态时始终保持无功功率等于 0，三次控制将改变有功功率的参考值。

最后，图 11.11 描述了有功功率在不同场景时的动态变化：在 0s 时，微电网处于孤岛模式，在 5s 时即同步过程后，微电网与电网相连；在 10s 时，P 参考值由 0 变为 1kW。图 11.12 展示了在同步过程中，微电网和电网间的电压差细节，显示了同步回路的动作情况。因此，在孤岛和并网模式下的运行，以及模式之间和相应的同步过程之间的转换，已被成功地执行。

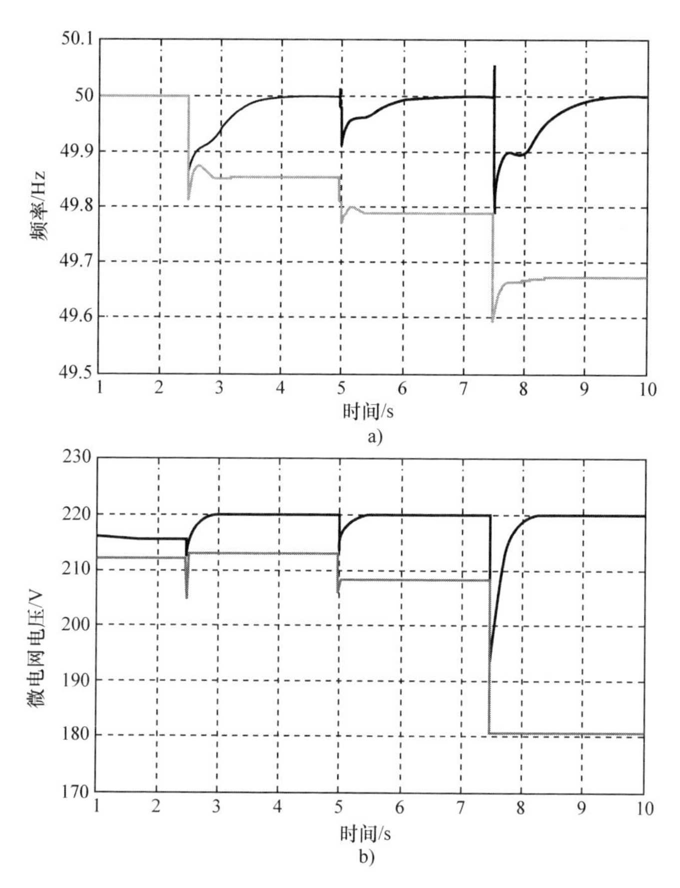

图 11.7 无二次控制（灰线）和有二次控制（黑线）的交流微电网频率和电压有效值瞬态响应

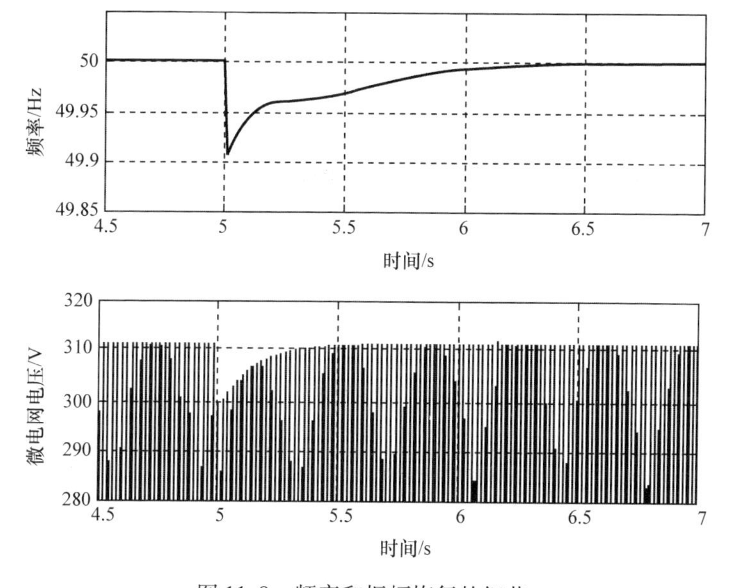

图 11.8 频率和振幅恢复的细节

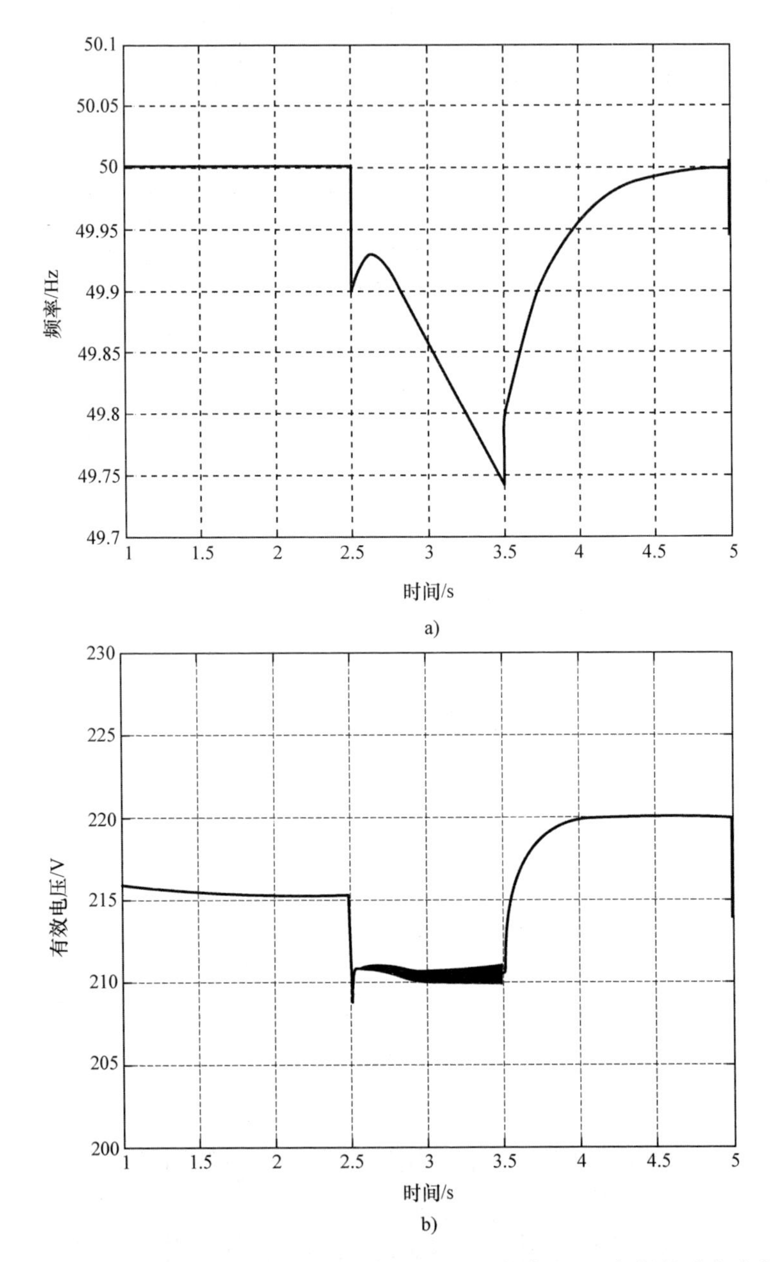

图 11.9　一个非计划孤岛场景的孤岛监测：a）频率和 b）振幅的瞬态响应

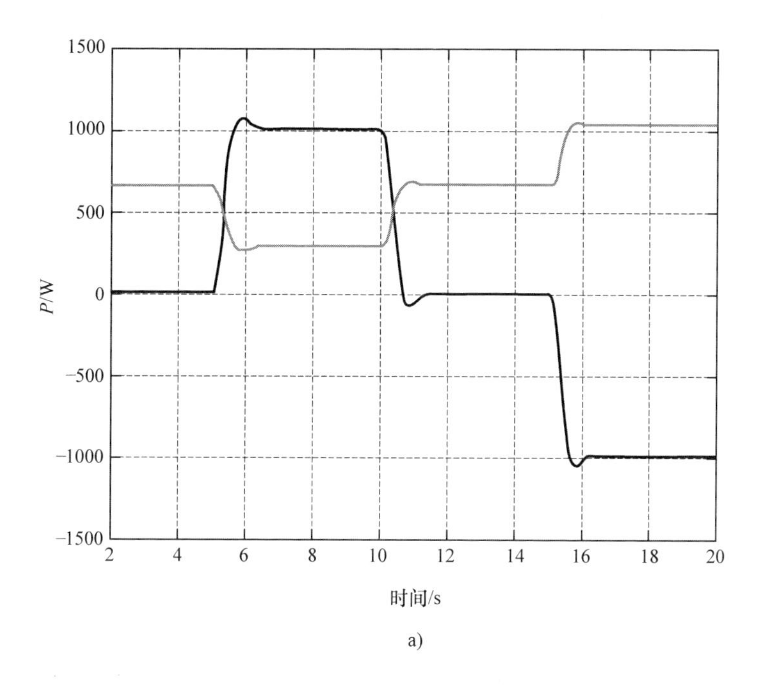

a)

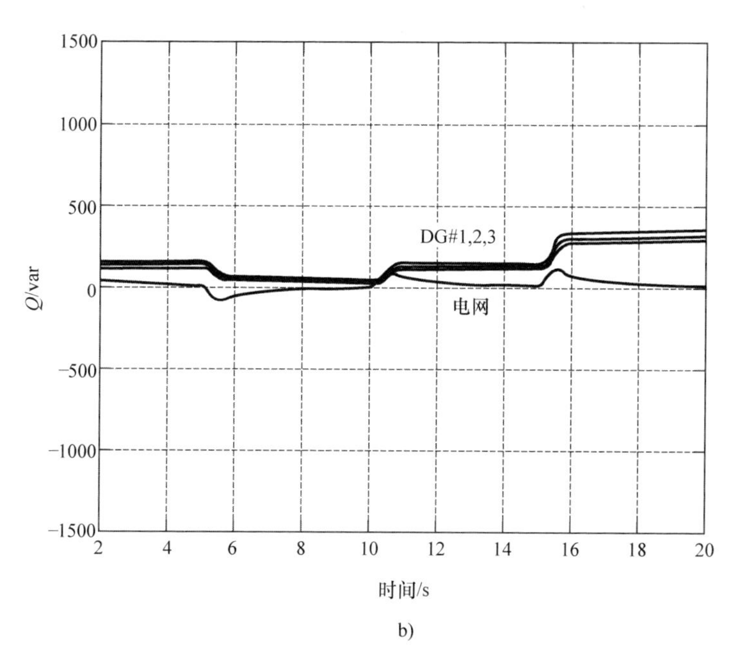

b)

图 11.10 三次控制：a）有功功率和 b）无功功率

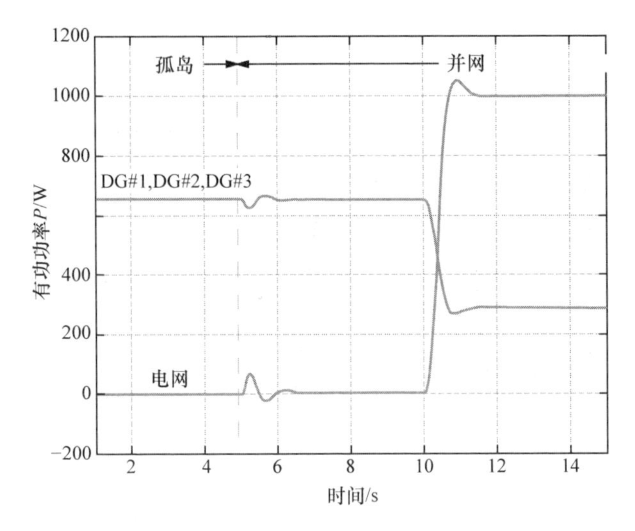

图 11.11　从孤岛模式到并网模式的转换过程

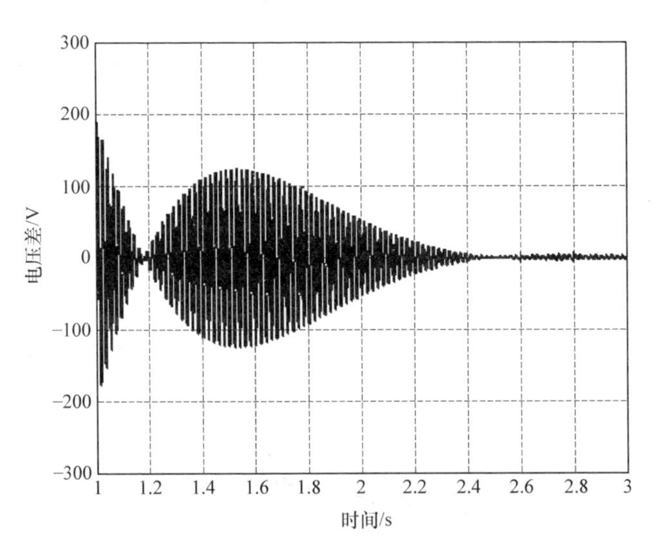

图 11.12　在同步过程中电网和微电网间的电压差细节

11.4　微电网的自供电智能无线传感器

11.4.1　无线传感器网络概述

无线传感器网络（WSN）是感知并可能控制其环境的节点网络。它们通过无线连接来交流信息，“使人们或计算机和周围环境相互作用”[54]。不同的节点收集的数据被发送到一个接收器，它既可以通过例如执行器使用本地数据，或者通过网关“连接到其他网络（例如，因特网）”。传感器节点是网络中最简单的设备。由于它们的数量通常大于执行器或接收器的数量，所以它们必须很便宜。其他设备由

于它们需要提供的功能所以是更复杂的[55]。一个传感器节点通常由 5 个主要部分组成：一个或多个传感器从环境中收集数据。中央处理器以微处理器的形式管理任务。通信模块中包含一个与环境通信的收发器，存储器用于存储临时数据或在处理过程中生成的数据。电池为所有部件提供能量。为了确保足够长的网络寿命，网络所有部分的能效至关重要[56-58]。由于这种需求，数据处理的任务常常是分散在网络中的，即各个节点相互配合把数据传送到接收器。尽管大多数传感器都有传统的电池，但仍有一些早期研究致力于生产没有电池的传感器，在没有电池的情况下，使用类似于被动无线射频识别（RFID）芯片的技术。

11.4.2　传感器节点的供电问题

当网络密布着许多无线传感器节点时，节点供电问题变得至关重要，尤其是考虑通过有线电缆向它们提供电力或更换电池的成本过高时，情况更是如此[56-58]。为了使传感器节点能够方便地放置和使用，这些节点必须是非常小的，只有几立方厘米。当传感器节点很小时，将对节点的工作寿命带来严格的限制，如果是电池供电，这就意味着要延续设备的总寿命。最先进的、不可充电的锂电池可以提供高达 800Wh/L 或 $2880J/cm^3$[59]。如果一个带有 $1cm^3$ 硬币大小电池的电子设备平均功耗为 200μW（这是一个具有挑战性的负载平均功耗），设备将工作 4000h 或 167 天，相当于半年。显然，这个电子设备的半年的运行寿命远远不够，因为设备运行的持续时间可能长达数年之久。这意味着电子设备的电池供应必须定期维护。所以开发一种替代方法来为无线传感器和执行器节点供电是非常迫切的。因此，这个研究方向的目标是针对急需能量的无线传感器节点解决能源供应问题。

无线传感器节点可以采集自己的能量来维持运行，而不是依赖于碱性/可充电电池等有限的能源。这是针对无线传感器网络的一种可替代能源系统。其思想是，节点使用各种转换方案，并且传感器节点使用的材料将环境中大量可用的可再生能源转换为电能。这种方法也被称为“能量采集”，因为该节点采集或寻找的是未使用的、可自由利用的环境能量。对驱动无线传感器节点来说，能量采集是一个极具吸引力的选择，因为节点的工作寿命只会受到其自身组件故障的限制。然而，它可能是最难以探索的方法，因为可再生能源是由不同形式的环境能量构成的，因此没有一个适合所有应用的解决方案。这个选择相比其他两个可能的方案更有能力将传感器节点的工作寿命延续得更长，即改进现存的有限能源并降低传感器节点的功耗。由于微电网现有的输电线的可用性，在本章中，我们引入磁能收集技术来维持自供电无线传感器的监测运行。

11.4.3　智能无线传感器网络的风能采集

近年来，从周围环境中获取可再生能源以延长微型低功耗无线传感器节点/网络（WSN）工作寿命的研究工作变得非常流行[60-62]。尽管在低功耗电子电路设计、高能量密度存储设备和优化功率监测网络协议方面有很大的进步，但有限的能量存储单元所提供的能量仍然限制了分布式嵌入式系统的自主性。在实际应用中，更长的工作寿命是许多无线传感器网络系统的一个重要目标。为了实现这一目标，我们需要从仅依赖电池的电池驱动的传统无线传感器网络转变为一个真正自主和可持续的能量采集无线传感器网络（EH - WSN）[63,64]。对于能量采集无线传感器网络来说，传感器节点与某种形式的能量采集机制结合在一起，它可以直接从远程部署点周围环境中采集风、光、振动等能量，用于给传感器节点上的机载电池/超级电容器充电。因此，延长节点工作寿命所需要的维护非常少。

与任何普通的可再生能源一样，风能采集（WEH）已被广泛研究用于大功率应用，大型风力发电机用于向远程负载和并网应用供电[65,66]。然而，以作者所知，很少有研究工作在文献中能找到，它们讨论使用微型风力发电机的小规模风能采集问题[67-69]，这种微型风力发电机体积小，非常便携，为部署在偏远地区的小型自主传感器的监测供电，或甚至可以长期暴露在诸如突发性火灾、沙尘暴等恶劣的环境中。

对于一个在低风速下运行的高效空间的微型风能采集系统，由风力发电机产生的交流电压 V_g（峰值）在 1 ~ 3V 之间，这相对于大型风力发电机兆瓦（MW）级的功率和几百伏的输出电压是很小的[65]。因此，在 AC/DC 整流器中使用传统二极管是具有挑战性的，它有一个高电压状态的电压降 V_{on}（0.7 ~ 1V），将低振幅的交流电压整流并转换成电子电路可用的一种形式。另一个具有挑战性的问题是，由 WEH 系统采集的用于驱动无线传感器节点的电功率通常非常低，只达到 mW 级或更少。如果风力发电机没有在最大功率点运行，这种情况会变得更糟。最主要的问题是开发一种高效的功率变换器及其与 MPPT 算法相结合的微型电子电路，用于追踪和保持风力发电机的最大输出功率，以维持无线传感器节点在许多不同的工况下的运行。MPPT 技术已经广泛应用于大规模的风能采集系统[66-68]，用于从环境中采集更多的能量。然而，这些 MPPT 技术需要很高的计算能力来实现精确和准确的最大功率点跟踪目标。在小规模风能采集中，要实现如此精确的最大功率点追踪技术，复杂的 MPPT 电路所消耗的能量远远高于采集到的能量本身，因此此方法不可取。一个电阻模拟方法研究了微型风力发电机。电阻模拟方法背后的基本原理是有效控制负载电阻来模拟风力发电机的内部电源电阻[69-71]，以此在电源和负载之间达到良好的阻抗匹配，因此，采集到的功率在任何运行风速下都是它的最大值。

自主风能采集无线传感器节点应用于遥感多目标分布式智能微电网的系统结构如图 11.13 所示。它由三个主要建构模块组成，即风力发电机、功率管理单元以及无线传感器节点。为了更好地理解这个风能采集系统的主要组件是如何工作和相互影响的，图 11.13 描述了能量转换阶段的原理框图。从风力发电机产生一个单相交流电输出到功率管理单元：一个用于驱动无线传感器节点监测和通信的直流稳压源。

1. 风力发电机

参考图 11.13 所示的功能结构，从一个阶段到另一个阶段的功率转换过程即从

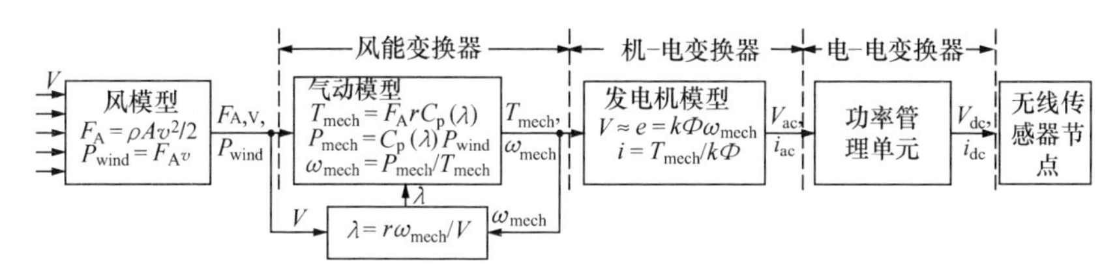

图11.13 风能采集无线传感器节点的功能框图和转换阶段，其中v是风速，F_A、C_P、λ、r分别是风力发电机的空气动力、功率系数、叶尖速度比以及叶片半径；P_{wind}和P_{mech}分别是风功率和机械功率；e、k、Φ、V、i分别是发电机的反电动势电压、电机常数、流量、端电压和电流

风到机械阶段再到电气阶段，已经在每个结构模型中被定义来决定发电量和它的转换效率。了解各阶段的发电量，风力发电机产生的总输出功率可以被设计用于满足无线传感器节点遥感风致野火蔓延的功率需求。

图11.13的风电模型显示了输入风速变量v和可用风能输出功率之间的关系，P_{wind}基于一个给定的风面接触区域A。根据风电模型可知，风功率是成比例的3个变量：①截取风机被风扫过的截面积为$A(m^2)$；②风速为v（m/s）；③空气密度为ρ（kg/m^3），在海平面通常是1.255kg/m^3。在本章中，使用了一个叶片半径为3cm的小型风力发电机，它的风面接触区域可以计算为28.3cm^2。这些技术参数可以决定在气流中可用的风功率P_{wind}。风速v越大，风功率P_{wind}也越大，因此采集能量是根据它的风速的3次方。由于风机叶片的空气动力效应，部分风能通过风机转化为机械旋转功率$P_{mech}C_p(\lambda)$。$C_p(\lambda)$也被称为功率系数因子，这是P_{wind}和P_{mech}之间的功率转换效率因子，它可以用通过分析函数方法[72]或直接数据测量和计算方法得到。为简单起见，本章采用直接数据测量和计算方法来确定风机的功率系数C_p和干扰因子a，表达如下：

$$C_p(\lambda,\theta_{pitch})=4a(1-a)^2 \tag{11.17}$$

$$a=\frac{u_0-u_2}{2u_0} \tag{11.18}$$

一些实验测量旨在采集上行电压u_0、下行电压u_2和风机风速并代入式（11.17）和式（11.18）。在一个每月平均风速为3.62m/s的样本偏远地区[73]，从参考文献［73］中可知，在39%的风功率中，82mW被困在风机中，其余的是机械功率，32mW在风机输出轴上产生，它与体积大小为1cm^3的发电机转子轴直接耦合。接着用于发电机的机械功率转化为用于输出负载即功率管理单元和无线传感器节点的电功率。针对不同的进风速度对风机输入的影响，我们研究了风机的电气特性，并将不同的电负荷与风机的输出相连接。研究过程考察了风机在不同工况下的性能。通过这样做，我们可以确定风力发电机在每种工况下可以采集的电能，从而满足为遥感野火蔓延而部署的风能采集无线传感器节点的电能需求。根据参考文献［73］，$I-V$ 曲线的线性梯度代表了风力发电机的内部阻抗。因为这些梯度是互相平行的，所以只存在一个最优电阻值 R_{opt} 可以与风力发电机的内部阻抗相匹配，它由下式得到：

$$R_{opt}=\frac{V_{mppt}}{I_{mppt}} \tag{11.19}$$

式中，V_{mppt} 和 I_{mppt} 分别是风力发电机在最大功率点的电压和电流。在参考文献［73］中可知，最大电功率 P_{mppt} 可以在风力发电机匹配负载阻抗为 100Ω 时被采集，它本质上也就是式（11.19）所定义的最优阻抗值 R_{opt}。当风速为 3.62m/s 时（目标部署区域的平均风速），风力发电机对不同负载产生的输出电功率大约为 3mW@1.8kΩ，13mW @100Ω，6.5mW @39Ω。结果表明，当与风力发电机最优输出阻抗产生偏移时，无论是轻负荷还是重负荷，都会对发电机产生的输出电功率造成大幅下降，即相对于 13mW @100Ω，1.8kΩ 和 39Ω 时采集的电能分布下降了 77% 和 46%。因此，需要在风能采集系统的功率管理单元中集成一个跟踪其峰值功率点的最大功率点追踪方案来采集最大的功率以维持无线传感器节点在野火蔓延环境中的遥感操作。

2. 风能采集系统的最优功率管理单元

功率管理单元在源阻抗（风力发电机）和负载阻抗（储能、功率管理单元以及传感器节点）之间提供适当的匹配，以实现风能采集系统的高功率转换效率并采集更多电能。MPPT 技术在大规模能源领域普遍用于从环境中采集更多的能量。对于较小的设备，MPPT 的目标既要最大限度地提高传输效率，也要尽可能地减小 MPPT 能量消耗，因为在这种情况下，能源供应是稀缺的。这些微小无处不在的无线传感器节点体积往往很小；因此，微型风机产生的有限的电能才能被使用。因此，MPP 跟踪器的能量消耗和效率才是传感器节点风能采集系统非常重要的设计标准，而不是 MPPT 的精度。

根据参考文献［74］可知，MPPT 算法可以分为间接和直接方法。间接方法是基于一个数据表的使用，包括参数和数据，例如不同的辐射和温度下太阳能电池板的典型曲线，或者利用从经验数据获得的数学函数来预估 MPP。与需要太阳能电池板特性的先验知识的间接方法相反，直接方法测量太阳能电池板的电压和电流以计算并获得给定运行点上的实际最大功率点。

对于本章描述的风能采集系统，由于间接方法不适用于此，它可以从参考文献［73］中被排除，因为在功率曲线上没有单一的电压或电流点可以用来表示所有的 MPPT 运行点。至于直接方法，它仍然适用于风能采集系统；然而，在迭代振荡搜索中，它产生了过多的能量损失，对于小规模的风能采集来说，这种情况是非常不可取的。为了克服这一问题，开发了基于能量采集器内部阻抗而不是产生的电压和电流的 MPPT 技术。参考文献［73］中测绘的功率曲线表明，当负载电阻与电源电阻匹配时，即 100Ω，在任何进风风速下采集到的功率总是最大的。通过应用直

接法的本质去迭代搜索和计算被评估的电源电阻，可以实现一种针对各种进风风速快速而准确的方法来达到MPPT点。提出的MPP跟踪算法基于模拟负载阻抗匹配电源阻抗的概念；这就是所谓的电阻仿真或阻抗匹配。

在本章中，设计了一种基于电阻仿真器的微型控制器，该仿真器具有闭环反馈电阻控制方案，可用于各种动态条件下风能采集无线传感器节点的MPP跟踪器。图11.14中描述的MPPT电路本质上由三个主要组成部分组成，即①图11.14a所示的DC/DC升压变换器，用于管理从风机到负载的功率转移，即超级电容器、功率管理单元以及无线传感器节点；②图11.14b所示的电压和电流传感回路，为MPP跟踪算法生成一个反馈电阻信号；③图11.14c和d所示的MPP跟踪器及其控制和脉冲宽度调制（PWM）生成电路，通过调节升压变换器PWM门信号的占空比，使与AC/DC整流器耦合的风机（因此提供一个电压V_{rect}）与超级电容器（以电压$V_{supercap}$为特征）以电子方式相适应来达到它的最大功率点。

对风能采集系统性能及其最大功率点跟踪能力的评估已经进行了几个实验测试。考虑到升压变换器、控制、传感和PWM生成电路的功率损耗，进行了无MPPT和有MPPT的WEH性能分析，实验结果如参考文献［73］中在柱状图所示。在约3m/s的低风速情况下，采用MPPT方案的风机所采集的总功率是7.7mW，这是没有采用MPPT方案的两倍。当风速高达8.5m/s，采集的功率差异就更大了；从风力发电机处采集到高达四倍的电功率。考虑到MPPT电路中相关的损失，在参考文献［73］中发现有一小部分采集到的总功率，即大约10%～20%是被升压变换器控制，传感和PWM生成电路所消耗的。在参考文献［73］中所示的所有风速测量点中，我们注意到，采用MPPT的WEH系统的性能，包括变换器的效率损失以及电路的功率损耗在内的比没有采用MPPT的WEH系统更优越，这在更高风速情况下更加明显。这显示了在WEH系统中实施MPPT对于维持无线风速传感器寿命的重要性以及远程监测风致野火蔓延的贡献。

3. WEH无线传感器节点

已设置的WEH系统与德州仪器（TI）提供的一个商用无线传感器节点相连。由于风的方向是不可预测的，所以在给定的运行条件下，可能发生风的入射角度不垂直于风机平面的情况，从而导致非最优风能的采集。然而，对于在这项研究中使用的风力发电机（WTG），由于WTG尾部的设计，这一问题得到了很好的关注。WTG的尾部调整了来风的风向以使WTG以垂直的角度面对来风。因此，风的入射角总是垂直于风机平面。eZ430－RF2500是针对MSP430微控制器和CC2500射频收发器的一个完整的无线开发工具，它包括用MSP430在一个便捷的通用串行总线（USB）棒上开发一个完整的无线项目所需的所有硬件和软件。eZ430－RF2500使用MSP430F2274－16位超低功率微控制器，它有32KB的闪存、1KB内存、10位模数转换器和2个运算放大器并与为低功耗无线应用而设计的CC2500多通道射频收发器配对。由于微控制器是无线传感器节点的一部分，因此相比一个简单的

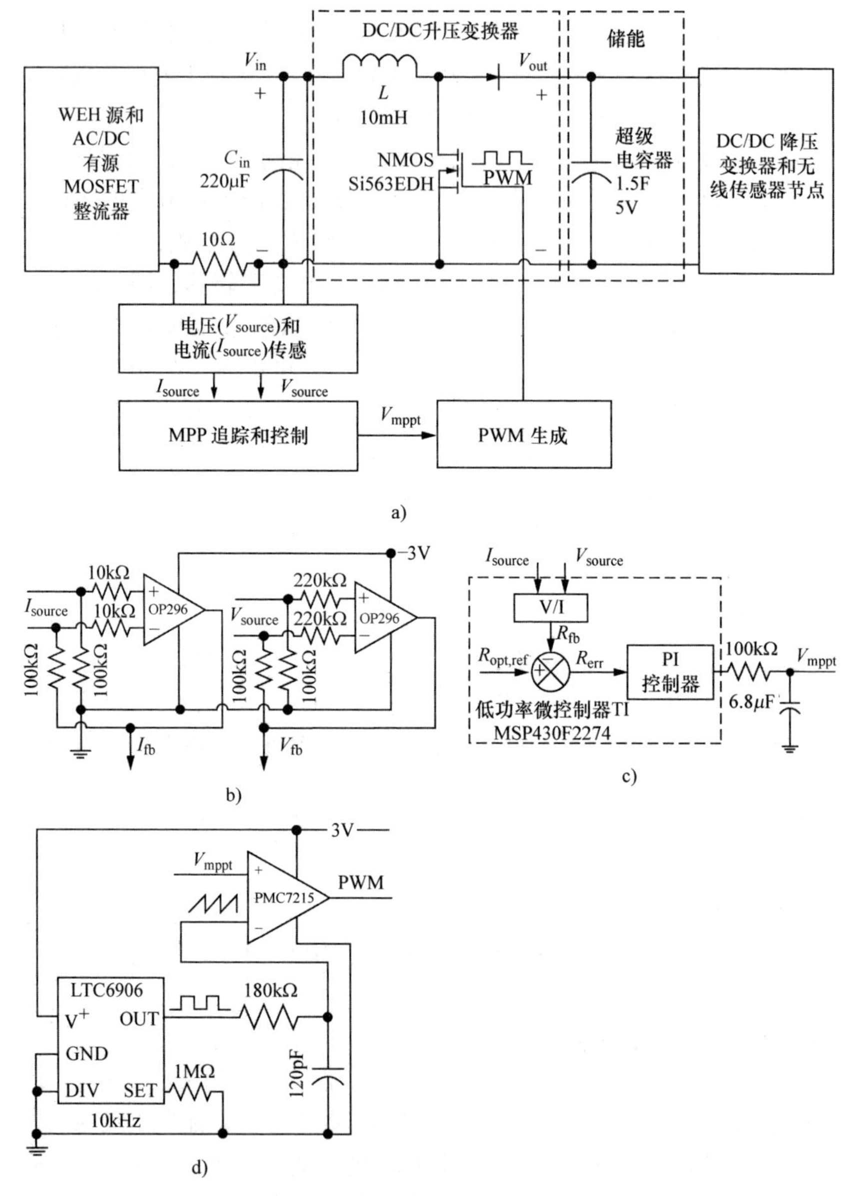

图 11.14　风能采集无线传感器节点：a）概述，b）电压和电流传感，c）MPP 跟踪和控制，d）PWM 生成

MPPT 模拟电路，利用板载微控制器实现更准确、更快的 MPPT 方案是很便捷的[67-70]。

传感器节点的运行包括传感一些外部模拟信号和每隔 1s 将传感的信息传递给网关节点。基站收集的信息经过处理后变为重要的参数，如风速、温度、电能质量等，来使状态维修团队了解环境以及分布式微电网运行工况更加便利。1Hz 的数据传输速率应该足够快，以便监控团队能够实时监控情况，并对各种紧急情况做出相应的反应。

11.4.4　智能无线传感器网络的磁能采集

磁能采集是另一个潜在的能量采集方案，用于解决智能无线传感器网络在多个分布式微电网中的驱动问题。研究致力于通过利用电磁感应的电感耦合作为磁能采集技术。它以著名的安培定律和法拉第电磁感应定律的整合为基础。安培定律描述了可用于浪涌线圈感应的离散磁源的磁通密度。法拉第电磁感应定律描述了一个感生电动势 V_{emf}，在一个浪涌线圈中，它直接与穿过绕组回路的磁通变化率 Φ 成正比。在浪涌线圈的输出中产生的感应电压 V_{emf}经过功率管理单元的处理，存储在一个能量存储设备中，即电容器。这种存储的能量接着被用于驱动无线传感器节点的运行。

1. 输电线路产生的磁能

在实验测试中，磁能采集器的特性描述过程分为两部分，也就是①磁能源，即包含由安培定律支配的磁能的磁场以及②磁能采集器，即以法拉第电磁感应定律为依据的，一个以环形线圈为基础的缠绕 N 圈导线的浪涌线圈。磁能源是第一个特征，因为沿着载流电力电缆的磁通密度 B 是流经电力电缆电流 I 的一个函数，半径 r_a是测量点和导体中心之间的距离，它可以确定磁场线并最佳地描述流经输电线路的电流所产生的磁能。

特性描述过程的第二部分用来确定基于环形线圈的磁能采集器的感应电压，采集器由绕有 N 匝铜线圈的圆环形铁心所构成。当载流电力电缆穿过铁磁铁心的中心时，磁场线就产生了。这些磁场线围绕着铁心和它的铜线圈并感应出一个交流电压。感应电压与环内单位时间磁通线的变化率以及线圈匝数 N 成正比。换句话说，感应电压与磁通密度 B、环路面积 A、线圈匝数 N，以及电流频率 f 有关。实验装置通过载流电力电缆从基于环形线圈的磁能采集器上测量了感应电压 V_{emf} [$-\omega NBA\sin(\omega t)$，其中由于楞次定律，符号为负]。通过调节交流电源的电压旋钮，电路中的电流可以从 1～4A 变化。由于电路中的大电流，高功率电阻负载组被利用。对输电线路一次侧不同电流感应出的感生电动势的测量和计算的总结见表 11.2。

表 11.2　输电线路不同电流时计算和测量的感生电动势

测量和计算的感生电动势 $V_{emf}=\omega NBA\sin(\omega t)$							
输电线路中的电流 I	μ_r	ω $2\pi f$ f 为 50Hz	N	B $\mu_0\mu_r I/2\pi r_a$ r_a 为 1.5cm	面积（πr_b^2） r_b 约为 0.5cm	计算值 V_{emf} （V_{rms}）	测量值 V_{emf} （V_{rms}）
4A	1500	100π	500	0.08T	$2.5\times10^{-5}\pi$	0.987	1.025
3A	1500	100π	500	0.06T	$2.5\times10^{-5}\pi$	0.740	0.748
2A	1500	100π	500	0.04T	$2.5\times10^{-5}\pi$	0.493	0.449
1A	1500	100π	500	0.02T	$2.5\times10^{-5}\pi$	0.247	0.194

从表 11.2 中可以观察到，当主输电线路流过电流从 1A 增加到 4A 时，在离导体中心 1.5cm 的地方获得的磁通密度 B，也从 0.02T 增加到 0.08T。因为这个原因，由环形磁能采集器输出产生的感应电压被提高了。在表征过程中，基于实际考虑的电力电缆的物理直径和 500 匝铜绕组的空间，取 r_a 为 1.5cm 的位置作为参考点。

2. 磁能采集器的性能

为了研究磁能采集在各种工况下的运行情况，我们对已设置的磁能采集器进行了实验。回到表 11.2，采集器的开路电压是由一个环形线圈构成的并且相当低，在 0.2～1V 之间。为了达到更高的输出电压，三组铁心以串联的方式连接。磁能采集器的改进版本与不同的负载电阻相连，主输电线路中的源电流在 1～4A 间变化。这使我们能够发现采集器在各种输入和输出工况下的性能特点。

从实验 IV 曲线可知，输电线路流过不同电流可获得的开路电压增加了大约 3 倍，大约在 0.7～3.5V 范围内变化。尽管采集器的输出电压已经通过串联 3 组铁心得到了增加，感应电压在某些工作点仍然相当低，尤其当磁场由于交流输电线路流过电流较低而很弱时。因此，磁能采集器可能无法驱动电子输出负载。这种磁能采集器产生的低输出电压将对功率管理电路的设计提出挑战。另一项分析针对功率曲线实施，当负载电路为 270Ω 时最大功率是可达到的。在实验中，随着交流输电线流过源电流从 1A 到 4A，采集器可获得的最大电功率从 1mW 到 18mW。这里的挑战是当源电流较低时，比如 1A，磁场辐射就会变弱，从而导致采集器可获取的最大功率急剧下降到约 1mW，这可能不足以持续驱动射频发射器负载。因此，下面提出了设计一个处理磁能采集器低电压和低功率挑战的功率管理电路。

3. 功率管理电路

在对磁能采集器进行分析和特性描述的基础上，我们发现了一种采集杂散磁能可行的解决方案，通过感应耦合功率传输的方法来驱动低功率无线传感器节点。图 11.15 中的框图阐明了能量采集方案及其在无线传感器节点上的应用。因为电压源本质上是来自输电线路沿线电力供应的交流电，所以感应电压 V_{emf} 将作为交流电压源与负载相连。然而，无线传感器节点（即调幅射频发射器）需要一个直流源来运行；因此，感应电压必须被整流为直流并在驱动设备前进行调节。这是通过使用一个电压倍压器而不是标准的二极管全波整流器来实现，它具有将交流低电压整流并放大到直流高电压的能力。

参考实验功率曲线，由铜线绕制的铁心中产生的功率在几毫瓦范围内。在有限的功率产生水平下，磁能采集器持续驱动无线射频（RF）收发器是不可行的。为了克服这一问题，在能源和无线负载之间，设计了一个有效的能量存储和供应电路，这在参考文献［75］中被讨论过。这是为了确保电能存储在电容器中，并且存储的能量足以维持几次射频传输的运行。当功率管理单元中的存储电容器的能量水平足够支持运行时，射频发射器就会开始将数字编码信息传输到距离很远的射频

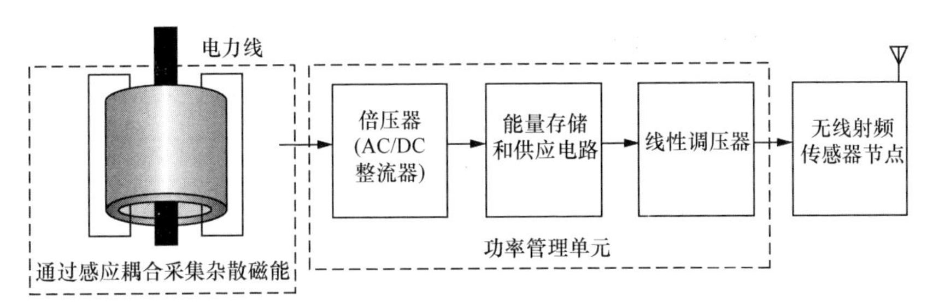

图 11.15　能量采集和无线射频发射器系统的结构框图

接收器上。发射器所消耗的能量取决于 12 位数字编码数据的传输量。

在实验中实施的设计规范将根据实际情况进行界定。技术参数说明如下：①电源频率为 50Hz，这也是大多数国家的工作频率；②主输电线路中流过的电流设定为 4A；③每个绕组的线圈匝数为 500。磁能采集器的优点在于它为设计参数提供了灵活性，即在某些特定的应用中，N、ω、B 可以被相应地设定来使传感器节点适应不同的工况。

4. 磁能采集无线传感器系统的应用实例

用于仿真输电线路中流动的 1～4A 电流的实验平台已经被建立起来，它由与一组 60Ω 负载电阻相连的 220/230V 交流电压源组成。由于输电线路一次侧是交流的，所以感应电动势也将是交流电压。该实验装置作为一个测试平台，用于评价磁能采集系统的性能。

图 11.16 展示了感应交流电压 V_{emf}、杂散磁能采集器的输出以及电压倍压器的直流输出电压的波形。可以观察到，感应电压信号是一个扭曲的正弦波，而不是一个平滑的正弦波。造成这种现象的原因可能是磁滞效应和环形磁心的磁饱和。一旦杂散磁能采集器的感应交流电压 V_{emf}输入电压倍压器，电压倍压器电路将会输出加倍的直流电压。因此，功率管理的设计将会更加简单。变压器二次绕组的电压在电压倍压器中被整流，然后电荷累积在蓄电供电电路的储能电解电容器上。存储电容器的充电和放电电压分别为 4V 和 6.72V（见图 11.17）。存储在 47μF 储能电解电容器中的电能量计算为 685μJ。

对于每一个 12 位数字数据包，一次传输的时间是 20ms，即 10ms 的有效时间和 10ms 的空闲时间。在有效传输时间内，提供的电压和电流分别为 3.3V 和 4mA，并被射频发射器负载所消耗。在剩下的 10ms 中，射频发射器负载在空闲模式下运行，这意味着消耗的能量非常少，因此在空闲时间内排除射频发射器负载所消耗的能量是合理的。计算显示了平均功率，因此，射频发射器传输一次数字编码数据所消耗的能量分别为 13.2mW 和 132μJ。图 11.17 所示的实验结果验证了射频发射器能够成功地将超过 10 个数字编码数据包传输到远端接收器。这可以通过射频接收端收到的数字编码数据包的数量来验证。

尽管与其他能量收集源（即风能、太阳能）相比，杂散磁能采集器能够利用的能量相对较小，然而，685μJ 的少量能量足以使它的射频发射器负载在无线传输

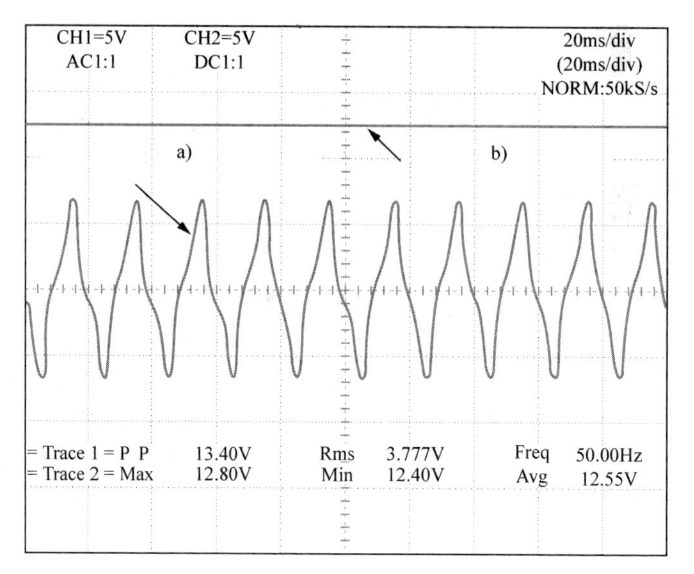

图 11.16　a）杂散磁能采集器交流电压波形；b）电压倍压器输出直流电压波形

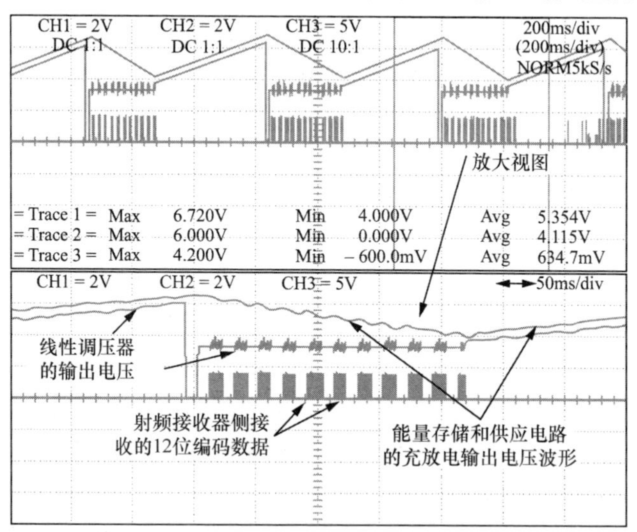

图 11.17　在射频接收器端收集的波形用于显示使用
采集的能量接收到的 12 位编码数据包的数量

中传输数字编码数据包。实验结果表明，我们利用所采集的能量成功地进行了射频传输。这意味着磁能集器能够实现其目标，即利用从微电网输电线路产生的磁能驱动一个无线传感器节点。研发的自供电无线射频发射器的工作基准是在开阔视野范围内传输 10 个 12 位数字信息包的能力达到 70m。

11.5　小结

本章介绍了一个微电网分层控制的通用方法。分层控制源于 ISA－95。一个三

层的控制被应用于交流和直流微电网。一方面，采用交流微电网的控制系统来模拟交流大电网，指出两种系统的相似性。另一方面，直流电网的分层控制提供了一些新颖的特性，它们在DPS应用中很有用，例如电信直流电压网络等。

因此，我们获得了可用于与交流或直流配电系统进行交流或直流互连，从而控制从微电网到这些系统的潮流的柔性微电网。此外，这些微电网可以在孤岛或与固定电源连接模式下运行，也可以实现一种模式到另一种模式的无缝转换。

通过使用所提出的方法，可以实现一个多微电网集群，并组成一个智能电网。从这个意义上说，三次控制可以提供高等级转动惯量来使更多的微电网并网，所以充当集群的一次控制。在此意义上，微电网将会像一个具有高转动惯量的电压源。因此，一个上级控制层需要向微电网中的每个集群发送参考信号来恢复频率和振幅，即集群的二次控制。最后，三次控制可以固定提供给集群的有功和无功功率或像一次控制一样与更多的集群互连。因此，我们可以根据需要扩展控制层次。

使用这种方法，系统具有更好的灵活性和可扩展性，因此它可以集成更多的微电网，而不需要改变与每个微电网相关的本地分层控制系统。

有了对多个分布式微电网部署地工况的先验知识，我们就可以设计和开发由环境能量收集源供电的无线传感器节点/网络。本章阐述了来自于风能的动能和来自输电线路的磁能。实验结果证明了这些自供电无线传感器节点的技术可行性，并且对未来集成微电网应用的研究具有一定的价值。

参考文献

[1] H. Farhangi, "The path of the smart grid," IEEE Power and Energy Magazine, vol. 8, no. 1, Jan.-Feb. 2010, pp. 18–28.

[2] M. Mahmoodi, R. Noroozian, G. B. Gharehpetian, M. Abedi, "A Suitable Power Transfer Control System for Interconnection Converter of DC Microgrids," in Proc. ICREPQ Conf. , 2007.

[3] Y. Rebours and D. Kirschen, "A Survey of Definitions and Specifications of Reserve Services," Internal Report of the University of Manchester, Release 2, Oct. 2005.

[4] Y. Ito, Y. Zhongqing, and H. Akagi, "DC Micro-grid Based Distribution Power Generation System," Power Electronics and Motion Control Conference, 2004 (IPEMC 2004), vol. 3, pp. 1740–1745.

[5] H. Kakigano, Y. Miura, T. Ise, R. Uchida, "DC Micro-grid for Super High Quality Distribution—System Configuration and Control of Distributed Generations and Energy Storage Devices," IEEE IPEMC Power Electron Motion Control Conf., 2004 (3), pp. 1740–1745.

[6] H. Jiayi, J. Chuanwen, and X. Rong, "A review on distributed energy resources and MicroGrid," Renewable and Sustainable Energy Reviews, Elsevier, 12 (2008), pp. 2472–2483.

[7] "Technical paper—Definition of a set of requirements to generating units," UCTE 2008.

[8] H. Kakigano, Y. Miura, T. Ise, and R. Uchida, "DC Micro-grid for Super High Quality Distribution—System Configuration and Control of Distributed Generations and Energy Storage Devices," 37th IEEE Power Electronics Specialists Conference, 2006. PESC '06, June 2006, pp. 1–7.

[9] D. Salomonsson, L. Soder, and A. Sannino, "An Adaptive Control System for a dc Microgrid for Data Centers," in IEEE Proc. 42nd IAS Annual Meeting Industry Applications Conference, 2007, pp. 2414–2421.

[10] J. Bryan, R. Duke, and S. Round, "Decentralized generator scheduling in a

nanogrid using dc bus signaling," in Proc. IEEE Power Engineering Society General Meeting, 2004, pp: 977–982.
[11] P. Viczel, "Power electronic converters in dc microgrid," in IEEE Proc. of 5th Int. Conf.-Workshop Power electronic converters in dc microgrid, CPE, 2007.
[12] P. Kundur, "Power System Stability and control," 1994, McGraw-Hill.
[13] E.C.W. de Jong and P.T.M. Vaessen, "DC power distribution for server farms," KEMA Consulting, September 2007.
[14] J. M. Guerrero, J. C. Vasquez, J. Matas, M. Castilla, L. G. de Vicuna, "Control Strategy for Flexible Microgrid Based on Parallel Line-Interactive UPS Systems," IEEE Trans. Ind. Electron., vol. 56, no. 3, March 2009, pp. 726–736.
[15] J. M. Guerrero, J. Matas, L. Garcia de Vicuna, M. Castilla, J. Miret, "Decentralized Control for Parallel Operation of Distributed Generation Inverters Using Resistive Output Impedance," IEEE Trans. Ind. Electron., vol. 54, no. 2, April 2007, pp. 994–1004.
[16] J. M. Guerrero, J. Matas, L. G. de Vicuna, M. Castilla, J. Miret, "Wireless-Control Strategy for Parallel Operation of Distributed-Generation Inverters," IEEE Trans. Ind. Electron., vol. 53, no. 5, Oct. 2006, pp. 1461–1470.
[17] J.M. Guerrero, L. Garcia de Vicuna, J. Matas, M. Castilla, J. Miret, "Output Impedance Design of Parallel-Connected UPS Inverters With Wireless Load-Sharing Control," IEEE Trans. Ind. Electronics, IEEE Transactions on, vol. 52, no. 4, Aug. 2005, pp. 1126–1135.
[18] J.M. Guerrero, L.G. de Vicuna, J. Matas, M. Castilla, J. Miret, "A wireless controller to enhance dynamic performance of parallel inverters in distributed generation systems," Power Electronics, IEEE Transactions on, vol. 19, no. 5, Sept. 2004, pp. 1205–1213.
[19] J. C. Vasquez, J. M. Guerrero, M. Liserre, A. Mastromauro, "Voltage Support Provided by a Droop-Controlled Multifunctional Inverter," IEEE Trans. Ind. Electron., vol. 56, no. 11, 2009, pp. 4510–4519.
[20] K. Alanne and A. Saari, "Distributed energy generation and sustainable development," Renewable & Sustainable Energy Reviews, vol. 10, pp. 539–558, 2006.
[21] R.H. Lasseter, A. Akhil, C. Marnay, J. Stevens, J. Dagle, R. Guttromson, A.S. Meliopoulous, R. Yinger, and J. Eto, "White paper on integration of distributed energy resources. The CERTS microgrid concept," in Consortium for Electric Reliability Technology Solutions, Apr. 2002, pp. 1–27.
[22] P. L. Villeneuve, "Concerns generated by islanding," IEEE Power & Energy Magazine, pp. 49–53., May/June 2004.
[23] M.C. Chandorkar and D. M. Divan, "Control of parallel operating inverters in standalone ac supply system," IEEE Transactions on Industrial Applications, vol. 29, pp. 136–143, 1993.
[24] C.C. Hua, K.A. Liao, and J.R. Lin, "Parallel operation of inverters for distributed photovoltaic power supply system," in Proc. IEEE PESC'02 Conf, 2002, pp. 1979–1983.
[25] Ambrosio, R, S.E. Widergren, "A Framework for Addressing Interoperability Issues," Proc. of 2007 IEEE PES General Meeting, Tampa, FL, June 2007.
[26] S.L. Hamilton, E.W. Gunther, Sr. Member, IEEE, R. V. Drummond, S.E. Widergren, "Interoperability – a Key Element for the Grid and DER of the Future,"
[27] A. A. Salam, A. Mohamed and M. A. Hannan, "Technical challenges on microgrids,". ARPN Journal of Engineering and Applied Sciences vol. 3, no. 6, Dec. 2008, pp. 64–69.
[28] B, Kroposki, T. Basso, and R. DeBlasio, "Microgrid standards and technologies," in Proc. IEEE PES General Meeting, 2009, pp. 1–4.
[29] G. Suter and T.G. Werner, "The distributed control centre in a smartgrid," in Proc. CIRED'09, pp. 1–4, 2009.
[30] K. Visscher and S.W. de Haan, "Virtual synchronous machines (VSGs) for frequency stabilisation in future grids with significant share of decentralized generation," in Proc. CIRED '08, pp. 1–4, 2008.
[31] Q.-C. Zhong and G. Weiss, "Static Synchronous Generators for Distributed Generation and Renewable Energy," in Proc. IEEE Power Systems Conference and Exposition, IEEE/PES PSCE '09, 2009.
[32] Visscher, K.; De Haan, S.W.H., "Virtual synchronous machines (VSGs) for frequency stabilisation in future grids with a significant share of decentralized

generation," Smart Grids for Distribution, 2008. IET-CIRED. CIRED Seminar, 23–24 June 2008, pp. 1–4.

[33] A. Madureira, C. Moreira, and J. Peças Lopes, "Secondary Load-Frequency Control for MicroGrids in Islanded Operation," in Proc. International, Conference on Renewable Energy and Power Quality ICREPQ '05, Spain, 2005.

[34] J.P. Lopes, C. Moreira, and A.G. Madureira, "Defining control strategies for MicroGrids islanded operation," IEEE Transactions on Power Systems, May 2006, vol. 21, no. 2, pp. 916–924.

[35] B. Awad, J. Wu, N. Jenkins, "Control of distributed generation," Elektrotechnik & Informationstechnik (2008) 125/12, pp. 409–414.

[36] A. Mehrizi-Sanir and R. Iravani, "Secondary Control for Microgrids Using Potential Functions: Modeling Issues," Conf. Power Systems, CYGRE, 2009.

[37] K. Vanthournout, K. De Brabandere, E. Haesen, J. Van den Keybus, G.Deconinck, and R. Belmans, "Agora: distributed tertiary control of distributed resources," in Proc. 15th Power systems Computation Conference, Liege, Belgium, August 22–25, 2005.

[38] A.G. Madureira and J.A. Peças Lopes, "Voltage and Reactive Power Control in MV Networks integrating MicroGrids," Proceedings ICREPQ '07, 2007, Seville, Spain.

[39] T. Rigole, K. Vanthournout, G. Deconinck, "Resilience of Distributed Microgrid Control Systems to ICT Faults," 19th Int. Conf. and Exhibition on Electricity Distribution, CIRED-2007, Vienna, Austria.

[40] Z. Jiang, and X. Yu, "Hybrid DC- and AC-linked microgrids: towards integration of distributed energy resources," IEEE Conference on Global Sustainable Energy Infrastructure (Energy 2030), Atlanta, GA, Nov. 17–18, 2008.

[41] R. Nilsen and I. Sorfonn, "Hybrid power generation systems," EPE '09, 2009.

[42] A.D. Erdogan and M.T. Aydemir, "Use of input power information for load sharing in parallel connected boost converters," Electr. Eng., no. 91, pp. 229–250, 2009.

[43] Z. Ye, D. Boroyevich, K. Xing, and F. C. Lee, "Design of Parallel Sources in DC Distributed Power Systems using Gain-Scheduling Technique," in Proc. *IEEE PESC*, pp. 161–165, 1999.

[44] H. Kakigano, Y. Miura, T. Ise, and R. Uchida, "DC voltage control of the DC micro-grid for super high quality distribution," IEEJ Transactions on Industry Applications, vol. 127, no. 8, 2007, pp. 890–897.

[45] J. Schönberger, R. Duke, and S.D. Round, "DC-bus signaling: a distributed control strategy for a hybrid renewable nanogrid," IEEE Trans. Ind. Elecron., vol. 53, no. 5, Oct. 2006, pp. 1453–1460.

[46] T. Thringer, "Grid-friendly connecting of constant-speed wind turbines using external resistors," IEEE Trans. Energy Convers, 2002, vol. 17, no. 4, pp. 537–542.

[47] X. Sun, Y.-S. Lee, and D. Xu, "Modeling, Analysis, and Implementation of Parallel Multi-Inverter Systems With Instantaneous Average-Current-Sharing Scheme," IEEE Trans. Power Electron., vol. 18, no. 3, May 2003, pp. 844–856.

[48] J.M. Guerrero, L. Garcia de Vicuna, and J. Uceda, "Uninterruptible power supply systems provide protection," IEEE Ind. Electron. Magazine. vol 1. no. 1, May 2007, pp. 28–38.

[49] J.M. Guerrero, L. Hang, and J. Uceda, "Control of Distributed Uninterruptible Power Supply Systems," IEEE Trans. on Industrial Electronics, vol. 55, no. 8, pp. 2845–2859, August 2008.

[50] J.M. Guerrero and J. Uceda, "Guest Editorial," IEEE Trans. on Industrial Electronics, vol. 55, no. 8, pp. 2842–2844, August 2008.

[51] J.C. Vasquez, J. M. Guerrero, A. Luna, P. Rodriguez, and R. Teodorescu, "Adaptive Droop Control Applied to Voltage-Source Inverters Operating in Grid-Connected and Islanded Mode," IEEE Trans. on Industrial Electronics, vol. 56, no. 10, pp. 4088–4096, Oct. 2009.

[52] I.F. Akyildiz, W.L. Su, S. Yogesh, and C. Erdal, "A Survey on Sensor Networks," *IEEE Communications Magazine*, vol. 40, no. 8, pp. 102114, 2002.

[53] K. Sohrabi, J. Gao, V. Ailawadhi, and G. Pottie, "Protocols for self-organization of a wireless sensor network," *IEEE Personal Communications*, vol. 7, no. 5, 2000, p. 1627.

[54] Tsung-Hsien Lin, W.J. Kaiser, and G.J. Pottie, "Integrated low-power communication system design for wireless sensor networks," *IEEE Communications Magazine*, vol. 42, no. 12, pp. 142–150, 2004.

[55] V. Raghunathan, S. Ganeriwal, and M. Srivastava, "Emerging techniques for long lived wireless sensor networks," *IEEE Communications Magazine*, vol. 44, no. 4, pp. 108–114, 2006.

[56] D. Niyato, E. Hossain, M.M. Rashid, and V.K. Bhargava, "Wireless sensor networks with energy harvesting technologies: a game-theoretic approach to optimal energy management," *IEEE Wireless Communications*, vol. 14, no. 4, pp. 90–96, 2007.

[57] L. Doherty, B.A. Warneke, B.E. Boser, and K.S.J. Pister, "Energy and performance considerations for smart dust," *International Journal of Parallel and Distributed Systems and Networks*, vol. 4, no. 3, pp. 121–133, 2001.

[58] F.I. Simjee and P.H. Chou, "Efficient charging of supercapacitors for extended lifetime of wireless sensor nodes," *IEEE Transaction on Power Electronics*, vol. 23, no. 3, pp. 1526–1536, 2008.

[59] D. Dondi, A. Bertacchini, D. Brunelli, L. Larcher, and L. Benini, "Modeling and Optimization of a Solar Energy Harvester System for Self-Powered Wireless Sensor Networks," *IEEE Transaction on Industrial Electronics*, vol. 55, no. 7, pp. 2759–2766, 2008.

[60] C. Alippi and C. Galperti, "An Adaptive System for Optimal Solar Energy Harvesting in Wireless Sensor Network Nodes," *IEEE Transactions on Circuits and Systems I: Regular Papers*, vol. 55, no. 6, pp. 1742–1750, 2008.

[61] V. Raghunathan, S. Ganeriwal, and M. Srivastava, "Emerging techniques for long lived wireless sensor networks," *IEEE Communications Magazine*, vol. 44, no. 4, pp. 108–114, 2006.

[62] D. Niyato, E. Hossain, M.M. Rashid, and V.K. Bhargava, "Wireless sensor networks with energy harvesting technologies: a game-theoretic approach to optimal energy management," *IEEE Wireless Communications*, vol. 14, no. 4, pp. 90–96, 2007.

[63] Zhe Chen, J.M. Guerrero, and F. Blaabjerg, "A Review of the State of the Art of Power Electronics for Wind Turbines," *IEEE Transactions on Power Electronics*, vol. 24, no. 8, pp. 1859–1875, 2009.

[64] E. Koutroulis and K. Kalaitzakis, "Design of a maximum power tracking system for wind-energy-conversion applications," *IEEE Transactions on Industrial Electronics*, vol. 53, no. 2, pp. 486–494, 2006.

[65] Z. Chen and E. Spooner, "Grid Interface Options for Variable-Speed, Permanent-Magnet Generators," *IEE Proc. -Electr. Power Applications*, vol. 145, no. 4, pp. 273–283, 1998.

[66] Quincy Wang and Liuchen Chang, "An intelligent maximum power extraction algorithm for inverter-based variable speed wind turbine systems," *IEEE Transactions on Power Electronics*, vol. 19, no. 5, pp. 1242–1249, 2004.

[67] K. Khouzam and L. Khouzam, "Optimum matching of direct-coupled electromechanical loads to a photovoltaic generator," *IEEE Transaction on Energy Conversion*, vol. 8, issue 3, pp. 343–349, 1993.

[68] T. Paing, J. Shin, R. Zane, and Z. Popovic, "Resistor Emulation Approach to Low-Power RF Energy Harvesting," *IEEE Transaction on Power Electronics*, vol. 23, no. 3, pp. 1494–1501, 2008.

[69] R.W. Erickson and D. Maksimovic, "Fundamentals of Power Electronics," 2nd ed. New York: Springer, pp. 637–663, 2001.

[70] S. Heier (Author) and R. Waddington (Translator), *Grid Integration of Wind Energy Conversion Systems*, John Wiley & Sons Ltd, second edition, Chichester, West Sussex, England, 2006.

[71] Y.K. Tan and S.K. Panda, "Self-Autonomous Wireless Sensor Nodes with Wind Energy Harvesting for Remote Sensing of Wind-Driven Wildfire Spread," *IEEE Transactions on Instrumentation and Measurement*, 2011.

[72] V. Salas, E. Olias, A. Barrado, and A. Lazaro, "Review of the maximum power point tracking algorithms for stand-alone photovoltaic systems," *Solar Energy Materials and Solar Cells*, vol. 90, no. 11, pp. 1555–1578, 2006.

[73] Y.K. Tan and S.K. Panda, "A novel method of harvesting wind energy through piezoelectric vibration for low-power autonomous sensors," *nanoPower Forum (nPF '07)*, 2007.

第12章

无线传感器网络在智能电网用户侧的应用

Hussein T. Mouftah, Melike Erol - Kantarci,
加拿大渥太华大学电气工程与计算机科学学院

12.1 引言

无线传感器网络（WSN）由小型的、低成本的微机电系统（MEMS）组成，它可以通过几个机载传感器从周围环境收集测量数据，然后利用有限的运行资源和存储资源来处理和存储这些测量数据，并通过它们的传送器来传输这些数据[1]。传感器节点的电能是来自它们有限的电池能量。虽然它们也可以从环境中采集能量，但一般来说，采集的能量相对较低[2]。

WSN在多个环节和领域得到广泛的应用，其中包括军事目标追踪、监视、健康监测、灾难救援、地震监测、野生动物监测、结构完整性验证以及危险环境探测[3]。例如，WSN可用于探测森林火灾或发现火山，这些工作环境对人类来说都是非常恶劣的[4]。尽管WSN已经广泛地应用于各种领域，但WSN在电网中的使用最近才被探索，尤其在智能电网的发明后。

为了提高电力服务的可靠性、安全性和效率，并减少电力生产过程中温室气体（GHG）的排放，智能电网或未来电网将信息和通信技术（ICT）融入其运行中[5,6]。在图12.1中，我们展示了智能电网的分层体系结构[7]。最底层是电力基础设施层，它包含传统电网的电力输送设备；在电力基础设施层上，智能电网增加了通信基础设施层，它包括近程和远程通信标准，如Zigbee、WiFi、WiMAX或LTE[8-10]；在通信基础设施层之上，计算功能层执行数据收集、存储、处理和决策功能，这是智能电网应用的关键；最重要的一层是智能电网应用层，包括远程测量、设备协调、智能电网监视、插电式混合动力电动汽车（PHEV）协调等；安全层与所有这四个层相关联，每个层都要谨慎处理安全的问题。

起初，WSN被考虑用于智能电网和设备监控[11]。当它被电网采用时，WSN为提高电网可靠性带来了可能，它们有希望通过精准地监测发电、输电、配电和用电来提高电网的效率，并且被认为是现有监测工具的低成本替代品。此外，它们还

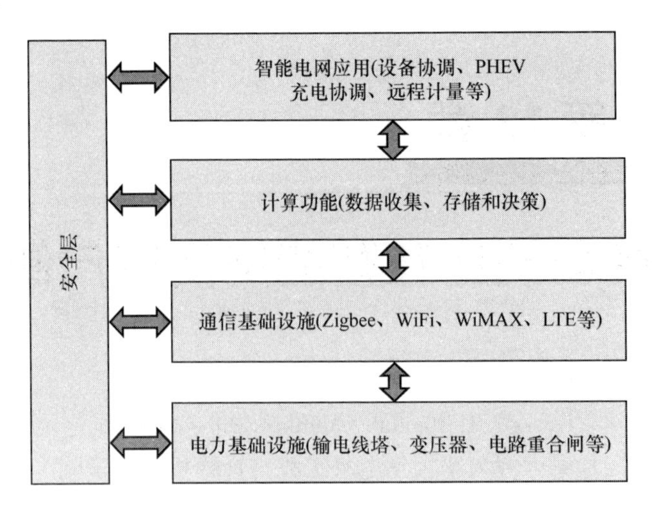

图 12.1　智能电网的分层体系结构

可以提供当前监测技术无法提供的详细诊断信息。目前我们已经考虑将远程系统监测、设备故障诊断和无线自动仪表读数应用于初步应用领域中[11]。

最近，WSN 正在向住宅场所中渗透，这为在智能电网中整合住宅数据提供了更多的机会。在此背景下，我们又开始重视智能家居概念[12]，并将重点放在能效和智能电网功能上[13]。例如，英特尔开发了家庭能耗控制面板，为用户提供一个简单的界面来监测他们的月账单和家用电器的耗电量[14]。另一方面，通过 WSN 的帮助将智能电网和智能家居概念结合在一起，近来已在参考文献［15－18］中被探究过，目的是在住宅场所中进行能量管理。这些能量管理方案已被证明能够为用户节省开支、减少峰值负荷以及减少家庭的碳排放量[19]。

用户侧应用是利用双向信息和能量潮流的重要智能电网应用之一。信息流主要由智能电表管理。智能电表为公用事业提供消费信息的账单，同时向用户提供时间差异化的定价信息。最常用的时间差异化定价方案是使用时间（TOU）。TOU 定价为高峰、平峰以及非高峰时段提供了不同的价格。时间片和与每个时间片相关的价格都基于多年来收集的历史负载/需求数据。TOU 计费表一般每年调整两次，以反映季节性需求变化。

时间差异化定价的主要目的是抑制高峰时段的用电。在电网中，管理高峰时段的用电对电网的健康运行很重要，这也是影响电价的因素之一。在解除管制的市场中，电价由市场决定。运营基础电厂的供应商能够满足平均负荷水平。通常，他们可以根据需求在一天中部分关闭或启动。在高峰时段，需求的增长超过了基础电厂的可用容量，为了满足高峰负荷，需要在电网上引进更高峰值的电厂[20]。高峰值电厂可以在短时间内对电力需求做出反应，但它们通常使用的是昂贵的化石燃料。因此，高峰时段的电更加昂贵。另一种方法是控制用电，而不是提高发电容量。与峰值需求减少有关的响应称为需求侧响应。

在传统的电网中，需求侧响应规划在大规模用户中得到实施，比如工业用户或商业建筑。需求侧响应主要是通过呼吁用户在高峰时段减少用电来实现。例如，在商业建筑中 HVAC 被循环使用，目的是为了避免罚款或者是为了无论建筑运营商在何时收到来自公共设施的请求都能够获得批准。在工业工厂，只要传感器读数处于安全运行范围内[20]，设备的冷却可以在高峰时段进行循环。另一方面，对于传统电网中的住宅用户来说，由于可扩展性问题，需求侧响应还没有被实现。

在智能电网中，通过 WSN 进行通信、监控和尽可能控制用户的能耗，而不会影响他们的业务或舒适度将成为可能。对于像写字楼和购物中心之类的商业用户，占用、温度和空气质量传感器都可以与智能电网进行融合。此外，写字楼和购物中心的停车场也为与 PHEV 相关的应用提供了新的机会。例如，PHEV 可以与购物中心的其他车辆进行通信，收集行驶路线上交通和建筑信息，并预测完成下一次行程所需的能量；充电持续时间或二氧化碳排放量可以传送到停车场的 WSN，在那里工作人员可以根据每辆车的状态协调其他车辆进行充电。此外，WSN 在住宅场所的应用可以增强用户侧负载的可控制性并提供精细的管理能力。

在本章中，我们重点关注智能电网中针对住宅用户的基于 WSN 的应用。这些应用包括设备的交互式需求协调以及 PHEV 充电/放电循环的协调。利用设备和控制器之间的通信来协调设备运行。控制器与用户、设备、智能电表和存储单元进行通信以确定一个便捷的时间来满足需求。它可以根据 TOU 定价和用户偏好建议将需求转移到以后的时间。另一方面，协调 PHEV 充电和放电循环，目的是为了在最大限度地利用 PHEV 电池进行能量存储的同时，找到最优时间和最优资源来为 PHEV 的电池充电。

本章的其余部分组织如下。在 12.2 节中，我们首先概述一下 WSN 通信技术的发展现状。WSN 可以使用 Zigbee 或低功耗 WiFi 来实现。我们对这些通信技术进行了说明，并给出了使用这些技术的 WSN 的例子。在 12.3 节中，我们详细介绍了 WSN 在用户侧的应用，包括设备的交互式需求协调以及 PHEV 充电/放电循环的协调。尽管 WSN 已经具备了一些优势，但对于智能电网来说，WSN 的安全和隐私问题仍然是一个挑战，这些挑战我们在 12.4 节中进行了讨论。最后，我们在 12.5 节给出了本章的综述，并讨论了在智能电网用户侧应用中使用 WSN 未能解决的问题。

12.2　无线传感器网络的通信标准

只要能保持供电效率，WSN 可以使用各种无线通信技术。一般来说，鉴于对密集的部署、成本和能源方面的考虑，短距离通信技术是首选。WSN 可以通过 Zigbee 或低功耗 WiFi 进行通信。下面我们将介绍和比较 Zigbee 和低功耗 WiFi 技术。

12.2.1　Zigbee

目前，有各种各样的智能设备和家庭自动化工具可以通过 Zigbee 进行通信。

此外，几家智能电表供应商已经开发出了能够实现智能电表、家用电器和家庭自动化工具互连互通的基于Zigbee的智能电表。例如，Landis + Gyr、Itron和Elster都有先进的基于Zigbee的智能电表。Landis + Gyr还生产了一种家庭能源监测器，它可以与Landis + Gyr智能电表进行通信并向用户报告用电数据[21]。ZigBee联盟还在开发智能能源规范（SEP），通过SEP支持远程计量和高级量测体系（AMI），并提供公用设施和家用设备之间的通信。简单地说，Zigbee在各种消费电子设备和智能电表上得到了广泛的应用。使用Zigbee在传感器节点之间进行通信，增加了WSN与其他设备在住宅场所的兼容性。

Zigbee是针对WSN的一种便捷技术，因为它是节能的。它利用低负载循环机制来维持能源效率。IEEE 802.15.4标准是Zigbee的基础，定义了物理（PHY）层和媒体访问控制（MAC）层。在PHY层中，Zigbee利用了不同国家不同的工业、科学和医疗（ISM）频段，除了在世界范围内通用的16个信道的2.4GHz ISM频段。除了这些信道外，Zigbee在北美使用13个信道的915MHz频段，在欧洲使用1个信道的868MHz频段。Zigbee支持的速率包括250kbit/s、100kbit/s、40kbit/s和20kbit/s，这些是相对较低的速率；然而，Zigbee最初是为监测和控制应用而设计的，这些应用通常不需要很高的速率。当前的智能电网应用也不一定需要高速率，尽管如此，在未来需要更高速率的高级应用可能会出现。

发送器的传输功率限制了通信范围，根据美国联邦通信委员会（FCC）IEEE 802.15.4标准，允许传输功率最高为1W。然而，由于成本限制，大多数设备以较低的传输功率运行。在每个国家，最大传输功率以不同的方式进行管理。在表12.1中，我们提供了不同国家的功率上限。注意，EIRP代表有效全向辐射功率。

表12.1　Zigbee ISM频段的最大传输功率

地区	频带	最大导电功率/辐射场极限
加拿大	2.4GHz	1000mW（受到安装位置的限制）
美国	2.4GHz	1000mW
美国	902～928MHz	1000mW
欧洲（除法国和西班牙）	2.4GHz	100mW EIRP或10mW/MHz峰值功率密度
欧洲	868MHz	25mW
日本	2.4GHz	10mW/MHz

根据对最大传输功率的限制，Zigbee在室内大约有30m的作用距离。Zigbee的多跳功能可以扩展WSN的覆盖范围，使其能够完全覆盖住一个住宅区。Zigbee在基于IEEE 802.15.4标准的PHY层和MAC层中实现了一种多跳路由协议。一个Zigbee网络可以使用两种寻址模式来支持多达64000个节点（设备）：16位和64位寻址。此外，根据最近关于低功耗个人局域网络（PAN）的研究，Zigbee可能会采用IPv6寻址[22]。最近的修订定义了PAN的包碎片、重组以及帧头压缩并允许在Zigbee短包结构上进行IPv6寻址。

正如我们之前提到的，Zigbee 将其能效归功于一个负载循环机制。Zigbee 的负载循环机制依靠一个运行在信标模式下的 PAN 协调器来完成。在这种模式下，PAN 协调器通过超帧结构同步网络中的节点。节点只在活动周期内进行通信，即超帧持续时间（SD），在其余的信标间隔（BI）中它们是不活动的。SD 被分为竞争访问时段（CAP）和非竞争访问时段（CFP）。在 CAP 期间，节点采用具有时隙和冲突载波检测多路接入（CSMA - CA）的技术来竞争以实现对数据传输的访问。另一方面，CFP 提供了在先前 BI 中保留的保护时隙（GTS）。IEEE 802.15.4 标准定义的 SD 和 BI[23] 如下：

$$SD = aBaseSuperframeDuration \times 2^{SO}[symbols] \tag{12.1}$$

$$BI = aBaseSuperframeDuration \times 2^{BO}[symbols] \tag{12.2}$$

式中，SO 是超帧指令，BO 是信标指令。在标准中，SO 和 BO 的范围被定义为 $0 \leqslant SO \leqslant BO \leqslant 14$。PAN 协调器也可以在非信标模式下工作。因此，SO 和 BO 被设置为 0。

Zigbee 的安全建立在 IEEE 802.15.4 标准中定义的机制上，在 IEEE 802.15.4 标准 MAC 层可以添加一个可选择的安全子标题，它在 MAC 主标题中由标志“S”表示。安全子标题以一个 2 位的密钥标识模式（KIM）字段开始，后面是一个 3 位的安全级别（LVL）字段，它提供了完整性检查能力和加密功能。KIM 定义的主要特性如下[23]：

00：由源和目标标识的密钥

01：由 mac 缺省密钥源 +1 字节密钥索引标识的密钥

10：由 4 字节密钥源 +1 字节密钥索引标识的密钥

11：由 8 字节密钥源 +1 字节密钥索引标识的密钥

尽管 Zigbee 有很多优势并得到了广泛的认可，但是它也有几个缺点。正如我们之前提到的，Zigbee 是一种低速率技术。随着智能电网应用变得更加复杂，它们的带宽需求也会增加，Zigbee 的速率可能达不到这些应用的标准。此外，Zigbee 在不允许频段运行时，即 ISM 频段，它的性能会受到其他同频段无线技术的干扰，从而产生负面影响，如 WiFi、蓝牙和微波设备，也就是所谓的共存问题。IEEE 802.15.4 标准在 2.4GHz 频段使用 O - QPSK PHY。这种准正交调制方法是由 16 个正交（靠近的）伪随机噪声（PN）序列中的一个来表示每个符号。O - QPSK 是一种高效的调制方法，可以实现低信噪比（SNR）和信干比（SIR）[23]。为了避免共存问题，IEEE 802.15.4 设备在网络初始化或输出响应中执行动态信道选择，该设备扫描由信道列表参数所规定的信道设置。IEEE 802.11 和 IEEE 802.15.4 标准在 2.4GHz ISM 频段的信道分别如图 12.2a 和 b 所示。如图所示，一些 802.15.4 的信道与保护频段重叠，在那里的干扰预计会很低。

12.2.2　超低功耗 WiFi

传统的 WiFi 技术在家庭和商业场所被广泛采用，它可以提供相对高速率的连

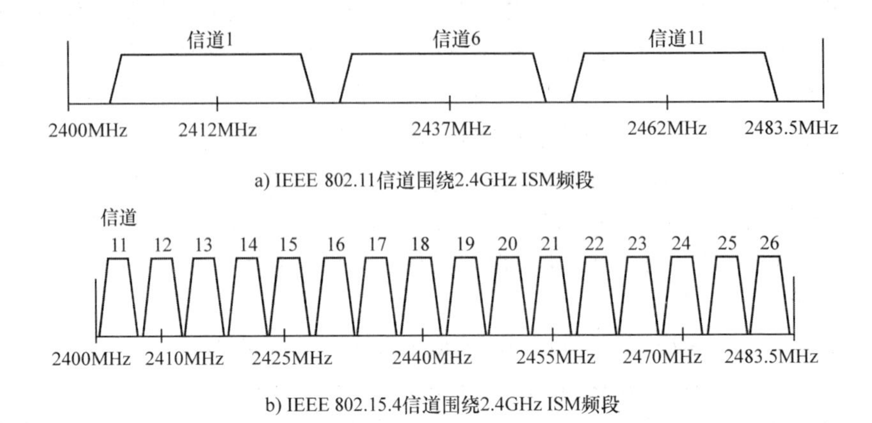

图 12.2　IEEE 802.11 和 IEEE 802.15.4 标准在 2.4GHz ISM 频段的信道选择

接[24]。在智能电网中，WiFi 的目标是成为家庭局域网（HAN）以及社区局域网（NAN）和区域局域网（FAN）的一部分。与 Zigbee 相比，WiFi 辐射范围更广，在户外大约有 500m，这使它成为一种在智能电网中胜过配电系统的可行的网络解决方案。WiFi 的使用提高了 HAN、NAN 以及 FAN 的互通性；WiFi 被认为是智能电网的一个很有前途的标准[25]。

IEEE 802.11 标准定义了 WiFi 的 PHY 层和 MAC 层。IEEE 802.11 标准在 2.4GHz 的 ISM 频段中运行，它利用了两种不同的 PHY 层规范，即跳频扩频（FHSS）和直接序列扩频（DSSS）。FHSS 将 2.4GHz 的频段划分为若干个 1MHz 的子信道，根据标准中预先设定的三组序列，发送器每秒至少改变 2.5 次信道。DSSS 是一种更先进的信道利用技术，它也在 CDMA 中使用。DSSS 使用一个芯片序列来增加数据，并在使用了微分二进制相移键控（DBPSK）或微分正交相移键控（DQPSK）调制之后传输这个数据。为了提高 DSSS 的速率，也可以使用 8 芯片的互补码键控（CCK），在标准中这被称为高速率直接序列扩频（HR/DSSS）。在 IEEE 802.11 标准的 MAC 层中，除了数据帧外，还包括请求发送（RTS）和清除发送（CTS）控制帧。该标准还具有先进的安全和服务质量（QoS）设置。此外，WiFi 本质上支持 IP 寻址。

尽管 WiFi 有很多优势，但它的高能耗一直是一个缺点，直到最近超低功耗 WiFi 芯片的出现才弥补了这个缺点。有了这种进步，WiFi 也可以在 WSN 中使用。超低功耗 WiFi 基于 IEEE 802.11b/g 标准。与 Zigbee 相似，它可以保证常年运行，速率约为 1 ~ 2Mbit/s，室内的辐射范围为 10 ~ 70m[26,27]。最近展开了一项基于 WiFi 的传感器在智能电网中使用的研究[28]。在表 12.2 中给出了低功耗 WiFi 和 Zigbee 的比较[29]。

表12.2　低功耗WiFi和Zigbee的比较

	低功耗WiFi	Zigbee
最大速率	2Mbit/s	250kbit/s
接收能耗/(nJ/bit)	4	300
发送能耗/(nJ/bit)	15@18dBm	280@0dBm
休眠/μW	15	5
唤醒时间/ms	8~50	2

12.2.3　Z-wave

Z-wave是一种专用的无线通信协议，专为家庭自动化而设计，它已经被各种各样的供应商嵌入到大量设备中。Z-wave的主要目标是为HAN提供无线互通性，包括灯具、开关、恒温器、车库门等设备。因此，Z-wave可以很自然地被智能电网中HAN部分所采用。

Z-wave是一种短距离、低速率的射频（RF）多跳网络标准，它运行在美国908MHz的ISM频段上，它的速率最高为40kbit/s并使用BFSK调制。Z-wave广播的最大范围在室内大约有30m，在户外大约有100m。穿过墙和建筑物时信号传播就会减弱，从而限制了Z-wave的通信范围，这也是所有低功耗无线通信的典型特征，因此它采用了一个多跳路由协议。尽管Z-wave不需要一个中央协调器，但它使用的是从节点和主节点。

Z-wave协议栈由四层组成[30]。MAC层控制对RF媒体的访问。一个基本的MAC帧包含前导码、起始帧和用于数据封装的结束帧。MAC层还采用了防冲突技术。传输层对帧的完整性检查进行校验，也处理帧的确认和重新传输。Z-wave的路由层采用一种基于路由表的协议，主节点和从节点都可以参与路由。Z-wave的应用层对命令进行解码并执行它们，Z-wave命令可以是协议命令或指定应用命令。协议命令主要指定ID分配，应用命令可以是打开/关闭设备或其他与家庭控制相关的命令。

与Zigbee相似，Z-wave的主要缺点是它的低速率。此外，Z-wave能够支持232个设备，这比Zigbee支持的设备要少得多。

12.2.4　WirelessHART技术

WirelessHART是一种无线多跳网络通信协议，专为工业自动化和控制应用而设计。从这个意义上说，它适用于智能电网中发电设备的WSN应用。WirelessHART建立在IEEE 802.15.4兼容广播之上并运行在2.4GHz的ISM频段上。除了DSSS之外，还可以使用时分多址（TDMA）技术，在这些节点上提供一个被分为10ms时隙的时间表。

WirelessHART的辐射范围可以达到200m。为了扩大这一范围，在多跳体系结构中，每个设备都能够转发其他节点的数据包。此外，网络管理器根据延迟、效率和可靠性来确定冗余路由，而WirelessHART网关则向命令中心提供连接[31]。协议的体系结构如图 12.3 所示。

无线通信的安全性由采用 AES－128 位加密技术的端对端会话来维持。为了促进信号传送，个人会话密钥以及一个公共网络加密密钥都在所有设备中共享。

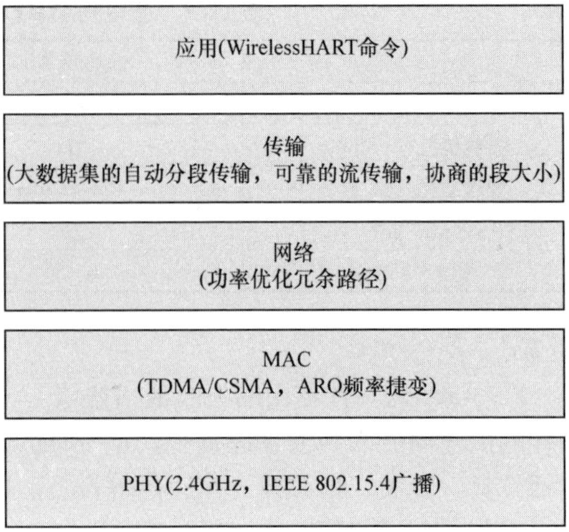

12.2.5　ISA－100.11a

ISA－100.11a 是针对安全、监测和控制应用的一种开放标准。它是由 2005 年创立的 ISA－100 委员会制定的[33]。类似于 WirelessHART，它被用于智能电网中的发电设施和安全导向的人员跟踪应用。ISA－100.11a 采用 IEEE 802.15.4 广播，共存问题由信道跳频来处理。

应用(WirelessHART命令)

传输
(大数据集的自动分段传输，可靠的流传输，协商的段大小)

网络
(功率优化冗余路径)

MAC
(TDMA/CSMA，ARQ频率捷变)

PHY(2.4GHz，IEEE 802.15.4广播)

图 12.3　WirelessHART 的体系结构[32]

除了系统和安全管理器之外，ISA－100.11a 允许使用路由设备、非路由设备、主链路由器和网关进行多跳和星形拓扑。采用非路由设备的目的是增加无线节点的工作寿命。

ISA－100.11a 以支持互操作性为目标；因此，它允许 IP 寻址。此外，用于支持诸如 HART、FieldBus 等其他协议的 ISA－100.11a 应用接口也被设计出来。

总之，WSN 可以通过 Zigbee、Z－wave、WirelessHART、ISA－100 或低功耗 WiFi 来实现。无论如何，它们将在智能电网中拥有巨大的应用领域。WSN 能轻易渗透的一个自然区域是住宅场所。在下一节中，我们总结了 WSN 在智能电网用户侧的应用。

12.3　无线传感器网络在智能电网用户侧的应用

WSN 正在成为住宅场所的一个不可分割的部分，它为实现智能家居功能提供了大量的机会，而且性价比高。在本节中，我们将介绍两个使用 WSN 的智能电网应用。我们首先关注的是一个涉及灵活电器的需求管理应用，然后我们介绍另一个应用，它可以协调 PHEV 电池的充电/放电循环。

12.3.1　住宅用户的无线传感器网络需求管理

智能电网中的需求管理是指两个独立的功能。第一个功能是众所周知的需求侧响应，这是一种用于减少需求侧消耗的电网方法；第二个功能与自发电能源的能量生成、存储和消耗有关，这种自发电能源与智能电网的负载相协调，同时也将电能卖给电网。

基于 WSN 的需求管理应用的目的是降低家庭能源使用成本，降低峰值负荷，

同时给用户带来最少的舒适度退化。该应用已在参考文献［18］中被介绍并被称为家庭能源管理（iHEM）应用。iHEM 通过智能电网信号和用户偏好情况来协调设备的使用时间。它假定一些设备具有可控负载，这意味着如果用户同意，它们可以被调度到另一个时间段。

iHEM 具有一个中央控制器，它负责与智能电表和已开启设备通信。在 iHEM 应用中，用户可以不管峰值时间问题而随时开启设备。根据智能电网的情况，中央控制器可以提供一个启动延时做参考。与传统的基于优化的设备调度技术不同，iHEM 以接近实时的方式处理用户需求。

设备调度已在文献中得到了广泛的研究。大多数方法是基于优化的方法或依赖博弈论的方法[36,37]，前者需要电价和设备调度的基本知识[34,35]。虽然可以预测一个加热设备的调度，但要准确估计出洗衣机或烘干机何时开启，这将变得非常具有挑战性。因此，基于优化的方案在实践中几乎没有什么适用性。然而，由于它们可以为设备调度问题提供最优的解决方案，因此它们可以作为其他方案的基准。为了比较 iHEM 的性能，我们引入了一个简单的优化模型，称为基于优化的住宅能源管理（OREM）。OREM 方案内容是假设一天被分为若干个相等长度的连续时隙，针对不同的电能消耗采用不同的价格，类似于 TOU 计费表。OREM 的目标函数通过在适当的时隙调度设备来使总能量消耗最小化，如式（12.3）所示。在线性规划（LP）模型中，将用户请求作为输入给出，并在输出中实现最优调度。

$$\text{Minimize} \sum_{i=1}^{I} \sum_{j=1}^{J} \sum_{t=1}^{T} \sum_{k=1}^{K} E_i D_i U_t S_t^{ijk} \tag{12.3}$$

在 OREM 模型中使用的参数在表 12.3 中给出。E_i是指一个设备一个周期的平均能量消耗。在一个周期内，设备可能会有不同的功率消耗值。例如，对于洗衣机来说，加热消耗了最多的能量。在模型中，为了简单起见，整个周期都假设了一个平均消耗值。

表 12.3 OREM 参数

E_i	设备 i 的能耗
D_i	设备 i 的周期长度
U_t	时隙 t 的单位价格
a_{ijk}	第 j 天设备 i 请求 k 的到达时隙
S_t^{ijk}	第 j 天设备 i 请求 k 占用的时隙比例
Δ_t	时隙 t 的长度
$D_{\max}$	最大允许延迟
d_i	设备 i 的延迟
I	设备设置
J	日期设置
T	时隙设置
K	一天的请求设置

OREM 的约束条件如式（12.4）~式（12.7）。式（12.4）确保了调度设备的周期总持续时间不会超过分配给它们的时隙长度。

$$\sum_{k=1}^{K}\sum_{i=1}^{I} D_i S_t^{ijk} \leqslant \Delta_t \quad \forall t \in T, \forall j \in J \tag{12.4}$$

一个周期可以从一个时隙的末尾开始，并且它将在连续的时隙内自然地继续。式（12.5）确保一个设备周期是完全适应的，而不会有任何的中断。

$$\sum_{t=1}^{T} D_i S_t^{ijk} = D_i, \forall i \in I, \forall j \in J, \forall k \in K \tag{12.5}$$

OREM 将设备的周期调度到一个方便的时隙。因此，设备的启动可能比实际打开的时间晚，这就造成了延迟。另一方面，为了最小化能源使用的成本，设备可以被调度到比较便宜的时隙，这可能导致在最便宜的时隙出现中断并增加等待时间(即延迟)。因此，最大的延迟$D_{\max}$被限制为两个时隙。式（12.6）和式（12.7）确保最大延迟受上限限制，因为请求只适用于当前或下一个时隙。因此，请求不会在特定的时隙内堆积。

$$\sum_{t=1}^{m-1} S_t^{ijk} + \sum_{t=m+2}^{T} S_t^{ijk} = 0, \forall i \in I, \forall j \in J, \forall k \in K, m = a_{ijk} \tag{12.6}$$

$$\sum_{t=m}^{m+1} S_t^{ijk} = 1, \forall i \in I, \forall j \in J, \forall k \in K, m = a_{ijk} \tag{12.7}$$

iHEM 应用的工作方式比 OREM 更具有交互性，即在它们改变周期之前，设备先与中央控制器进行通信，只有在用户同意的情况下设备周期才会改变。iHEM 的数据包流如图 12.4 所示。当用户（CNS）打开设备（APP）时，设备会生成一个 START－REQ 数据包并将其发送给控制器(CNTL)。在接收到 START－REQ 数据包时，CNTL 与本地发电机的存储单元（STR）进行通信来检索可用能量的数量。它也与智能电表进行通信，以接收来自该公司的最新价格信息。为了便于阅读，图 12.4 没有显示出来。CNTL 向 STR 发送一个可用性请求数据包，称为 AVAIL－REQ。在接收到 AVAIL－REQ 时，STR 以一个 AVAIL－REP 数据包来应答，其中包含可用能量的数量。在收到 AVAIL－REP 数据包后，CNTL 通过检查本地生成的电能是否满足调节需求来决定设备的启动时间。如果满足，设备会立即启动运行；否则，算法会检查需求是否已在高峰时段。如果需求与高峰时段相符，那么在等待时间不超过最大延迟的情况下，要么转移到非高

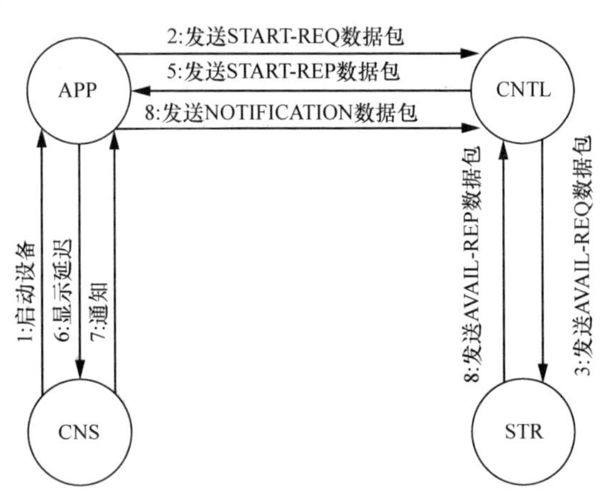

图 12.4　iHEM 的数据包流

峰时段，要么转移到平峰时段。延迟（d_i）是调度时间和请求时间之间的差值，它被发送到在 AVAIL－REQ 数据包内的 APP 中作为等待时间。用户（CNS）决定是立即启动应用还是等到指定的时隙再启动。用户的决定以一个 NOTIFICATION 数据包回送给控制器。每当一个可控的设备被打开时，这个过程就会被重复。

iHEM 应用的数据包通过 WSN 进行转发，WAN 被假定存在于智能家居中用于监控目的。WSN 采用了少功能设备（RFD）和全功能设备（FFD）的混合，其中 5 个 FFD 用于路由数据包，14 个 RFD 中的 4 个连接到设备上。传感器节点通过 Zigbee 协议进行通信，该协议利用 2.4GHz 的 ISM 频段，带宽为 250kbit/s。部署一个专用的 WSN 来转发 iHEM 数据包代价较高，因此，智能家居的 WSN 以及传感器节点也被用于转发这些应用数据包。通过在 32～128B 之间改变监测应用数据包的大小，我们展示了这些应用不同大小的数据包对网络和 iHEM 总体性能的影响。我们假设节点每隔 10min 生成一次数据包。

从图 12.5a 中，我们可以看出，随着监测应用数据包大小的增加，WSN 数据包的投递率降低了。对于 32B 大小的数据包，投递率几乎是 90%。另一方面，对于更大的数据包，投递率降低到 55% 以下。如图 12.5b 所示，短数据包端到端延迟大约为 0.75s，随着数据包大小的增加，延迟会略微增加至 0.77s。短数据包减少了争用期，因此与较长的数据包相比，投递率更高，延迟更少。

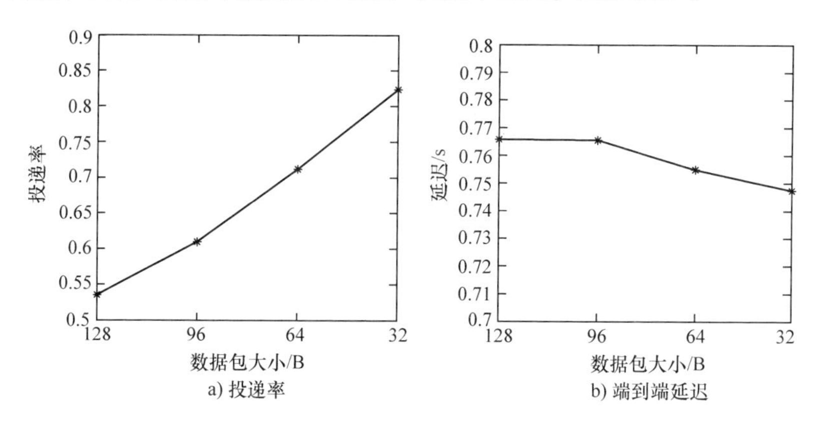

图 12.5　WSN 在投递率和延迟方面的性能表现

iHEM 的性能得到了一个离散事件模拟器的评估，OREM 已经在 ILOG CPLEX 优化套件中得到了解决。住宅能耗可能因房屋的大小、住户数量、位置和季节等因素而有所不同。这些参数影响了加热、冷却、照明和类似的家庭负荷。在参考文献［38］中，作者们用实验表明，用电的转变可以由泊松过程来模拟。因此，为了模拟高峰时段需求的增加，使用了一个在高峰时段到达率增加的泊松过程。两个请求到达时间间隔呈负指数分布，平均为 12h。在早高峰和晚高峰期间，到达时间间隔呈负指数分布，平均时间为 2h。

已经考虑了四种设备，即洗衣机、烘干机、洗碗机和咖啡机。这些设备的持续时间和能耗都是取决于供应商的；然而，每个周期平均负载的参考值在参考文献［39］中给出。根据这项研究，假设洗衣机、烘干机、洗碗机和咖啡机的能耗分别为0.89kWh、2.46kWh、1.19kWh 和 0.4kWh，而设备周期的持续时间分别为30min、60min、90min 和 10min。

在性能评估中使用的 TOU 计费率是以一个安大略公共事业公司的 TOU 计费表为基础。高峰时段、平峰时段和非高峰时段的价格分别为 9.3 美分/kWh、8.0 美分/kWh 和 4.4 美分/kWh。在冬季，高峰时段是在早上 6 点到 12 点之间和下午 18 点到 24 点之间。平峰时段从下午 12 点到下午 18 点。工作日和周末的上午 0 点到 6 点则是非高峰时段。我们模拟了大约 7 个月的 iHEM 和 OREM。

图 12.6a 显示了 iHEM 应用的节省效果以及 OREM 提供的最优解决方案，并将它们与没有能量管理的情况进行比较。要注意的是，由于账单是累积计算的，所以设备对能源账单的总贡献会随着时间的增加而增加。如图 12.6a 所示，iHEM 应用减少了设备对能源账单的贡献，而 iHEM 应用的节省效果也接近最优解决方案。7个月后，iHEM 方案减少了将近 30% 的能源账单，而最优解决方案将账单减少了 35% 左右。这些结果表明，住宅能量管理方案对于减少能源账单是非常有用的。我们还研究了 iHEM 应用对设备总负载的影响。图 12.6b 显示了设备对平均需求的贡献。当能源管理未被使用时，设备产生的 30% 的负载发生在高峰时段，而 iHEM 应用将这些请求从高峰时段转移，只有 5% 的总负载在高峰时段得到满足。因此，iHEM 应用也能够降低智能电网的峰值需求。

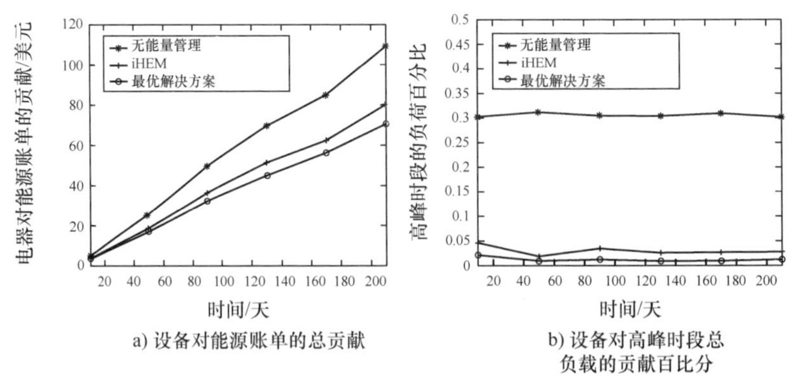

a) 设备对能源账单的总贡献

b) 设备对高峰时段总负载的贡献百比分

图 12.6　没有能量管理的 iHEM 和 OREM 在用户支出和负荷方面的性能对比

在以前的评估中，人们一直假设使用的是 TOU 定价。在智能电网中，也有可能实现实时（动态）定价。动态定价反映了市场对用户账单的实际电价。电价的市场价格通常由独立的系统经营者决定，在这个市场上，提前一天或数小时的价格被公布给用户。电力的原始市场价格取决于几个因素，如负荷预测、供应商投标和进口商投标。最终价格是在税费、监管费用、输电和配电费用以及其他服务费用加

到原始市场价格之后确定的。图12.7a显示了采用带有TOU的iHEM（iHEM-TOU）方案和采用实时定价的iHEM方案的设备的结果。与没有任何能量管理的情况相比，采用实时定价的iHEM仍然可以节约成本；然而，当非高峰时段的价格在一定时间内固定不变时，iHEM-TOU的表现会更好，因为调度协调很方便。实时定价下的调度性能可以通过需求预测得到改善。

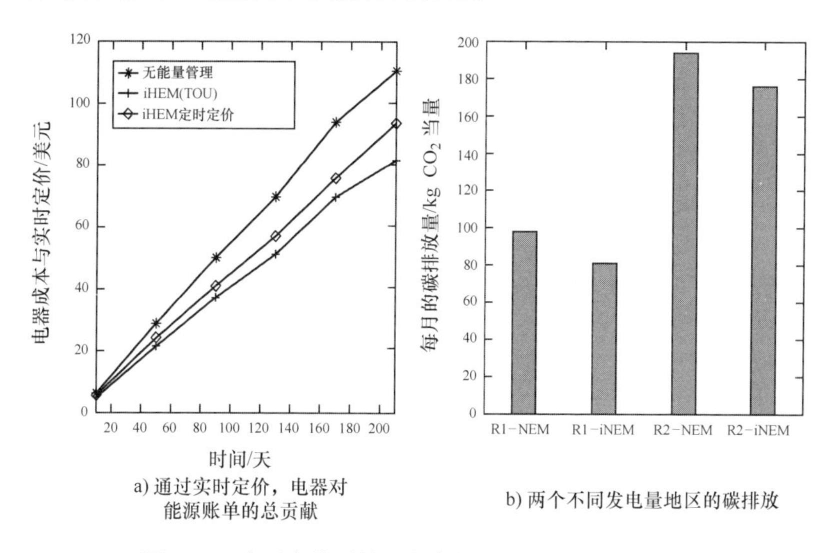

a) 通过实时定价，电器对能源账单的总贡献

b) 两个不同发电量地区的碳排放

图12.7　实时定价下的用户支出和iHEM的碳排放量

我们还展示了在高峰时段iHEM对设备用电所产生的碳排放量的影响。气候变化和全球变暖是大气中积聚的温室气体（GHG）所导致的；因此，减少碳排放对于一个可持续的居住地来说是至关重要的。两种有不同发电能源的不同区域电网的组合被认为类似于参考文献［19，40］。我们假定区域1在地理上有丰富的可再生能源，在这里，基础发电组合如下：50%的核能，25%的煤和天然气，25%的水能、风能和太阳能。对于峰值发电组合我们假设：40%的核能，40%的柴油和重油，20%的水能、风能和太阳能。对于区域2，我们考虑的是一个主要依靠化石燃料发电的电网。我们假设基础发电组合是30%的核能，60%的煤和天然气，10%的水能、风能和太阳能；峰值发电组合是25%的核能，70%的柴油和重油，5%的水能、风能和太阳能。发电能源的碳排放量见表12.4，数据来自于参考文献［41］。与区域1（R1）和区域2（R2）相关的排放量是通过使用先前提到的混合比例来计算的。

在图12.7b中，我们展示了这两种情况下R1和R2的碳排放量，即无能量管理（NEM）和iHEM。根据区域特征，iHEM可以降低10%~20%的排放量，其中R1代表了一个相对乐观的情景，即可再生能源渗透率较高，而R2代表了一种悲观的情景，即可再生能源的渗透率较低。

表 12.4　发电能源和两个区域电网的碳排放量

能源	排放量/(kg CO_2 当量/kWh)
核能	0.016
煤和天然气	0.760
水能、风能和太阳能	0.048
柴油和重油	0.893
区域 1 基础	0.21
区域 1 峰值	0.37
区域 2 基础	0.46
区域 2 峰值	0.63

12.3.2　PHEV 充放电周期的协调

PHEV 是一种混合动力汽车，既可以用汽油驱动，也可以用电能驱动，电能存储在汽车的锂电池中。这些电池可以通过将汽车充电口插入标准插座或充电站来从电网充电。使用标准的家用插座给 PHEV 充电，充电周期可能长达 10h。充电站或高功率输出的充电器充电时间较短。快速充电器通常提供直流，其输出功率可达 90kW。一个快速充电器可以在不到半小时内完成 PHEV 的充电。要注意的是，具体的能量消耗和充电持续时间因 PHEV 品牌而异。

预计未来几年，乘用车将广泛采用电动汽车。由于它们的电池由电网供电，因此负荷的影响需要进行评估，就像参考文献［42，43］中建议的那样。在参考文献［44，45］中，作者讨论了 PHEV 充电负荷对配电系统的影响，并提出尽管配电系统中设置的变压器已能处理短时的高负荷，但随着配电系统中 PHEV 数量的增加，变压器的过载可能导致故障。因此，除非能够控制和协调充电，否则 PHEV 可能导致智能电网的弹性问题[46,47]。PHEV 整合到智能电网的另一个方法是使用 PHEV 电池作为电力供应。当将 TOU 作为一种定价策略时，PHEV 可以被调整到电价较低时进行充电，并在用电高峰时为家用电器提供能量以减少用户开支，同时减少高峰负荷。

在本节中，我们将介绍一个最近提出的住宅能量管理应用，其中 PHEV 电池由一个家庭网关/控制器（HGC）控制，并且根据 PHEV 电池的可用性和本地发电量来调度设备。该应用的目的是减少从电网获得的电能，尤其是在高峰时段。网关可以接收来自电网的价格信号。它还能与屋顶太阳能发电机、PHEV 和已注册的设备通信。根据当地可再生能源发电设施、电价、PHEV 电池荷电状态（SoC）以及邻近地区其他电动汽车的状况，协调 PHEV 充/放电循环的应用决定了每个到达请求的供应。这个应用的 HAN 和 NAN 如图 12.8 所示。

在这个应用中，网关通过一个基于 IEEE 802.15.4 的 WSN 与 PHEV 和设备通信，类似于上一节的需求管理应用。网关使用预先定义的规则来协调充/放电周期。

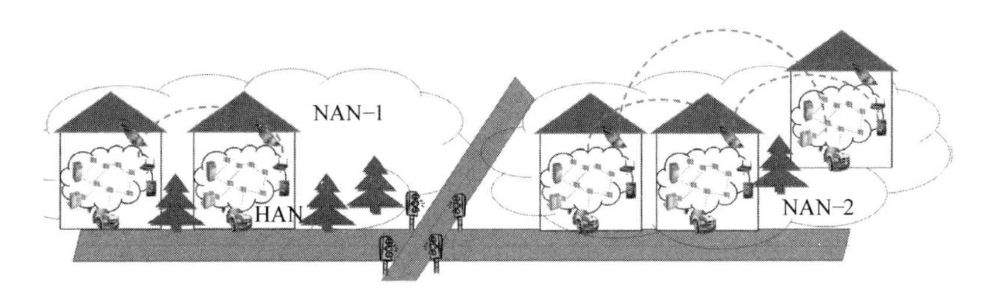

图 12.8 智能电网中 HAN 和 NAN 的 PHEV 充/放电协调

充电和放电的决策树分别在图中 12.9a 和 b 中给出。充电协调工作如下：PHEV 的驱动程序设定一个最低电池水平（$B_{\min}$），当 SoC 低于这个值时，PHEV 将从电网充电，否则如果存储的太阳能足够充电，PHEV 就可以从可再生能源充电。如果无法获得太阳能并且电价高于预设的阈值（P_{th}），这表明充电可能会引起电网的弹性问题，那么就会核查附近 PHEV 充电的情况。只有当邻居不再给他们的 PHEV 进行充电的情况下，充电才会被允许，不然充电会被延迟 1h，而 PHEV 会在 1h 后与 HGC 通信以重复其需求。为了协调 PHEV 放电，需要考虑设备的要求。如果在高峰时段可再生能源无法使用，设备可以使用 PHEV 电池。在这种情况下，放电在电池水平达到$B_{\min}$之前都是允许的。当可再生能源和 PHEV 电池都无法使用时，HGC 允许使用来自电网的电能而且不用考虑价格。

为了评估这一应用的性能，我们设定$B_{\min}$为 5kWh，电池的最大容量为 50kWh[49]。PHEV 电池的日常使用各不相同，取决于驾驶习惯和车辆电池的运行方式。我们假设每天在开车的时候电池放电的一部分是随机的，并假设 PHEV 可以在一天内任意时间接入插座并且保持接入的时间在 3 ~ 9h，充电或放电在此期间发生，充电的开始时间由 HGC 决定。因此，PHEV 接入插座并不一定意味着车辆在充电。我们假设邻居的 PHEV 也会在任意时间接入插座，那么设备的需求到达和 TOU 定价的选择方式与上节一致。

在图 12.10a 中，我们提供了在 2009 年 1 月、4 月、7 月和 10 月智能家居用于满足需求的资源份额，选择这些月份用来代表四个季节的太阳辐射变化。在 4 月和 7 月，可以直接看出北半球的太阳辐射增加了，太阳能的利用也在增加，如图 12.10a 所示。因此，使用 PHEV 电池和从电网中提取的电能减少了。要注意，我们在模拟中只包含可控制的设备，而实际的家庭用电可能更高。

在图 12.10b 中，我们把 HGC 在用户节约方面的效率考虑为两种情况，即一个拥有太阳能发电的智能家居和一个没有本地发电的智能家居。效率是指用户节约的费用与电费支出之比。当可再生能源可用时效率更高，因为它可以被认为是免费能源。此外，随着 PHEV 接入持续时间的增加，效率也会提高。PHEV 能够存储本地产生的电能，而且它可以在高峰时段放电以满足需求。由于这些因素的综合作用，PHEV 的协调可以帮助减少用户支出。要注意的是，我们假设 PHEV 只要它插入插

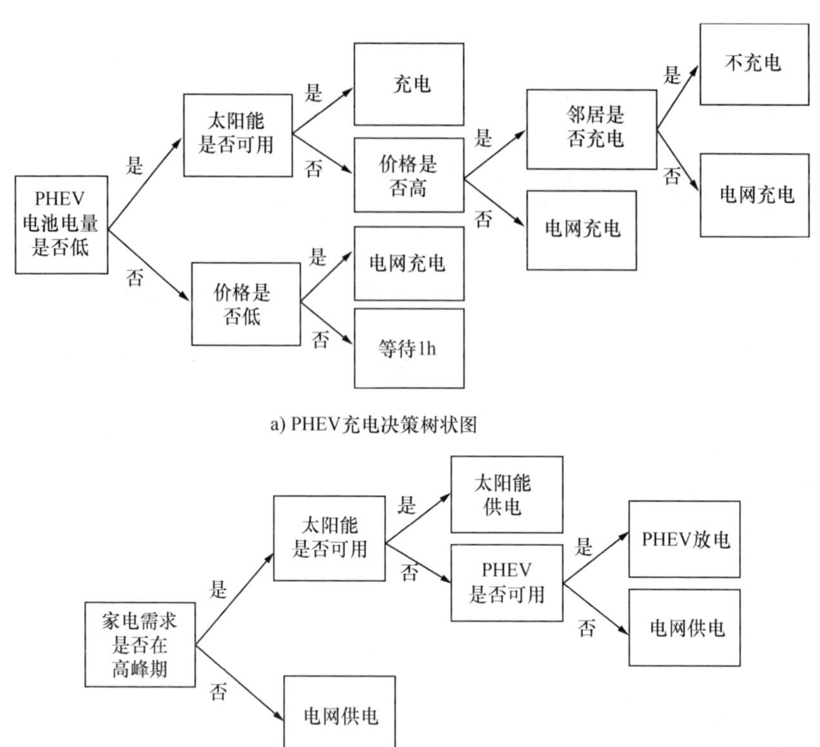

a) PHEV充电决策树状图

b) 家电设备需求决策树状图

图 12.9　PHEV 充/放电周期的协调

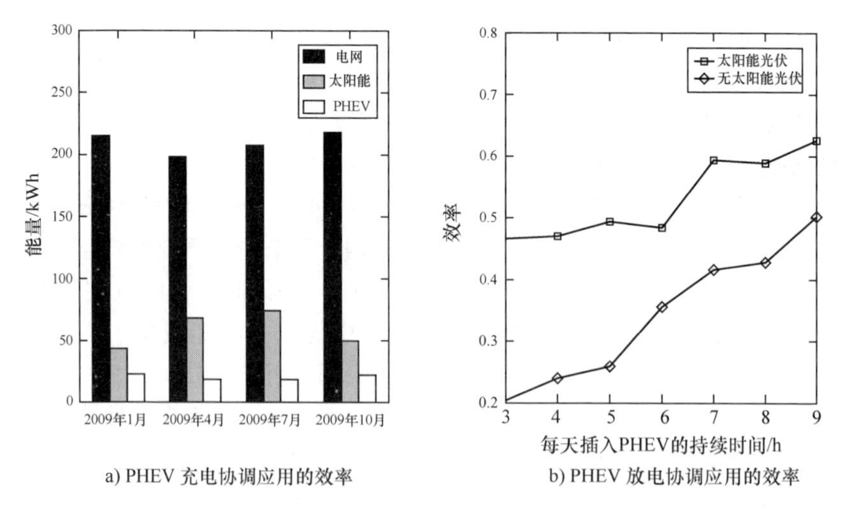

a) PHEV 充电协调应用的效率　　b) PHEV 放电协调应用的效率

图 12.10　PHEV 充/放电协调应用的性能评估

座或它的电量低于最低容量就准备充电，当 PHEV 没有插入插座或电池充满时充电就停止。

在图 12.11 中，我们比较了有太阳能发电和无本地发电的智能家居在一个月内使用 PHEV 电池的比例。当可再生能源不可用的时候，几乎 10% 的 PHEV 电池被用来满足设备的需求；在使用太阳能的情况下，8% 的 PHEV 电池被利用。这意味着在可能的情况下 HGC 调度需求去利用太阳能发电，因为太阳能是免费的。当太阳能无法使用时，PHEV 将代替太阳能成为能源。

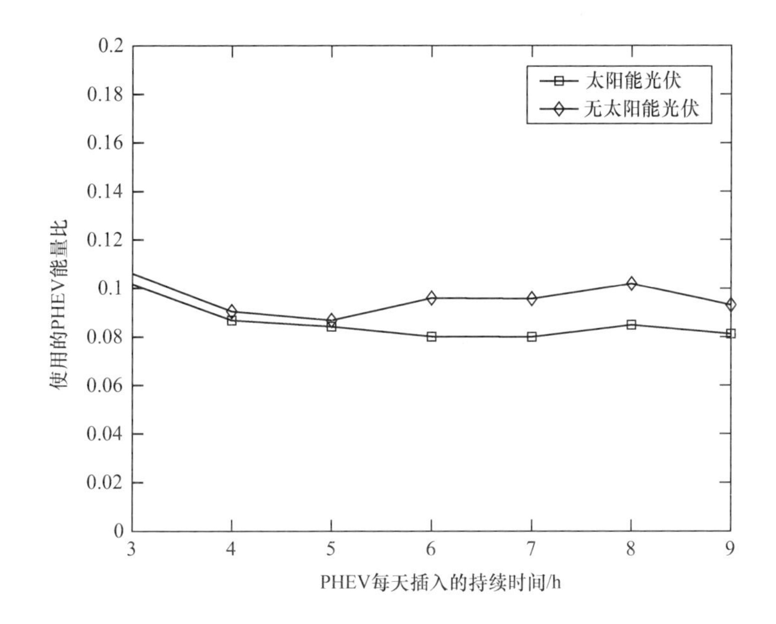

图 12.11　用于适应家庭需求的 PHEV 电池的比例

12.4　无线传感器网络用户侧应用的安全与隐私

随着 ICT 的整合，电网正变得越来越智能化，而 ICT 的使用可能会使智能电网面临更多的网络攻击隐患。特别是数百个以特殊方式部署的小型传感器的使用，使得保护智能电网的数据变得非常困难。

WSN 的安全性指的是多个标准的结合，例如可用性、授权、身份认证、完整性和新鲜度[50]。可用性意味着网络服务是可用的，即使在攻击下也不会中断；授权控制传感器接入 WSN，未经授权的传感器不能发送或接收数据；身份验证确保数据的真实性，从而防止恶意节点发送虚假消息；完整性意味着消息在到达目的地的途中不会被修改；最后，新鲜度确保了旧的消息不会被攻击者重新播放。在 WSN 中维持这些安全措施是有挑战性的，原因有以下几点：

- WSN 使用无线电传输。
- WSN 使用了大量的传感器节点，并且部署在不受保护的环境中。
- 传感器节点的处理和存储能力有限。

- 传感器节点的能量有限。

在 WSN 中，使用无线媒体进行通信，使得传感器节点容易被窃听或受到干扰攻击。先进的信号处理技术无法被使用，因为它们增加了成本和能量消耗。此外，传感器节点可能已经部署在不受保护的环境中，在这种环境中，篡改节点或窃取传感器可能比其他任何网络都要相对容易。而且由于传感器节点的处理和存储能力有限，无法使用常用的加密方法。公钥加密机制需要大量运算，而对称密钥加密则需要有效的密钥分发技术，这些在 WSN 中都是具有挑战性的。最后，传感器节点有限的电池使它们容易受到拒绝服务（DoS）攻击，这很容易耗尽传感器节点的电池。简单地说，与 WSN 相关的攻击可能针对不同的通信层，包括物理层、链路层、路由层或传输层。应对这些攻击的防御机制通常会增加计算和通信开销。然而，它们对于智能电网应用是必不可少的。

由于智能电网将会使用除 WSN 以外的设备，制定对它们的保护方案使它们免受攻击与 WSN 安全同样重要。事实上，智能电网安全是一个广泛的话题，它覆盖了用户场所以及电网资产[51-56]。在本节中，我们将重点放在住宅场所内的设备上，它们是智能电表和家庭能源控制器。智能电表将用户的用电数据传送给公司。恶意攻击者对这些数据的修改可能导致错误的计费、不准确的负载统计和错误的预测以及错误的定价决策。例如，智能电表可能是基于互联网的负载更改攻击的目标，它可能通过破坏一个公司的负载控制命令信号来实现[57]。如果它们在大量的智能电表中得以实现，这些攻击可能会危及电网的稳定。此外，集成用户设备的智能电网的配置发生错误可能为数据修改攻击提供了手段[58]。这种类型的攻击有两种方式：一是生成修改后的用户数据并将数据传输到公用事业公司，二是修改可能被发送到用户的公用事业公司控制信号，这两种情况都会给用户和电网运营商带来不便。用户场所的设备相对容易被破坏，而公用事业公司对这些设备几乎没有或少有控制。攻击者可以从这些设备的内存中提取数据，包括用于网络身份验证和插入恶意软件的密钥，这些恶意软件可能会蔓延到 AMI 中的其他设备[59]。

与安全同样重要的是，智能电网需要小心地处理 WSN 的应用用户的隐私问题。隐私可以指个人或个人信息的隐私、个人行为的隐私以及个人交流的隐私。个人信息的隐私是指一个人不愿与别人分享的任何个人信息，如身体、心理、经济状况。个人行为的隐私与一个人的行为和选择有关。最后，个人交流的隐私是指在不被监视或审查的情况下进行交流的权利[60]。

在智能电网中，如果高分辨率的用电数据能够被恶意用户使用，用户的隐私可能会受到侵犯。在参考文献［61］中，作者已经表明，通过访问细粒度的用电数据，可以获得一个住宅场所详细的活动信息，例如，一个人在或不在、睡眠周期、吃饭时间和淋浴时间。复杂的攻击可能会从用户场所泄露的数据中获得更多的好处，同时也会向竞争对手透露一些消费品的属性，特别是制造商寻求的电动汽车性能方面的信息。此外，由于智能电表的数据可能被其他智能电表所路由，AMI 中

的多跳网络也可能会引起隐私问题。

在未来的智能电网中，通信是普遍存在的，信息和关联的数量可能会比现在所预期的更加复杂，并且可能会被滥用。智能电网数据网络将处理大量需要保护的个人和企业信息。出于这些原因，用户应用需要安全和保护隐私的通信。与此同时，WSN 的安全需要谨慎对待。安全机制通常会增加传感器节点的成本。因此，在未来的研究中，成本和安全性的权衡问题需要得到解决。

12.5　小结和展望

WSN 被部署不同的环境中并得到广泛的应用，包括军事、医疗、交通和物流。这些应用中的大多数都得益于 WSN 的集体监控和代理功能。WSN 可以快速部署，并自组织形成一个智能监控平台。例如，低成本传感器节点可以分布在一个公共设施的运行领域，并增强效用资产的监控能力。随着发电、输电、配电和用电习惯的革新，WSN 将成为电网功能不可分割的一部分。

WSN 可用于能源发电设施，如核能、水力发电、化石燃料发电厂，或风能和太阳能发电厂等可再生能源发电设施。除了那些集中的发电设施，在智能电网中，分布式发电预计将被广泛采用。为了使分布式发电成为现实，储能是必不可少的。在智能电网中，因为有了细粒度的监测工具和分布式控制算法，协调分布式发电机和储能单元成为可能。此外，输电和配电设备可以由 WSN 监控。最后，WSN 可以部署在用户场所（需求方）以协调供电和用电。特别是随着 PHEV 的大规模普及，需求管理将对智能电网的稳定性至关重要，而 WSN 则是针对这些应用有前景的工具。

在本章中，我们介绍了两个基于 WSN 的智能电网应用，它们都是以用户场所为目标。第一个应用是 iHEM 应用，它旨在确定设备调度。iHEM 应用已被证明能显著降低设备对用户能源支出的贡献。再者，iHEM 应用还减少了高峰时段的负载和与电力相关的碳排放。此外，在实时定价甚至是动态定价的情况下，iHEM 的性能已经得到了评估，并且 iHEM 与没有能量管理的情况相比，其支出费用也更低。我们介绍的第二个应用是 PHEV 充/放电协调应用。PHEV 不加控制的充电可能会危及电网的恢复力，同时也会导致更高的车辆运行成本，因为 PHEV 的充电持续时间可能与高峰时段重合。在 PHEV、发电机组、设备和家庭控制器之间的通信，以及在 NAN 中家庭控制器之间的通信，使得 PHEV 能够确定合适的充电时间。PHEV 和可再生能源的互连也对控制 PHEV 的放电状况起着重要作用。由于放电时间是可协调的，所以当电价高时，PHEV 为设备提供能量，从而降低了用户的开支。研究表明，该应用能有效地利用本地能量和 PHEV 电池。它还能减少用户支出，并保护电网免受由于同时充电而产生的高 PHEV 负荷。

基于 WSN 的智能电网应用需要依靠传感器节点之间的通信。WSN 通常是用 Zigbee 来实现的。Zigbee 基于 IEEE 802.15.4 标准，专为低功耗、低速率和短距离通信而设计。Zigbee 被用于机器到机器或设备到设备以及 WSN 的通信。另一个用于 WSN 的新兴通信技术是众所周知的低功耗 WiFi 技术。WiFi 是基于 IEEE 802.11 标准的，它的速率比 Zigbee 快，而且范围也比 Zigbee 更广。传统的 WiFi 比 Zigbee 耗能更多。因此，在有限电量和低成本无线的传感器节点上实现 WiFi 是不可能的。最近，低功耗 WiFi 已经被研发出来，并且电池有希望运行几年时间。

WSN 是一种处理、内存和能量资源都有限的低成本设备，这使得它们成为理想的攻击目标。除此之外，它们通常被部署在不受保护的地区，在那里它们可以被窃取或被破坏。有限的处理和内存资源对计算密集型的公钥加密机制是一个挑战，而对称密钥的通信开销较大，所以对称密钥机制也很难实现。与此同时，有限的电池资源使 WSN 容易成为 DoS 攻击的目标。尽管 Zigbee 和 WiFi 使用了安全机制，但它们只是通常在物理层和链路层上解决安全问题。在智能电网环境中，WSN 的安全漏洞问题需要得到解决。探索高成本效率的安全机制仍是一个未决问题。

智能电网的应用可能很容易受到攻击，它们不仅有来自 WSN 的，还有来自智能电表或家庭控制器的。特别地，用户设备的错误配置可能为攻击者提供机会，使他们能够轻松地访问节点并传播他们的攻击。考虑到公用事业公司对这些设备没有或少有控制，修改后的用户数据甚至可能危及电网的稳定性。因此，在攻击后检查网络对攻击的响应和研发自恢复功能是非常必要的。在提高智能电网的免疫力方面，定位和隔离已破坏的设备至关重要。

智能电网是一个新兴的领域，为新的用户应用提供了大量的机会。为了增加用户的舒适度并减少干扰，未来的应用预计将涉及人工智能（AI）领域的学习技术。另一方面，设备技术也在不断改进。在未来，设备可能可以允许中断，这可能还会产生使用子周期调度的应用。

参考文献

[1] I. F. Akyildiz, W. Su, Y. Sankarasubramaniam, E. Cayirci, "Wireless Sensor Networks: A Survey," Computer Networks (Elsevier) Journal, vol. 38, no. 4, pp. 393–422, March 2002.

[2] S. Sudevalayam, P. Kulkarni, "Energy Harvesting Sensor Nodes: Survey and Implications," IEEE Communications Surveys & Tutorials, vol. 13, no. 3. 2011, pp. 443–461.

[3] J. Yick, B. Mukherjee, D. Ghosal, "Wireless Sensor Network Survey," Computer Networks (Elsevier) Journal, vol. 52, 2008, pp. 2292–2330.

[4] Organisation for economic co-operation and development (OECD), "Smart Sensor Networks: Technologies and Applications for Green Growth," Technical report, December 2009.

[5] E. Santacana, G. Rackliffe, T. Le, X. Feng, "Getting Smart," IEEE Power and Energy Magazine, vol.8, no.2, March-April 2010, pp. 41–48.

[6] S.M. Amin, B.F. Wollenberg, "Toward a smart grid: power delivery for the 21st century," IEEE Power and Energy Magazine, vol. 3, no. 5, 2005, pp. 34–41.

[7] J. Gao, Y. Xiao, J. Liu, W. Liang, P. Chen, "A survey of communication/networking in Smart Grids," Future Generation Computer Systems (Elsevier), vol. 28, no. 2, 2012, pp. 391–404.

[8] V. Gungor, D. Sahin, T. Kocak, S. Ergut, C. Buccella, C. Cecati, G. Hancke, "Smart Grid Technologies: Communications Technologies and Standards," to appear in IEEE Transactions on Industrial Informatics, 2011.
[9] C. Lo, N. Ansari, "The Progressive Smart Grid System from Both Power and Communications Aspects," to appear in IEEE Communications Surveys and Tutorials, 2012.
[10] V.C. Gungor, F.C. Lambert, "A Survey on Communication Networks for Electric System Automation," Computer Networks Journal (Elsevier), vol. 50, pp. 877–897, May 2006.
[11] V.C. Gungor, B. Lu, G.P. Hancke, "Opportunities and Challenges of Wireless Sensor Networks in Smart Grid," IEEE Transactions on Industrial Electronics,vol.57, no.10, pp. 3557–3564, October 2010.
[12] A. Helal, W. Mann, H. Elzabadani, J. King, Y. Kaddourah and E. Jansen, "Gator Tech Smart House: A Programmable Pervasive Space," IEEE Computer magazine, pp. 64–74, March 2005.
[13] C.Warmer, K. Kok, S. Karnouskos, A. Weidlich, D. Nestle, P. Selzam, J. Ringelstein, A. Dimeas, and S. Drenkard, "Web services for integration of smart houses in the smart grid," In proc. of Grid-Interop Conference, Denver, CO, USA 2009.
[14] Intel Home Dashboard. Available [Online]http://www.intel.com/embedded/energy/homeenergy/demo. Last Accessed November 2011.
[15] M. Erol-Kantarci, H. T. Mouftah, "Using Wireless Sensor Networks for Energy-Aware Homes in Smart Grids," IEEE Symposium on Computers and Communications (ISCC), Riccione, Italy, June 22–25, 2010.
[16] M. Erol-Kantarci, H. T. Mouftah, "TOU-Aware Energy Management and Wireless Sensor Networks for Reducing Peak Load in Smart Grids," Green Wireless Communications and Networks Workshop (GreeNet) in IEEE VTC2010-Fall, Ottawa, ON, Canada, September 6–9, 2010.
[17] M. Erol-Kantarci, H. T. Mouftah, "Wireless Sensor Networks for Smart Grid Applications," in Proc of. International Electronics, Communications and Photonics Conference (SIECPC) KSA, April 23–26, 2011.
[18] M. Erol-Kantarci, H. T. Mouftah, "Wireless Sensor Networks for Cost-Efficient Residential Energy Management in the Smart Grid," IEEE Transactions on Smart Grid, vol. 2, no. 2, pp. 314–325, June 2011.
[19] M. Erol-Kantarci, H. T. Mouftah, "The Impact of Smart Grid Residential Energy Management Schemes on the Carbon Footprint of the Household Electricity Consumption," IEEE Electrical Power and Energy Conference (EPEC), Halifax, NS, Canada, August 25–27, 2010.
[20] M. Erol-Kantarci, H. T. Mouftah, "Wireless Multimedia Sensor and Actor Networks for the Next-Generation Power Grid," Elsevier Ad Hoc Networks Journal, vol. 9 no. 4, pp. 542–511, 2011.
[21] Landis+Gyr. Available [Online] http://www.landisgyr.com/en/pub/home.cfm. Last accessed on September 2011.
[22] RFC4919: IPv6 over Low-Power Wireless Personal Area Networks (6LoWPANs). Available [Online] http://tools.ietf.org/html/rfc4919. Last accessed on September 2011.
[23] IEEE 802.15.4 standard. Available [Online] http://standards.ieee.org/about/get/802/802.15.html. Last accessed on November 2011.
[24] IEEE 802.11 standard. Available [Online] http://standards.ieee.org/about/get/802/802.11.html. Last accessed on April 2011.
[25] NIST Framework and Roadmap for Smart Grid Interoperability Standards, Release 1.0. Available [Online] http://www.nist.gov/public affairs/releases/upload/smartgrid interoperability final.pdf. Last accessed on September 2011.
[26] Ultra-low power wifi chips of Gainspan Inc.. Available [Online]http://www.gainspan.com/. Last accessed on October 2011.
[27] Ultra-low power wifi chips of Redpine Signals Inc.. Available [Online] http://www.redpinesignals.com/Renesas/index.html. Last accessed on September 2011.
[28] L.Li; X. Hu, C. Ke, K. He, "The applications of WiFi-based Wireless Sensor Network in Internet of Things and Smart Grid," 2011 6th IEEE Conference on Industrial Electronics and Applications (ICIEA), pp. 789–793, 21-23 June 2011.
[29] S. Tozlu, "Feasibility of Wi-Fi enabled sensors for Internet of Things," 7th

International Wireless Communications and Mobile Computing Conference (IWCMC), pp. 291–296, 4-8 July 2011.

[30] M. T. Galeev, "Catching the Z-Wave," EE Times Design, Feb. 2006. Available [Online] http://www.eetimes.com/design/embedded/4025721/Catching-the-Z-Wave. Last accessed on September 2011.

[31] wirelessHART. Available [Online] http://www.hartcomm.org/. Last accessed November 2011.

[32] J. Song, S. Han, A.K. Mok, D. Chen, M. Lucas, M. Nixon, "WirelessHART: Applying Wireless Technology in Real-Time Industrial Process Control," IEEE Real-Time and Embedded Technology and Applications Symposium, pp. 377–386,April 2008.

[33] ISA-100.11a standard. Available [Online]http://www.isa100wci.org/. Last accessed November 2011.

[34] M. A. A. Pedrasa, T. D. Spooner, I. F. MacGill, "Coordinated Scheduling of Residential Distributed Energy Resources to Optimize Smart Home Energy Services," IEEE Transactions on Smart Grid, vol. 1, no. 2, pp. 134–143, 2010.

[35] A. Molderink, V. Bakker, M. Bosman Johann L. Hurink, Gerard J.M. Smit, "Management and control of domestic smart grid technology," IEEE Transactions on Smart Grid, vol. 1, no. 2, pp. 109–119, 2010.

[36] A.-H. Mohsenian-Rad, A. Leon-Garcia, "Optimal Residential Load Control with Price Prediction in Real-Time Electricity Pricing Environments," IEEE Transactions on Smart Grid, vol. 1, no. 2, pp. 120–133, 2010.

[37] A.-H. Mohsenian-Rad, V. W.S.Wong, J. Jatskevich, R. Schober, "Optimal and Autonomous Incentive-based Energy Consumption Scheduling Algorithm for Smart Grid," IEEE PES Innovative Smart Grid Technologies Conference, January 2010.

[38] S. W. Lai, G.G. Messier, H. Zareipour, C. H.Wai, "Wireless network performance for residential demand-side participation," IEEE PES Innovative Smart Grid Technologies Conference Europe (ISGT Europe), Gothenburg, Sweden, 2010.

[39] R. Stamminger, "Synergy Potential of Smart Appliances," Deliverable 2.3 of work package 2 from the Smart-A project, University of Bonn, March 2009. [Online] http://www.smart-a.org. Last accessed November 2011.

[40] B. Kantarci, H. T. Mouftah, "Greening the Availability Design of Optical WDM Networks," IEEE Globecom 2010 Workshop on Green Communications, pp. 1447–1451, December 2010.

[41] Hydro Quebec, [Online] http://www.hydroquebec.com. Last accessed October 2011.

[42] K. Parks, P. Denholm, and T. Markel, "Costs and Emissions Associated with Plug-In Hybrid Electric Vehicle Charging in the Xcel Energy Colorado Service Territory," Technical Report NREL/TP-640-41410, May 2007.

[43] K. Mets, T. Verschueren, W. Haerick, C. Develder, F. De Turck, "Optimizing smart energy control strategies for plug-in hybrid electric vehicle charging," IEEE/IFIP Network Operations and Management Symposium Workshops, pp. 293–299, 19-23 April 2010.

[44] E. Sortomme, M.M. Hindi, S. D. J. MacPherson, S. S. Venkata, "Coordinated Charging of Plug-In Hybrid Electric Vehicles to Minimize Distribution System Losses," IEEE Transactions on Smart Grid, vol.2, no.1, pp. 198–205, March 2011.

[45] S. Shao, M. Pipattanasomporn, S. Rahman, "Challenges of PHEV penetration to the residential distribution network," IEEE Power & Energy Society General Meeting, pp. 1–8, 26-30 July 2009.

[46] M. Erol-Kantarci, J. H. Sarker, H. T. Mouftah, "Communication-based Plug-in Hybrid Electrical Vehicle Load Management in the Smart Grid," IEEE Symposium on Computers and Communications, Corfu, Greece, June 2011.

[47] M. Erol-Kantarci, J.H. Sarker, H.T. Mouftah, "Analysis of Plug-in Hybrid Electrical Vehicle admission control in the smart grid," IEEE 16th International Workshop on Computer Aided Modeling and Design of Communication Links and Networks (CAMAD), pp. 56–60, 10-11 June 2011.

[48] M. Erol-Kantarci, H. T. Mouftah, "Management of PHEV Batteries in the Smart Grid: Towards a Cyber-Physical Power Infrastructure," in Proc of. Workshop on Design, Modeling and Evaluation of Cyber Physical Systems (in IWCMC11), Istanbul, Turkey, July 5–8, 2011.

[49] G. Berdichevsky, K. Kelty, J.B. Straubel, E, Toomre, "The Tesla Roadster Battery System," Report by Tesla Motors, August 2006.
[50] Y. Wang, G. Attebury, B. Ramamurthy, "A survey of security issues in wireless sensor networks," IEEE Communications Surveys & Tutorials, vol.8, no.2, pp. 2–23, Second Quarter 2006.
[51] M. Amin, "Securing the Electricity Grid," The Bridge, U.S. National Academy of Engineering, vol. 40, no. 1, pp. 13–20, Spring 2010. Last accessed on October 2011.
[52] P. McDaniel, S. McLaughlin, "Security and Privacy Challenges in the Smart Grid," IEEE Security & Privacy, vol. 7, no. 3, pp. 75–77, May-June 2009.
[53] The Smart Grid Interoperability Panel, Cyber Security Working Group, "Guidelines for Smart Grid Cyber Security: Vol. 1, Smart Grid Cyber Security Strategy, Architecture, and High-Level Requirements," August 2010. Available [Online]http://csrc.nist.gov/publications/nistir/ir7628/nistir-7628 vol1.pdf. Last accessed on October 2011.
[54] The Smart Grid Interoperability Panel, Cyber Security Working Group, "Guidelines for Smart Grid Cyber Security: Vol. 3, Supportive Analyses and References," August 2010. Available [Online]http://csrc.nist.gov/publications/nistir/ir7628/nistir-7628 vol3.pdf. Last accessed on October 2011.
[55] U.S. Department of Energy Office of Electricity Delivery and Energy Reliability, "Study of Security Attributes of Smart Grid Systems - Current Cyber Security Issues," April 2009. Available [Online] http://www.inl.gov/scada/publications/d/securing_the_smart_grid_current_issues.pdf. Last accessed on October 2011.
[56] M. Amin, "Toward A More Secure, Strong and Smart Electric Power Grid," IEEE Smart Grid Newsletter, January 2011.
[57] H. Mohsenian-Rad, A. Leon-Garcia, "Distributed Internet-Based Load Altering Attacks Against Smart Power Grids," to appear in IEEE Transactions on Smart Grid, 2011.
[58] Y. Simmhan, A.G. Kumbhare, B. Cao, V. Prasanna, "An Analysis of Security and Privacy Issues in Smart Grid Software Architectures on Clouds," IEEE International Conference on Cloud Computing (CLOUD), pp. 582–589, 4–9 July 2011.
[59] T. Goodspeed, D. R. Highfill, B. A. Singletary, "Low-level Design Vulnerabilities in Wireless Control Systems Hardware," Proceedings of the SCADA Security Scientific Symposium (S4), pp. 3–13–26, 21-22 January 2009.
[60] The Smart Grid Interoperability Panel, Cyber Security Working Group, "Guidelines for Smart Grid Cyber Security: Vol. 2, Privacy and the Smart Grid" August 2010. Available [Online]http://csrc.nist.gov/publications/nistir/ir7628/nistir-7628 vol2.pdf. Last accessed October 2011.
[61] M. A. Lisovich, D. K. Mulligan, S. B. Wicker, "Inferring Personal Information from Demand-Response Systems," IEEE Security & Privacy, vol. 8, no.1, pp. 11–20, Jan-Feb 2010.

第 13 章

基于 Zigbee 的智能电网无线监控系统

Abiodun Iwayemi, Chi Zhou, Peizhong Yi，伊利诺伊理工学院

13.1 引言

由于存在诸多局限与挑战，现有的电力系统正在发生重大变化。化石燃料发电厂的发电效率只有 33% [1]，且在传输过程中，会损失将近 8% 的电能。为了满足高峰需求，我们只用 5% 的时间建造了 20% 的发电设施[2]。除此之外，目前的电网还存在停电和供电中断的问题，每年至少造成 1500 亿美元的损失[3]。因此，新一代电网应该解决能源效率和可靠性问题，并更加注重环保。

智能电网的概念提出向当今电网增加智能化和双向数字通信技术，以解决电网运行中效率、稳定性和灵活性问题。它促进了多种服务，包括大规模可再生能源，快速停电检测，对用户实时定价反馈以及针对住户和商户的需求响应计划。

所有这些新功能都强调了通信基础设施和数据管理的重要性。这些基本成分可实现实时数据采集和分析，同时控制电气负荷，以达到降低峰均比和满足需求响应的目的。

美国国家标准与技术研究院（NIST）已经将 Zigbee 和 Zigbee 智能能源概况（SEP）定义为智能电网客户端网络中使用的两种通信标准[4]。Zigbee 是基于 IEEE 802.15.4 标准的简单、低成本、低功耗和低传输速率的无线技术。这些特性及其在未经许可的工业、科学和医疗（ISM）领域的应用，使其非常适合无线智能电网应用。它也被大量的公用事业公司选为智能计量设备的首选通信平台，因为它提供了一个用于在智能计量设备和位于用户所在地的设备之间交换数据的标准化平台[2]。而 SEP 也支持需求响应、高级计量、实时定价、文本传送、负载控制等其他功能。

然而，在无许可证 ISM 频段上运行时，Zigbee 受到了来自共享该频段的各种设备的干扰。这些设备包括 IEEE 802.11 无线局域网（WLAN）或 WiFi 网络、蓝牙设备、婴儿监视器和微波炉。研究表明，WiFi 是 Zigbee 在 2.4GHz ISM 频段内最重要的干扰源[6,7]。随着 Zigbee 智能电网在家庭、校园和商业建筑中的广泛使用，如图 13.1 所示，如何解决在普遍存在 WiFi 的网络环境中 Zigbee 和 WiFi 的共存问题，

成为这项工作的主要目的。

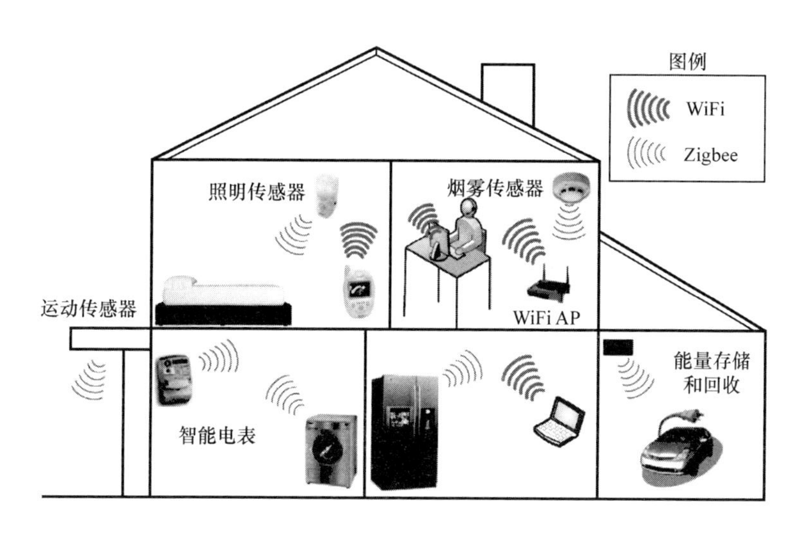

图 13.1　Zigbee 和 WiFi 的设备配置

13.2　基于 Zigbee 的建筑能源管理示范系统

伊利诺伊理工学院（IIT）的能源完善项目是美国能源部（DOE）发起的一项 5 年计划，目的是在 IIT 主校区建设智能电网。IIT 的能源完善项目的主要研究内容之一是，对实时系统监控、负载控制和降低、能源效率和楼宇自动化的先进无线技术进行评估。根据 NIST 智能电网的指导方针，IIT 能源完善项目已采用 Zigbee 作为无线通信基础设施，用于能源使用监测、净计量和需求响应。

为了演示能源完善概念，创建了桌面演示[1]。双向通信用于将 Zigbee 终端节点读取的数据传输到数据采集和控制中心（DCCC），并将控制消息从 DCCC 传递到终端节点。每个终端节点能够通过分布式 Zigbee 路由节点将收集的数据传送到 DCCC。试验台架构如图 13.2 所示。Zigbee 协调器将整合接收到的数据进行显示和处理，并根据所选择的能源管理策略向终端节点发送控制信号。

DCCC 作为系统控制器，整合了智能能源完善系统控制器和楼宇控制器的特点。它接收来自各种传感器的输入以及电力定价，并管理能源效率、需求响应和节约成本。DCCC 功能包括显示接收的传感器数据（温度、光照水平、客房入住率等）、Zigbee 模块的远程遥控、用户定时设置、显示定价和传感器数据阈值、根据用户确定的价格阈值控制外部连接的负载、时间和传感器读数、基于房间入住率的照明控制等。所有这些数据使 DCCC 能够确定负载要处于待机模式或关闭模式。这种简单的操作可以显著节省能耗，因为在待机模式下工作的负载占所有家用电量的 10%。它还会根据模拟的实时价格来选择电源，选择市电或存储电力（电池、太

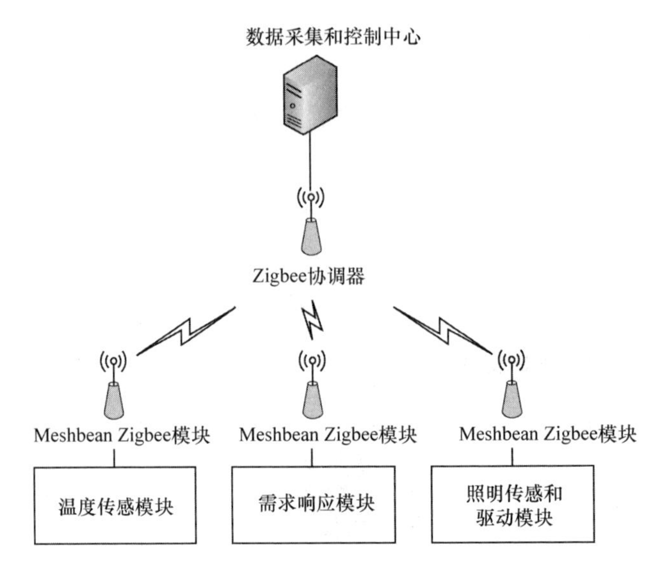

图 13.2　能源完善演示系统架构

阳能、风能等）。

13.3　Zigbee/IEEE 802.15.4 和 WiFi/IEEE 802.11b 概述

13.3.1　Zigbee/IEEE 802.15.4

IEEE 802.15.4 定义了 Zigbee 协议的物理（PHY）层和媒体访问控制（MAC）层，而 Zigbee 联盟定义了网络层和应用层。IEEE 802.15.4 标准规定了 ISM 2.4GHz、915MHz 和 868MHz 频段以及两个基于直接序列扩频（DSSS）的 PHY 方案的操作。基本的信道接入方式采用“载波侦听多路访问/避免冲突”（CSMA/CA）。在 2.4GHz 频段中有 16 个 Zigbee 信道，每个信道占用 5MHz 的带宽。无线电的最大输出功率通常为 0dBm（1mW），2.4GHz 的接收机灵敏度为 -85dBm，868/915MHz 的接收机灵敏度为 -92dBm。Zigbee 对 868/915MHz 频段使用二进制相移键控（BPSK）调制，对 2.4GHz 频段使用偏移正交相移键控（OQPSK）调制。传输范围在 1 ~100m 之间，它在很大程度上取决于部署环境[5]和 Zigbee 无线电传输功率能力。频段和数据速率信息总结在表 13.1a 中。

Zigbee 设备可以分为两大类，全功能设备（FFD）和精简功能设备（RFD）[5]。FFD 可以执行网络建立、路由和管理，而 RFD 出于简单而低成本的原因仅支持 Zigbee 设备功能的一部分。作为网络的根基和与其他网络的桥梁，协调器负责网络设置和管理，每个 Zigbee 网络只包含一个 Zigbee 协调器。路由器用于协调器和其他节点之间的连接，路由器和协调器可以与网络上的所有设备通信，并且通常由主电源供电，它们不会进入休眠状态，因此不会影响通过网络路由流量的

能力。终端设备与路由器不能进行对等通信，它们往往是由电池供电，大部分时间都处于休眠模式下。它们被定期唤醒，检查在它们的主路由器上为其缓存的任何消息，并读取其附带的传感器，传送测量数据，然后返回休眠模式。Zigbee 网络支持三种类型的拓扑结构：星形、网状和簇树，这使它们能够扩展到支持数千个节点。

ZigBee 的目标市场是通用的、廉价的、自组织的网状网络，用于能源管理、家庭自动化、楼宇自动化和工业自动化。Zigbee 智能能源的最终目标是使人们了解、管理、提升自动化程度和提高能源效率来促进社会变革[8]。

表 13.1a　频段和数据速率[9]

物理层/MHz	频段/MHz	信道号	传输参数		数据参数	
			芯片速率/(kchip/s)	调制	比特率/(kbit/s)	符号
868/915	868～868.6	0	300	BPSK	20	二元
	902～928	1～10	600	BPSK	40	二元
2450	2400～2483.5	11～26	2000	OQPSK	250	16元正交

13.3.2　WiFi/IEEE 802.11b

IEEE 802.11 标准规定了 WiFi 的 PHY 层和 MAC 层。它在 ISM 2.4GHz 频段中定义了 13 个重叠的 22MHz 宽频率信道。只有两组不重叠的频道：美国的 1、6 和 11 信道，欧洲的 1、7 和 13 信道。IEEE 802.11b 有几个版本是使用最为广泛的。IEEE 802.11b 具有 11Mbit/s 的最大传输速率，并且使用与原始 IEEE 802.11 标准中定义的相同的 CSMA/CA 媒体接入方法，IEEE 802.11b PHY 层集成了 DSSS 调制。技术层面上，IEEE 802.11b 标准使用 Barker 编码和补码键控（CCK）作为其调制技术。与原始标准相比，CCK 编码的修正使得数据传输速率大幅度提高。室内范围 100ft 时数据传输速率为 11Mbit/s，300ft 时数据传输速率为 1Mbit/s。不同的数据传输速率规格见表 13.1b。

表 13.1b　IEEE 802.11b 数据速率规范[11]

数据传输速率	编码长度	调制	符号率	比特/符号	系统
1Mbit/s	11（Barker C）	DBPSK	1	1	DSSS
2Mbit/s	11（Barker C）	DBPSK	1	2	DSSS
5.5Mbit/s	4（CCK）	DBPSK	1.375	4	HR/DSSS
11Mbit/s	8（CCK）	DBPSK	1.375	8	HR/DSSS

13.3.3　IEEE 802.15.4 的主干扰源

由于其几乎全球的通用性，越来越多的低成本无线解决方案使用 2.4GHz ISM 无许可频段。这种可以在同一环境中工作的各种无线设备之间的频谱共享会导致严重的干扰和显著的性能下降。使用2.4GHz频段的无线技术[27]包括：

- IEEE 802.11b网络；
- IEEE 802.11g网络；
- IEEE 802.11n网络；
- 蓝牙微微电网；
- 基于IEEE 802.15.4的个人局域网络（WPAN）；
- 无绳电话；
- 家庭监控摄像机；
- 微波炉；
- 摩托罗拉冠层系统；
- WiMAX网络。

由于无线技术的多样性，各种使用2.4GHz ISM频段的不同技术将以不同的方式干扰Zigee。这些影响大部分都可以忽略，因为只有少数可能会严重影响Zigbee的性能。参考文献［7］从理论上研究了Zigbee在WiFi和蓝牙下的性能。结果表明，WLAN比蓝牙的干扰要大得多。Zigbee和IEEE 802.11g之间的相互作用在参考文献［11］的吞吐量方面进行了经验性的评估，结果表明Zigbee不会显著影响IEEE 802.11g；然而，当所选择的操作信道的频谱一致时，IEEE 802.11g对Zigbee吞吐量的影响是显著的。使用频率的差异也是评估不同干扰程度的一个关键因素。根据参考文献［6，7］，大多数干扰都是由于IEEE 802.11发射机在住宅和公共环境中的广泛使用引起的。三个WiFi信道几乎覆盖了Zigbee的整个频谱，更重要的是，WiFi信号几乎比ZigBee信号强100倍。

为了减轻WiFi引起的干扰，Zigbee的开发人员在协议中增加了几项功能。直接序列扩频（DSSS）是一种“扩展频谱”，其扩展信号比调制的信息信号占用更多的带宽。由于宽带宽，它可以与窄带信号共存，降低了用于扩频的频谱上的信噪比；在MAC子层中使用载波侦听多路访问/避免冲突（CSMA/CA），CSMA采用监听策略，所以用户在信道闲置之前不会发送；在Zigbee中使用了ad hoc按需距离矢量（AODV）路由协议，这是一种纯粹的按需路由获取算法，并且基于此路由算法，Zigbee可以自动构建单个集群网络或可能更大的簇树网络。该网络基本上是自组织的，支持网络冗余，能够达到一定程度的容错性和自愈性。

虽然在Zigbee中使用了许多抗干扰技术，但干扰问题仍然被认为是有争议的。因此，衡量干扰的影响并分析解决如何改善WiFi和Zigbee的共存问题是一项值得努力的工作。

13.4 Zigbee在WiFi下的性能分析

误码率（BER）和误包率（PER）是评估数字通信技术的鲁棒性和可靠性的两个关键参数。它们被定义为传输系统中的错误率，并且与信噪比成正比。BER

和 PER 按照参考文献［9］中的分析模型计算而得。

13.4.1　基于 WiFi 的 Zigbee 误码率分析

2.4GHz IEEE 802.15.4 物理层采用 OQPSK 调制，对于加性高斯白噪声（AWGN）信道，误码率可以用下式[12]来计算：

$$\mathrm{BER}=Q\left(\sqrt{\frac{2E_\mathrm{b}}{N_0}}\right) \tag{13.1}$$

式中，E_b/N_0是归一化信噪比（SNR），$Q(x)$是高斯分布的 Q 函数：

$$Q(x)=\frac{1}{\sqrt{2\pi}}\int_x^\infty \exp\left(-\frac{u^2}{2}\right)\mathrm{d}u \tag{13.2}$$

当 Zigbee 信道与 WiFi 信道重叠时，我们可以考虑将 WiFi 信号作为 Zigbee 信号的部分频带干扰噪声[13]，将信噪比替换为信干噪比（SINR），定义为

$$\mathrm{SINR}=\frac{P_\mathrm{signal}}{P_\mathrm{noise}+P_\mathrm{interference}} \tag{13.3}$$

式中，P_signal是 Zigbee 接收机所需信号的功率，P_noise是噪声功率，$P_\mathrm{interference}$是来自 Zigbee 接收机的 WiFi 信号的接收干扰功率。

路径损耗模型表示发射机和接收机之间的功率损耗，因此可以与传输功率一起使用，以实现 P_signal 和 $P_\mathrm{interference}$ 的计算。我们将 Zigbee 的最大传输功率定义为 1mW（0dBm）。考虑到 Zigbee 和 WiFi 在室内环境中的应用最为广泛，所以室内路径损耗模型最合适。

考虑到 IEEE 802.11b 的功率谱比 Zigbee 宽 11 倍，并且分布不均匀，IEEE 802.11 的带内干扰功率不能简单地除以 11 来计算[14]。$P_\mathrm{interference}$应考虑带内功率因数 r 的修正参数。因此，$P_\mathrm{interference}$由 $r\cdot P_\mathrm{interference}$代替。

为了获得该因数 r，考虑了 IEEE 802.11b 的功率谱密度和 Zigbee 与 WiFi 的中心频率之间的偏移频率。由于功率集中在中心频率周围，r 随着偏移频率的减小而增加。

13.4.2　WiFi 干扰下 Zigbee 的误包率分析

PER 是基于 BER 和碰撞时间计算的。IEEE 802.11 [15]和 IEEE 802.15.4 [16]标准规定了三种空闲信道评估（CCA）的方法来确定信道占用[17]：

- CCA 模式 1：能量检测。在这种模式下，测量信道内的能量水平，如果能量水平高于预定阈值，则信道被认为是繁忙的。
- CCA 模式 2：载波侦听。在这种模式下，如果检测到的信号与正在执行 CCA 设备的 PHY 兼容，则信道被认为是繁忙的。
- CCA 模式 3：带能量检测的载波侦听。如果检测到的能量电平超过阈值并检测到兼容载波，则信道被认为是繁忙的。

WiFi 的默认操作模式是模式 2，其中如果没有检测到其他 WiFi 设备，即使 WiFi 以外的某些设备可能正在使用该信道，WiFi 节点也会认为该信道是空闲的。为了分析最坏的情况，我们假设 Zigbee 和 WiFi 设备都在 CCA 模式 2 下运行，这意味着它们对于对方的传输基本上是未知的。

碰撞时间模型如图 13.3 所示。在盲传输的假设下，即使 Zigbee 和 WiFi 共存，竞争窗口也不会被修改。虽然 Zigbee 和 WiFi 都采用 CSMA/CA，但与 WiFi 不同的是，Zigbee 在 CCA 退出后仅检测两次信道可用性。可以通过图 13.3 计算平均碰撞时间 T_c，WiFi（IEEE 802.11b）干扰下的 Zigbee 的 PER 表示为

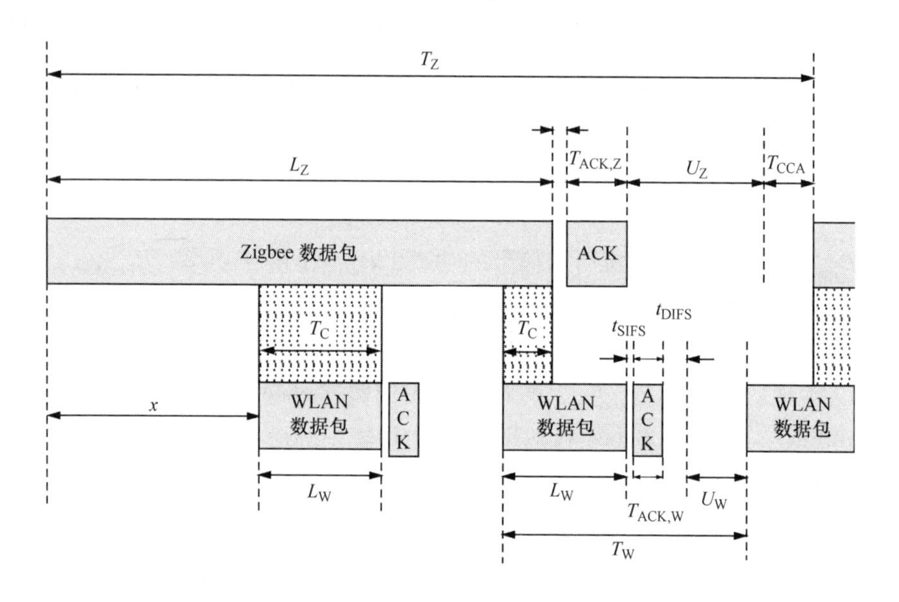

图 13.3　IEEE 802.11b 和 IEEE 802.15.4 之间的干扰模型[14]

$$\mathrm{PER}=1-\left[(1-P_{\mathrm{b}})^{N_z-\left[\frac{T_c}{b}\right]}\times(1-P_{\mathrm{b}}^{\mathrm{I}})^{\left[\frac{T_c}{b}\right]}\right] \tag{13.4}$$

式中，P_{b}是没有 IEEE 802.11 干扰的误码率，$P_{\mathrm{b}}^{\mathrm{I}}$是被 IEEE 802.11 干扰的误码率，$N_z$ 是 Zigbee 数据包中的比特数，b 是比特传输的持续时间。

13.5　基于频率捷变的干扰消除方案

根据理论模型，误码率取决于重叠信道中的噪声电平和干扰功率。距离和失调频率在干扰功率中起关键作用。如果 Zigbee 设备能够检测到干扰，找到“安全信道”，并将整个个人局域网络迁移到一个空闲的信道，其性能将得到显著改善。解决方案需要对现有的 IEEE 802.15.4 标准做微小的调整，也可以通过软件升级实施。此外，任何提议的解决方案必须简单、节能。考虑到这些因素，对结合星形和网状拓扑结构的 IEEE 802.15.4 簇树网络来说，频率捷变算法是完美的选择，旨在

实现高可靠性、可扩展性和能效。

该方案的主要内容是干扰检测和干扰抑制。每个发送方节点定期测量其 PER，如果 PER 超过某个阈值，则发送方将向其父路由器发送链路质量指示符（LQI）报告。如果 LQI 低于一定值，则协调器指示个人局域网络中的所有路由器对可用信道进行干扰检测。通过在 Zigbee 协议中定义的能量检测（ED）扫描来实现干扰检测，并且基于来自所有 ED 扫描的反馈，协调器选择具有较好质量并且不被其他 Zigbee 个人局域网络占用的信道。最后一步是将所有个人局域网络设备迁移到这个“安全”信道。我们将在下一节详细介绍所提出的频率捷变方案中涉及的步骤。

13.5.1　干扰检测

Zigbee 终端设备是电池供电的设备，能效是其标准的主要特征。因此，任何干扰检测方案都是节能的。Zigbee 大部分时间都能提供可靠的服务，所以为了延长设备电池的使用寿命，干扰抑制功能应该在必要时启用。

传感器网络的干扰检测研究包括参考文献［18－20］。在参考文献［18］中，提出了一种无线干扰检测协议（RID），用来检测传感器节点之间运行时的无线电干扰。在参考文献［19］中，提出了一种基于 ED 扫描结果和接收信号强度指示（RSSI）的干扰检测方案。在参考文献［20］中，作者认为 RSSI 不是一种准确的干扰测量方法，因为在 0.3m 范围内 Zigbee 帧的 RSSI 值可能非常高。参考文献［21］的作者提出了一种基于 ACK/NACK 的干扰检测方案，利用 ACK/NACK 来报告检测到的干扰。发送方向接收方发送信标帧并计算 NACK 的数量。如果该值超过阈值，则意味着检测到干扰。

我们在 Zigbee 网络中提出基于 PER－LQI 的干扰检测方案来改进这些方案。由于 Zigbee 的占空比很低，数据包传输只需要几毫秒的时间[17]，所以节点可以通过重传的方式成功传送大部分数据包。为了改善数据包传输和提高网络电池寿命，我们使用普通数据包来执行干扰检测，而不是专用信标或周期性数据包传输的专用信令消息。每个终端设备在至少 20 个数据包的传输周期内测量其 PER 值[5]。当 PER 超过 25% 时，终端设备向其父路由器发送干扰检测报告。路由器检查路由器和终端设备之间的 LQI，如果 LQI[22] 小于 100（映射到 PER 的 75%），则认为是因为链路质量不佳而发生丢包，而不是由于终端设备的断电或其他问题而导致丢包。在这种情况下，路由器将在当前信道上执行 ED 扫描，以确保干扰是链路质量中检测到降级的实际原因。一旦能量检测结果 RSSI 超过阈值 35（对应于 －65 ～－51dBm 之间的噪声电平），就会确定检测到的干扰。然后，节点向其路由器发出干扰报告，路由器将报告转发给协调器，然后协调器调用相应的干扰避免方案并迁移到安全的信道。干扰检测算法如下所示：

步骤1：干扰检测算法

```
Begin:
  1. PER = 终端设备定期报告
  2. If PER < 阈值
       返回 (1)
     Else 终端设备向路由器发送消息
  3. LQI = 由路由器检测
     If LQI > 阈值
       返回 (1)
     Else RSSI = 当前信道的能量检测
  4. If  RSSI < 阈值
       返回 (1)
     Else 向协调器报告干扰检测
End
```

在干扰非常严重，终端设备不能成功向路由器报告的特定情况下，由于路由器周期性地监控自身与其所有子节点之间的链路 LQI，因此路由器仍然可以检测到干扰。如果 LQI 在多个周期内相当低，并且路由器没有在配置的规定期限内收到来自其子节点的任何消息，路由器会自动执行能量检测扫描并将结果报告给协调器。

13.5.2 干扰消除

一旦检测到干扰，需要采取一些干扰避免方案来减轻这种影响。在参考文献［22］中，作者考虑了多个 Zigbee PAN 共存的情况，并建议让经受较大干扰的 PAN 或具有较低优先级的 PAN 通过信标请求切换到另一个信道。协调器在收到指示空闲信道的信标请求的响应后来确定它们切换到哪个信道。在参考文献［14］中，提出了一个基于伪随机的干扰避免方案，通过这个方案，所有设备都可以根据预定义的伪随机序列移动到相同的信道上，以此来避免干扰。该方案不考虑干扰源和其他信道的状态等因素，而是随机选择信道并重复检测干扰。这里提供了利用能量检测和主动扫描来确定哪个信道适合所有设备切换的干扰避免方案。

为了减少检测时间和功耗，所有 Zigbee 信道根据偏移频率分为三类。如图 13.4 所示，第 1 类（实线）偏移频率大于 12MHz，由信道 15、20、25 和 26 组成；第 2 类（短划线）偏移频率大于 7MHz 且小于 12MHz，由信道 11、14、16、19、21 和 24 组成；而第 3 类（虚线）偏移频率小于 3MHz，由信道 12、13、17、18、22 和 23 组成。第 1 类的优先级最高，而第 3 类的优先级最低。在收到干扰检测报告后，协调器会向 PAN 中所有的路由器发送能量检测扫描请求，以检查从高优先级到低优先级的信道状态，直到找到可用信道。协调器通过加权能量检测结果来选择最佳信道，其中每个路由器根据其优先级、网络拓扑和位置被分配权重。靠近 WiFi 接入点（AP）或拥有大量子节点的节点被分配较大的权重，协调器根据它们得分的高低来选择可用信道。在 Zigbee 簇树网络中，让所有路由器进行能量检测

有助于减轻隐藏终端问题的影响。相比于让 PAN 中所有设备执行能量检测扫描，我们的算法将决策算法的复杂性降到最低，并且更加节能。

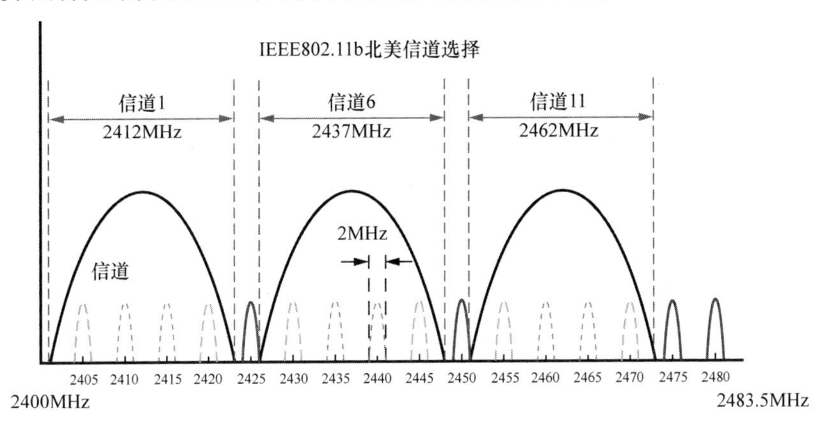

图 13. 4　Zigbee 和 WiFi 在 2. 4GHz 频段的信道

在完成能量检测扫描后，PAN 中所有的路由器开始对由协调器选择的拟迁移信道进行主动扫描。它们发出一个信标请求，以此来确定当前该信道内是否有任何其他 Zigbee 或 IEEE 802. 15. 4 PAN 在无线电可接受范围内处于活动状态，如果检测到 PAN ID 冲突，则协调器将选择一个新的信道和唯一的 PAN。决策算法如下所示：

```
步骤2：干扰避免算法
Begin:
  1. i = 1;
  2. If i ⩾ 阈值
       返回(1)
     Else 信道 i 的能量检测
  3. If 找不到可用信道
       i ++; 返回(2)
     Else Q = 可用信道 i1, i2,…,ik
  4. While 找不到安全信道
       在信道 ij∈Q 上进行主动扫描
       If j==k,
       返回 2
       Else j++
  5. 信道改变
End
```

13. 6　仿真与实验结果

13. 6. 1　仿真结果

BER 和 PER 的理论分析和仿真如图 13. 5a 和 b 所示。实线表示理论值，而虚线表示通过仿真获得的值。除了少数几个离中央 WiFi 频率较远的信道之外，与 WiFi 信道重叠的大部分信道都有 2MHz、3MHz、7MHz 和 8MHz 的偏移频率，并在这四种场景下进行仿真[23]。

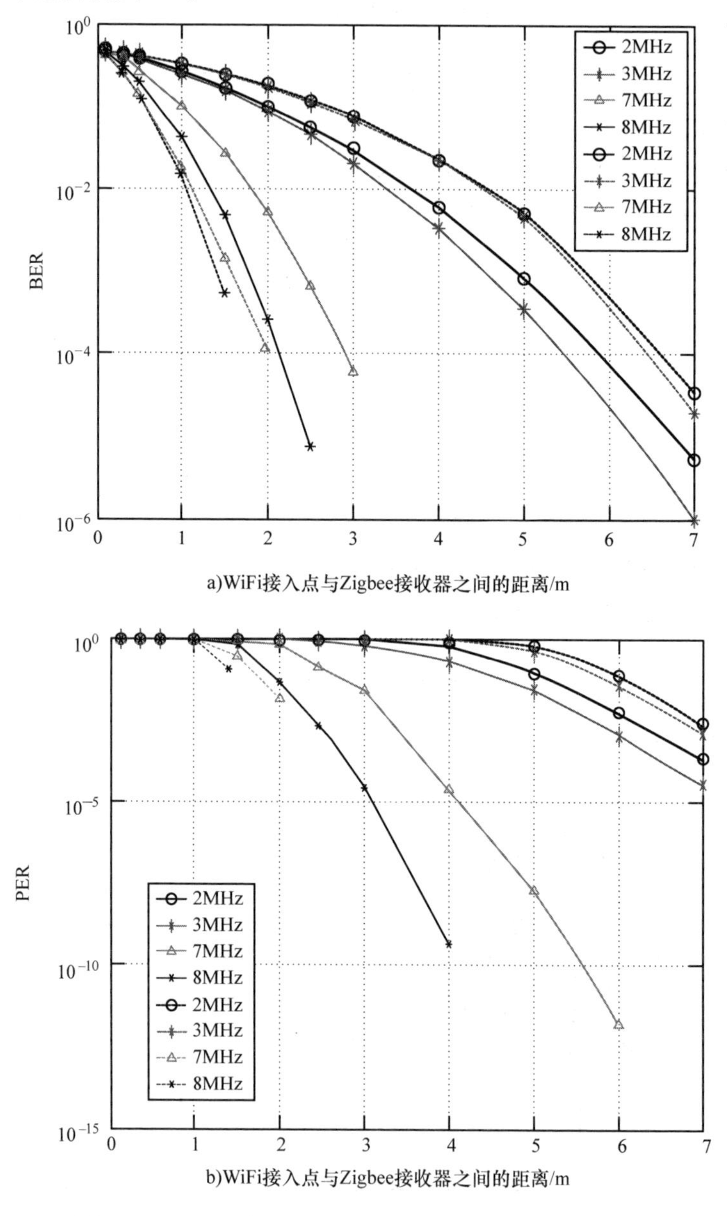

图 13.5　理论与仿真：a）BER 与距离；b）PER 与距离

从仿真和理论结果可以看出，随着偏移频率的增加，BER 和 PER 急剧下降。对于有相同偏移频率的信道，当间隔距离增加时，BER 和 PER 会减小。与理论值相比，当仿真中的偏移频率为 2MHz 和 3MHz 时，BER 和 PER 更高；当偏移频率为

7MHz和8MHz时，BER低于理论值。这是因为IEEE 802.11b仿真模型的频带比理论频带窄，并且将更多的功率集中在有效频带。

从图13.5可以看出，大部分的干扰功率都集中在WiFi中心频率附近。“安全距离”和“安全偏移频率”是两个关键参数，用来指导Zigbee网络部署以减轻WiFi干扰。

13.6.2　实验结果

我们用PER值来评估Zigbee在真实环境中受到WiFi干扰下的性能以及在我们模拟环境下的性能。在参考文献［6］中，Z-Wave报告说WLAN在实验室环境中对IEEE 802.15.4和Zigbee设备造成了严重干扰。而Zigbee联盟的报告[24]驳斥了这一点，得出了截然不同的结论。他们的报告指出，“Zigbee包含了许多功能，旨在促进共存和面对干扰时能稳健运行。即使存在数量惊人的干扰，Zigbee设备仍然能够有效地进行通信。为了理解这些矛盾的结论，我们在住宅和公共环境中建立了Zigbee-WiFi共存测试台，用以评估Zigbee的性能。

1. WiFi干扰下的Zigbee性能

在典型的高层住宅环境中检测WiFi干扰下Zigbee的性能，PER值由接收机板计算如下：

$$\mathrm{PER}=\left(\frac{\text{失败消息数}}{\text{尝试测量数}}\right)\times 100\% \tag{13.5}$$

Lake Meadows Apartment是坐落在芝加哥的一座22层高的住宅公寓，其每个楼层有15个单元，在这样的住宅环境下，我们进行了Zigbee性能的测试。大多数单元各自都有一个WiFi路由器，它可以覆盖物理通信范围内的多个单元。互联网连接是数字用户线（DSL），速率为768～3Mbit/s。图13.6a显示了在一个单元内测量的功率谱。结果表明，大量WiFi接入点能够与重叠频谱和各种信号功率强度共存。由于Lake Meadows Apartment的DSL服务不支持高数据流量，因此我们使用位于IIT主校园Siegel Hall大楼地下室的光无线集成研究实验室（OWIL）来测试高干扰下的性能。整个校园都启用了无线网络，通过控制接入点的部署，来减少多个接入点之间的干扰。图13.6b显示了在实验室中测量的功率谱，Zigbee信号在偏移WiFi信道中心频率8MHz处清晰地标识出来。通过路由器在两台笔记本电脑之间以4.5Mbit/s的速率产生较大的通信量（即WiFi对Zigbee的强烈干扰），并改变接入点和Zigbee接收机之间的距离。我们观察到PER随着频率偏移的增加而减小。然而，在住宅环境中，虽然存在多个WiFi接入点，但由于WiFi流量低，干扰影响并不明显。相比之下，在实验室环境的严重干扰下PER要高得多[25]。

另外，我们还比较了WiFi的上行链路通信和下行链路通信的影响。在这个实验中，使用了一对2.4GHz Meshnetics MeshBean全功能Zigbee模块来支持更多的功能。我们使用一台笔记本电脑和一台PC台式机连接到WiFi网络，而不使用两台笔记本电脑。因此我们只有一条无线链路用于上行链路或下行链路通信，但不能同

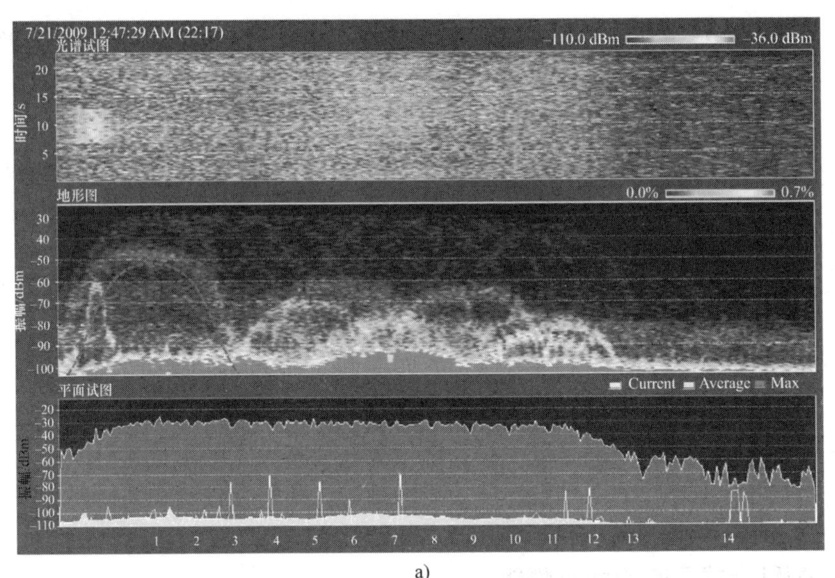

a)

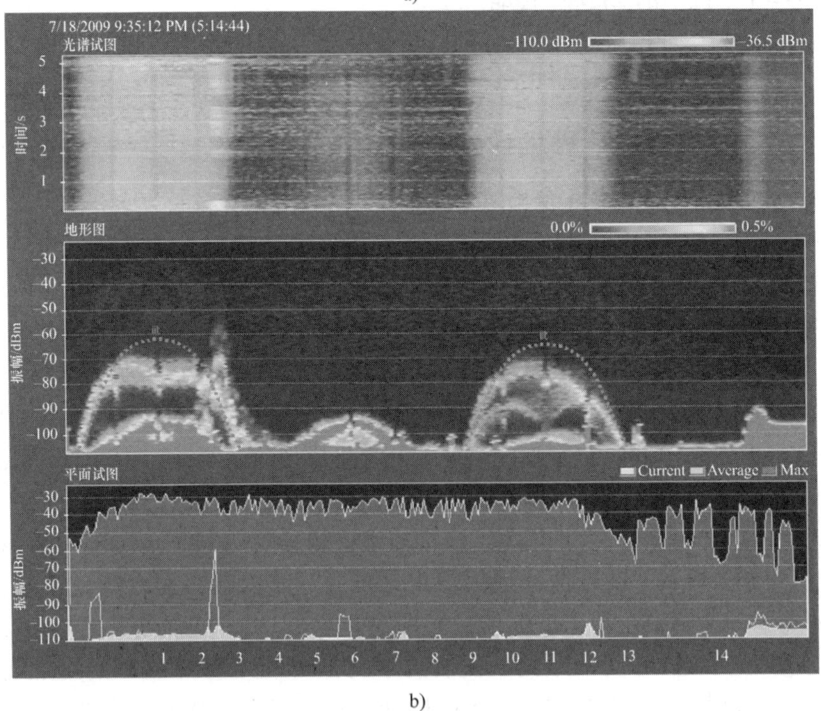

b)

图 13.6 Zigbee 和 WiFi 在 a）住宅环境和 b）实验室环境的功率谱

时使用两条链路。

根据表 13.2 中显示的测试结果，我们观察到 WiFi 下行链路流量比上行链路流量造成了更多的干扰。这是由于路由器和笔记本电脑之间的传输功率不同造成的。一般来说，WiFi 接入点的发射功率要高于笔记本电脑的发射功率。结果表明，当

偏移频率大于 8MHz 时，Zigbee 的性能能够得到显著提高。

表 13.2　在光无线集成研究实验室中失败的包数（每 1000 包）**与距离**（m）

距离/m	偏移频率							
	2MHz		3MHz		7MHz		8MHz	
	下行	上行	下行	上行	下行	上行	下行	上行
1	662	657	598	594	499	489	8	0
2	597	579	586	556	414	278	6	0
3	558	529	525	504	373	207	1	0
4	495	454	470	446	353	77	0	0
5	415	375	372	358	216	4	0	0
6	407	350	358	39	69	0	0	0
7	356	306	321	282	6	0	0	0
8	304	272	295	241	3	0	0	0

为了验证我们的设计准则在具有多个接入点的场景中的有效性，我们在一个双接入点 WiFi 系统中进行了实验。为了测试 Zigbee 在严重 WiFi 干扰下的性能，我们以 4.5Mbit/s 的速率通过 WiFi 生成流媒体视频流量，其中两个接入点在同一信道上运行。由于使用了 CSMA/CA，与单接入点案例相比，双接入点系统中每个接入点的最大数据速率降低了一半。与相同距离的 Zigbee 信道 12 相比，Zigbee 信道 14 的 PER 值大幅下降，如图 13.7 所示。因此，双接入点场景中的结果与单接入点场景中的结果相当，所以我们的“安全距离”和“偏移频率”准则和干扰避免方案适用于多接入点环境。

总之，当 WiFi 流量不太大时，Zigbee 有着很好的性能。随着流量的增加，Zigbee 需要与 WiFi 有更大的分离距离或更大的偏移频率，以避免 WiFi 的强烈干扰。我们的经验结果与我们的理论分析和模拟结果相吻合，证实了我们的“安全距离”和“安全偏移频率”准则的准确性。

2. 干扰检测

在短时间内获取精确的能量检测结果是保证任何干扰避免方案有效性的关键。我们对 Zigbee 节点进行了大量测试，发现每个 ED 扫描持续时间为 138ms，这提供了扫描持续时间和精度之间的最佳平衡。测试表明，当我们用一个 WiFi 接入点作为干扰源扫描所有 16 个信道时，最空闲的信道都在 1 类。这意味着仅扫描 1 类信道就可以得到与完整扫描 16 个信道相同的结果。因此，只扫描 1 类信道可节省 75% 的时间用于能量检测。

LQI 是一个表示所接收到的数据包的强度或质量的参数。LQI 值的范围是 0 ~ 255，PER 值随着 LQI 的增加而减小。LQI 的测量是针对每个接收到的数据包而执行的，如果数据包丢失，则收发器会将 LQI 设置为 0。我们分析了每个信道 4600

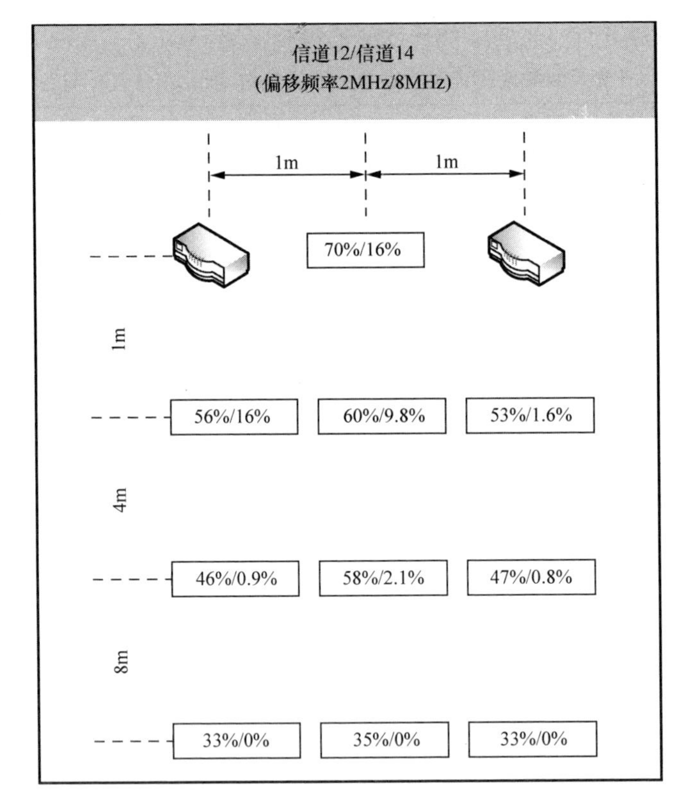

图 13.7　两个 WiFi 接入点下的 PER

个数据包传输的 LQI 读数。结果表明，与 WiFi 中心频率相比，具有小偏移频率的 Zigbee 信道，链路质量差，传输包强度弱。当偏移频率大于 8MHz 时，LQI 值高于 220，这意味着 PER 值接近于 0 [26]。

能源消耗是根据 PER 值和电池寿命分析计算而得[27]。Zigbee 在活跃事件中的休眠时间为 2～4000s，而电池寿命约为 5 年。假设电池容量为 1000mAh，电池效率为 50%，重传次数为 10 次。如果 PAN 在严重干扰下工作，高 PER 值会导致大量的重传，这将导致整个传感器网络的能源浪费。表 13.3 表明，如果我们选择一个更空闲的信道，在事件的相同休眠时间下电池寿命可以延长 2～3 年。

表 13.3　Zigbee 能源消耗数据

休眠时间/ms	偏移频率/MHz	主动能源消耗/（mAh/月）	总能源消耗/（mAh/月）	电池寿命/年
2	2	73.69	77.27	0.54
	7	63.71	67.29	0.619
	8	19.95	23.53	1.77
	13	16.74	20.32	2.05

（续）

休眠时间/ms	偏移频率/MHz	主动能源消耗/（mAh/月）	总能源消耗/（mAh/月）	电池寿命/年
7. 08	2	20. 94	24. 54	1. 7
	7	18. 11	21. 69	1. 92
	8	5. 66	9. 24	4. 5
	13	4. 75	8. 33	5
31. 3	2	4. 75	8. 33	5
	7	4. 105	7. 68	5. 43
	8	1. 28	4. 86	8. 57
	13	1. 076	4. 65	8. 96

13. 7　小结

Zigbee 是一种低成本、短距离、低能耗的无线通信技术，在许多环境中具有广泛的适用性，特别是在智能电网领域。它可以用于连接、监视和远程控制家庭、建筑物和工厂中的数据和设备。但是，它与 WiFi 网络共享相同的免许可频段。在本章中，对 WiFi 干扰下的 Zigbee 性能进行了全面评估。使用数值分析和经验分析后，我们证实了 Zigbee 可能会受到 WiFi 的严重影响，并且可以识别“安全距离”和“安全频率”以指导 Zigbee 部署。一般来说，当 WiFi 干扰不显著时，Zigbee 能提供令人满意的性能。而当 WiFi 干扰很显著时，基于频率捷变的干扰缓解方案可以提供一种有效的手段，这种手段能够提供可靠的数据服务来提高 Zigbee 的性能，从而为 Zigbee 与 WiFi 网络共存提供稳健可靠的服务。

参考文献

[1] A. Iwayemi, Peizhong Yi, Peng Liu, and Chi Zhou, “A Perfect Power demonstration system,” in *Innovative Smart Grid Technologies (ISGT)*, 2010, pp. 1–7.
[2] H. Farhangi, “The path of the smart grid,” *Power and Energy Magazine, IEEE*, vol. 8, no. 1, pp. 18 –28, Feb. 2010.
[3] United States Department of Energy White paper, “The smart grid: An introduction.” 2008.
[4] Office of the National Coordinator for Smart Grid Interoperability, *NIST Framework and Roadmap for Smart Grid Interoperability Standards, Release 1.0*. National Institute of Standards and Technology, 2010.
[5] Zigbee Alliance, “Zigbee Specification: Zigbee Document 053474r17.” Jan-2008.
[6] Zensys, *White Paper: WLAN interference to IEEE 802.15.4*. 2007.
[7] S.Y. Shin, H.S. Park, S. Choi, and W.H. Kwon, “Packet Error Rate Analysis of Zigbee Under WLAN and Bluetooth Interferences,” *Wireless Communications, IEEE Transactions on*, vol. 6, no. 8, pp. 2825–2830, 2007.
[8] Zigbee Alliance, “Zigbee Smart Energy.” Mar-2009.

[9] D.G. Yoon, S.Y. Shin, W.H. Kwon, and H.S. Park, "Packet Error Rate Analysis of IEEE 802.11b under IEEE 802.15.4 Interference," in *Vehicular Technology Conference, 2006. VTC 2006-Spring. IEEE 63rd*, 2006, vol. 3, pp. 1186–1190.
[10] J. Mikulka and S. Hanus, "Bluetooth and IEEE 802.11b/g Coexistence Simulation," *Radio Engineering*, vol. 17, no. 3, pp. 66–73, Sep. 2007.
[11] K. Shuaib, M. Boulmalf, F. Sallabi, and A. Lakas, "Co-existence of Zigbee and WLAN, A Performance Study," in *Wireless Telecommunications Symposium, WTS '06*, 2006, pp. 1–6.
[12] T. Rappaport, *Wireless Communications: Principles and Practice*. Upper Saddle River, NJ, USA: Prentice Hall PTR, 2001.
[13] R.L. Peterson, D.E. Borth, and R.E. Ziemer, *An Introduction to Spread-Spectrum Communications*. Upper Saddle River, NJ, USA: Prentice-Hall, Inc., 1995.
[14] S.Y. Shin, H.S. Park, and W.H. Kwon, "Mutual interference analysis of IEEE 802.15.4 and IEEE 802.11b," *Computer Networks*, vol. 51, no. 12, pp. 3338–3353, Aug. 2007.
[15] *IEEE Std 802.11 ™ -2007 Part 11: Wireless LAN Medium Access Control (MAC) and Physical Layer (PHY) Specifications*. 2007.
[16] *IEEE Std 802.15.4a ™ -2007: 802.15.4aPart 15.4: Wireless Medium Access Control (MAC) and Physical Layer (PHY) Specifications for Low-Rate Wireless Personal Area Networks (WPANs)*. 2007.
[17] S. Farahani, *Zigbee Wireless Networks and Transceivers*. Newton, MA, USA: Newnes, 2008.
[18] G. Zhou, T. He, J.A. Stankovic, and T. Abdelzaber, "RID: radio interference detection in wireless sensor networks," presented at the Proceedings IEEE 24th Annual Joint Conference of the IEEE Computer and Communications Societies., Miami, FL, USA, 2010, pp. 891–901.
[19] C. Won, J-H Youn, H. Ali, H. Sharif, and J. Deogun, "Adaptive radio channel allocation for supporting coexistence of 802.15.4 and 802.11b," presented at the VTC-2005-Fall. 2005 IEEE 62nd Vehicular Technology Conference, 2005., Dallas, TX, USA, 2010, pp. 2522–2526.
[20] M. Kang, J. Chong, H. Hyun, S. Kim, B. Jung, and D. Sung, "Adaptive Interference-Aware Multi-Channel Clustering Algorithm in a Zigbee Network in the Presence of WLAN Interference," presented at the 2007 2nd International Symposium on Wireless Pervasive Computing, San Juan, PR, USA, 2007.
[21] S.M. Kim et al., "Experiments on Interference and Coexistence between Zigbee and WLAN Devices Operating in the 2.4 GHz ISM Band," *Proceedings of NGPC*, pp. 15–19, Nov. 2005.
[22] R.C. Shah and L. Nachman, "Interference Detection and Mitigation in IEEE 802.15.4 Networks," presented at the 2008 7th International Conference on Information Processing in Sensor Networks (IPSN), St. Louis, MO, USA, 2008, pp. 553–554.
[23] P. Yi, A. Iwayemi, and C. Zhou, "Frequency agility in a Zigbee network for smart grid application," presented at the Innovative Smart Grid Technologies (ISGT), 2010, 2010, pp. 1–6.
[24] G. Thonet and P. Allard-Jacquin, *Zigbee – WiFi Coexistence White Paper and Test Report*. Schneider Electric White Paper, 2008.
[25] P. Yi, A. Iwayemi, and C. Zhou, "Developing Zigbee Deployment Guideline Under WiFi Interference for Smart Grid Applications," *Smart Grid, IEEE Transactions on*, vol. 2, no. 1, pp. 110–120, 2011.
[26] Atmel Corp, "RF230: Low Power 2.4 GHz Transceiver for Zigbee, IEEE 802.15.4, 6LoWPAN, RF4CE and ISM Applications." Feb-2009.
[27] Zigbee Alliance, *Zigbee and Wireless Radio Frequency Coexistence*. 2007.

Krzysztof Iniewski
Smart Grid Infrastructure & Networking
978 - 0 - 07 - 178774 - 1

图书在版编目（CIP）数据

智能电网的基础设施与并网方案/（加）克日什托夫·印纽斯基（Krzysztof Iniewski）等著；陈光宇等译．—北京：机械工业出版社，2019. 2
（智能电网关键技术研究与应用丛书）
书名原文：Smart Grid Infrastructure & Networking
ISBN 978-7-111-61512-5

Ⅰ. ①智…　Ⅱ. ①克…　②陈…　Ⅲ. ①智能控制 - 电网　Ⅳ. ①TM76

中国版本图书馆 CIP 数据核字（2018）第 268114 号

机械工业出版社（北京市百万庄大街 22 号　邮政编码 100037）
策划编辑：刘星宁　责任编辑：闫洪庆
责任校对：张　征　封面设计：鞠　杨
责任印制：孙　炜
天津嘉恒印务有限公司印刷
2019 年 1 月第 1 版第 1 次印刷
169mm×239mm · 17. 25 印张 · 350 千字
0 001—2 500 册
标准书号：ISBN 978 - 7 - 111 - 61512 - 5
定价：89. 00 元

凡购本书，如有缺页、倒页、脱页，由本社发行部调换
电话服务
服务咨询热线：010 - 88361066
读者购书热线：010 - 68326294
010 - 88379203
封面无防伪标均为盗版
网络服务
机 工 官 网：www. cmpbook. com
机 工 官 博：weibo. com/cmp1952
金 书 网：www. golden - book. com
教育服务网：www. cmpedu. com